高 等 代 数

(上 册)

曹重光 张 龙 唐孝敏 编著

科 学 出 版 社

北 京

内 容 简 介

本书是编者在多年教学实践与教学改革的基础上编写而成的. 本书注重概念和理论的导入，结构合理、层次清晰、论证简明，富于直观性和启发性. 本书通过设置典型例题来阐明高等代数的思想与方法，配备了层次丰富的练习题和研讨题，有助于学生抽象思维能力和代数学能力的培养.

本书可供高等院校数学类各专业学生用作教材，也可供相关专业学生及数学教学和科研人员参考.

图书在版编目(CIP)数据

高等代数. 上册/曹重光, 张龙, 唐孝敏编著. —北京: 科学出版社, 2018.11
ISBN 978-7-03-059309-2

I. ①高… II. ①曹… ②张… ③唐… III. ①高等代数-高等学校-教材
IV. ①O15

中国版本图书馆 CIP 数据核字 (2018) 第 251269 号

责任编辑: 王 静 / 责任校对: 杨聪敏
责任印制: 吴兆东 / 封面设计: 陈 敬

科学出版社 出版
北京东黄城根北街 16 号
邮政编码: 100717
http://www.sciencep.com
新科印刷有限公司 印刷
科学出版社发行 各地新华书店经销
*
2018 年 11 月第 一 版 开本: 720 × 1000 1/16
2021 年 7 月第二次印刷 印张: 14 1/2
字数: 292 000
定价: 39.00 元
(如有印装质量问题, 我社负责调换)

前　　言

本书按国家颁布的现行教学大纲及有关要求编写, 是供综合性大学、师范类大学数学类各本科专业使用的高等代数教材, 也可供理工类其他本科专业作为参考书.

高等代数是数学类各专业的一门重要基础课程, 也是代数课的入门课程. 本书的总体编写原则是, 上册力求直观化、形象化, 下册抽象化, 采用逐步过渡的方式.

本书重视对数学思想的渗透以及对数学方法的介绍和应用, 注重挖掘高等代数各部分内容之间的联系, 并重视初等变换方法及矩阵分块技术的运用和训练. 同时, 本书还对高等代数中一些重要定理给出了有别于现行诸教材的证明方法. 例如行列式乘法定理、矩阵等价分解的唯一性定理、齐次线性方程组基础解系定理、实对称阵的正交对角化定理、实二次型的惯性定理及哈密顿–凯莱定理等.

本书的习题很多, 每节后面都附有练习题, 每章后都附有三种层次的习题, 其中包含了很多经典题目. 完成练习题和 A 类题是基本要求, 其他题目供学有余力的学生继续学习或考研、参加数学竞赛等使用. 本书从培养学生能力的角度出发, 为提高学生提出问题和解决问题的能力, 在每一章都单设一节问题与研讨, 设置了一些开放性问题, 加强学生这方面能力的培养, 也为教师设计习题课提供了一些材料, 可以参考选用. 本书正文部分中带 * 的问题可根据专业特点、教学层次和学生的个性需求自由选用.

本书是编者在多年教学实践与教学改革的基础上编写而成的. 上册已在黑龙江大学数学科学学院本科生中讲授过二十多次, 下册已讲授两次, 并在教学实践中作了多次修改. 本书由编写小组成员曹重光、唐孝敏、生玉秋、张龙、远继霞共同完成, 其中上册由曹重光、张龙、唐孝敏编写, 下册由曹重光、生玉秋、远继霞编写. 全书在 5 人小组讨论后由曹重光、生玉秋统稿. 本书的出版得到了黑龙江大学数学科学学院领导和广大同仁的支持和帮助, 张隽、闫盼盼和付丽在打印方面给予了编者极大的帮助, 在此一并致谢. 由于编者水平有限, 不足之处恳请读者批评指正.

编　者

2018 年 2 月

目　　录

第1章　行　列　式

行列式是一个重要的数学工具, 它不仅是线性代数必不可少的内容, 而且在其他数学领域以及数学以外的许多领域都有着重要的意义和广泛的应用. 本章介绍行列式的基本性质和计算.

1.1　预 备 知 识

本节所叙述的几个预备知识对本章, 乃至全书来说都是基本的知识.

1.1.1　数域

讨论某些代数问题时常常在一个确定的“数的范围”内来进行. 例如, 求一个实系数一元二次方程的实根、将一个有理系数多项式在有理数或实数范围内分解、求一个整系数方程的整数根等. 代数问题常常关心数的集合在某些运算下的封闭性质, 为此引出如下定义.

定义 1.1　设 $\mathbb{F}$ 是至少含有两个不同数的数集. 如果对 $\mathbb{F}$ 中的任意数 a 和 b 来说, $a \pm b$, ab 及 $\dfrac{a}{b}$ $(b \neq 0)$ 总在 $\mathbb{F}$ 中, 则称 $\mathbb{F}$ 是一个**数域**.

定义 1.1 其实就是说, 数集 $\mathbb{F}$ 对于加、减、乘和除四种运算是封闭的. 如果只考虑加、减和乘三种运算的封闭性, 还可以定义数环. 按上面定义来衡量, 容易看出全体复数构成**复数域** $\mathbb{C}$、全体实数构成**实数域** $\mathbb{R}$、全体有理数构成**有理数域** $\mathbb{Q}$、全体整数不构成数域 (对除法不封闭), 但构成数环, 称为**整数环** $\mathbb{Z}$, 自然数集连数环也不是. 除了上面列举的通常数域外, 我们可以举出一些新的数域.

例 1.1　设 $\mathbb{F} = \{a + b\sqrt{2} \mid a \in \mathbb{Q},\ b \in \mathbb{Q}\}$, 证明 $\mathbb{F}$ 是一个数域.

解　$\mathbb{F}$ 中显然含有两个元素, 例如 1 及 0.

任取 $a_1 + b_1\sqrt{2},\ a_2 + b_2\sqrt{2} \in \mathbb{F}$, 则

$$(a_1 + b_1\sqrt{2}) \pm (a_2 + b_2\sqrt{2}) = (a_1 \pm a_2) + (b_1 \pm b_2)\sqrt{2},$$

$$(a_1 + b_1\sqrt{2})(a_2 + b_2\sqrt{2}) = (a_1a_2 + 2b_1b_2) + (a_1b_2 + a_2b_1)\sqrt{2},$$

故由 $a_1,\ a_2,\ b_1,\ b_2 \in \mathbb{Q}$ 可知, $(a_1+b_1\sqrt{2}) \pm (a_2+b_2\sqrt{2}),\ (a_1+b_1\sqrt{2})(a_2+b_2\sqrt{2}) \in \mathbb{F}$.

当 $a_2 + b_2\sqrt{2} \neq 0$ 时, 由 $a_2,\ b_2 \in \mathbb{Q}$ 知 $a_2 - b_2\sqrt{2} \neq 0$, 故由乘法封闭性可得

$$\frac{a_1 + b_1\sqrt{2}}{a_2 + b_2\sqrt{2}} = \frac{(a_1 + b_1\sqrt{2})(a_2 - b_2\sqrt{2})}{(a_2 + b_2\sqrt{2})(a_2 - b_2\sqrt{2})} = \frac{(a_1 + b_1\sqrt{2})(a_2 - b_2\sqrt{2})}{a_2^2 - 2b_2^2} \in \mathbb{F}.$$

由数域定义知 $\mathbb{F}$ 是一个数域. □

命题 1.1 任何数域 $\mathbb{F}$ 都包含有理数域.

证明 由数域 $\mathbb{F}$ 的定义可知, $\mathbb{F}$ 中含两个不同数, 故存在 $a \in \mathbb{F}$, 使得 $a \neq 0$, 从而由 $\frac{a}{a} = 1$, $a - a = 0$ 可知, $0, 1 \in \mathbb{F}$.

另一方面, 对任意的正整数 n, 由

$$1 + 1 = 2, \ \ 1 + 2 = 3, \ \cdots, \ 1 + (n-1) = n$$

及加法封闭性可知, $n \in \mathbb{F}$, 再由减法封闭性可知, $0 - n = -n \in \mathbb{F}$, 从而 $\mathbb{F}$ 含所有整数, 即 $\mathbb{Z} \subset \mathbb{F}$. 再由除法封闭性可知, $\mathbb{Q} \subset \mathbb{F}$. □

1.1.2 和号

对于数域 $\mathbb{F}$ 中的任意 n 个数 $a_1, a_2, \cdots, a_n$, 为了将这些数的连加法缩写, 常使用和号, 即用 $\sum\limits_{i=1}^{n} a_i$ 表示

$$a_1 + a_2 + \cdots + a_n.$$

使用和号可以使某些表达式更为简洁. 例如, 等比数列的前 n 项和

$$a + aq + aq^2 + \cdots + aq^{n-1}$$

可以记成 $\sum\limits_{k=1}^{n} aq^{k-1}$, 二项式定理的展开公式可记为

$$(x+y)^n = \sum_{i=0}^{n} \mathrm{C}_n^i x^{n-i} y^i.$$

反过来, 看到用和号写出的式子, 应正确理解其含义. 例如, $\sum\limits_{k=1}^{n} 2(k^2+1)$ 表示

$$2(1^2+1) + 2(2^2+1) + \cdots + 2(n^2+1),$$

$\sum\limits_{i=1}^{k} (-1)^{i-1} i k^2$ 则表示

$$k^2 - 2k^2 + 3k^2 - 4k^2 + \cdots + (-1)^{k-1} k k^2.$$

由和号的意义容易得出下面的公式:

(1) $\sum\limits_{i=1}^{n} (ca_i) = c \sum\limits_{i=1}^{n} a_i$;

(2) $\sum\limits_{i=1}^{n} (a_i + b_i) = \sum\limits_{i=1}^{n} a_i + \sum\limits_{i=1}^{n} b_i$;

(3) $\sum\limits_{i=1}^{n}(a_i+b)=nb+\sum\limits_{i=1}^{n}a_i$;

(4) $\sum\limits_{i=1}^{m}\sum\limits_{j=1}^{n}a_{ij}=\sum\limits_{j=1}^{n}\sum\limits_{i=1}^{m}a_{ij}$.

公式 (4) 的左端实际是 $\sum\limits_{i=1}^{m}(a_{i1}+a_{i2}+\cdots+a_{in})$, 即

$$a_{11}+a_{12}+\cdots+a_{1n}+a_{21}+a_{22}+\cdots+a_{2n}+\cdots+a_{m1}+a_{m2}+\cdots+a_{mn},$$

而右端是 $\sum\limits_{j=1}^{n}(a_{1j}+a_{2j}+\cdots+a_{mj})$, 即

$$a_{11}+a_{21}+\cdots+a_{m1}+a_{12}+a_{22}+\cdots+a_{m2}+\cdots+a_{1n}+a_{2n}+\cdots+a_{mn},$$

容易看出两端相等.

在公式 (4) 中, 实际上出现了两个变动标号 i 和 j, 还有更复杂的情况. 例如, 我们用 $\sum\limits_{j_1j_2j_3}a_{1j_1}a_{2j_2}a_{3j_3}$ 表示六项和, 每一项由 $j_1j_2j_3$ 取 1, 2, 3 的一个全排列而定, 于是这个和是

$$a_{11}a_{22}a_{33}+a_{12}a_{23}a_{31}+a_{13}a_{21}a_{32}+a_{13}a_{22}a_{31}+a_{12}a_{21}a_{33}+a_{11}a_{23}a_{32}.$$

例 1.2 设 $f(n)=\sum\limits_{k=1}^{n}(k^2+k+1)$, 求表达式 $f(n)$.

解 由和运算公式 (2) 得

$$\begin{aligned}f(n)&=\sum_{k=1}^{n}(k^2+k+1)=\sum_{k=1}^{n}k^2+\sum_{k=1}^{n}k+\sum_{k=1}^{n}1\\&=\frac{1}{6}n(n+1)(2n+1)+\frac{1}{2}n(n+1)+n=\frac{1}{3}n^3+n^2+\frac{5}{3}n.\end{aligned}$$
□

1.1.3 排列

由 1, 2, $\cdots$, n 中取不同数组成的 n 元有序数组称为一个 n **级排列**. 在中学曾研究过排列的种数公式, 现在讨论排列的奇偶性.

定义 1.2 在一个 n 级排列 $j_1j_2\cdots j_n$ 中, 如果 $i<k$ 且 $j_i>j_k$, 则称 j_ij_k 构成排列 $j_1j_2\cdots j_n$ 的一个**逆序**, 逆序的总个数称为排列 $j_1j_2\cdots j_n$ 的**逆序数**, 记为 $\tau(j_1j_2\cdots j_n)$.

例如,

$$\tau(12\cdots n)=0,\quad \tau(3214)=3,\quad \tau(4321)=6.$$

定义 1.3 对于给定的 n 级排列 $j_1j_2\cdots j_n$, 当 $\tau(j_1j_2\cdots j_n)$ 为奇数时, 称该排列为**奇排列**, 当 $\tau(j_1j_2\cdots j_n)$ 为偶数时, 称该排列为**偶排列**.

例如, $12\cdots n$ 是偶排列, 3214 是奇排列, 4321 又是偶排列.

定义 1.4　在一个 n 级排列中将某两个数码的位置交换, 其余数码不动, 称对这个排列进行了一次**对换**.

例如, 排列 32154 经数码 2 与 5 的对换变成了排列 35124.

命题 1.2　对一个排列进行一次对换, 则奇排列变成了偶排列, 偶排列变成了奇排列, 即对换改变排列的奇偶性.

证明　首先考虑相邻数码对换的情况. 设排列写成

$$j_1 \cdots j_{k-1} j_k j_{k+1} j_{k+2} \cdots j_m,$$

调换 j_k 与 j_{k+1} 的位置后, 得到新排列为

$$j_1 \cdots j_{k-1} j_{k+1} j_k j_{k+2} \cdots j_m.$$

注意在计算这两个排列的逆序数时, j_k 与 j_{k+1} 以外的数引起的逆序个数没有改变. 当 $j_k < j_{k+1}$ 时, j_k 与 j_{k+1} 所引起的逆序个数 (新排列比原排列) 增加 1 个, 即

$$\tau(j_1 \cdots j_{k-1} j_k j_{k+1} j_{k+2} \cdots j_m) = \tau(j_1 \cdots j_{k-1} j_{k+1} j_k j_{k+2} \cdots j_m) - 1;$$

当 $j_k > j_{k+1}$ 时, j_k 与 j_{k+1} 所引起逆序个数 (新排列比原排列) 减少 1 个, 即

$$\tau(j_1 \cdots j_{k-1} j_k j_{k+1} j_{k+2} \cdots j_m) = \tau(j_1 \cdots j_{k-1} j_{k+1} j_k j_{k+2} \cdots j_m) + 1.$$

因此, 在调换 j_k 与 j_{k+1} 的位置后排列的奇偶性改变了.

下面考虑一般情况. 设排列写成

$$j_1 \cdots j_{k-1} j_k j_{k+1} \cdots j_{k+l-1} j_{k+l} j_{k+l+1} \cdots j_m,$$

调换 j_k 与 j_{k+l} 的位置后, 得到新排列为

$$j_1 \cdots j_{k-1} j_{k+l} j_{k+1} \cdots j_{k+l-1} j_k j_{k+l+1} \cdots j_m.$$

这个过程可以认为是下列连续施行的对换的结果: 先由 $l-1$ 个相邻对换使其变成

$$j_1 \cdots j_{k-1} j_{k+1} \cdots j_{k+l-1} j_k j_{k+l} j_{k+l+1} \cdots j_m,$$

再经 l 个相邻对换使其变成

$$j_1 \cdots j_{k-1} j_{k+l} j_{k+1} \cdots j_{k+l-1} j_k j_{k+l+1} \cdots j_m,$$

这里一共进行了 $2l-1$ 次相邻对换. 由上述分析可知, 新排列的奇偶性改变了.　□

命题 1.3 任意一个 n 级排列 $j_1\,j_2\,\cdots\,j_n$ 可经有限次对换变为 $1\,2\,\cdots\,n$, 并且所使用对换次数的奇偶性与排列 $j_1\,j_2\,\cdots\,j_n$ 的奇偶性一致.

证明 如果 $j_1 \neq 1$, 可将 $j_1j_2\cdots j_n$ 经一次对换变为 $1i_2\cdots i_n$. 如果 $i_2 \neq 2$, 又可经一次对换变为 $12k_3\cdots k_n$, 如此继续, 可经有限次对换将原排列变为 $12\cdots n$. 因为 $12\cdots n$ 是偶排列, 由命题 1.2 可知, 本命题后一结论成立. □

练 习 1.1

1.1.1 指出下列数集哪些构成数域, 哪些不构成数域, 并说明理由.

(1) $\{a-b\sqrt{3}\mid a\in\mathbb{Q},\ b\in\mathbb{Q}\}$;

(2) $\{a\sqrt{2}+b\sqrt{3}\mid a\in\mathbb{Q},\ b\in\mathbb{Q}\}$;

(3) $\{a+b\sqrt{2}\mid a\in\mathbb{Z},\ b\in\mathbb{Z}\}$;

(4) $\{a(\sqrt{2}+1)\mid a\in\mathbb{Q}\}$;

(5) $\{a\sqrt{2}\mid a\in\mathbb{R}\}$;

(6) $\left\{\dfrac{a_0\pi^n+a_1\pi^{n-1}+\cdots+a_n}{b_0\pi^m+b_1\pi^{m-1}+\cdots+b_m}\ \middle|\ \begin{array}{l} m,\ n \text{ 为任意非负整数},\ a_1,\ a_2,\ \cdots,\ a_n\in\mathbb{Z}, \\ b_1,\ b_2,\ \cdots,\ b_m\in\mathbb{Z},\text{ 且 } b_0\neq 0\end{array}\right\}$.

1.1.2 数域 $\mathbb{F}$ 不是复数域 $\mathbb{C}$ 时是否全由实数构成?

1.1.3 用和号表示 $(x-y)^n$ 的展开式.

1.1.4 将 $a_1b_n+a_2b_{n-1}+\cdots+a_{n-1}b_2+a_nb_1$ 用和号表示.

1.1.5 设 $f(n)=\sum\limits_{k=1}^{n}(2k^2+k+1)$, 求 $f(n)$ 的表达式.

1.1.6 $\left(\sum\limits_{j=1}^{n}x_j\right)\left(\sum\limits_{j=1}^{n}y_j\right)=\sum\limits_{j=1}^{n}x_jy_j$ 对吗? 为什么?

1.1.7 $\sum\limits_{i=1}^{m}\left[a_i\left(\sum\limits_{j=1}^{n}b_{ij}c_j\right)\right]=\sum\limits_{j=1}^{n}\left[\left(\sum\limits_{i=1}^{m}a_ib_{ij}\right)c_j\right]$ 对吗? 为什么?

1.1.8 确定下列排列的奇偶性:

(1) 362514;

(2) 253461;

(3) 436125;

(4) $n(n-1)\cdots 21$;

(5) $23\cdots n1$.

1.1.9 用数学归纳法证明命题 1.3.

1.1.10 四级排列有多少个? 其中奇排列及偶排列各多少个?

1.2 行列式的定义

对于二元一次方程组

$$\begin{cases} a_{11}x_1+a_{12}x_2=b_1, \\ a_{21}x_1+a_{22}x_2=b_2, \end{cases}$$

当 $a_{11}a_{22}-a_{12}a_{21}\neq 0$ 时, 用加减消元法可求其解为

$$x_1=\frac{b_1a_{22}-b_2a_{12}}{a_{11}a_{22}-a_{12}a_{21}},\qquad x_2=\frac{b_2a_{11}-b_1a_{21}}{a_{11}a_{22}-a_{12}a_{21}}.$$

如果引进记号 (称为二阶行列式)

$$D=\begin{vmatrix} a_{11} & a_{12} \\ a_{21} & a_{22} \end{vmatrix}=a_{11}a_{22}-a_{12}a_{21}, \tag{1.1}$$

上述方程组当 $D\neq 0$ 时解可写成

$$x_1=\frac{1}{D}\begin{vmatrix} b_1 & a_{12} \\ b_2 & a_{22} \end{vmatrix},\qquad x_2=\frac{1}{D}\begin{vmatrix} a_{11} & b_1 \\ a_{21} & b_2 \end{vmatrix}.$$

类似地, 对三元一次方程组

$$\begin{cases} a_{11}x_1+a_{12}x_2+a_{13}x_3=b_1, \\ a_{21}x_1+a_{22}x_2+a_{23}x_3=b_2, \\ a_{31}x_1+a_{32}x_2+a_{33}x_3=b_3 \end{cases}$$

引进记号 (称为三阶行列式)

$$\begin{aligned} D=&\begin{vmatrix} a_{11} & a_{12} & a_{13} \\ a_{21} & a_{22} & a_{23} \\ a_{31} & a_{32} & a_{33} \end{vmatrix} \\ =&a_{11}a_{22}a_{33}+a_{12}a_{23}a_{31}+a_{13}a_{21}a_{32}-a_{13}a_{22}a_{31}-a_{12}a_{21}a_{33}-a_{11}a_{23}a_{32}. \end{aligned} \tag{1.2}$$

当 $D\neq 0$ 时, 上面三元一次方程组有唯一解

$$x_1=\frac{D_1}{D},\qquad x_2=\frac{D_2}{D},\qquad x_3=\frac{D_3}{D},$$

其中

$$D_1=\begin{vmatrix} b_1 & a_{12} & a_{13} \\ b_2 & a_{22} & a_{23} \\ b_3 & a_{32} & a_{33} \end{vmatrix},\quad D_2=\begin{vmatrix} a_{11} & b_1 & a_{13} \\ a_{21} & b_2 & a_{23} \\ a_{31} & b_3 & a_{33} \end{vmatrix},\quad D_3=\begin{vmatrix} a_{11} & a_{12} & b_1 \\ a_{21} & a_{22} & b_2 \\ a_{31} & a_{32} & b_3 \end{vmatrix}.$$

由 (1.2) 式可以看出, 三阶行列式是 $3!=6$ 项的和, 每一项都是取自不同行不同列的三个元素先作乘积, 然后放上适当的正负号. 任意项可记为 $\pm a_{1j_1}a_{2j_2}a_{3j_3}$, 其中 $j_1j_2j_3$ 是任意一个三级排列, 前面的符号随 $j_1j_2j_3$ 这个排列的奇偶性而定, 当其为偶排列时取正号, 当其为奇排列时取负号. 二阶行列式也有类似的规律. 现在将二、三阶行列式这种构造规律加以推广, 定义 n 阶行列式.

定义 1.5 设 $\mathbb{F}$ 是一个数域, $a_{ij} \in \mathbb{F}\ (i,\ j = 1,\ 2,\ \cdots,\ n)$, 则称

$$\begin{vmatrix} a_{11} & a_{12} & \cdots & a_{1n} \\ a_{21} & a_{22} & \cdots & a_{2n} \\ \vdots & \vdots & & \vdots \\ a_{n1} & a_{n2} & \cdots & a_{nn} \end{vmatrix} = \sum_{j_1 j_2 \cdots j_n} (-1)^{\tau(j_1 j_2 \cdots j_n)} \cdot a_{1j_1} a_{2j_2} \cdots a_{nj_n}$$

为 n **阶行列式**, 其中 $\sum\limits_{j_1 j_2 \cdots j_n}$ 表示对所有 n 级排列求和.

这个定义说明 n 阶行列式恰为 $n!$ 项的和, 每一项都是由来自不同行不同列的 n 个元素先作乘积再放上适当的正负号构成的, 即当行标排列为 $12 \cdots n$ 时, 如果列标排列 $j_1 j_2 \cdots j_n$ 为偶排列则取正号, 如果列标排列 $j_1 j_2 \cdots j_n$ 为奇排列则取负号.

例 1.3 计算如下的**上三角行列式**

$$D = \begin{vmatrix} a_{11} & a_{12} & \cdots & a_{1n} \\ 0 & a_{22} & \cdots & a_{2n} \\ \vdots & \vdots & & \vdots \\ 0 & 0 & \cdots & a_{nn} \end{vmatrix}.$$

解 上述行列式按定义展开的一般项是

$$(-1)^{\tau(j_1 j_2 \cdots j_n)} \cdot a_{1j_1} \cdots a_{n-1 j_{n-1}} a_{nj_n},$$

容易看出, 当 $j_n \neq n$ 时, $a_{nj_n} = 0$, 故展开式中只剩下 $j_n = n$ 的项. 再看 j_{n-1}, 当 $j_{n-1} \neq n-1$ 时, 项

$$(-1)^{\tau(j_1 j_2 \cdots j_{n-1} n)} \cdot a_{1j_1} \cdots a_{n-1 j_{n-1}} a_{nn}$$

必为零. 如此继续, 观察 $j_{n-2}, j_{n-3}, \cdots, j_1$ 可知, D 的展开式中只剩一项

$$(-1)^{\tau(12 \cdots n)} \cdot a_{11} a_{22} \cdots a_{nn},$$

故

$$D = a_{11} a_{22} \cdots a_{nn}.$$ □

如上, a_{11}, a_{22}, $\cdots$, a_{nn} 所占的对角线称为**主对角线**, 简称**对角线**. 上例说明上三角行列式等于对角线上元素的积. 同样, **下三角行列式**以及**对角行列式** (对角线以外元素都是零) 的值都等于对角线上元素的积.

例 1.4 计算行列式

$$D = \begin{vmatrix} 0 & 1 & 0 & \cdots & 0 \\ 0 & 0 & 2 & \cdots & 0 \\ \vdots & \vdots & \vdots & & \vdots \\ 0 & 0 & 0 & \cdots & n-1 \\ n & 0 & 0 & \cdots & 0 \end{vmatrix} \qquad (n \geqslant 2).$$

解　由行列式的定义, 得

$$D=(-1)^{\tau(23\cdots n1)}\cdot n!=(-1)^{n-1}n!.$$
□

练　习　1.2

1.2.1　在五阶行列式中, $a_{42}a_{13}a_{35}a_{54}a_{21}$ 及 $a_{25}a_{31}a_{14}a_{52}a_{43}$ 前面应带什么符号?

1.2.2　写出四阶行列式中含因子 a_{32} 且带负号的项.

1.2.3　一个行列式第一行与第一列以外的元素都是 0, 这个行列式一定为 0 吗?

1.2.4　计算下列各行列式:

(1) $\begin{vmatrix}1&-1&2\\3&2&1\\0&1&4\end{vmatrix}$;　(2) $\begin{vmatrix}a^2&ab&b^2\\2a&a+b&2b\\1&1&1\end{vmatrix}$;

(3) $\begin{vmatrix}x&y&x+y\\y&x+y&x\\x+y&x&y\end{vmatrix}$;　(4) $\begin{vmatrix}a_{11}&a_{12}&a_{13}&a_{14}\\a_{21}&a_{22}&a_{23}&0\\a_{31}&a_{32}&0&0\\a_{41}&0&0&0\end{vmatrix}$;

(5) $\begin{vmatrix}0&0&\cdots&0&1\\0&0&\cdots&2&0\\\vdots&\vdots&&\vdots&\vdots\\0&n-1&\cdots&0&0\\n&0&\cdots&0&0\end{vmatrix}(n\geqslant 2)$;

(6) $\begin{vmatrix}n&0&\cdots&0&0\\0&0&\cdots&0&1\\0&0&\cdots&2&0\\\vdots&\vdots&&\vdots&\vdots\\0&n-1&\cdots&0&0\end{vmatrix}(n\geqslant 2)$;

(7) $\begin{vmatrix}a&0&0&0\\0&b&0&0\\0&0&c&d\\0&0&e&f\end{vmatrix}$;　(8) $\begin{vmatrix}a_{11}&a_{12}&a_{13}&a_{14}&a_{15}\\a_{21}&a_{22}&a_{23}&a_{24}&a_{25}\\a_{31}&a_{32}&0&0&0\\a_{41}&a_{42}&0&0&0\\a_{51}&a_{52}&0&0&0\end{vmatrix}$.

1.3　行列式的性质

单纯用行列式定义来计算行列式显然是比较麻烦的, 本节研究行列式的一些基本性质, 它将对行列式的计算和理论的进一步展开起重要作用.

性质 1.1 行列式中某一行的公因子可以提出去, 或者说用数 k 乘行列式的某一行, 其余行不动, 所得行列式为原行列式的 k 倍, 即

$$\begin{vmatrix} a_{11} & a_{12} & \cdots & a_{1n} \\ \vdots & \vdots & & \vdots \\ ka_{i1} & ka_{i2} & \cdots & ka_{in} \\ \vdots & \vdots & & \vdots \\ a_{n1} & a_{n2} & \cdots & a_{nn} \end{vmatrix} = k \begin{vmatrix} a_{11} & a_{12} & \cdots & a_{1n} \\ \vdots & \vdots & & \vdots \\ a_{i1} & a_{i2} & \cdots & a_{in} \\ \vdots & \vdots & & \vdots \\ a_{n1} & a_{n2} & \cdots & a_{nn} \end{vmatrix}.$$

证明 由行列式定义可知, 左端行列式按定义展开的一般项为

$$(-1)^{\tau(j_1 j_2 \cdots j_n)} \cdot a_{1j_1} a_{2j_2} \cdots (ka_{ij_i}) \cdots a_{nj_n},$$

从而

$$\begin{aligned} \text{左端} &= \sum_{j_1 j_2 \cdots j_n} (-1)^{\tau(j_1 j_2 \cdots j_n)} \cdot a_{1j_1} a_{2j_2} \cdots (ka_{ij_i}) \cdots a_{nj_n} \\ &= k \sum_{j_1 j_2 \cdots j_n} (-1)^{\tau(j_1 j_2 \cdots j_n)} \cdot a_{1j_1} a_{2j_2} \cdots a_{nj_n} = \text{右端}. \end{aligned}$$

□

性质 1.2 如果行列式的第 i 行所有元素都是两个数的和的形式, 则这个行列式等于两个行列式的和, 这两个行列式分别用两个加数之一作第 i 行, 其余各行都与原来行列式的各行相同, 即

$$\begin{aligned} &\begin{vmatrix} a_{11} & a_{12} & \cdots & a_{1n} \\ \vdots & \vdots & & \vdots \\ b_{i1}+c_{i1} & b_{i2}+c_{i2} & \cdots & b_{in}+c_{in} \\ \vdots & \vdots & & \vdots \\ a_{n1} & a_{n2} & \cdots & a_{nn} \end{vmatrix} \\ = &\begin{vmatrix} a_{11} & a_{12} & \cdots & a_{1n} \\ \vdots & \vdots & & \vdots \\ b_{i1} & b_{i2} & \cdots & b_{in} \\ \vdots & \vdots & & \vdots \\ a_{n1} & a_{n2} & \cdots & a_{nn} \end{vmatrix} + \begin{vmatrix} a_{11} & a_{12} & \cdots & a_{1n} \\ \vdots & \vdots & & \vdots \\ c_{i1} & c_{i2} & \cdots & c_{in} \\ \vdots & \vdots & & \vdots \\ a_{n1} & a_{n2} & \cdots & a_{nn} \end{vmatrix}. \end{aligned}$$

证明 由行列式定义, 得

$$\begin{aligned} \text{左端} &= \sum_{j_1 j_2 \cdots j_n} (-1)^{\tau(j_1 j_2 \cdots j_n)} \cdot a_{1j_1} a_{2j_2} \cdots (b_{ij_i} + c_{ij_i}) \cdots a_{nj_n} \\ &= \sum_{j_1 j_2 \cdots j_n} (-1)^{\tau(j_1 j_2 \cdots j_n)} \cdot a_{1j_1} a_{2j_2} \cdots b_{ij_i} \cdots a_{nj_n} \end{aligned}$$

$$
+\sum_{j_1j_2\cdots j_n}(-1)^{\tau(j_1j_2\cdots j_n)}\cdot a_{1j_1}a_{2j_2}\cdots c_{ij_i}\cdots a_{nj_n}
$$

$$
= 右端. \qquad \square
$$

容易看出, 这个性质可推广到一行中每个元素都是 m 项的和的情形.

性质 1.3 如果行列式中有两行对应元素完全相同, 则行列式为零.

证明 设行列式

$$
D=\begin{vmatrix} \vdots & \vdots & & \vdots \\ a_{i1} & a_{i2} & \cdots & a_{in} \\ \vdots & \vdots & & \vdots \\ a_{k1} & a_{k2} & \cdots & a_{kn} \\ \vdots & \vdots & & \vdots \end{vmatrix}
$$

中第 i 行与第 k 行对应元素完全相同, 即 $a_{ij}=a_{kj}\ (j=1,\ 2,\ \cdots,\ n)$, 则在 D 的展开式中, 项

$$
\begin{aligned}
&(-1)^{\tau(j_1\cdots j_i\cdots j_k\cdots j_n)}\cdot a_{1j_1}\cdots a_{ij_i}\cdots a_{kj_k}\cdots a_{nj_n}\\
=&(-1)^{\tau(j_1\cdots j_i\cdots j_k\cdots j_n)}\cdot a_{1j_1}\cdots a_{ij_i}\cdots a_{ij_k}\cdots a_{nj_n}
\end{aligned}
$$

和项

$$
\begin{aligned}
&(-1)^{\tau(j_1\cdots j_k\cdots j_i\cdots j_n)}\cdot a_{1j_1}\cdots a_{ij_k}\cdots a_{kj_i}\cdots a_{nj_n}\\
=&(-1)^{\tau(j_1\cdots j_k\cdots j_i\cdots j_n)}\cdot a_{1j_1}\cdots a_{ij_k}\cdots a_{ij_i}\cdots a_{nj_n}
\end{aligned}
$$

成对出现, 且其和显然为零, 故 $D=0$. □

由性质 1.1 和性质 1.3 立即推得如下性质.

性质 1.4 如果行列式的某两行对应元素成比例, 则这个行列式等于零.

性质 1.5 把行列式的某一行的元素乘以同一数 k 后加到另一行的对应元素上, 其余行不动, 则行列式的值不变, 即

$$
\begin{vmatrix} \vdots & \vdots & & \vdots \\ a_{i1} & a_{i2} & \cdots & a_{in} \\ \vdots & \vdots & & \vdots \\ a_{j1}+ka_{i1} & a_{j2}+ka_{i2} & \cdots & a_{jn}+ka_{in} \\ \vdots & \vdots & & \vdots \end{vmatrix}=\begin{vmatrix} \vdots & \vdots & & \vdots \\ a_{i1} & a_{i2} & \cdots & a_{in} \\ \vdots & \vdots & & \vdots \\ a_{j1} & a_{j2} & \cdots & a_{jn} \\ \vdots & \vdots & & \vdots \end{vmatrix}.
$$

证明 由性质 1.2, 左端行列式可按第 j 行劈开写成两个行列式之和, 其一为右端行列式; 其二为第 i 行与第 j 行成比例的情形, 由性质 1.4 可知这个行列式为零, 故性质 1.5 成立. □

性质 1.6 交换行列式某两个不同行, 则所得行列式与原行列式反号.

证明 设

$$D=\begin{vmatrix} \vdots & \vdots & & \vdots \\ a_{i1} & a_{i2} & \cdots & a_{in} \\ \vdots & \vdots & & \vdots \\ a_{j1} & a_{j2} & \cdots & a_{jn} \\ \vdots & \vdots & & \vdots \end{vmatrix}.$$

先将 D 的第 j 行元素都加到第 i 行相应元素上去, 再将所得行列式中第 i 行元素乘以 -1 加到第 j 行上去, 由性质 1.5 可知

$$D=\begin{vmatrix} \vdots & \vdots & & \vdots \\ a_{j1}+a_{i1} & a_{j2}+a_{i2} & \cdots & a_{jn}+a_{in} \\ \vdots & \vdots & & \vdots \\ -a_{i1} & -a_{i2} & \cdots & -a_{in} \\ \vdots & \vdots & & \vdots \end{vmatrix}.$$

再将上式右端行列式的第 j 行加于第 i 行可得

$$D=\begin{vmatrix} \vdots & \vdots & & \vdots \\ a_{j1} & a_{j2} & \cdots & a_{jn} \\ \vdots & \vdots & & \vdots \\ -a_{i1} & -a_{i2} & \cdots & -a_{in} \\ \vdots & \vdots & & \vdots \end{vmatrix},$$

再由性质 1.1, 将第 j 行的公因子 -1 提到行列式外面就证明了结论. □

上面所叙述的行列式性质都是对于行来说的, 同理可证这些性质相应的关于列的说法. 不仅如此, 我们还可以引入转置行列式的概念, 考察另一个重要性质.

如果把一个行列式的 1, 2, $\cdots$, n 行依次变为相应列, 所得新行列式称为原行列式的**转置行列式**. 例如, 行列式

$$\begin{vmatrix} 2 & 1 & -1 \\ 0 & 3 & 2 \\ 4 & 0 & 0 \end{vmatrix}$$

的转置行列式是

$$\begin{vmatrix} 2 & 0 & 4 \\ 1 & 3 & 0 \\ -1 & 2 & 0 \end{vmatrix}.$$

性质 1.7 行列式与其转置行列式相等.

证明　设

$$D_1 = \begin{vmatrix} a_{11} & a_{12} & \cdots & a_{1n} \\ a_{21} & a_{22} & \cdots & a_{2n} \\ \vdots & \vdots & & \vdots \\ a_{n1} & a_{n2} & \cdots & a_{nn} \end{vmatrix}$$

的转置行列式为

$$D_2 = \begin{vmatrix} b_{11} & b_{12} & \cdots & b_{1n} \\ b_{21} & b_{22} & \cdots & b_{2n} \\ \vdots & \vdots & & \vdots \\ b_{n1} & b_{n2} & \cdots & b_{nn} \end{vmatrix},$$

则根据转置行列式的定义可知, 对 $\forall\, i,\ j \in \{1,\ 2,\ \cdots,\ n\}$, 有 $b_{ij} = a_{ji}$, 故由行列式的定义可得

$$\begin{aligned} D_2 &= \sum_{j_1 j_2 \cdots j_n} (-1)^{\tau(j_1 j_2 \cdots j_n)} \cdot b_{1j_1} b_{2j_2} \cdots b_{nj_n} \\ &= \sum_{j_1 j_2 \cdots j_n} (-1)^{\tau(j_1 j_2 \cdots j_n)} \cdot a_{j_1 1} a_{j_2 2} \cdots a_{j_n n}. \end{aligned}$$

现在调换一般项乘积因子的顺序, 假设经过 k 次对换行标排列 $j_1 j_2 \cdots j_n$ 变为 $12 \cdots n$, 与此同时列标排列 $12 \cdots n$ 变为 $i_1 i_2 \cdots i_n$, 则从 $j_1 j_2 \cdots j_n$ 到 $i_1 i_2 \cdots i_n$ 恰好经过 $2k$ 次对换, 故 $j_1 j_2 \cdots j_n$ 与 $i_1 i_2 \cdots i_n$ 奇偶性相同. 又容易看出排列 $j_1 j_2 \cdots j_n$ 与 $i_1 i_2 \cdots i_n$ 是一一对应的, 即当 $j_1 j_2 \cdots j_n$ 跑遍 $12 \cdots n$ 的所有全排列时, $i_1 i_2 \cdots i_n$ 也跑遍 $12 \cdots n$ 的所有全排列, 故

$$D_2 = \sum_{i_1 i_2 \cdots i_n} (-1)^{\tau(i_1 i_2 \cdots i_n)} \cdot a_{1i_1} a_{2i_2} \cdots a_{ni_n} = D_1.$$ □

例 1.5　计算四阶行列式

$$D = \begin{vmatrix} x^2 & (x-1)^2 & (x-2)^2 & (x-3)^2 \\ y^2 & (y-1)^2 & (y-2)^2 & (y-3)^2 \\ z^2 & (z-1)^2 & (z-2)^2 & (z-3)^2 \\ u^2 & (u-1)^2 & (u-2)^2 & (u-3)^2 \end{vmatrix}.$$

解　方法 1. 将第 1 列乘以 -1 分别加于第 2, 3, 4 列得

$$D = \begin{vmatrix} x^2 & -2x+1 & -4x+4 & -6x+9 \\ y^2 & -2y+1 & -4y+4 & -6y+9 \\ z^2 & -2z+1 & -4z+4 & -6z+9 \\ u^2 & -2u+1 & -4u+4 & -6u+9 \end{vmatrix},$$

再将上面行列式第 2 列分别乘以 -2 和 -3 加于第 3 列和第 4 列得

$$D=\begin{vmatrix} x^2 & -2x+1 & 2 & 6 \\ y^2 & -2y+1 & 2 & 6 \\ z^2 & -2z+1 & 2 & 6 \\ u^2 & -2u+1 & 2 & 6 \end{vmatrix}.$$

此行列式有两列成比例, 故

$$D=0.$$

方法 2. 将原行列式后三列各元素展开, 然后利用性质 1.2 将行列式后三列按和劈开, 这样 D 就写成了一共 $3^3=27$ 个行列式的和, 不难看出每个行列式都有两列成比例, 故

$$D=0.$$

□

例 1.6 计算行列式

$$D=\begin{vmatrix} 2 & 3 & 1 & -1 \\ 4 & -6 & 0 & 3 \\ -1 & 1 & 2 & 7 \\ 3 & 2 & 5 & -6 \end{vmatrix}.$$

解 将原行列式 D 的第 3 行顺次与第 2 行、第 1 行对换, 得

$$D=-\begin{vmatrix} 2 & 3 & 1 & -1 \\ -1 & 1 & 2 & 7 \\ 4 & -6 & 0 & 3 \\ 3 & 2 & 5 & -6 \end{vmatrix}=\begin{vmatrix} -1 & 1 & 2 & 7 \\ 2 & 3 & 1 & -1 \\ 4 & -6 & 0 & 3 \\ 3 & 2 & 5 & -6 \end{vmatrix},$$

将上面右端行列式的第 1 行分别乘以 2, 4 和 3 加于第 2 行、第 3 行和第 4 行, 得

$$D=\begin{vmatrix} -1 & 1 & 2 & 7 \\ 0 & 5 & 5 & 13 \\ 4 & -6 & 0 & 3 \\ 3 & 2 & 5 & -6 \end{vmatrix}=\begin{vmatrix} -1 & 1 & 2 & 7 \\ 0 & 5 & 5 & 13 \\ 0 & -2 & 8 & 31 \\ 3 & 2 & 5 & -6 \end{vmatrix}=\begin{vmatrix} -1 & 1 & 2 & 7 \\ 0 & 5 & 5 & 13 \\ 0 & -2 & 8 & 31 \\ 0 & 5 & 11 & 15 \end{vmatrix},$$

将上面右端行列式的第 2 行分别乘以 $\dfrac{2}{5}$ 及 -1 加于第 3 行及第 4 行, 得

$$D=\begin{vmatrix} -1 & 1 & 2 & 7 \\ 0 & 5 & 5 & 13 \\ 0 & 0 & 10 & \dfrac{181}{5} \\ 0 & 5 & 11 & 15 \end{vmatrix}=\begin{vmatrix} -1 & 1 & 2 & 7 \\ 0 & 5 & 5 & 13 \\ 0 & 0 & 10 & \dfrac{181}{5} \\ 0 & 0 & 6 & 2 \end{vmatrix},$$

将上面右端行列式的第 3 行乘以 $-\frac{3}{5}$ 加于第 4 行, 得

$$D=\begin{vmatrix} -1 & 1 & 2 & 7 \\ 0 & 5 & 5 & 13 \\ 0 & 0 & 10 & \frac{181}{5} \\ 0 & 0 & 0 & -\frac{493}{25} \end{vmatrix}=(-1)\cdot 5\cdot 10\cdot\left(-\frac{493}{25}\right)=986. \qquad \square$$

例 1.7 计算 n 阶行列式

$$D=\begin{vmatrix} a & a & \cdots & a & b \\ a & a & \cdots & b & a \\ \vdots & \vdots & & \vdots & \vdots \\ a & b & \cdots & a & a \\ b & a & \cdots & a & a \end{vmatrix} \qquad (n\geqslant 2).$$

解 方法 1. 将第 $2,3,\cdots,n$ 列都加到第 1 列, 再将公因式提出得

$$D=[(n-1)a+b]\begin{vmatrix} 1 & a & \cdots & a & b \\ 1 & a & \cdots & b & a \\ \vdots & \vdots & & \vdots & \vdots \\ 1 & b & \cdots & a & a \\ 1 & a & \cdots & a & a \end{vmatrix}. \tag{1.3}$$

将上面行列式第 1 列乘以 $-a$ 加于第 $2,3,\cdots,n$ 列得

$$D=[(n-1)a+b]\begin{vmatrix} 1 & 0 & \cdots & 0 & b-a \\ 1 & 0 & \cdots & b-a & 0 \\ \vdots & \vdots & & \vdots & \vdots \\ 1 & b-a & \cdots & 0 & 0 \\ 1 & 0 & \cdots & 0 & 0 \end{vmatrix}.$$

由此类似上三角行列式容易算得

$$D=(-1)^{\frac{n(n-1)}{2}}\cdot[(n-1)a+b]\cdot(b-a)^{n-1}.$$

方法 2. 由 (1.3) 式, 将第 1 行乘以 -1 加于其余各行得

$$D=[(n-1)a+b]\begin{vmatrix} 1 & a & \cdots & a & b \\ 0 & 0 & \cdots & b-a & a-b \\ \vdots & \vdots & & \vdots & \vdots \\ 0 & b-a & \cdots & 0 & a-b \\ 0 & 0 & \cdots & 0 & a-b \end{vmatrix}, \tag{1.4}$$

将上面行列式对换 1, n 两列, 也容易看出有方法 1 之结果. □

练 习 1.3

1.3.1 设某五阶行列式值为 D, 若将原来的 1, 2, 3, 4, 5 行变更为 4, 3, 1, 5, 2 行, 所得新行列式值与 D 有何关系?

1.3.2 已知 2652, 1581, 2805, 3179 都能被 17 整除, 试证下面行列式也能被 17 整除.

$$D=\begin{vmatrix}2&6&5&2\\1&5&8&1\\2&8&0&5\\3&1&7&9\end{vmatrix}.$$

1.3.3 证明

$$\begin{vmatrix}a_1+b_1&b_1+c_1&c_1+a_1\\a_2+b_2&b_2+c_2&c_2+a_2\\a_3+b_3&b_3+c_3&c_3+a_3\end{vmatrix}=2\begin{vmatrix}a_1&b_1&c_1\\a_2&b_2&c_2\\a_3&b_3&c_3\end{vmatrix}.$$

1.3.4 计算下面行列式的值:

(1) $\begin{vmatrix}1&3&-1&2\\1&5&3&-4\\0&4&1&-1\\-5&1&3&-3\end{vmatrix}$; (2) $\begin{vmatrix}5&-2&1&3\\0&6&4&1\\-3&-1&2&5\\1&0&-1&1\end{vmatrix}$.

1.3.5 计算 n 阶行列式:

(1) $\begin{vmatrix}0&1&\cdots&1&1\\1&0&\cdots&1&1\\\vdots&\vdots&&\vdots&\vdots\\1&1&\cdots&0&1\\1&1&\cdots&1&0\end{vmatrix}(n\geqslant 2)$;

(2) $\begin{vmatrix}a-b&b&\cdots&b\\b&a-b&\cdots&b\\\vdots&\vdots&&\vdots\\b&b&\cdots&a-b\end{vmatrix}(n\geqslant 2)$;

(3) $\begin{vmatrix}a_1-b_1&a_1-b_2&\cdots&a_1-b_n\\a_2-b_1&a_2-b_2&\cdots&a_2-b_n\\\vdots&\vdots&&\vdots\\a_n-b_1&a_n-b_2&\cdots&a_n-b_n\end{vmatrix}$;

$$
(4) \begin{vmatrix} a_1 - m & a_2 & \cdots & a_n \\ a_1 & a_2 - m & \cdots & a_n \\ \vdots & \vdots & & \vdots \\ a_1 & a_2 & \cdots & a_n - m \end{vmatrix}.
$$

1.4　矩阵及其初等变换

从 1.3 节的例子中可以看出, 为了计算行列式, 常常需要对行列式中 n^2 个数构成的行或列施行一些变换. 例如, 某行乘某数加于另一行、交换两行、某行乘以某非零数等. 为了叙述上的方便以及理论上的进一步展开, 有必要引入下面的概念.

我们把数域 $\mathbb{F}$ 中 $m \times n$ 个数的如下结构

$$
\begin{pmatrix} a_{11} & a_{12} & \cdots & a_{1n} \\ a_{21} & a_{22} & \cdots & a_{2n} \\ \vdots & \vdots & & \vdots \\ a_{m1} & a_{m2} & \cdots & a_{mn} \end{pmatrix}
$$

称为 $\mathbb{F}$ 上一个 $m \times n$ **矩阵**, 简记为 $\boldsymbol{A}$. 有时写成 $\boldsymbol{A} = (a_{ij})_{m\times n}$, 其中 a_{ij} 表示矩阵 $\boldsymbol{A}$ 的位于 i 行 j 列位置的元素. 如果 $m = n$, 则称 $\boldsymbol{A}$ 是一个 n 阶**方阵**. 如下 n 阶方阵

$$
\begin{pmatrix} a_{11} & a_{12} & \cdots & a_{1n} \\ 0 & a_{22} & \cdots & a_{2n} \\ \vdots & \vdots & & \vdots \\ 0 & 0 & \cdots & a_{nn} \end{pmatrix}
$$

称为**上三角矩阵**(主对角线下方全为 0). 类似还有**下三角矩阵**(主对角线上方全为 0). 主对角线以外元素全为零的 n 阶方阵称为**对角阵**. 如果主对角线上元素依次为 $a_{11}, a_{22}, \cdots, a_{nn}$, 则对角阵 $\boldsymbol{A}$ 简记为 $\mathrm{diag}(a_{11}, a_{22}, \cdots, a_{nn})$. 又称 $\mathrm{diag}(1, 1, \cdots, 1)$ 为 n 阶**单位阵**, 简记为 $\boldsymbol{I}_n$.

回顾行列式的定义容易看出, 行列式是由 n 阶方阵的 n^2 个数按一定规则算得的一个数. 如果 $\boldsymbol{A}$ 记一个 n 阶方阵, 则 $\boldsymbol{A}$ 的行列式常记成 $|\boldsymbol{A}|$ 或 $\det\boldsymbol{A}$. 行列式为 0 的方阵常称**奇异阵**, 行列式不为 0 的方阵则称**非奇异阵**.

下面来定义 $m \times n$ 矩阵 $\boldsymbol{A}$ 的初等行 (列) 变换.

定义 1.6　所谓对数域 $\mathbb{F}$ 上矩阵 $\boldsymbol{A}$ 施行的**初等行 (列) 变换**是指下面三种变换:

(1) **倍法变换**　以 $\mathbb{F}$ 中一个非零的数乘矩阵 $\boldsymbol{A}$ 的某一行 (列) 的所有元素, 其余行 (列) 不动.

(2) **消法变换** 把矩阵 $\boldsymbol{A}$ 的某一行 (列) 的各元素的 c 倍加到另一行 (列) 相应元素上去, 其余行 (列) 不动. 此处 $c \in \mathbb{F}$.

(3) **换法变换** 互换矩阵 $\boldsymbol{A}$ 中两不同行 (列), 其余行 (列) 不动.

在 1.3 节各例中对行列式所进行的变换实际上就是对相应方阵所进行的初等变换. 用初等变换的语言来叙述行列式的性质, 那么性质 1.1 可以说成是**"对方阵 $\boldsymbol{A}$ 作一次倍法变换, 其行列式值扩大相应倍数"**, 性质 1.5 可以叙述为**"消法变换不改变方阵的行列式值"**, 性质 1.6 可叙述成**"对方阵 $\boldsymbol{A}$ 施行一次换法变换, 其行列式值改变符号"**.

还应指出的是, 这三种初等变换并不是分别独立的. 实际上**一次换法变换可以用连续施行三次消法变换和一次倍法变换来实现**. 这一点只要回顾一下行列式性质 1.6 的证明就一目了然了. 但是在实际计算中常常同时使用三种初等变换, 这有许多方便之处. 然而涉及理论方面的证明时, 关于初等变换显然只需考虑倍法变换及消法变换即可.

从例 1.6 可以看出对方阵施行行消法变换, 可将其化为上三角形, 从而很快算出行列式值. 下面从理论上证明这一点.

命题 1.4 设 $\boldsymbol{A}$ 是 n 阶方阵, 则对 $\boldsymbol{A}$ 施行一系列行消法变换可将其化为上三角阵.

证明 对阶数 n 用数学归纳法. 当 $n=1$ 时显然, 假定 $n-1$ 阶阵结论成立, 看 n 阶阵

$$\boldsymbol{A}=\begin{pmatrix} a_{11} & a_{12} & \cdots & a_{1n} \\ a_{21} & a_{22} & \cdots & a_{2n} \\ \vdots & \vdots & & \vdots \\ a_{n1} & a_{n2} & \cdots & a_{nn} \end{pmatrix}.$$

(1) 如果 $a_{11} \neq 0$, 将第 1 行乘以 $-\dfrac{a_{21}}{a_{11}}, -\dfrac{a_{31}}{a_{11}}, \cdots, -\dfrac{a_{n1}}{a_{11}}$ 分别加到第 $2, 3, \cdots, n$ 行上去, 于是 $\boldsymbol{A}$ 变为

$$\boldsymbol{B}=\begin{pmatrix} a_{11} & a_{12} & \cdots & a_{1n} \\ 0 & b_{22} & \cdots & b_{2n} \\ \vdots & \vdots & & \vdots \\ 0 & b_{n2} & \cdots & b_{nn} \end{pmatrix}.$$

对 $\boldsymbol{B}$ 的右下角 $n-1$ 阶阵使用归纳假设, 可知存在一系列行消法变换 (实际也可以认为是对 $\boldsymbol{B}$ 进行的) 将其化为上三角, 从而将 $\boldsymbol{B}$ 化为上三角阵, 即将 $\boldsymbol{A}$ 化为上三角阵了.

(2) 如果 $a_{11}=0$, 但存在 $1<i\leqslant n$ 使 $a_{i1}\neq 0$, 则可将第 i 行加到第 1 行上去, 情况化为 (1).

(3) 如果 $a_{11}=a_{21}=\cdots=a_{n1}=0$, 可直接对 $\boldsymbol{A}$ 的右下角 $n-1$ 阶阵使用归纳法假设, 同样可证. □

命题 1.5　设 $\boldsymbol{A}$ 为非奇异 n 阶阵, 则 $\boldsymbol{A}$ 可经一系列初等行变换化为 $\boldsymbol{I}_n$.

证明　先由命题 1.4, 不妨设 $\boldsymbol{A}$ 是一个上三角阵. 因 $\boldsymbol{A}$ 非奇异, 故 $|\boldsymbol{A}|\neq 0$, 所以 $\boldsymbol{A}$ 的对角元素 $a_{11}, a_{22}, \cdots, a_{nn}$ 均非零. 将第 n 行乘以 $\dfrac{1}{a_{nn}}$ 后, 再将所得阵第 n 行乘以 $-a_{1n}, -a_{2n}, \cdots, -a_{n-1,n}$ 分别加于第 $1, 2, \cdots, n-1$ 行上去, 再对左上角 $n-1$ 阶阵使用归纳法, 不难证明结论成立. □

定理 1.1　设

$$\boldsymbol{M}=\begin{pmatrix} a_{11} & \cdots & a_{1n} & c_{11} & \cdots & c_{1m} \\ \vdots & & \vdots & \vdots & & \vdots \\ a_{n1} & \cdots & a_{nn} & c_{n1} & \cdots & c_{nm} \\ 0 & \cdots & 0 & b_{11} & \cdots & b_{1m} \\ \vdots & & \vdots & \vdots & & \vdots \\ 0 & \cdots & 0 & b_{m1} & \cdots & b_{mm} \end{pmatrix},$$

$$\boldsymbol{A}=\begin{pmatrix} a_{11} & \cdots & a_{1n} \\ \vdots & & \vdots \\ a_{n1} & \cdots & a_{nn} \end{pmatrix}, \quad \boldsymbol{B}=\begin{pmatrix} b_{11} & \cdots & b_{1m} \\ \vdots & & \vdots \\ b_{m1} & \cdots & b_{mm} \end{pmatrix},$$

则 $|\boldsymbol{M}|=|\boldsymbol{A}|\cdot|\boldsymbol{B}|$.

证明　首先对 $\boldsymbol{M}$ 的前 n 行施行行消法变换将 $\boldsymbol{A}$ 化为上三角阵, 且对角线上依次为 $a_1, a_2, \cdots, a_n$. 再对 $\boldsymbol{M}$ 的后 m 行施行行消法变换将 $\boldsymbol{B}$ 也化为上三角阵, 设其对角线上依次为 $b_1, b_2, \cdots, b_m$, 即 $\boldsymbol{M}$ 经一系列行消法变换化为

$$\begin{pmatrix} a_1 & \cdots & * & d_{11} & \cdots & d_{1m} \\ & \ddots & \vdots & \vdots & & \vdots \\ & & a_n & d_{n1} & \cdots & d_{nm} \\ & & & b_1 & \cdots & * \\ & \boldsymbol{O} & & & \ddots & \vdots \\ & & & & & b_m \end{pmatrix},$$

于是 $|\boldsymbol{M}|=a_1a_2\cdots a_n\cdot b_1b_2\cdots b_m=|\boldsymbol{A}|\cdot|\boldsymbol{B}|$. □

例 1.8 计算行列式

$$D=\begin{vmatrix}-1&4&5&-1&1\\1&1&0&0&0\\3&2&0&0&0\\2&3&1&2&1\\4&0&-2&0&0\end{vmatrix}.$$

解 将 D 的第 2 行与第 4 行对调, 再将后两列与前三列顺次对换, 将 D 化为

$$-\begin{vmatrix}-1&1&-1&4&5\\2&1&2&3&1\\0&0&3&2&0\\0&0&1&1&0\\0&0&4&0&-2\end{vmatrix},$$

从而

$$D=-\begin{vmatrix}-1&1\\2&1\end{vmatrix}\cdot\begin{vmatrix}3&2&0\\1&1&0\\4&0&-2\end{vmatrix}=-6.$$

最后, 利用定理 1.1 再计算一下例 1.7. 由 (1.4) 式, 连续两次使用定理 1.1 可知

$$\begin{aligned}D&=[(n-1)a+b]\cdot 1\cdot(a-b)\cdot\begin{vmatrix}0&0&\cdots&0&b-a\\0&0&\cdots&b-a&0\\\vdots&\vdots&&\vdots&\vdots\\b-a&0&\cdots&0&0\end{vmatrix}\\&=[(n-1)a+b](b-a)^{n-1}\cdot(-1)^{\frac{(n-3)(n-2)}{2}+1}\\&=(-1)^{\frac{n(n-1)}{2}}[(n-1)a+b](b-a)^{n-1}.\end{aligned}$$

□

练 习 1.4

1.4.1 将命题 1.4 中的上三角阵改成下三角阵结论仍成立; 又将命题 1.4 及命题 1.5 中行变换改成列变换, 结论仍成立, 试证明之.

1.4.2 证明

$$\begin{vmatrix}a_{11}&\cdots&a_{1n}&0&\cdots&0\\\vdots&&\vdots&\vdots&&\vdots\\a_{n1}&\cdots&a_{nn}&0&\cdots&0\\c_{11}&\cdots&c_{1n}&b_{11}&\cdots&b_{1m}\\\vdots&&\vdots&\vdots&&\vdots\\c_{m1}&\cdots&c_{mn}&b_{m1}&\cdots&b_{mm}\end{vmatrix}$$

$$= \begin{vmatrix} a_{11} & \cdots & a_{1n} \\ \vdots & & \vdots \\ a_{n1} & \cdots & a_{nn} \end{vmatrix} \cdot \begin{vmatrix} b_{11} & \cdots & b_{1m} \\ \vdots & & \vdots \\ b_{m1} & \cdots & b_{mm} \end{vmatrix}.$$

1.4.3　计算下列行列式:

(1) $\begin{vmatrix} -3 & 2 & 5 \\ 0 & 3 & -1 \\ 0 & 4 & 5 \end{vmatrix}$;　　(2) $\begin{vmatrix} 1 & 4 & 2 & 1 \\ 3 & 2 & -5 & 7 \\ 0 & 5 & 0 & -2 \\ 0 & -1 & 0 & 4 \end{vmatrix}$;

(3) $\begin{vmatrix} 0 & 0 & 0 & 1 & -1 \\ 0 & 0 & 0 & 3 & 2 \\ 4 & 2 & 1 & 1 & 2 \\ -3 & 5 & 0 & 2 & -1 \\ -1 & 3 & 5 & 2 & 4 \end{vmatrix}$;　　(4) $\begin{vmatrix} 3 & 1 & 2 & 0 & 1 \\ 0 & -1 & 5 & 1 & 0 \\ 1 & -1 & 3 & 1 & 0 \\ 0 & 0 & 0 & 4 & 1 \\ 0 & 0 & 0 & -1 & 2 \end{vmatrix}$.

1.4.4　用行消法变换将下面矩阵化为上三角阵, 并计算其行列式:

(1) $\begin{vmatrix} 0 & -2 & 1 \\ 4 & 5 & 2 \\ -6 & 0 & 3 \end{vmatrix}$;　　(2) $\begin{vmatrix} 1 & 2 & 3 & 4 \\ 2 & 3 & 4 & 1 \\ 3 & 4 & 1 & 2 \\ 4 & 3 & 2 & 1 \end{vmatrix}$.

1.4.5　将上题中的矩阵用初等行变换化为单位阵.

1.4.6　设法将下列行列式化成定理 1.1 的形式, 再进行计算.

(1) $\begin{vmatrix} a & 0 & 0 & b \\ 0 & a & b & 0 \\ 0 & b & a & 0 \\ b & 0 & 0 & a \end{vmatrix}$;　　(2) $\begin{vmatrix} 1 & 1 & 1 & 1 & 1 \\ 1 & 1 & 0 & 0 & 0 \\ 1 & 0 & 1 & 0 & 0 \\ 1 & 0 & 0 & 1 & 0 \\ 1 & 0 & 0 & 0 & 1 \end{vmatrix}$.

1.4.7　计算下列行列式:

(1) $\begin{vmatrix} 1 & 3 & 3 & \cdots & 3 \\ 3 & 2 & 3 & \cdots & 3 \\ 3 & 3 & 3 & \cdots & 3 \\ \vdots & \vdots & \vdots & & \vdots \\ 3 & 3 & 3 & \cdots & n \end{vmatrix}$ $(n \geqslant 3)$;

(2) $\begin{vmatrix} x & a_1 & a_2 & \cdots & a_{n-1} & 1 \\ a_1 & x & a_2 & \cdots & a_{n-1} & 1 \\ a_1 & a_2 & x & \cdots & a_{n-1} & 1 \\ \vdots & \vdots & \vdots & & \vdots & \vdots \\ a_1 & a_2 & a_3 & \cdots & x & 1 \\ a_1 & a_2 & a_3 & \cdots & a_n & 1 \end{vmatrix}$ $(n \geqslant 2)$.

1.5 行列式按一行 (列) 展开

定理 1.1 说明在一定条件下高阶行列式的计算可化为较低阶的行列式的计算. 那么是否存在一个一般的用低阶行列式表达高阶行列式的公式呢? 答案是肯定的. 如下的三阶行列式按第一行展开的公式是不难验证的.

$$
\begin{aligned}
|\boldsymbol{A}| &= \begin{vmatrix} a_{11} & a_{12} & a_{13} \\ a_{21} & a_{22} & a_{23} \\ a_{31} & a_{32} & a_{33} \end{vmatrix} \\
&= a_{11}\begin{vmatrix} a_{22} & a_{23} \\ a_{32} & a_{33} \end{vmatrix} - a_{12}\begin{vmatrix} a_{21} & a_{23} \\ a_{31} & a_{33} \end{vmatrix} + a_{13}\begin{vmatrix} a_{21} & a_{22} \\ a_{31} & a_{32} \end{vmatrix}.
\end{aligned}
$$

上式说明可以用二阶行列式来计算三阶行列式. 其实可以用 $n-1$ 阶行列式表达 n 阶行列式, 为说明这一点必须引进子阵、子式和余子式的概念.

在一个矩阵 $\boldsymbol{A}$ 中, 取定某 p 行和某 q 列, 位于这些行列相交处的元素所构成的矩阵称为 $\boldsymbol{A}$ 的一个**子矩阵**, 简称**子阵**. 如果子阵是方的, 其行列式称为 $\boldsymbol{A}$ 的一个**子式**. 设 $\boldsymbol{A}=(a_{ij})_{n\times n}$, 又设 $\boldsymbol{B}$ 是 $\boldsymbol{A}$ 的一个 p 阶子阵, 那么从 $\boldsymbol{A}$ 中去掉 $\boldsymbol{B}$ 所在的行和列, 余下的元素组成的 $n-p$ 阶子阵的行列式称为子式 $|\boldsymbol{B}|$ 的**余子式**.

特别地, $\boldsymbol{A}$ 的每一元素 a_{ij} 都是一阶子式, 一阶子式 a_{ij} 的余子式约定用符号 M_{ij} 表示. M_{ij} 也可说是 $\boldsymbol{A}$ 或 $|\boldsymbol{A}|$ 的 (i,j) 位置的余子式. 我们又把 $(-1)^{i+j}M_{ij}$ 称为 (i,j) 位置的**代数余子式**, 简记为符号 A_{ij}.

例如, 在四阶阵

$$
\boldsymbol{A}=\begin{pmatrix} 3 & 4 & -1 & 5 \\ 2 & 0 & -1 & 2 \\ 1 & -3 & 0 & -2 \\ -1 & 2 & 0 & 6 \end{pmatrix}
$$

中取定 2, 3, 4 行及 1, 2, 4 列得到一个三阶子式

$$
\begin{vmatrix} 2 & 0 & 2 \\ 1 & -3 & -2 \\ -1 & 2 & 6 \end{vmatrix} = -30,
$$

其实它就是 M_{13}, 而 $A_{13}=(-1)^{1+3}M_{13}=-30$. 类似地可求出

$$
A_{23}=(-1)^{2+3}\begin{vmatrix} 3 & 4 & 5 \\ 1 & -3 & -2 \\ -1 & 2 & 6 \end{vmatrix} = 63.
$$

下面将导出用 $n-1$ 阶子式计算 n 阶行列式的展开公式.

首先看一个特殊情形, 即 $|\boldsymbol{A}|$ 中第 j 列里除 (i,j) 位置为 a_{ij} 外其余都是零, 容易证明

$$|\boldsymbol{A}| = \begin{vmatrix} a_{11} & a_{12} & \cdots & 0 & \cdots & a_{1n} \\ a_{21} & a_{22} & \cdots & 0 & \cdots & a_{2n} \\ \vdots & \vdots & & \vdots & & \vdots \\ a_{i1} & a_{i2} & \cdots & a_{ij} & \cdots & a_{in} \\ \vdots & \vdots & & \vdots & & \vdots \\ a_{n1} & a_{n2} & \cdots & 0 & \cdots & a_{nn} \end{vmatrix} = a_{ij}A_{ij}.$$

事实上, 把上面行列式第 i 行依次与前面各行互换, 再把第 j 列与前面各列依次互换, 设得到的行列式为

$$|\boldsymbol{A}_1| = \begin{vmatrix} a_{ij} & a_{i1} & \cdots & a_{in} \\ 0 & a_{11} & \cdots & a_{1n} \\ \vdots & \vdots & & \vdots \\ 0 & a_{n1} & \cdots & a_{nn} \end{vmatrix}.$$

易见, $|\boldsymbol{A}_1| = (-1)^{(i-1)+(j-1)} \cdot |\boldsymbol{A}|$, 这是因为由 $|\boldsymbol{A}|$ 到 $|\boldsymbol{A}_1|$ 经过了 $i-1$ 次行对换和 $j-1$ 次列对换. 又因为 $|\boldsymbol{A}|$ 中 (i,j) 位置的余子式与 $|\boldsymbol{A}_1|$ 中 $(1,1)$ 位置的余子式是相同的, 这样利用定理 1.1 知 $|\boldsymbol{A}_1| = a_{ij}M_{ij}$, 从而 $|\boldsymbol{A}| = a_{ij}A_{ij}$ 得证.

对于一般情形有如下定理.

定理 1.2　设 $\boldsymbol{A} = (a_{ij})_{n\times n}$, 则

(1) $|\boldsymbol{A}| = \sum\limits_{i=1}^{n} a_{ij}A_{ij},\ \forall\, j = 1,\ 2,\ \cdots,\ n;$

(2) $|\boldsymbol{A}| = \sum\limits_{j=1}^{n} a_{ij}A_{ij},\ \forall\, i = 1,\ 2,\ \cdots,\ n.$

证明　下面只证 (1), 而 (2) 是类似的.

首先将 $\boldsymbol{A}$ 的第 j 列元素都写成 n 个数之和的形式, 即

$$|\boldsymbol{A}| = \begin{vmatrix} a_{11} & \cdots & a_{1j}+0+\cdots+0 & \cdots & a_{1n} \\ a_{21} & \cdots & 0+a_{2j}+\cdots+0 & \cdots & a_{2n} \\ \vdots & & \vdots & & \vdots \\ a_{n1} & \cdots & 0+0+\cdots+a_{nj} & \cdots & a_{nn} \end{vmatrix},$$

将上面行列式的第 j 列按行列式性质 1.2 劈成 n 个列的和, 于是有

$$
|\boldsymbol{A}|=\sum_{i=1}^{n}\begin{vmatrix} a_{11} & \cdots & 0 & \cdots & a_{1n} \\ a_{21} & \cdots & 0 & \cdots & a_{2n} \\ \vdots & & \vdots & & \vdots \\ a_{i1} & \cdots & a_{ij} & \cdots & a_{in} \\ \vdots & & \vdots & & \vdots \\ a_{n1} & \cdots & 0 & \cdots & a_{nn} \end{vmatrix}.
$$

上述和式中的每一项恰为定理之前讨论的特殊情形. 不难看出

$$
|\boldsymbol{A}|=\sum_{i=1}^{n}a_{ij}A_{ij}. \qquad \square
$$

利用定理 1.2 计算本节中那个四阶数字阵的行列式, 按第 3 列展开, 则有

$$
\begin{aligned}
|\boldsymbol{A}| &= a_{13}A_{13}+a_{23}A_{23}+a_{33}A_{33}+a_{43}A_{43} \\
&= -A_{13}-A_{23}=-(-30)-63=-33.
\end{aligned}
$$

定理 1.2 说明**行列式的某行 (列) 元素与其相应的代数余子式对应乘积之和等于行列式本身**. 下面考察行列式某行 (列) 元素与另行 (列) 的相应代数余子式对应乘积之和, 可以得到如下结论.

定理 1.3 设 $\boldsymbol{A}=(a_{ij})_{n\times n}$, 则

(1) $\sum\limits_{i=1}^{n}a_{ij}A_{ik}=0\ (j\neq k)$;

(2) $\sum\limits_{j=1}^{n}a_{ij}A_{kj}=0\ (i\neq k)$.

证明 下面只证 (2), 而 (1) 是类似的.

将 $\boldsymbol{A}$ 的第 k 行去掉后换写上 $\boldsymbol{A}$ 的第 i 行, 其余行不动, 易见

$$
\begin{vmatrix} a_{11} & a_{12} & \cdots & a_{1n} \\ \vdots & \vdots & & \vdots \\ a_{i1} & a_{i2} & \cdots & a_{in} \\ \vdots & \vdots & & \vdots \\ a_{i1} & a_{i2} & \cdots & a_{in} \\ \vdots & \vdots & & \vdots \\ a_{n1} & a_{n2} & \cdots & a_{nn} \end{vmatrix}=0.
$$

将这个行列式按第 k 行展开, 应为它的第 k 行元素 $a_{i1}, a_{i2}, \cdots, a_{in}$ 与它们所在位置相应代数余子式 $A_{k1}, A_{k2}, \cdots, A_{kn}$ (它们的确与原行列式第 k 行各元素代数余子式一致) 对应乘积之和, 即

$$
\sum_{j=1}^{n}a_{ij}A_{kj}=0. \qquad \square
$$

例 1.9　计算如下三对角行列式

$$D=\begin{vmatrix}2&1&0&0&0\\1&2&1&0&0\\0&1&2&1&0\\0&0&1&2&1\\0&0&0&1&2\end{vmatrix}.$$

解　按第 1 列展开,

$$D=2\begin{vmatrix}2&1&0&0\\1&2&1&0\\0&1&2&1\\0&0&1&2\end{vmatrix}-\begin{vmatrix}1&0&0&0\\1&2&1&0\\0&1&2&1\\0&0&1&2\end{vmatrix},$$

再将右端第一项的行列式按第 1 列展开, 第二项的行列式按第 1 行展开,

$$\begin{aligned}D&=2\times\left(2\begin{vmatrix}2&1&0\\1&2&1\\0&1&2\end{vmatrix}-\begin{vmatrix}1&0&0\\1&2&1\\0&1&2\end{vmatrix}\right)-\begin{vmatrix}2&1&0\\1&2&1\\0&1&2\end{vmatrix}\\&=2(2\times4-3)-4=6.\end{aligned}$$

□

例 1.10　计算下面行列式

$$D_n=\begin{vmatrix}x&0&0&\cdots&a_n\\-1&x&0&\cdots&a_{n-1}\\0&-1&x&\cdots&a_{n-2}\\\vdots&\vdots&\vdots&&\vdots\\0&0&0&\cdots&x+a_1\end{vmatrix}.$$

解　方法 1. 按第 1 行展开,

$$D_n=xD_{n-1}+(-1)^{n+1}(-1)^{n-1}a_n=xD_{n-1}+a_n. \tag{1.5}$$

这个式子对 $n\geqslant 2$ 都成立, 故递推之,

$$\begin{aligned}D_n&=x(xD_{n-2}+a_{n-1})+a_n\\&=x^2D_{n-2}+a_{n-1}x+a_n\\&=x^2(xD_{n-3}+a_{n-2})+a_{n-1}x+a_n\\&=\cdots\\&=x^{n-1}D_1+a_2x^{n-2}+\cdots+a_{n-1}x+a_n,\end{aligned}$$

但 $D_1 = x + a_1$, 故

$$D_n = x^n + a_1 x^{n-1} + a_2 x^{n-2} + \cdots + a_{n-1} x + a_n.$$

方法 2. 从第 n 行开始顺次将其后一行乘 x 加于前一行, 最后展开第 1 行亦可计算此行列式 (读者试推之). (1.5) 式称**递推公式**, 这种方法称为**递推方法**. □

例 1.11 计算**范德蒙德**(Vandermonde)**行列式**

$$D_n = \begin{vmatrix} 1 & 1 & \cdots & 1 & 1 \\ a_1 & a_2 & \cdots & a_{n-1} & a_n \\ a_1^2 & a_2^2 & \cdots & a_{n-1}^2 & a_n^2 \\ \vdots & \vdots & & \vdots & \vdots \\ a_1^{n-2} & a_2^{n-2} & \cdots & a_{n-1}^{n-2} & a_n^{n-2} \\ a_1^{n-1} & a_2^{n-1} & \cdots & a_{n-1}^{n-1} & a_n^{n-1} \end{vmatrix} \quad (n \geqslant 2).$$

解 从第 $n-1$ 行开始依次乘 $-a_n$ 加到相邻的后一行上去, 得 D_n 为

$$\begin{vmatrix} 1 & 1 & \cdots & 1 & 1 \\ a_1 - a_n & a_2 - a_n & \cdots & a_{n-1} - a_n & 0 \\ a_1(a_1 - a_n) & a_2(a_2 - a_n) & \cdots & a_{n-1}(a_{n-1} - a_n) & 0 \\ \vdots & \vdots & & \vdots & \vdots \\ a_1^{n-3}(a_1 - a_n) & a_2^{n-3}(a_2 - a_n) & \cdots & a_{n-1}^{n-3}(a_{n-1} - a_n) & 0 \\ a_1^{n-2}(a_1 - a_n) & a_2^{n-2}(a_2 - a_n) & \cdots & a_{n-1}^{n-2}(a_{n-1} - a_n) & 0 \end{vmatrix},$$

再按第 n 列展开

$$\begin{aligned} D_n &= (-1)^{n+1}(a_1 - a_n)(a_2 - a_n)\cdots(a_{n-1} - a_n)D_{n-1} \\ &= (a_n - a_1)(a_n - a_2)\cdots(a_n - a_{n-1})D_{n-1}. \end{aligned}$$

由此递推, 易得

$$\begin{aligned} D_n = &(a_n - a_1)(a_n - a_2)\cdots(a_n - a_{n-1}) \\ &\cdot(a_{n-1} - a_1)(a_{n-1} - a_2)\cdots(a_{n-1} - a_{n-2}) \\ &\cdots\cdots(a_3 - a_1)(a_3 - a_2)\cdot(a_2 - a_1). \end{aligned}$$

类似于和号的使用, 我们可将上述结果用积号表示

$$D_n = \prod_{n \geqslant i > j \geqslant 1} (a_i - a_j).$$ □

这个行列式的结果是很典型的, 可作为公式使用.

练　习　1.5

1.5.1　计算下列行列式:

(1) $\begin{vmatrix} 1 & 1 & 0 & 0 \\ 1 & 0 & 1 & 0 \\ 0 & 1 & 0 & 0 \\ 0 & 0 & 1 & 1 \end{vmatrix}$;　　(2) $\begin{vmatrix} 2 & 1 & -5 & 1 \\ 1 & -3 & 0 & -6 \\ 0 & 2 & -1 & 2 \\ 1 & 4 & -7 & 6 \end{vmatrix}$;

(3) $\begin{vmatrix} x & y & 0 & \cdots & 0 & 0 \\ 0 & x & y & \cdots & 0 & 0 \\ 0 & 0 & x & \cdots & 0 & 0 \\ \vdots & \vdots & \vdots & & \vdots & \vdots \\ 0 & 0 & 0 & \cdots & x & y \\ y & 0 & 0 & \cdots & 0 & x \end{vmatrix} (n \geqslant 2)$;

(4) $\begin{vmatrix} 1 & 1 & 1 & \cdots & 1 & 1 & 1 \\ -a_1 & x_1 & 0 & \cdots & 0 & 0 & 0 \\ 0 & -a_2 & x_2 & \cdots & 0 & 0 & 0 \\ \vdots & \vdots & \vdots & & \vdots & \vdots & \vdots \\ 0 & 0 & 0 & \cdots & x_{n-2} & 0 & 0 \\ 0 & 0 & 0 & \cdots & -a_{n-1} & x_{n-1} & 0 \\ 0 & 0 & 0 & \cdots & 0 & -a_n & x_n \end{vmatrix} (n \geqslant 2)$;

(5) $\begin{vmatrix} 1 & x_1+1 & x_1^2+x_1 & \cdots & x_1^{n-1}+x_1^{n-2} \\ 1 & x_2+1 & x_2^2+x_2 & \cdots & x_2^{n-1}+x_2^{n-2} \\ 1 & x_3+1 & x_3^2+x_3 & \cdots & x_3^{n-1}+x_3^{n-2} \\ \vdots & \vdots & \vdots & & \vdots \\ 1 & x_n+1 & x_n^2+x_n & \cdots & x_n^{n-1}+x_n^{n-2} \end{vmatrix} (n \geqslant 2)$.

1.5.2　用数学归纳法证明下列 n 阶行列式的结果 (其中 $n \geqslant 2$):

(1) $\begin{vmatrix} a_1 & 1 & \cdots & 1 & 1 \\ 1 & a_2 & \cdots & 0 & 0 \\ \vdots & \vdots & & \vdots & \vdots \\ 1 & 0 & \cdots & a_{n-1} & 0 \\ 1 & 0 & \cdots & 0 & a_n \end{vmatrix} = \prod_{i=1}^{n} a_i - \sum_{i=2}^{n} \prod_{\substack{j=2 \\ j \neq i}}^{n} a_j$;

(2) $\begin{vmatrix} \cos\alpha & 1 & 0 & \cdots & 0 & 0 \\ 1 & 2\cos\alpha & 1 & \cdots & 0 & 0 \\ 0 & 1 & 2\cos\alpha & \cdots & 0 & 0 \\ \vdots & \vdots & \vdots & & \vdots & \vdots \\ 0 & 0 & 0 & \cdots & 2\cos\alpha & 1 \\ 0 & 0 & 0 & \cdots & 1 & 2\cos\alpha \end{vmatrix} = \cos(n\alpha)$;

(3) $\begin{vmatrix} 2 & 1 & 0 & \cdots & 0 & 0 & 0 \\ 1 & 2 & 1 & \cdots & 0 & 0 & 0 \\ 0 & 1 & 2 & \cdots & 0 & 0 & 0 \\ \vdots & \vdots & \vdots & & \vdots & \vdots & \vdots \\ 0 & 0 & 0 & \cdots & 2 & 1 & 0 \\ 0 & 0 & 0 & \cdots & 1 & 2 & 1 \\ 0 & 0 & 0 & \cdots & 0 & 1 & 2 \end{vmatrix} = n+1.$

问题与研讨 1

问题 1.1 总结一下计算行列式的方法, 并举例说明.

问题 1.2 计算如下四阶行列式

$$\begin{vmatrix} 1 & a & a^2 & a^3 \\ 1 & b & b^2 & b^3 \\ 1 & 1+c & 1+2c & 1+3c \\ 1 & 1+d & 1+2d & 1+3d \end{vmatrix}.$$

问题 1.3 下面的方程有几个根?

$$\begin{vmatrix} x-1 & x-2 & x-2 & x-3 \\ 2x-1 & 2x-2 & 2x-2 & 2x-3 \\ 3x-1 & 3x-3 & 4x-5 & 3x-5 \\ 4x-1 & 4x & 5x-7 & 4x-3 \end{vmatrix} = 0.$$

问题 1.4 求如下行列式展开结果中 x^2 项的系数及常数项.

$$\begin{vmatrix} -x & 2x & -3 & x \\ 1 & 2 & 0 & -x \\ -4 & 1 & -1 & 2 \\ 0 & -5 & 1 & 2x-1 \end{vmatrix}$$

问题 1.5 计算行列式 $D_n(n \geqslant 2)$, 其中第一行、第一列及对角线以外全为 0.

$$D_n = \begin{vmatrix} a_1 & b_2 & \cdots & b_n \\ c_2 & a_2 & & \\ \vdots & & \ddots & \\ c_n & & & a_n \end{vmatrix}.$$

问题 1.6　计算如下 n 阶行列式 $(n \geqslant 2)$

$$D_n = \begin{vmatrix} 1 & 1 & \cdots & 1 \\ x_1^2 & x_2^2 & \cdots & x_n^2 \\ \vdots & \vdots & & \vdots \\ x_1^n & x_2^n & \cdots & x_n^n \end{vmatrix}.$$

问题 1.7 *　用 3 种方法计算如下行列式 $(n \geqslant 2)$

$$D_n = \begin{vmatrix} x_1 & a_1b_2 & \cdots & a_1b_n \\ a_2b_1 & x_2 & \cdots & a_2b_n \\ \vdots & \vdots & & \vdots \\ a_nb_1 & a_nb_2 & \cdots & x_n \end{vmatrix}.$$

问题 1.8 *　(1) 对 n 阶阵 $\boldsymbol{A}$ 进行初等行变换, 对 $|\boldsymbol{A}|$ 有何影响?

(2) 如果由 0 和 1 组成的四阶阵 $\boldsymbol{A}$, 每行元素和为 2, 每列元素和也为 2, 那么 $|\boldsymbol{A}|$ 是恒定的吗?

问题 1.9 *　(1) 设 $n \geqslant 2$, 两个 n 阶阵 $\boldsymbol{A}$ 及 $\boldsymbol{B}$, 如果 $|\boldsymbol{A}| = |\boldsymbol{B}|$, 那么存在一系列行消法变换把 $\boldsymbol{A}$ 化成 $\boldsymbol{B}$ 吗?

(2) 在 $|\boldsymbol{A}| = |\boldsymbol{B}|$ 基础上再加什么条件就存在一系列消法变换把 $\boldsymbol{A}$ 化成 $\boldsymbol{B}$?

问题 1.10 *　计算下面 n 阶三对角行列式 $(n \geqslant 2)$

$$D_n = \begin{vmatrix} a & b & & \\ c & a & \ddots & \\ & \ddots & \ddots & b \\ & & c & a \end{vmatrix}.$$

总习题 1

A 类 题

1.1　设 $m \times n$ 矩阵 $\boldsymbol{A}$ 经一次初等变换化为 $\boldsymbol{B}$, 证明 $\boldsymbol{B}$ 可经同种初等变换化为 $\boldsymbol{A}$.

1.2　n 阶方阵 $\boldsymbol{A}$ 经一系列初等变换化为 $\boldsymbol{B}$, 证明 $|\boldsymbol{A}| = 0$ 当且仅当 $|\boldsymbol{B}| = 0$.

1.3　一个六阶行列式 $|\boldsymbol{A}|$ 中所有四阶子式都是零, 证明 $|\boldsymbol{A}| = 0$. 你能将此推广吗?

1.4　如果实数方阵 $\boldsymbol{A}$ 的某一行元素与其相应的代数余子式分别相等, 证明 $|\boldsymbol{A}| \geqslant 0$.

1.5 计算行列式:

(1) $\begin{vmatrix} 1 & 1 & 1 & \cdots & 1 \\ 1 & x_1 & x_1^2 & \cdots & x_1^n \\ 1 & x_2 & x_2^2 & \cdots & x_2^n \\ \vdots & \vdots & \vdots & & \vdots \\ 1 & x_n & x_n^2 & \cdots & x_n^n \end{vmatrix} (n \geqslant 2)$;

(2) $\begin{vmatrix} a & 0 & \cdots & 0 & b \\ 0 & a & \cdots & b & 0 \\ \vdots & \vdots & & \vdots & \vdots \\ 0 & b & \cdots & a & 0 \\ b & 0 & \cdots & 0 & a \end{vmatrix}_{n\times n} (n \geqslant 2)$;

(3) $\begin{vmatrix} 1 & 2 & 2 & \cdots & 2 & 2 \\ 2 & 2 & 2 & \cdots & 2 & 2 \\ 2 & 2 & 3 & \cdots & 2 & 2 \\ \vdots & \vdots & \vdots & & \vdots & \vdots \\ 2 & 2 & 2 & \cdots & n-1 & 2 \\ 2 & 2 & 2 & \cdots & 2 & n \end{vmatrix} (n \geqslant 3)$;

(4) $\begin{vmatrix} 1+a_1 & 1 & \cdots & 1 & 1 \\ 1 & 1+a_2 & \cdots & 1 & 1 \\ \vdots & \vdots & & \vdots & \vdots \\ 1 & 1 & \cdots & 1+a_{n-1} & 1 \\ 1 & 1 & \cdots & 1 & 1+a_n \end{vmatrix} (n \geqslant 2)$;

(5) $\begin{vmatrix} 0 & 1 & 1 & \cdots & 1 & 1 \\ 1 & 0 & x & \cdots & x & x \\ 1 & x & 0 & \cdots & x & x \\ \vdots & \vdots & \vdots & & \vdots & \vdots \\ 1 & x & x & \cdots & 0 & x \\ 1 & x & x & \cdots & x & 0 \end{vmatrix}_{n\times n} (n \geqslant 3)$.

B 类 题

1.6 由元素全为 1 的行列式等于 0 的事实说明 $1, 2, \cdots, n$ 的奇排列与偶排列个数都是 $\dfrac{1}{2}n!$.

1.7 方阵 $\boldsymbol{A}$ 经一系列初等变换化为 $\boldsymbol{I}_n$, 证明 $\boldsymbol{A}$ 非奇异.

1.8 设方阵 $\boldsymbol{A}$ 的行列式为零, 证明 $\boldsymbol{A}$ 可经一系列行消法变换化为有一行元素全为零的阵.

1.9 设 $\boldsymbol{A} = (a_{ij})_{n\times n}$ 的元素满足

$$a_{ij} = a_{ji}, \quad \forall\, i,\ j = 1,\ 2,\ \cdots,\ n,$$

则称 $\boldsymbol{A}$ 为**对称阵**. 证明: 对一切 i 及 j 有代数余子式等式 $A_{ij}=A_{ji}$.

1.10 设 $\boldsymbol{A}=(a_{ij})_{n\times n}$ 的元素满足

$$a_{ij}=-a_{ji},\quad \forall\, i,\ j=1,\ 2,\ \cdots,\ n,$$

则称 $\boldsymbol{A}$ 为**反对称阵**, 证明: 当 n 为奇数时, 有 $|\boldsymbol{A}|=0$.

1.11 计算 n 阶行列式 $(n\geqslant 2)$:

(1) $\begin{vmatrix} \mathrm{C}_m^0 & \mathrm{C}_m^1 & \mathrm{C}_m^2 & \cdots & \mathrm{C}_m^{n-1} \\ \mathrm{C}_{m+1}^0 & \mathrm{C}_{m+1}^1 & \mathrm{C}_{m+1}^2 & \cdots & \mathrm{C}_{m+1}^{n-1} \\ \mathrm{C}_{m+2}^0 & \mathrm{C}_{m+2}^1 & \mathrm{C}_{m+2}^2 & \cdots & \mathrm{C}_{m+2}^{n-1} \\ \vdots & \vdots & \vdots & & \vdots \\ \mathrm{C}_{m+n-1}^0 & \mathrm{C}_{m+n-1}^1 & \mathrm{C}_{m+n-1}^2 & \cdots & \mathrm{C}_{m+n-1}^{n-1} \end{vmatrix}$;

(2) $\begin{vmatrix} 1-a_1 & a_2 & 0 & \cdots & 0 & 0 \\ -1 & 1-a_2 & a_3 & \cdots & 0 & 0 \\ 0 & -1 & 1-a_3 & \cdots & 0 & 0 \\ \vdots & \vdots & \vdots & & \vdots & \vdots \\ 0 & 0 & 0 & \cdots & 1-a_{n-1} & a_n \\ 0 & 0 & 0 & \cdots & -1 & 1-a_n \end{vmatrix}$;

(3) $\begin{vmatrix} a_1^n & a_1^{n-1}b_1 & \cdots & a_1b_1^{n-1} & b_1^n \\ a_2^n & a_2^{n-1}b_2 & \cdots & a_2b_2^{n-1} & b_2^n \\ \vdots & \vdots & & \vdots & \vdots \\ a_n^n & a_n^{n-1}b_n & \cdots & a_nb_n^{n-1} & b_n^n \\ a_{n+1}^n & a_{n+1}^{n-1}b_{n+1} & \cdots & a_{n+1}b_{n+1}^{n-1} & b_{n+1}^n \end{vmatrix}$;

(4) $\begin{vmatrix} 1+x_1^2 & x_1x_2 & \cdots & x_1x_n \\ x_2x_1 & 1+x_2^2 & \cdots & x_2x_n \\ \vdots & \vdots & & \vdots \\ x_nx_1 & x_nx_2 & \cdots & 1+x_n^2 \end{vmatrix}$.

C 类 题

1.12 排列 $j_1j_2\cdots j_n$ 的逆序数为 τ, 试求排列 $j_n\cdots j_2j_1$ 的逆序数.

1.13 n 阶矩阵 $\boldsymbol{A}$ 的所有元素都是 ±1, 证明: $|\boldsymbol{A}|$ 的值是一个能被 2^{n-1} 整除的整数.

1.14 设 $a\neq 0$, 证明 $\mathrm{diag}(a,\ a^{-1})$ 可经一系列消法变换化为单位阵.

1.15 证明元素是 1 或 0 的三阶行列式最大值为 2.

1.16 证明:

(1) $\sum\limits_{j_1j_2\cdots j_n}\begin{vmatrix} a_{1j_1} & \cdots & a_{1j_n} \\ \vdots & & \vdots \\ a_{nj_1} & \cdots & a_{nj_n} \end{vmatrix}=0$, 其中 $j_1j_2\cdots j_n$ 跑遍 1, 2, $\cdots$, n 的所有排列;

(2) $\begin{vmatrix} a_{11}+x & \cdots & a_{1n}+x \\ \vdots & & \vdots \\ a_{n1}+x & \cdots & a_{nn}+x \end{vmatrix} = |(a_{ij})_{n\times n}| + x\sum\limits_{i=1}^{n}\sum\limits_{j=1}^{n} A_{ij}$, 其中 A_{ij} 为 $\boldsymbol{A}=(a_{ij})_{n\times n}$ 的 (i,j) 位置的代数余子式;

(3) 设

$$\boldsymbol{A} = \begin{pmatrix} \lambda+a_{11} & a_{12} & \cdots & a_{1n} \\ a_{21} & \lambda+a_{22} & \cdots & a_{2n} \\ \vdots & \vdots & & \vdots \\ a_{n1} & a_{n2} & \cdots & \lambda+a_{nn} \end{pmatrix},$$

证明:$|\boldsymbol{A}| = \lambda^n + a_1\lambda^{n-1} + \cdots + a_n$, 其中 $a_1 = \sum\limits_{i=1}^{n} a_{ii}$, $a_n = |\boldsymbol{A}|$, 一般地

$$a_k = \sum_{i_1\cdots i_k} \begin{vmatrix} a_{i_1i_1} & a_{i_1i_2} & \cdots & a_{i_1i_k} \\ a_{i_2i_1} & a_{i_2i_2} & \cdots & a_{i_2i_k} \\ \vdots & \vdots & & \vdots \\ a_{i_ki_1} & a_{i_ki_2} & \cdots & a_{i_ki_k} \end{vmatrix} \quad (1 \leqslant k \leqslant n),$$

这里的 $i_1i_2\cdots i_k$ 跑遍 1, 2, $\cdots$, n 中取 k 个不同元的所有增排列.

1.17 计算下列 n 阶行列式:

(1) $\begin{vmatrix} x_1 & a_1b_2 & \cdots & a_1b_n \\ a_2b_1 & x_2 & \cdots & a_2b_n \\ \vdots & \vdots & & \vdots \\ a_nb_1 & a_nb_2 & \cdots & x_n \end{vmatrix} (n \geqslant 2)$; (2) $\begin{vmatrix} x & y & y & \cdots & y & y \\ z & x & y & \cdots & y & y \\ \vdots & \vdots & \vdots & & \vdots & \vdots \\ z & z & z & \cdots & x & y \\ z & z & z & \cdots & z & x \end{vmatrix}$;

(3) $\begin{vmatrix} \dfrac{1}{x_1+y_1} & \dfrac{1}{x_1+y_2} & \cdots & \dfrac{1}{x_1+y_n} \\ \dfrac{1}{x_2+y_1} & \dfrac{1}{x_2+y_2} & \cdots & \dfrac{1}{x_2+y_n} \\ \vdots & \vdots & & \vdots \\ \dfrac{1}{x_n+y_1} & \dfrac{1}{x_n+y_2} & \cdots & \dfrac{1}{x_n+y_n} \end{vmatrix} (n \geqslant 2)$;

(4) $\begin{vmatrix} \alpha+\beta & \alpha\beta & 0 & \cdots & 0 & 0 \\ 1 & \alpha+\beta & \alpha\beta & \cdots & 0 & 0 \\ 0 & 1 & \alpha+\beta & \cdots & 0 & 0 \\ \vdots & \vdots & \vdots & & \vdots & \vdots \\ 0 & 0 & 0 & \cdots & \alpha+\beta & \alpha\beta \\ 0 & 0 & 0 & \cdots & 1 & \alpha+\beta \end{vmatrix}$.

第2章　矩　　阵

第 1 章已引出了矩阵的概念, 而行列式不过是一种矩阵函数. 矩阵作为更一般的对象, 是代数, 特别是高等代数和线性代数所研究的主要内容之一. 矩阵的方法是处理线性代数问题的两种基本方法之一. 矩阵的应用几乎渗透到所有学科中. 自然科学与工程技术中要处理大量的线性问题就离不开矩阵工具, 反映关联关系的图也可以用矩阵表示, 就连国民经济中经常使用的投入产出表及物资调运方案等也是矩阵, 甚至语言学的研究也要用矩阵.

本章系统讲述了矩阵的运算和性质, 为线性方程组及其他方面理论的展开提供必要的基础准备.

2.1　矩阵的运算

矩阵的重要应用都依赖于矩阵的基本运算. 为方便起见, 现取定一个数域 $\mathbb{F}$, 以下所讨论的矩阵如不加特殊声明都是由数域 $\mathbb{F}$ 中的数所构成的, 称其为 $\mathbb{F}$ 上的矩阵.

2.1.1　线性运算

定义 2.1　设 $\boldsymbol{A}=(a_{ij})_{m\times n}$, $\boldsymbol{B}=(b_{ij})_{m\times n}$, 如果

$$a_{ij}=b_{ij},\quad \forall\, i=1,\,2,\,\cdots,\,m,\quad \forall\, j=1,\,2,\,\cdots,\,n,$$

则称矩阵 $\boldsymbol{A}$ 与 $\boldsymbol{B}$ **相等**, 记为 $\boldsymbol{A}=\boldsymbol{B}$.

定义 2.2　设 $\boldsymbol{A}=(a_{ij})_{m\times n}$, $\boldsymbol{B}=(b_{ij})_{m\times n}$, 称 $(a_{ij}+b_{ij})_{m\times n}$ 为 $\boldsymbol{A}$ 与 $\boldsymbol{B}$ 的**和**, 记为 $\boldsymbol{A}+\boldsymbol{B}$.

例如

$$\begin{pmatrix}1&-1&2\\3&0&4\end{pmatrix}+\begin{pmatrix}4&2&0\\-1&-2&3\end{pmatrix}=\begin{pmatrix}5&1&2\\2&-2&7\end{pmatrix}.$$

各位置元素全为 0 的矩阵称为**零矩阵**, 记为 $\boldsymbol{O}$ 或 $\boldsymbol{O}_{m\times n}$. 又称 $(-a_{ij})_{m\times n}$ 为 $\boldsymbol{A}=(a_{ij})_{m\times n}$ 的**负矩阵**, 记为 $-\boldsymbol{A}$. 然后可以规定 $\boldsymbol{A}-\boldsymbol{B}$ 的意义是 $\boldsymbol{A}+(-\boldsymbol{B})$, 于是就有了矩阵的**减法**. 容易验证矩阵加法运算满足下列运算规则:

(1) $\boldsymbol{A}+\boldsymbol{B}=\boldsymbol{B}+\boldsymbol{A}$;　　(2) $(\boldsymbol{A}+\boldsymbol{B})+\boldsymbol{C}=\boldsymbol{A}+(\boldsymbol{B}+\boldsymbol{C})$;

(3) $\boldsymbol{A}+\boldsymbol{O}=\boldsymbol{A}$;　　(4) $\boldsymbol{A}+(-\boldsymbol{A})=\boldsymbol{O}$.

需要指出的是, 只有**同型阵**(即行数一致且列数一致的矩阵) 才可以相加减.

定义 2.3 设 $\boldsymbol{A}=(a_{ij})_{m\times n}$, 则称 $(\lambda a_{ij})_{m\times n}$ **为数 λ 与矩阵 $\boldsymbol{A}$ 的积**, 记为 $\lambda\boldsymbol{A}$, 这个运算称为**"数乘"**. 我们还约定 $\lambda\boldsymbol{A}=\boldsymbol{A}\lambda$.

例如

$$(-2)\begin{pmatrix}1 & 3 & -2\\ 0 & 4 & 5\end{pmatrix}=\begin{pmatrix}-2 & -6 & 4\\ 0 & -8 & -10\end{pmatrix}.$$

对于数乘运算, 再联系到加法运算, 又有四条运算规则如下, 它们是不难验证的.

(5) $(\lambda\mu)\boldsymbol{A}=\lambda(\mu\boldsymbol{A})$; (6) $\lambda(\boldsymbol{A}+\boldsymbol{B})=\lambda\boldsymbol{A}+\lambda\boldsymbol{B}$;

(7) $(\lambda+\mu)\boldsymbol{A}=\lambda\boldsymbol{A}+\mu\boldsymbol{A}$; (8) $1\,\boldsymbol{A}=\boldsymbol{A}$,

其中 $\boldsymbol{A}$, $\boldsymbol{B}$ 为同型矩阵, λ 及 μ 为数域 $\mathbb{F}$ 中的任意数. (5) 称为数乘的结合律, (6) 及 (7) 实际上是两个分配律.

以上加法及数乘两种运算统称**线性运算**, 而 (1)—(8) 则是线性运算的基本运算规则.

通常用 $\boldsymbol{E}_{ij}$ 表示一个确定型号矩阵的**矩阵单位**, 即 (i,j) 位置为 1, 其余位置为 0 的矩阵. **一个矩阵总可用矩阵单位的线性运算来表达**. 例如

$$\begin{pmatrix}2 & -3\\ 1 & -4\end{pmatrix}=2\boldsymbol{E}_{11}-3\boldsymbol{E}_{12}+\boldsymbol{E}_{21}-4\boldsymbol{E}_{22}.$$

一般地, 设 $\boldsymbol{A}=(a_{ij})_{m\times n}$, 则有

$$\boldsymbol{A}=\sum_{i=1}^{m}\sum_{j=1}^{n}a_{ij}\boldsymbol{E}_{ij}.$$

例 2.1 求下面矩阵等式中的未知数 x 和 y:

$$x\begin{pmatrix}1 & 3\\ 0 & -2\end{pmatrix}-y\begin{pmatrix}1 & -1\\ 0 & 3\end{pmatrix}=\begin{pmatrix}3 & 5\\ 0 & -1\end{pmatrix}.$$

解 按线性运算定义, 上述等式, 即

$$\begin{pmatrix}x-y & 3x+y\\ 0 & -2x-3y\end{pmatrix}=\begin{pmatrix}3 & 5\\ 0 & -1\end{pmatrix}.$$

根据矩阵相等定义可知, x, y 满足如下方程组

$$\begin{cases}x-\ y=3,\\ 3x+\ y=5,\\ -2x-3y=-1,\end{cases}$$

解之得 $x=2$, $y=-1$. □

2.1.2 乘法运算

为了引入乘法运算, 我们从缩写线性方程组入手. 众所周知, 一元一次方程的一般形式是 $ax=b$, 而由 m 个方程构成的 n 个未知数的一次方程组即线性方程组, 可以写成如下的一般形式

$$\begin{cases} a_{11}x_1+a_{12}x_2+\cdots+a_{1n}x_n=b_1, \\ a_{21}x_1+a_{22}x_2+\cdots+a_{2n}x_n=b_2, \\ \cdots\cdots \\ a_{m1}x_1+a_{m2}x_2+\cdots+a_{mn}x_n=b_m. \end{cases} \tag{2.1}$$

如果设

$$\boldsymbol{A}=\begin{pmatrix} a_{11} & a_{12} & \cdots & a_{1n} \\ a_{21} & a_{22} & \cdots & a_{2n} \\ \vdots & \vdots & & \vdots \\ a_{m1} & a_{m2} & \cdots & a_{mn} \end{pmatrix}, \quad \boldsymbol{x}=\begin{pmatrix} x_1 \\ x_2 \\ \vdots \\ x_n \end{pmatrix}, \quad \boldsymbol{b}=\begin{pmatrix} b_1 \\ b_2 \\ \vdots \\ b_m \end{pmatrix},$$

而将方程组形式地写为 $\boldsymbol{Ax}=\boldsymbol{b}$, 那么必须规定矩阵 $\boldsymbol{A}$ 与 $\boldsymbol{x}$ 的乘法 $\boldsymbol{Ax}$ 表示一个 $m\times 1$ 矩阵, 其中第 i 个数就是 $\boldsymbol{A}$ 的第 i 行各元素与 $\boldsymbol{x}$ 的相应元素对应乘积之和, 即 $\sum\limits_{j=1}^{n} a_{ij}x_j$.

将上述想法写清楚就是

$$\begin{pmatrix} a_{11} & a_{12} & \cdots & a_{1n} \\ a_{21} & a_{22} & \cdots & a_{2n} \\ \vdots & \vdots & & \vdots \\ a_{m1} & a_{m2} & \cdots & a_{mn} \end{pmatrix}\begin{pmatrix} x_1 \\ x_2 \\ \vdots \\ x_n \end{pmatrix}=\begin{pmatrix} \sum\limits_{j=1}^{n} a_{1j}x_j \\ \sum\limits_{j=1}^{n} a_{2j}x_j \\ \vdots \\ \sum\limits_{j=1}^{n} a_{mj}x_j \end{pmatrix},$$

仿此, 可给出矩阵乘法的一般定义.

定义 2.4 设 $\boldsymbol{A}=(a_{ij})_{m\times n}$, $\boldsymbol{B}=(b_{ij})_{n\times p}=\begin{pmatrix} \boldsymbol{B}_1 \\ \vdots \\ \boldsymbol{B}_n \end{pmatrix}$, 其中 $\boldsymbol{B}_1,\boldsymbol{B}_2,\cdots,\boldsymbol{B}_n$ 表示 $\boldsymbol{B}$ 的各行, 则称

$$\boldsymbol{C}_{m\times p}=\begin{pmatrix} \sum\limits_{k=1}^{n} a_{1k}\boldsymbol{B}_k \\ \vdots \\ \sum\limits_{k=1}^{n} a_{mk}\boldsymbol{B}_k \end{pmatrix} \tag{2.2}$$

为 $\boldsymbol{A}$ 与 $\boldsymbol{B}$ 的**乘积**, 简记为 $\boldsymbol{AB}=\boldsymbol{C}$. 这个定义说明乘积 $\boldsymbol{AB}$ 的第 i 行, 即 $\boldsymbol{A}$ 的第 i 行元素与 $\boldsymbol{B}$ 的相应行对应乘积之和.

由定义可以看出**只有 A 的列数与 B 的行数相等才有乘积 AB**, 且 **AB 的行数与 A 的行数相同, 列数与 B 的列数相同**.

例如

$$\begin{pmatrix}1&5&3\\2&-1&-6\end{pmatrix}\begin{pmatrix}3&-2\\-4&0\\7&1\end{pmatrix}$$
$$=\begin{pmatrix}(3\quad -2)+5(-4\quad 0)+3(7\quad 1)\\2(3\quad -2)-(-4\quad 0)-6(7\quad 1)\end{pmatrix}=\begin{pmatrix}4&1\\-32&-10\end{pmatrix}.$$

现在将 (2.2) 式换一种写法, 可以得到矩阵乘法的一个等价定义, 即

$$\boldsymbol{AB}=\boldsymbol{C}=(c_{ij})_{m\times p},\quad \text{其中}\quad c_{ij}=\sum_{k=1}^{n}a_{ik}b_{kj}. \tag{2.3}$$

也就是说, **乘积 AB 的 (i,j) 位置元素是 A 的第 i 行元素与 B 的第 j 列对应元素乘积之和**. 例如

$$\begin{pmatrix}2&-3\\1&4\end{pmatrix}\begin{pmatrix}-1&0\\5&-2\end{pmatrix}=\begin{pmatrix}2\cdot(-1)+(-3)\cdot 5&2\cdot 0+(-3)\cdot(-2)\\1\cdot(-1)+4\cdot 5&1\cdot 0+4\cdot(-2)\end{pmatrix}=\begin{pmatrix}-17&6\\19&-8\end{pmatrix}.$$

又如

$$\begin{pmatrix}1\\3\\-2\end{pmatrix}(2\quad -5\quad 6)=\begin{pmatrix}2&-5&6\\6&-15&18\\-4&10&-12\end{pmatrix}.$$

矩阵乘法如此定义的合理性还可以从解析几何中的坐标变换得到解释.

设在平面上将直角坐标系绕坐标原点沿逆时针方向旋转 θ 角, 则平面上任意点 P 的前后坐标 (x,y) 与 (x',y') 之间存在着如下关系

$$\begin{cases}x'=x\cos\theta+y\sin\theta,\\y'=-x\sin\theta+y\cos\theta,\end{cases}$$

写成矩阵乘法的形式是

$$\begin{pmatrix}x'\\y'\end{pmatrix}=\begin{pmatrix}\cos\theta&\sin\theta\\-\sin\theta&\cos\theta\end{pmatrix}\begin{pmatrix}x\\y\end{pmatrix}.$$

如果再将新坐标系绕原点沿逆时针方向再旋转角 φ, 则又有

$$\begin{pmatrix}x''\\y''\end{pmatrix}=\begin{pmatrix}\cos\varphi&\sin\varphi\\-\sin\varphi&\cos\varphi\end{pmatrix}\begin{pmatrix}x'\\y'\end{pmatrix}.$$

实际上两次旋转的总结果应为一次旋转角 $\theta+\varphi$, 即

$$\begin{pmatrix} x'' \\ y'' \end{pmatrix} = \begin{pmatrix} \cos(\theta+\varphi) & \sin(\theta+\varphi) \\ -\sin(\theta+\varphi) & \cos(\theta+\varphi) \end{pmatrix} \begin{pmatrix} x \\ y \end{pmatrix};$$

其实按矩阵乘法定义计算不难发现

$$\begin{pmatrix} \cos\varphi & \sin\varphi \\ -\sin\varphi & \cos\varphi \end{pmatrix} \begin{pmatrix} \cos\theta & \sin\theta \\ -\sin\theta & \cos\theta \end{pmatrix} = \begin{pmatrix} \cos(\theta+\varphi) & \sin(\theta+\varphi) \\ -\sin(\theta+\varphi) & \cos(\theta+\varphi) \end{pmatrix}.$$

一般地, 连续两次类似上面的变换恰与变换矩阵的乘法相对应.

对于矩阵乘法有如下的运算规则:

(1) $(\boldsymbol{AB})\boldsymbol{C}=\boldsymbol{A}(\boldsymbol{BC})$;　　(2) $(\boldsymbol{A}+\boldsymbol{B})\boldsymbol{C}=\boldsymbol{AC}+\boldsymbol{BC}$;

(3) $\boldsymbol{D}(\boldsymbol{A}+\boldsymbol{B})=\boldsymbol{DA}+\boldsymbol{DB}$;　　(4) $\lambda(\boldsymbol{AB})=(\lambda\boldsymbol{A})\boldsymbol{B}=\boldsymbol{A}(\lambda\boldsymbol{B})$.

上述矩阵的行列数应符合运算要求, 其中 λ 是数域 $\mathbb{F}$ 中的任意数.

下面给出 (1) 的证明, 其余留给读者自己验证.

设 $\boldsymbol{A}=(a_{ij})_{m\times n}$, $\boldsymbol{B}=(b_{ij})_{n\times p}$, $\boldsymbol{C}=(c_{ij})_{p\times q}$, 容易看出 $(\boldsymbol{AB})\boldsymbol{C}$ 与 $\boldsymbol{A}(\boldsymbol{BC})$ 是同型阵. 为证 (1), 只需证明其左、右两端任意第 i 行对应相等即可.

设 $\boldsymbol{C}$ 的各行依次是 $\boldsymbol{C}_1$, $\boldsymbol{C}_2$, $\cdots$, $\boldsymbol{C}_p$, 由 (2.2) 与 (2.3) 两式知, $(\boldsymbol{AB})\boldsymbol{C}$ 的第 i 行为

$$\sum_{s=1}^{p}\left(\sum_{k=1}^{n} a_{ik}b_{ks}\right)\boldsymbol{C}_s,$$

$\boldsymbol{A}(\boldsymbol{BC})$ 的第 i 行为

$$\sum_{k=1}^{n} a_{ik}\left(\sum_{s=1}^{p} b_{ks}\boldsymbol{C}_s\right),$$

由和号性质可知这两个表达式是一致的.

如上证明的 (1) 实际上就是矩阵乘法的结合律, 但是需注意**矩阵乘法一般不再满足交换律**, 这是矩阵运算与数的运算的重要区别之一. 例如, 设

$$\boldsymbol{A}=\begin{pmatrix} 1 & 1 \\ 0 & 0 \end{pmatrix}, \quad \boldsymbol{B}=\begin{pmatrix} 0 & 0 \\ 0 & -2 \end{pmatrix},$$

则有

$$\boldsymbol{AB}=\begin{pmatrix} 0 & -2 \\ 0 & 0 \end{pmatrix}, \quad \boldsymbol{BA}=\begin{pmatrix} 0 & 0 \\ 0 & 0 \end{pmatrix},$$

显然 $\boldsymbol{AB}\neq\boldsymbol{BA}$. 这个例子还说明**两个非零阵相乘的积可能是零矩阵**, 这一点与数的运算也是有很大区别的.

如果对于具体的两个阵 $\boldsymbol{A}$ 及 $\boldsymbol{B}$ 有 $\boldsymbol{AB}=\boldsymbol{BA}$, 则称 $\boldsymbol{A}$ 与 $\boldsymbol{B}$ **可交换**, 显然 $\boldsymbol{A}$, $\boldsymbol{B}$ 可交换时必为同阶方阵.

对于 n 阶方阵的矩阵单位有以下重要的乘法结果

$$E_{ij}E_{kl}=\begin{cases}O, & j\neq k,\\ E_{il}, & j=k.\end{cases} \tag{2.4}$$

当 A 是方阵时, 由于乘法结合律成立, 因而可定义A^t为 t **个** A **的连乘积**, 易见

$$A^s\cdot A^t=A^{s+t},\quad (A^s)^t=A^{st}.$$

我们还规定A^0**是与** A **同阶的单位阵**, 由此, 当

$$f(x)=a_0x^n+a_1x^{n-1}+\cdots+a_n$$

为多项式, A 为 m 阶方阵时, 可以定义

$$f(A)=a_0A^n+a_1A^{n-1}+\cdots+a_nI_m.$$

设 A 为 $m\times n$ 阵, 容易验证

$$I_mA=A=AI_n.$$

又设 $\lambda\in\mathbb{F}$, A 为任一 n 阶方阵, 则有

$$(\lambda I_n)A=A(\lambda I_n). \tag{2.5}$$

λI_n 称为**数量阵**, 上式说明 n 阶数量阵与任意 n 阶阵可交换.

例 2.2 求未知矩阵 X, 使

$$\begin{pmatrix}1 & 2\\ -3 & 4\end{pmatrix}X=\begin{pmatrix}1 & 0\\ -1 & 0\end{pmatrix}.$$

解 由矩阵乘法定义易知, X 为 2×2 阵, 设

$$X=\begin{pmatrix}x_1 & x_2\\ x_3 & x_4\end{pmatrix},$$

则

$$\begin{pmatrix}1 & 2\\ -3 & 4\end{pmatrix}\begin{pmatrix}x_1 & x_2\\ x_3 & x_4\end{pmatrix}=\begin{pmatrix}1 & 0\\ -1 & 0\end{pmatrix}.$$

由矩阵乘法及矩阵相等得

$$\begin{cases}x_1 + 2x_3 = 1,\\ -3x_1 + 4x_3 = -1,\\ x_2 + 2x_4 = 0,\\ -3x_2 + 4x_4 = 0,\end{cases}$$

解此方程组得 $x_1 = \frac{3}{5}$, $x_2 = 0$, $x_3 = \frac{1}{5}$, $x_4 = 0$, 故

$$X = \begin{pmatrix} \frac{3}{5} & 0 \\ \frac{1}{5} & 0 \end{pmatrix}.$$

□

例 2.3 一个方阵的对角线上元素的总和称为该矩阵的**迹**, 矩阵 $\boldsymbol{A}$ 的迹记为 $\mathrm{tr}\boldsymbol{A}$.

(1) 设 $\boldsymbol{A}$, $\boldsymbol{B}$ 均为 n 阶方阵, λ, μ 为数域 $\mathbb{F}$ 中任意数, 证明

$$\mathrm{tr}(\lambda\boldsymbol{A} + \mu\boldsymbol{B}) = \lambda\mathrm{tr}\boldsymbol{A} + \mu\mathrm{tr}\boldsymbol{B}.$$

(2) 设 $\boldsymbol{A} = (a_{ij})_{m\times n}$, $\boldsymbol{B} = (b_{ij})_{n\times m}$, 证明

$$\mathrm{tr}(\boldsymbol{AB}) = \mathrm{tr}(\boldsymbol{BA}).$$

证明 (1) 设 $\boldsymbol{A} = (a_{ij})_{n\times n}$, $\boldsymbol{B} = (b_{ij})_{n\times n}$, 则

$$\begin{aligned}\lambda\,\mathrm{tr}\boldsymbol{A} + \mu\,\mathrm{tr}\boldsymbol{B} &= \lambda\sum_{i=1}^{n} a_{ii} + \mu\sum_{i=1}^{n} b_{ii} \\ &= \sum_{i=1}^{n}(\lambda a_{ii} + \mu b_{ii}) = \mathrm{tr}(\lambda\boldsymbol{A} + \mu\boldsymbol{B}).\end{aligned}$$

(2) $\boldsymbol{AB}$ 对角线上元素依次为

$$\sum_{k=1}^{n} a_{1k}b_{k1},\quad \sum_{k=1}^{n} a_{2k}b_{k2},\quad \cdots,\quad \sum_{k=1}^{n} a_{mk}b_{km},$$

故

$$\mathrm{tr}(\boldsymbol{AB}) = \sum_{i=1}^{m}\sum_{k=1}^{n} a_{ik}b_{ki}.$$

类似有

$$\mathrm{tr}(\boldsymbol{BA}) = \sum_{k=1}^{n}\sum_{i=1}^{m} b_{ki}a_{ik}.$$

由和号性质, 易见结论成立. □

例 2.4 证明: $\boldsymbol{A}$ 与所有 n 阶方阵可交换当且仅当 $\boldsymbol{A}$ 为数量阵.

证明 充分性由 (2.5) 式得出. 下证必要性.

因 $\boldsymbol{A}$ 与所有 n 阶方阵可交换, 则有

$$\boldsymbol{AE}_{ij} = \boldsymbol{E}_{ij}\boldsymbol{A},\quad \forall\, i,\ j = 1,\ 2,\ \cdots,\ n,$$

即

$$\begin{pmatrix} a_{11} & \cdots & a_{1n} \\ \vdots & & \vdots \\ a_{n1} & \cdots & a_{nn} \end{pmatrix} \begin{pmatrix} 0 & \cdots & \cdots & \cdots & 0 \\ \vdots & & \vdots & & \vdots \\ 0 & \cdots & 1 & \cdots & 0 \\ \vdots & & \vdots & & \vdots \\ 0 & \cdots & \cdots & \cdots & 0 \end{pmatrix} \begin{matrix} \\ \\ i \\ \\ \\ \end{matrix}$$
$$\qquad\qquad\qquad\qquad\qquad\qquad j$$

$$= \begin{pmatrix} 0 & \cdots & \cdots & \cdots & 0 \\ \vdots & & \vdots & & \vdots \\ 0 & \cdots & 1 & \cdots & 0 \\ \vdots & & \vdots & & \vdots \\ 0 & \cdots & \cdots & \cdots & 0 \end{pmatrix} \begin{matrix} \\ \\ i \\ \\ \\ \end{matrix} \begin{pmatrix} a_{11} & \cdots & a_{1n} \\ \vdots & & \vdots \\ a_{n1} & \cdots & a_{nn} \end{pmatrix},$$
$$j$$

$$\begin{pmatrix} 0 & \cdots & a_{1i} & \cdots & 0 \\ \vdots & & \vdots & & \vdots \\ 0 & \cdots & a_{ii} & \cdots & 0 \\ \vdots & & \vdots & & \vdots \\ 0 & \cdots & a_{ni} & \cdots & 0 \end{pmatrix} = \begin{pmatrix} 0 & \cdots & 0 \\ \vdots & & \vdots \\ a_{j1} & \cdots & a_{jn} \\ \vdots & & \vdots \\ 0 & \cdots & 0 \end{pmatrix} \begin{matrix} \\ \\ i \\ \\ \\ \end{matrix}.$$
$$j$$

对比两端有

$$a_{ii} = a_{jj}, \quad a_{ki} = 0 \ (k \neq i), \quad a_{jl} = 0 \ (j \neq l).$$

由 i, j 的任意性, 上面三式即说明 $\boldsymbol{A}$ 的对角线上元素相等, 对角线以外元素为 0, 故 $\boldsymbol{A}$ 为数量阵. □

2.1.3 矩阵的转置

定义 2.5 设 $\boldsymbol{A} = (a_{ij})_{m\times n}$, 则称 $\boldsymbol{B} = (b_{ij})_{n\times m}$(其中 $b_{ij} = a_{ji}$ ($\forall\ i,\ j$)) 为 $\boldsymbol{A}$ 的**转置矩阵**. 记为 $\boldsymbol{B} = \boldsymbol{A}^{\mathrm{T}}$ 或 $\boldsymbol{B} = \boldsymbol{A}'$.

$\boldsymbol{A}^{\mathrm{T}}$ 可看成将 $\boldsymbol{A}$ 的各行依次变为各列得到的矩阵. 例如, 设

$$\boldsymbol{A} = \begin{pmatrix} 2 & 3 & -1 \\ 0 & 1 & 2 \end{pmatrix},$$

则

$$\boldsymbol{A}^{\mathrm{T}} = \begin{pmatrix} 2 & 0 \\ 3 & 1 \\ -1 & 2 \end{pmatrix}.$$

容易验证如下公式

(1) $(\boldsymbol{A}^{\mathrm{T}})^{\mathrm{T}}=\boldsymbol{A}$;　　　　(2) $(\boldsymbol{A}+\boldsymbol{B})^{\mathrm{T}}=\boldsymbol{A}^{\mathrm{T}}+\boldsymbol{B}^{\mathrm{T}}$;

(3) $(\boldsymbol{AB})^{\mathrm{T}}=\boldsymbol{B}^{\mathrm{T}}\boldsymbol{A}^{\mathrm{T}}$;　　　　(4) $(\lambda\boldsymbol{A})^{\mathrm{T}}=\lambda\boldsymbol{A}^{\mathrm{T}}$ $(\lambda\in\mathbb{F})$.

其中涉及的运算均假定可行. 用数学归纳法将 (2) 及 (3) 推广为有限个的情形, 即

$$(\boldsymbol{A}_1+\boldsymbol{A}_2+\cdots+\boldsymbol{A}_t)^{\mathrm{T}}=\boldsymbol{A}_1^{\mathrm{T}}+\boldsymbol{A}_2^{\mathrm{T}}+\cdots+\boldsymbol{A}_t^{\mathrm{T}},$$
$$(\boldsymbol{A}_1\boldsymbol{A}_2\cdots\boldsymbol{A}_t)^{\mathrm{T}}=\boldsymbol{A}_t^{\mathrm{T}}\boldsymbol{A}_{t-1}^{\mathrm{T}}\cdots\boldsymbol{A}_1^{\mathrm{T}},$$

特别地

$$(\boldsymbol{A}^n)^{\mathrm{T}}=(\boldsymbol{A}^{\mathrm{T}})^n.$$

现在证明 (3), 其余留给读者.

设 $\boldsymbol{A}=(a_{ij})_{m\times n}$, $\boldsymbol{B}=(b_{ij})_{n\times p}$, 则 $\boldsymbol{B}^{\mathrm{T}}\boldsymbol{A}^{\mathrm{T}}$ 的 (i,j) 位置元素是 $\boldsymbol{B}^{\mathrm{T}}$ 的第 i 行与 $\boldsymbol{A}^{\mathrm{T}}$ 的第 j 列对应元素乘积之和, 即 $\boldsymbol{B}$ 的第 i 列与 $\boldsymbol{A}$ 的第 j 行对应元素乘积之和, 即

$$\sum_{k=1}^{n}b_{ki}a_{jk}.$$

又 $(\boldsymbol{AB})^{\mathrm{T}}$ 的 (i,j) 位置元素, 即 $\boldsymbol{AB}$ 的 (j,i) 位置元素, 即 $\boldsymbol{A}$ 的第 j 行与 $\boldsymbol{B}$ 的第 i 列对应元素乘积之和, 即

$$\sum_{k=1}^{n}a_{jk}b_{ki}.$$

这样 $(\boldsymbol{AB})^{\mathrm{T}}$ 与 $\boldsymbol{B}^{\mathrm{T}}\boldsymbol{A}^{\mathrm{T}}$ 的任意 (i,j) 位置元素一致, 故

$$(\boldsymbol{AB})^{\mathrm{T}}=\boldsymbol{B}^{\mathrm{T}}\boldsymbol{A}^{\mathrm{T}}.$$

例 2.5　满足条件 $\boldsymbol{A}=\boldsymbol{A}^{\mathrm{T}}$ 的 $\boldsymbol{A}$ 称为**对称阵**, 满足条件 $\boldsymbol{A}=-\boldsymbol{A}^{\mathrm{T}}$ 的 $\boldsymbol{A}$ 称为**反对称阵**. 证明: 任意 n 阶阵 $\boldsymbol{A}$ 可写成一个对称阵与一个反对称阵之和, 且写法唯一.

证明　令

$$\boldsymbol{B}=\frac{1}{2}(\boldsymbol{A}+\boldsymbol{A}^{\mathrm{T}}),\quad \boldsymbol{C}=\frac{1}{2}(\boldsymbol{A}-\boldsymbol{A}^{\mathrm{T}}),$$

不难验证 $\boldsymbol{B}^{\mathrm{T}}=\boldsymbol{B}$ 及 $\boldsymbol{C}^{\mathrm{T}}=-\boldsymbol{C}$, 且 $\boldsymbol{A}=\boldsymbol{B}+\boldsymbol{C}$.

下证唯一性. 设又有 $\boldsymbol{A}=\boldsymbol{B}_1+\boldsymbol{C}_1$, 其中 $\boldsymbol{B}_1^{\mathrm{T}}=\boldsymbol{B}_1$, $\boldsymbol{C}_1^{\mathrm{T}}=-\boldsymbol{C}_1$, 于是

$$(\boldsymbol{B}-\boldsymbol{B}_1)+(\boldsymbol{C}-\boldsymbol{C}_1)=\boldsymbol{O},$$

由此

$$\boldsymbol{B}-\boldsymbol{B}_1=\boldsymbol{C}_1-\boldsymbol{C}.$$

取转置得

$$\boldsymbol{B}-\boldsymbol{B}_1=\boldsymbol{C}-\boldsymbol{C}_1,$$

将此二式相加有

$$2(\boldsymbol{B}-\boldsymbol{B}_1)=\boldsymbol{O},$$

从而 $\boldsymbol{B}=\boldsymbol{B}_1$, 于是 $\boldsymbol{C}=\boldsymbol{C}_1$. □

2.1.4 行列式乘法公式

现在把矩阵的几种运算与行列式联系在一起研究. 首先容易看出

$$|\boldsymbol{A}+\boldsymbol{B}|=|\boldsymbol{A}|+|\boldsymbol{B}|$$

未必成立 (请举一个例子). 当然由行列式性质应有

$$|\boldsymbol{A}|=|\boldsymbol{A}^{\mathrm{T}}|,\quad |\lambda\boldsymbol{A}|=\lambda^n|\boldsymbol{A}|,$$

其中 n 为 $\boldsymbol{A}$ 的阶数. 令人惊奇的是我们有下面的乘法公式.

定理 2.1 设 $\boldsymbol{A}=(a_{ij})_{n\times n}$, $\boldsymbol{B}=(b_{ij})_{n\times n}$, 则

$$|\boldsymbol{AB}|=|\boldsymbol{A}|\,|\boldsymbol{B}|.$$

证明 设 B 的各行顺次为 $\boldsymbol{B}_1,\boldsymbol{B}_2,\cdots,\boldsymbol{B}_n$, 由 (2.2) 式可知

$$\boldsymbol{AB}=\begin{pmatrix} a_{11}\boldsymbol{B}_1+a_{12}\boldsymbol{B}_2+\cdots+a_{1n}\boldsymbol{B}_n \\ a_{21}\boldsymbol{B}_1+a_{22}\boldsymbol{B}_2+\cdots+a_{2n}\boldsymbol{B}_n \\ \vdots \\ a_{n1}\boldsymbol{B}_1+a_{n2}\boldsymbol{B}_2+\cdots+a_{nn}\boldsymbol{B}_n \end{pmatrix}.$$

上式右端阵的每一行实际上已写成了 n 个行的和, 计算行列式时可以按行劈开, 共劈成 n^n 个行列式, 去掉明显为零的 (有两行对应成比例者), 例如

$$\begin{vmatrix} a_{11}\boldsymbol{B}_1 \\ a_{21}\boldsymbol{B}_1 \\ \vdots \end{vmatrix},\quad \begin{vmatrix} a_{12}\boldsymbol{B}_2 \\ \vdots \\ a_{i2}\boldsymbol{B}_2 \\ \vdots \end{vmatrix},\quad \begin{vmatrix} \vdots \\ a_{kj}\boldsymbol{B}_j \\ \vdots \\ a_{lj}\boldsymbol{B}_j \\ \vdots \end{vmatrix}$$

等. 剩下的应形为如下者

$$\begin{vmatrix} a_{1j_1}\boldsymbol{B}_{j_1} \\ a_{2j_2}\boldsymbol{B}_{j_2} \\ \vdots \\ a_{nj_n}\boldsymbol{B}_{j_n} \end{vmatrix}\quad (\text{其中 } j_1,j_2,\cdots,j_n \text{ 互不相同}),$$

于是

$$|\boldsymbol{AB}| = \sum_{j_1j_2\cdots j_n} \begin{vmatrix} a_{1j_1}\boldsymbol{B}_{j_1} \\ a_{2j_2}\boldsymbol{B}_{j_2} \\ \vdots \\ a_{nj_n}\boldsymbol{B}_{j_n} \end{vmatrix},$$

其中 $j_1j_2\cdots j_n$ 跑遍 $1\ 2\cdots n$ 的所有全排列.

由行列式性质 1.1, 先提出右端一般项那个行列式各行的公因子 $a_{1j_1}, a_{2j_2}, \cdots, a_{nj_n}$, 然后将 $j_1j_2\cdots j_n$ 通过一系列对换化为 $1\ 2\cdots n$, 即各行按正常顺序重排, 根据行列式性质 1.6 以及命题 1.3 有

$$\begin{aligned} |\boldsymbol{AB}| &= \sum_{j_1j_2\cdots j_n} (-1)^{\tau(j_1j_2\cdots j_n)} \cdot a_{1j_1}a_{2j_2}\cdots a_{nj_n} \begin{vmatrix} \boldsymbol{B}_1 \\ \vdots \\ \boldsymbol{B}_n \end{vmatrix} \\ &= \Big(\sum_{j_1j_2\cdots j_n} (-1)^{\tau(j_1j_2\cdots j_n)} \cdot a_{1j_1}a_{2j_2}\cdots a_{nj_n} \Big) |\boldsymbol{B}| = |\boldsymbol{A}||\boldsymbol{B}|, \end{aligned}$$

最后一步是根据行列式定义得出的. □

推论 2.1　设 $\boldsymbol{A}_1, \boldsymbol{A}_2, \cdots, \boldsymbol{A}_t$ 都是 n 阶方阵, 则

$$|\boldsymbol{A}_1\boldsymbol{A}_2\cdots\boldsymbol{A}_t| = |\boldsymbol{A}_1|\,|\boldsymbol{A}_2|\cdots|\boldsymbol{A}_t|.$$

例 2.6　设 n 阶方阵 $\boldsymbol{A}$ 满足条件 $\boldsymbol{A}^{\mathrm{T}}\boldsymbol{A} = \boldsymbol{I}_n$ 及 $|\boldsymbol{A}| \neq 1$, 证明

$$|\boldsymbol{A} + \boldsymbol{I}_n| = 0.$$

证明　由 $\boldsymbol{A}^{\mathrm{T}}\boldsymbol{A} = \boldsymbol{I}_n$ 知

$$|\boldsymbol{A} + \boldsymbol{I}_n| = |\boldsymbol{A} + \boldsymbol{A}^{\mathrm{T}}\boldsymbol{A}| = |(\boldsymbol{I}_n + \boldsymbol{A}^{\mathrm{T}})\boldsymbol{A}|,$$

再根据行列式乘法公式得

$$|\boldsymbol{A} + \boldsymbol{I}_n| = |(\boldsymbol{I}_n + \boldsymbol{A})^{\mathrm{T}}||\boldsymbol{A}| = |\boldsymbol{I}_n + \boldsymbol{A}||\boldsymbol{A}|,$$

故

$$|\boldsymbol{I}_n + \boldsymbol{A}|(1 - |\boldsymbol{A}|) = 0,$$

由 $|\boldsymbol{A}| \neq 1$ 知

$$|\boldsymbol{I}_n + \boldsymbol{A}| = 0.$$ □

练 习 2.1

2.1.1 计算:

(1) $\begin{pmatrix} 3 & 0 \\ -5 & -6 \\ 1 & 2 \end{pmatrix}\begin{pmatrix} 2 & 4 & -7 \\ 0 & 5 & 3 \end{pmatrix}$;

(2) $\begin{pmatrix} 2 \\ -1 \\ 3 \end{pmatrix}^{\mathrm{T}}\begin{pmatrix} 2 & 1 & 2 \\ -3 & -2 & -1 \\ 0 & 3 & 4 \end{pmatrix}^{\mathrm{T}}$;

(3) $(x \quad y \quad z)\begin{pmatrix} a & d & e \\ d & b & f \\ e & f & c \end{pmatrix}\begin{pmatrix} x \\ y \\ z \end{pmatrix}$;

(4) $\begin{pmatrix} 1 \\ -1 \\ 2 \\ 0 \end{pmatrix}(3 \quad -2 \quad 6 \quad 4)$;

(5) $\begin{pmatrix} \lambda & 1 & 0 \\ 0 & \lambda & 1 \\ 0 & 0 & \lambda \end{pmatrix}^{n}$;

(6) $\begin{pmatrix} 1 & 0 & 2 \\ 0 & 1 & 0 \\ 0 & 0 & 1 \end{pmatrix}\begin{pmatrix} a_{11} & a_{12} & a_{13} \\ a_{21} & a_{22} & a_{23} \\ a_{31} & a_{32} & a_{33} \end{pmatrix}$.

2.1.2 已知 $f(x) = 2x^3 - 3x^2 + x - 4$, 求 $f(\boldsymbol{A})$ 及 $f(\boldsymbol{B})$, 其中

$$\boldsymbol{A} = \begin{pmatrix} 2 & 1 \\ -1 & 3 \end{pmatrix}, \quad \boldsymbol{B} = \begin{pmatrix} 1 & 3 & 1 \\ 0 & -1 & 0 \\ 0 & 0 & 2 \end{pmatrix}.$$

2.1.3 求满足一定条件的矩阵 $\boldsymbol{X}$:

(1) $\begin{pmatrix} 1 & 2 \\ 3 & 4 \end{pmatrix}\boldsymbol{X} = \begin{pmatrix} -1 & 0 & 4 \\ 2 & 3 & -1 \end{pmatrix}$;

(2) $\boldsymbol{X}\begin{pmatrix} 2 & 3 \\ 0 & 4 \end{pmatrix} - \begin{pmatrix} 4 & -1 \\ 3 & 1 \end{pmatrix} = \begin{pmatrix} 5 & -10 \\ 7 & 0 \end{pmatrix}$;

(3) $\boldsymbol{X}\begin{pmatrix} 1 & 0 \\ 0 & 0 \end{pmatrix} = \begin{pmatrix} 1 & 0 \\ 0 & 0 \end{pmatrix}\boldsymbol{X}$, 且 $\boldsymbol{X}\begin{pmatrix} 0 & 1 \\ 0 & 0 \end{pmatrix} = \begin{pmatrix} 0 & 1 \\ 0 & 0 \end{pmatrix}\boldsymbol{X}$;

(4) $\boldsymbol{X} + \boldsymbol{X}^{\mathrm{T}} = \begin{pmatrix} 1 & 0 \\ 0 & 2 \end{pmatrix}$, 且 $\boldsymbol{X} - 2\boldsymbol{X}^{\mathrm{T}} = \begin{pmatrix} -\frac{1}{2} & 3 \\ -3 & -1 \end{pmatrix}$.

2.1.4　判断下列叙述正确与否, 正确者说明理由, 错误者举出反例.

(1) 对矩阵 $\boldsymbol{A}$ 及 $\boldsymbol{B}$, 若 $\boldsymbol{AB}=\boldsymbol{O}$ 且 $\boldsymbol{A}\neq\boldsymbol{O}$, 则 $\boldsymbol{B}=\boldsymbol{O}$.

(2) 对数 λ 及矩阵 $\boldsymbol{A}$, 若 $\lambda\boldsymbol{A}=\boldsymbol{O}$, 则 $\lambda=0$ 或 $\boldsymbol{A}=\boldsymbol{O}$.

(3) $\boldsymbol{A},\boldsymbol{B}$ 为同阶方阵, 则 $(\boldsymbol{A}+\boldsymbol{B})^2=\boldsymbol{A}^2+2\boldsymbol{AB}+\boldsymbol{B}^2$.

(4) $\boldsymbol{A}$ 为 n 阶方阵, 则 $\boldsymbol{A}^2-\boldsymbol{I}_n=(\boldsymbol{A}+\boldsymbol{I}_n)(\boldsymbol{A}-\boldsymbol{I}_n)$.

(5) 若 $\boldsymbol{A},\boldsymbol{B}$, $\boldsymbol{C}$ 均为 n 阶方阵且 $\boldsymbol{AB}=\boldsymbol{AC}$, 则 $\boldsymbol{B}=\boldsymbol{C}$.

(6) 存在矩阵 $\boldsymbol{A}$ 及 $\boldsymbol{B}$ 使 $\boldsymbol{AB}-\boldsymbol{BA}=\boldsymbol{I}_n$.

(7) 若 $\boldsymbol{A}$ 的第 1, 2 两行相同, $\boldsymbol{AB}$ 有意义, 则 $\boldsymbol{AB}$ 的第 1, 2 两行相同.

(8) 若 $\boldsymbol{B}$ 的第 1, 2 两列相同, $\boldsymbol{AB}$ 有意义, 则 $\boldsymbol{AB}$ 的第 1, 2 两列相同.

(9) 设 $\boldsymbol{A}$ 的各行依次为 $\boldsymbol{a}_1,\boldsymbol{a}_2,\cdots,\boldsymbol{a}_m$, $\boldsymbol{B}$ 的各列依次为 $\boldsymbol{b}_1,\boldsymbol{b}_2,\cdots,\boldsymbol{b}_n$ 且 $\boldsymbol{AB}$ 有意义, 则 $\boldsymbol{AB}$ 的 (i,j) 位置元素为 a_ib_j.

(10) 设 $\boldsymbol{A}=(a_{ij})_{m\times n}$, $\boldsymbol{B}=(b_{ij})_{n\times p}$, 又设 $\boldsymbol{A}_1,\boldsymbol{A}_2,\cdots,\boldsymbol{A}_n$ 为 $\boldsymbol{A}$ 的各列, 则 $\boldsymbol{AB}$ 的第 j 列是 $b_{1j}\boldsymbol{A}_1+b_{2j}\boldsymbol{A}_2+\cdots+b_{nj}\boldsymbol{A}_n$.

(11) $\boldsymbol{A},\boldsymbol{B}$ 为同阶方阵, 则 $|\boldsymbol{A}+\boldsymbol{B}|=|\boldsymbol{A}|+|\boldsymbol{B}|$.

(12) $\boldsymbol{A},\boldsymbol{B}$ 为同阶方阵且 $\boldsymbol{AB}=\boldsymbol{B}$, 则 $|\boldsymbol{A}|=1$.

(13) 当 $\boldsymbol{AB}=\boldsymbol{BA}$ 时, $|\boldsymbol{A}^2-\boldsymbol{B}^2|=|\boldsymbol{A}+\boldsymbol{B}||\boldsymbol{A}-\boldsymbol{B}|$.

(14) $\boldsymbol{A}$ 为 n 阶方阵, 则 $|2\boldsymbol{A}|=2|\boldsymbol{A}|$.

(15) $\boldsymbol{A},\boldsymbol{B}$ 为同阶方阵, 则 $|\boldsymbol{AB}|=|\boldsymbol{BA}|$.

2.1.5　设 $\boldsymbol{A}=(a_{ij})_{3\times 3}$, $\boldsymbol{B}=(b_{ij})_{3\times 3}$, $\boldsymbol{C}=(c_{ij})_{3\times 3}$ 都是上三角阵, 且 $a_{11}=b_{22}=c_{33}=0$, 证明 $\boldsymbol{ABC}=\boldsymbol{O}$.

2.1.6　设 $\boldsymbol{A}=(a_{ij})_{m\times n}$, $\boldsymbol{B}=(b_{ij})_{n\times p}$, $\boldsymbol{C}=(c_{ij})_{p\times q}$, 证明 $\boldsymbol{ABC}$ 的 (i,j) 位置元素是

$$\sum_{k=1}^{n}\sum_{s=1}^{p}a_{ik}b_{ks}c_{sj}.$$

2.1.7　求所有与 $\boldsymbol{A}$ 可交换的矩阵, 其中

(1) $\boldsymbol{A}=\begin{pmatrix}1&1\\0&1\end{pmatrix}$;　　(2) $\boldsymbol{A}=\begin{pmatrix}1&0&0\\0&1&2\\3&1&2\end{pmatrix}$.

2.1.8　设 $\boldsymbol{A}=\mathrm{diag}(a_1,a_2,\cdots,a_n)$, 其中 $a_1,a_2,\cdots,a_n$ 互不相等, 求所有与 $\boldsymbol{A}$ 可交换的矩阵.

2.1.9　设 $\boldsymbol{A}=\dfrac{1}{2}(\boldsymbol{B}+\boldsymbol{I}_n)$, 证明:$\boldsymbol{A}$ 为**幂等阵**, 即 $\boldsymbol{A}^2=\boldsymbol{A}$ 当且仅当 $\boldsymbol{B}$ 为**对合阵**, 即 $\boldsymbol{B}^2=\boldsymbol{I}_n$.

2.1.10　设 $\boldsymbol{A},\boldsymbol{B}$ 都是 n 阶对称阵, 证明: $\boldsymbol{AB}$ 是对称阵当且仅当 $\boldsymbol{A}$ 与 $\boldsymbol{B}$ 可交换.

2.1.11　设 $\boldsymbol{AGA}=\boldsymbol{A}$, 证明:

(1) $\boldsymbol{AG}$ 幂等;

(2) 若 $\boldsymbol{A}$ 为方阵且非奇异, 则 $\boldsymbol{G}$ 非奇异.

2.1.12　设 $\boldsymbol{A}^2-3\boldsymbol{A}+2\boldsymbol{I}_n=\boldsymbol{O}$, 证明: $\boldsymbol{A}$ 非奇异.

2.1.13　设 $\boldsymbol{A}=(a_{ij})_{3\times 3}$, $\boldsymbol{B}=(b_{ij})_{3\times 3}$, 其中 b_{ij} 为 $\boldsymbol{A}$ 的 (j,i) 位置的代数余子式, 证明: $\boldsymbol{AB}$ 是数量阵.

2.1.14 设 $\boldsymbol{A}+\boldsymbol{B}=\boldsymbol{AB}$, 证明: $|\boldsymbol{A}-\boldsymbol{I}|\cdot|\boldsymbol{B}-\boldsymbol{I}|=1$.

2.2 逆矩阵和克拉默法则

在前面所研究的运算中还未涉及除法. 在数的运算中只要弄清楚倒数是什么, 除法就会变成乘法. 按照这样的思路, 本节研究逆矩阵.

定义 2.6 对矩阵 $\boldsymbol{A}$ 来说, 如果存在矩阵 $\boldsymbol{B}$, 使

$$\boldsymbol{AB}=\boldsymbol{BA}=\boldsymbol{I}_n,$$

则称 $\boldsymbol{A}$ **是可逆的**. $\boldsymbol{B}$ 称为 $\boldsymbol{A}$ 的**逆矩阵**.

在这个定义中之所以既考虑 $\boldsymbol{AB}$ 又考虑 $\boldsymbol{BA}$, 是因为矩阵乘法不具有交换律. 按定义 $\boldsymbol{A}$, $\boldsymbol{B}$ 应为同阶方阵. 当然一个方矩阵未必是可逆的, 首先需研究可逆的条件.

定理 2.2 n 阶方阵 $\boldsymbol{A}$ 可逆的充要条件是 $\boldsymbol{A}_{n\times n}$ 非奇异, 即 $|\boldsymbol{A}|\neq 0$.

证明 必要性: 由 $\boldsymbol{A}$ 可逆, 按定义存在 $\boldsymbol{B}$, 使

$$\boldsymbol{AB}=\boldsymbol{BA}=\boldsymbol{I}_n,$$

两边取行列式, 易见 $|\boldsymbol{A}||\boldsymbol{B}|=1$, 于是 $|\boldsymbol{A}|\neq 0$.

充分性: 设

$$\boldsymbol{A}=\begin{pmatrix} a_{11} & \cdots & a_{1n} \\ \vdots & & \vdots \\ a_{n1} & \cdots & a_{nn} \end{pmatrix}, \quad \boldsymbol{A}^*=\begin{pmatrix} A_{11} & \cdots & A_{n1} \\ \vdots & & \vdots \\ A_{1n} & \cdots & A_{nn} \end{pmatrix},$$

其中 A_{ij} 表示 $\boldsymbol{A}$ 的 (i,j) 位置的代数余子式, 由行列式按行按列展开公式, 不难验证

$$\boldsymbol{AA}^*=\boldsymbol{A}^*\boldsymbol{A}=|\boldsymbol{A}|\boldsymbol{I}_n. \tag{2.6}$$

因为 $|\boldsymbol{A}|\neq 0$, 故可令 $\boldsymbol{B}=\dfrac{1}{|\boldsymbol{A}|}\boldsymbol{A}^*$, 不难看出

$$\boldsymbol{AB}=\boldsymbol{BA}=\boldsymbol{I}_n,$$

从而 $\boldsymbol{A}$ 可逆. □

推论 2.2 若 $\boldsymbol{A}$ 可逆, 则其逆矩阵是唯一的, 记其为 $\boldsymbol{A}^{-1}$.

证明 设 $\boldsymbol{B}_1$ 及 $\boldsymbol{B}_2$ 都是 $\boldsymbol{A}$ 的逆矩阵, 于是

$$\boldsymbol{AB}_1=\boldsymbol{B}_1\boldsymbol{A}=\boldsymbol{I}_n, \quad \boldsymbol{AB}_2=\boldsymbol{B}_2\boldsymbol{A}=\boldsymbol{I}_n,$$

从而

$$\boldsymbol{B}_1=\boldsymbol{B}_1\boldsymbol{I}_n=\boldsymbol{B}_1(\boldsymbol{AB}_2)=(\boldsymbol{B}_1\boldsymbol{A})\boldsymbol{B}_2=\boldsymbol{I}_n\boldsymbol{B}_2=\boldsymbol{B}_2.$$ □

推论 2.3　设 $\boldsymbol{A}$ 为 n 阶阵, 则 $\boldsymbol{A}$ 可逆的充要条件是存在矩阵 $\boldsymbol{B}$, 使 $\boldsymbol{AB}=\boldsymbol{I}_n$(或 $\boldsymbol{BA}=\boldsymbol{I}_n$) 成立, 此时必有 $\boldsymbol{A}^{-1}=\boldsymbol{B}$.

证明　必要性显然. 下证充分性.

如果 $\boldsymbol{AB}=\boldsymbol{I}_n$ 成立, 由行列式乘法公式可推出 $|\boldsymbol{A}|\neq 0$, 从而由定理 2.2 知 $\boldsymbol{A}$ 可逆, 于是存在 $\boldsymbol{A}^{-1}$, 在 $\boldsymbol{AB}=\boldsymbol{I}_n$ 中两边左乘 $\boldsymbol{A}^{-1}$ 得 $\boldsymbol{A}^{-1}\cdot\boldsymbol{AB}=\boldsymbol{A}^{-1}$, 即 $\boldsymbol{B}=\boldsymbol{A}^{-1}$.

如果 $\boldsymbol{BA}=\boldsymbol{I}_n$, 则类似可证. □

上述定理及推论提供了判别矩阵可逆的两个方法:

(1) 看 $|\boldsymbol{A}|$ 是否非零;

(2) 看是否存在 $\boldsymbol{B}$, 使 $\boldsymbol{AB}=\boldsymbol{I}_n$ 或 $\boldsymbol{BA}=\boldsymbol{I}_n$.

上述定理的证明实际上还给出了一个求逆矩阵的方法, 即

$$\boldsymbol{A}^{-1}=\frac{1}{|\boldsymbol{A}|}\boldsymbol{A}^*, \tag{2.7}$$

其中 $\boldsymbol{A}^*$ 称为 $\boldsymbol{A}$ 的**伴随矩阵**, $\boldsymbol{A}^*$ 还可记为 $\mathrm{adj}\boldsymbol{A}$.

推论 2.4　设 $\boldsymbol{A}$ 和 $\boldsymbol{B}$ 都是 n 阶可逆阵, 则有:

(1) $(\boldsymbol{AB})^{-1}=\boldsymbol{B}^{-1}\boldsymbol{A}^{-1}$;　(2) $(\boldsymbol{A}^{\mathrm{T}})^{-1}=(\boldsymbol{A}^{-1})^{\mathrm{T}}$;　(3) $(\boldsymbol{A}^{-1})^{-1}=\boldsymbol{A}$.

证明　由

$$(\boldsymbol{AB})(\boldsymbol{B}^{-1}\boldsymbol{A}^{-1})=\boldsymbol{A}(\boldsymbol{BB}^{-1})\boldsymbol{A}^{-1}=\boldsymbol{AI}_n\boldsymbol{A}^{-1}=\boldsymbol{AA}^{-1}=\boldsymbol{I}_n$$

及推论 2.3 知 (1) 成立.

由

$$\boldsymbol{A}^{\mathrm{T}}(\boldsymbol{A}^{-1})^{\mathrm{T}}=(\boldsymbol{A}^{-1}\boldsymbol{A})^{\mathrm{T}}=\boldsymbol{I}_n$$

及 $\boldsymbol{A}^{-1}\boldsymbol{A}=\boldsymbol{I}_n$ 又知, (2) 和 (3) 成立. □

例 2.7　判断下列矩阵是否可逆, 如果可逆求出其逆矩阵:

(1) $\boldsymbol{A}=\begin{pmatrix}2&2&3\\1&-1&0\\-1&2&1\end{pmatrix}$;　　(2) $\boldsymbol{B}=\begin{pmatrix}1&-2&-1\\3&2&5\\2&1&3\end{pmatrix}$.

解　(1) 因为 $|\boldsymbol{A}|=-1$, 故 $\boldsymbol{A}$ 可逆, 由计算知

$$\begin{aligned}&A_{11}=-1,\quad A_{12}=-1,\quad A_{13}=1,\\&A_{21}=4,\quad A_{22}=5,\quad A_{23}=-6,\\&A_{31}=3,\quad A_{32}=3,\quad A_{33}=-4,\end{aligned}$$

故

$$\boldsymbol{A}^{-1}=\begin{pmatrix}1&-4&-3\\1&-5&-3\\-1&6&4\end{pmatrix}.$$

(2) 因 $|\boldsymbol{B}|=0$, 故 $\boldsymbol{B}$ 不可逆. □

例 2.8 设 $\boldsymbol{A}$ 为 n 阶幂等阵,

(1) 若 $\boldsymbol{A}\neq\boldsymbol{O}$, 证明 $\boldsymbol{I}_n-\boldsymbol{A}$ 奇异;

(2) 若 $a\neq 1$, 证明 $\boldsymbol{I}_n-a\boldsymbol{A}$ 可逆, 用 a 及 $\boldsymbol{A}$ 表示 $(\boldsymbol{I}_n-a\boldsymbol{A})^{-1}$.

证明 (1) 反证法, 若 $\boldsymbol{I}_n-\boldsymbol{A}$ 非奇异, 则

$$|\boldsymbol{I}_n-\boldsymbol{A}|\neq 0,$$

即 $\boldsymbol{I}_n-\boldsymbol{A}$ 可逆. 但 $\boldsymbol{A}^2=\boldsymbol{A}$, 从而

$$\boldsymbol{A}(\boldsymbol{I}_n-\boldsymbol{A})=\boldsymbol{O}.$$

此式两端右乘 $(\boldsymbol{I}_n-\boldsymbol{A})^{-1}$, 得 $\boldsymbol{A}=\boldsymbol{O}$, 与已知矛盾, 故 $\boldsymbol{I}_n-\boldsymbol{A}$ 奇异.

(2) 看 $(\boldsymbol{I}_n-a\boldsymbol{A})(\boldsymbol{I}_n-x\boldsymbol{A})=\boldsymbol{I}_n$ 是否有解 x, 这等价于

$$(-a-x+ax)\boldsymbol{A}=\boldsymbol{O},$$

当 $\boldsymbol{A}\neq\boldsymbol{O}$ 时, $x=\dfrac{a}{a-1}$, 于是 $\boldsymbol{I}_n-a\boldsymbol{A}$ 可逆且

$$(\boldsymbol{I}_n-a\boldsymbol{A})^{-1}=\boldsymbol{I}_n-\frac{a}{a-1}\boldsymbol{A},$$

而这对于 $\boldsymbol{A}=\boldsymbol{O}$ 显然也对. □

有了逆矩阵的概念和求逆矩阵的方法, 可以考虑一种特殊类型的线性方程组的求解. 其思想类似于一元一次方程 $ax=b$ 当 $a\neq 0$ 时有解 $x=a^{-1}b$ 的情形. 为此, 首先给出线性方程组的同解概念及同解条件.

定义 2.7 如果线性方程组 $\boldsymbol{Ax}=\boldsymbol{b}$ (参看 (2.1) 式) 及 $\boldsymbol{Bx}=\boldsymbol{c}$ 的解集合完全相同, 则称此二方程组为**同解方程组**, 其中 $\boldsymbol{A}$ 与 $\boldsymbol{B}$ 的列数相同.

例如, 下面方程组 I, II, III 同解.

$$\text{I}\begin{cases}x+y=1,\\2x+y=2,\\3x+2y=3;\end{cases}\qquad \text{II}\begin{cases}x+y=1,\\2x+y=2;\end{cases}\qquad \text{III}\begin{cases}2x+y=2,\\4x+3y=4.\end{cases}$$

定理 2.3 设 $\boldsymbol{D}$ 为可逆的 m 阶方阵, 则线性方程组 $\boldsymbol{A}_{m\times n}\boldsymbol{x}=\boldsymbol{b}$ 与 $\boldsymbol{DAx}=\boldsymbol{Db}$ 同解.

证明 设 $\boldsymbol{x}_0$ 是 $\boldsymbol{Ax}=\boldsymbol{b}$ 的解, 则 $\boldsymbol{Ax}_0=\boldsymbol{b}$, 从而 $\boldsymbol{DAx}_0=\boldsymbol{Db}$, 即 $\boldsymbol{x}_0$ 是 $\boldsymbol{DAx}=\boldsymbol{Db}$ 的解.

反之, 若 $\boldsymbol{DAx}_0=\boldsymbol{Db}$, 两边左乘 $\boldsymbol{D}^{-1}$ 有 $\boldsymbol{Ax}_0=\boldsymbol{b}$, 即 $\boldsymbol{x}_0$ 是 $\boldsymbol{Ax}=\boldsymbol{b}$ 的解. □

定理 2.4 (克拉默 (Cramer) 法则)　设

$$A=\begin{pmatrix} a_{11} & a_{12} & \cdots & a_{1n} \\ a_{21} & a_{22} & \cdots & a_{2n} \\ \vdots & \vdots & & \vdots \\ a_{n1} & a_{n2} & \cdots & a_{nn} \end{pmatrix},\quad x=\begin{pmatrix} x_1 \\ x_2 \\ \vdots \\ x_n \end{pmatrix},\quad b=\begin{pmatrix} b_1 \\ b_2 \\ \vdots \\ b_n \end{pmatrix},$$

且 $|A|\neq 0$, 则线性方程组 $Ax=b$ 有唯一解

$$x_i=\frac{1}{|A|}|A(i\to b)|,\quad i=1,\ 2,\ \cdots,\ n, \tag{2.8}$$

其中 $A(i\to b)$ 表示 A 的第 i 列用 b 替换后所得的矩阵.

证明　因为 $|A|\neq 0$, 故 A^{-1} 存在. 在方程组 $Ax=A$ 两边左乘 A^{-1} 得

$$x=A^{-1}b,$$

根据同解定理, 这与原方程组同解. 由逆矩阵的唯一性知解的唯一性.

将 $A^{-1}=\dfrac{1}{|A|}A^*$ 代入, 得

$$x=\frac{1}{|A|}A^*b.$$

为得出每个未知数的表达式, 需看解向量 ($n\times 1$ 阵), 其第 i 个分量 x_i 应为 $\dfrac{1}{|A|}$ A^*b 的第 i 个分量.

因为 A^* 的第 i 行为 $A_{1i},\ A_{2i},\ \cdots,\ A_{ni}$, 所以

$$x_i=\frac{1}{|A|}(b_1A_{1i}+b_2A_{2i}+\cdots+b_nA_{ni})=\frac{1}{|A|}\sum_{k=1}^{n}b_kA_{ki},$$

容易看出 $\sum\limits_{k=1}^{n}b_kA_{ki}$ 正是 $|A(i\to b)|$ 按第 i 列展开的结果, 故 (2.8) 式得证.　□

值得注意的是, 克拉默法则只是在系数阵 A 可逆的情况下给出了线性方程组的解的表达式, 一般的线性方程组远未得到解决. 其实解的公式 (2.8) 正是第 1 章开始引出行列式时曾见到的二元一次方程组和三元一次方程组相应公式的推广. 当然, $x=A^{-1}b$ 也是一个解公式, 只要我们会求 A^{-1}, 就不难将解写出.

例 2.9　解方程组

$$\begin{cases} x_1+\ x_2+2x_3+3x_4=1, \\ 3x_1-\ x_2-\ x_3-2x_4=-4, \\ 2x_1+3x_2-\ x_3-\ x_4=-6, \\ x_1+2x_2+3x_3-\ x_4=-4. \end{cases}$$

解 设

$$A=\begin{pmatrix}1&1&2&3\\3&-1&-1&-2\\2&3&-1&-1\\1&2&3&-1\end{pmatrix},\quad b=\begin{pmatrix}1\\-4\\-6\\-4\end{pmatrix},$$

由计算得

$$|A|=-153,\qquad |A(1\to b)|=153,\qquad |A(2\to b)|=153,$$
$$|A(3\to b)|=0,\quad |A(4\to b)|=-153.$$

由克拉默法则知方程组有唯一解

$$x_1=x_2=-1,\quad x_3=0,\quad x_4=1.$$ □

练 习 2.2

2.2.1 判断下列矩阵是否可逆, 如果可逆求出它的逆矩阵.

(1) $\begin{pmatrix}a&b\\c&d\end{pmatrix}$, 其中 $ad-bc\neq 0$;

(2) $\begin{pmatrix}1&0&0\\2&1&0\\-3&2&1\end{pmatrix}$;　　(3) $\begin{pmatrix}1&-1&1\\2&0&1\\1&0&-1\end{pmatrix}$;

(4) $\begin{pmatrix}0&0&0&4\\0&0&3&0\\0&2&0&0\\1&0&0&0\end{pmatrix}$;　　(5) $\begin{pmatrix}1&0&0&0\\0&0&0&1\\0&0&1&0\\0&1&0&0\end{pmatrix}$.

2.2.2 证明: 可逆的幂等阵必为单位阵.

2.2.3 若 A 可逆, 证明: $|A^{-1}|=|A|^{-1}$, $(A^n)^{-1}=(A^{-1})^n$.

2.2.4 求 X, 使

$$X\begin{pmatrix}0&1&2\\3&-1&4\\0&5&2\end{pmatrix}=\begin{pmatrix}4&1&0\\-1&2&3\end{pmatrix}.$$

2.2.5 若 $A^{-1}BA=6A+BA$, $A=\mathrm{diag}\left(\frac{1}{3},\frac{1}{4},\frac{1}{7}\right)$, 求 B.

2.2.6 设 $AB=A+2B$, 且 $A=\begin{pmatrix}4&2&3\\1&1&0\\-1&2&3\end{pmatrix}$, 求 B.

2.2.7 设 A 可逆, 证明: A 的伴随矩阵 A^* 可逆. 如果 $A=\begin{pmatrix}1&2\\3&0\end{pmatrix}$, 求 $(A^*)^{-1}$.

2.2.8　判断下列叙述正确与否, 正确者说明理由, 错误者举出反例.

(1) 若 n 阶阵 $\boldsymbol{A}$, $\boldsymbol{B}$, $\boldsymbol{C}$ 满足 $\boldsymbol{ABC}=\boldsymbol{I}_n$, 则 $\boldsymbol{ACB}=\boldsymbol{I}_n$, 且 $\boldsymbol{CAB}=\boldsymbol{I}_n$.

(2) 若 $\boldsymbol{A}$ 可逆, 则 $(2\boldsymbol{A})^{-1}=\dfrac{1}{2}\boldsymbol{A}^{-1}$.

(3) 若 $\boldsymbol{AB}=\boldsymbol{O}$, 则 $\boldsymbol{A}$ 及 $\boldsymbol{B}$ 都不是可逆阵.

(4) 若 n 阶阵 $\boldsymbol{A}$ 满足 $\boldsymbol{A}^2-2\boldsymbol{A}-3\boldsymbol{I}_n=\boldsymbol{O}$, 则 $\boldsymbol{A}-\boldsymbol{I}_n$ 及 $\boldsymbol{A}-2\boldsymbol{I}_n$ 都可逆, $\boldsymbol{A}-3\boldsymbol{I}_n$ 不可逆.

(5) 若 n 阶阵 $\boldsymbol{A}$ 满足 $\boldsymbol{A}^2=\boldsymbol{O}$, 则 $\boldsymbol{I}_n+\boldsymbol{A}$ 可逆.

(6) 若 $\boldsymbol{A}$ 可逆对称 (反对称), 则 $\boldsymbol{A}^{-1}$ 仍为可逆对称阵 (反对称阵).

(7) 若 $\boldsymbol{A}$ 与 $\boldsymbol{B}$ 可交换, $\boldsymbol{B}$ 可逆, 则 $\boldsymbol{A}$ 与 $\boldsymbol{B}^{-1}$ 可交换.

2.2.9　用克拉默法则解下列方程组:

$$(1)\ \begin{cases} x-y-z+t=1, \\ x+y-2z+t=1, \\ x+y+t=2, \\ x+z-t=1; \end{cases} \qquad (2)\ \begin{cases} 3x_1+6x_2+7x_3=1, \\ -2x_1-2x_2+3x_3=-1, \\ x_1-2x_2-5x_3=1. \end{cases}$$

2.2.10　若 $c_1, c_2, \cdots, c_{n+1}$ 为互不相同的数, 证明存在唯一的多项式 $f(x)=a_0x^n+a_1x^{n-1}+\cdots+a_n$, 使得 $f(c_i)=b_i$, $\forall\, i=1, 2, \cdots, n+1$.

2.2.11　m 是一自然数, 若 $\boldsymbol{A}^m=\boldsymbol{O}$, 证明 $\boldsymbol{I}-\boldsymbol{A}$ 可逆, 并用 $\boldsymbol{A}$ 表示 $(\boldsymbol{I}-\boldsymbol{A})^{-1}$.

2.2.12　设 $\boldsymbol{P}$ 为可逆阵, 且 $\boldsymbol{PAP}^{-1}=\boldsymbol{B}$, 证明:

(1) $|\boldsymbol{A}|=|\boldsymbol{B}|$;　　(2) $\mathrm{tr}\boldsymbol{A}=\mathrm{tr}\boldsymbol{B}$;

(3) $|\boldsymbol{A}+\boldsymbol{I}|=|\boldsymbol{B}+\boldsymbol{I}|$.

2.3　分块矩阵

在矩阵计算及某些问题的讨论中, 人们发现将矩阵分割成一些块来研究可以突出要讨论的重点部分, 给出简单的表达方式, 特别当矩阵有成块的元素为零时更是如此. 例如在矩阵乘法的定义中将第二个矩阵 $\boldsymbol{B}$ 按行写成 $\begin{pmatrix} \boldsymbol{B}_1 \\ \boldsymbol{B}_2 \\ \vdots \\ \boldsymbol{B}_n \end{pmatrix}$, 这对于推导行列式乘法公式是方便的. 又如当 $\boldsymbol{A}$ 可写成 $\begin{pmatrix} \boldsymbol{B} & \boldsymbol{O} \\ \boldsymbol{O} & \boldsymbol{C} \end{pmatrix}$ (其中 $\boldsymbol{B}$, $\boldsymbol{C}$ 为方子阵, 另两块为零子阵) 时, 则有简单的行列式计算公式

$$|\boldsymbol{A}|=|\boldsymbol{B}||\boldsymbol{C}|.$$

又如, 如果设 $\boldsymbol{a}_1, \boldsymbol{a}_2, \cdots, \boldsymbol{a}_m$ 为 $\boldsymbol{A}$ 的各行, $\boldsymbol{b}_1, \boldsymbol{b}_2, \cdots, \boldsymbol{b}_n$ 为 $\boldsymbol{B}$ 的各列, 按矩阵乘

法的定义 ((2.3) 式) 应有

$$\boldsymbol{AB}=\begin{pmatrix}\boldsymbol{a}_1\\\boldsymbol{a}_2\\\vdots\\\boldsymbol{a}_m\end{pmatrix}(\boldsymbol{b}_1\quad\boldsymbol{b}_2\quad\cdots\quad\boldsymbol{b}_n)=\begin{pmatrix}\boldsymbol{a}_1\boldsymbol{b}_1&\boldsymbol{a}_1\boldsymbol{b}_2&\cdots&\boldsymbol{a}_1\boldsymbol{b}_n\\\boldsymbol{a}_2\boldsymbol{b}_1&\boldsymbol{a}_2\boldsymbol{b}_2&\cdots&\boldsymbol{a}_2\boldsymbol{b}_n\\\vdots&\vdots&&\vdots\\\boldsymbol{a}_m\boldsymbol{b}_1&\boldsymbol{a}_m\boldsymbol{b}_2&\cdots&\boldsymbol{a}_m\boldsymbol{b}_n\end{pmatrix}.\tag{2.9}$$

实际上, 如果将矩阵用水平线和竖直线分割成若干块, 就得到一个具体的分块矩阵了. 例如

$$\boldsymbol{A}=\left(\begin{array}{c|cc}2&3&0\\1&4&-2\\\hline-1&3&5\end{array}\right)=\left(\begin{array}{c|c|c}2&3&0\\1&4&-2\\-1&3&5\end{array}\right)=\left(\begin{array}{cc|c}2&3&0\\1&4&-2\\\hline-1&3&5\end{array}\right)$$

都是 $\boldsymbol{A}$ 的不同分块方式 (当然还有其他方式).

人们惊奇地发现, 在某种方式的分块矩阵中把每一小块看成一个元素, 按通常的矩阵运算规则对分块矩阵进行计算, 所得结果与原来的结果完全一致.

(1) 设对任意 (i,j) 块 $\boldsymbol{A}_{ij}$ 与 $\boldsymbol{B}_{ij}$ 为同型阵, 有

$$\boldsymbol{A}=\begin{pmatrix}\boldsymbol{A}_{11}&\boldsymbol{A}_{12}&\cdots&\boldsymbol{A}_{1s}\\\boldsymbol{A}_{21}&\boldsymbol{A}_{22}&\cdots&\boldsymbol{A}_{2s}\\\vdots&\vdots&&\vdots\\\boldsymbol{A}_{t1}&\boldsymbol{A}_{t2}&\cdots&\boldsymbol{A}_{ts}\end{pmatrix},\quad\boldsymbol{B}=\begin{pmatrix}\boldsymbol{B}_{11}&\boldsymbol{B}_{12}&\cdots&\boldsymbol{B}_{1s}\\\boldsymbol{B}_{21}&\boldsymbol{B}_{22}&\cdots&\boldsymbol{B}_{2s}\\\vdots&\vdots&&\vdots\\\boldsymbol{B}_{t1}&\boldsymbol{B}_{t2}&\cdots&\boldsymbol{B}_{ts}\end{pmatrix},$$

则有

$$\boldsymbol{A}+\boldsymbol{B}=\begin{pmatrix}\boldsymbol{A}_{11}+\boldsymbol{B}_{11}&\boldsymbol{A}_{12}+\boldsymbol{B}_{12}&\cdots&\boldsymbol{A}_{1s}+\boldsymbol{B}_{1s}\\\boldsymbol{A}_{21}+\boldsymbol{B}_{21}&\boldsymbol{A}_{22}+\boldsymbol{B}_{22}&\cdots&\boldsymbol{A}_{2s}+\boldsymbol{B}_{2s}\\\vdots&\vdots&&\vdots\\\boldsymbol{A}_{t1}+\boldsymbol{B}_{t1}&\boldsymbol{A}_{t2}+\boldsymbol{B}_{t2}&\cdots&\boldsymbol{A}_{ts}+\boldsymbol{B}_{ts}\end{pmatrix}.$$

(2) 对于数乘则有

$$\lambda\boldsymbol{A}=\begin{pmatrix}\lambda\boldsymbol{A}_{11}&\lambda\boldsymbol{A}_{12}&\cdots&\lambda\boldsymbol{A}_{1s}\\\lambda\boldsymbol{A}_{21}&\lambda\boldsymbol{A}_{22}&\cdots&\lambda\boldsymbol{A}_{2s}\\\vdots&\vdots&&\vdots\\\lambda\boldsymbol{A}_{t1}&\lambda\boldsymbol{A}_{t2}&\cdots&\lambda\boldsymbol{A}_{ts}\end{pmatrix}.$$

(3) 对于乘法, 当 $\boldsymbol{A}$ 及 $\boldsymbol{B}$ 有如下分块方式时, 有

$$
\begin{array}{c}
\begin{matrix} \quad n_1 & n_2 & \cdots & n_s \end{matrix} \\
A = \begin{pmatrix} A_{11} & A_{12} & \cdots & A_{1s} \\ A_{21} & A_{22} & \cdots & A_{2s} \\ \vdots & \vdots & & \vdots \\ A_{t1} & A_{t2} & \cdots & A_{ts} \end{pmatrix} \begin{matrix} r_1 \\ r_2 \\ \vdots \\ r_t \end{matrix},
\end{array}
$$

$$
\begin{array}{c}
\begin{matrix} \quad k_1 & k_2 & \cdots & k_p \end{matrix} \\
B = \begin{pmatrix} B_{11} & B_{12} & \cdots & B_{1p} \\ B_{21} & B_{22} & \cdots & B_{2p} \\ \vdots & \vdots & & \vdots \\ B_{s1} & B_{s2} & \cdots & B_{sp} \end{pmatrix} \begin{matrix} n_1 \\ n_2 \\ \vdots \\ n_s \end{matrix},
\end{array}
$$

其中 $\boldsymbol{A}_{ij}$ 是 $r_i \times n_j$ 型, $\boldsymbol{B}_{ij}$ 是 $n_i \times k_j$ 型, 则有

$$
\begin{array}{c}
\begin{matrix} \quad k_1 & k_2 & \cdots & k_p \end{matrix} \\
AB = C = \begin{pmatrix} C_{11} & C_{12} & \cdots & C_{1p} \\ C_{21} & C_{22} & \cdots & C_{2p} \\ \vdots & \vdots & & \vdots \\ C_{t1} & C_{t2} & \cdots & C_{tp} \end{pmatrix} \begin{matrix} r_1 \\ r_2 \\ \vdots \\ r_t \end{matrix},
\end{array}
$$

其中 $\boldsymbol{C}_{ij} = \sum\limits_{k=1}^{s} \boldsymbol{A}_{ik}\boldsymbol{B}_{kj}$, 亦可简记为

$$
\boldsymbol{AB} = \boldsymbol{C} = (\boldsymbol{C}_{ij})_{t\times p} = \left(\sum_{k=1}^{s} \boldsymbol{A}_{ik}\boldsymbol{B}_{kj}\right)_{t\times p}. \tag{2.10}
$$

上述 (1), (2) 不难证明, 我们只证 (3), 证明之前先看一个例子. 设 $\boldsymbol{A}$, $\boldsymbol{B}$ 为如下分块

$$
\boldsymbol{A} = \left(\begin{array}{cc|c} 2 & 0 & -3 \\ 1 & 5 & -1 \\ \hline 0 & -2 & 4 \end{array}\right), \quad \boldsymbol{B} = \left(\begin{array}{c|cc|c} 1 & -2 & 3 & 0 \\ 0 & 1 & 0 & 1 \\ \hline -1 & 2 & 5 & 2 \end{array}\right),
$$

按 (3) 的规则 $\boldsymbol{AB}$ 可以用块乘来计算:

$$
\boldsymbol{AB} = \left(\begin{array}{c|c|c} \Delta_1 & \Delta_3 & \begin{pmatrix} 2 & 0 \\ 1 & 5 \end{pmatrix}\begin{pmatrix} 0 \\ 1 \end{pmatrix} + \begin{pmatrix} -3 \\ -1 \end{pmatrix}\cdot 2 \\ \hline \Delta_2 & \Delta_4 & (0 \quad -2)\begin{pmatrix} 0 \\ 1 \end{pmatrix} + 4\cdot 2 \end{array}\right)
$$

$$
= \left(\begin{array}{c|cc|c} 5 & -10 & -9 & -6 \\ 2 & 1 & -2 & 3 \\ \hline -4 & 6 & 20 & 6 \end{array}\right),
$$

其中

$$
\begin{aligned}
\Delta_1 &= \begin{pmatrix} 2 & 0 \\ 1 & 5 \end{pmatrix}\begin{pmatrix} 1 \\ 0 \end{pmatrix} + \begin{pmatrix} -3 \\ -1 \end{pmatrix}(-1), \\
\Delta_2 &= (0 \quad -2)\begin{pmatrix} 1 \\ 0 \end{pmatrix} + (4)(-1), \\
\Delta_3 &= \begin{pmatrix} 2 & 0 \\ 1 & 5 \end{pmatrix}\begin{pmatrix} -2 & 3 \\ 1 & 0 \end{pmatrix} + \begin{pmatrix} -3 \\ -1 \end{pmatrix}(2 \quad 5), \\
\Delta_4 &= (0 \quad -2)\begin{pmatrix} -2 & 3 \\ 1 & 0 \end{pmatrix} + (4)(2 \quad 5).
\end{aligned}
$$

这与不分块时按原来乘法规则计算所得结果确实一样 (请读者自行验算).

为证明分块乘法的如上规则, 先来看几个特殊情形, 最后再证 (2.10) 式.

(i) 当 $\boldsymbol{A}_1, \boldsymbol{A}_2, \cdots, \boldsymbol{A}_t$ 的列数与 $\boldsymbol{D}$ 的行数相同时, 则有

$$
\begin{pmatrix} \boldsymbol{A}_1 \\ \boldsymbol{A}_2 \\ \vdots \\ \boldsymbol{A}_t \end{pmatrix} \boldsymbol{D} = \begin{pmatrix} \boldsymbol{A}_1\boldsymbol{D} \\ \boldsymbol{A}_2\boldsymbol{D} \\ \vdots \\ \boldsymbol{A}_t\boldsymbol{D} \end{pmatrix}. \tag{2.11}
$$

(ii) 当 $\boldsymbol{C}$ 的列数与 $\boldsymbol{B}_1, \boldsymbol{B}_2, \cdots, \boldsymbol{B}_p$ 的行数相同时, 则有

$$
\boldsymbol{C}(\boldsymbol{B}_1 \quad \boldsymbol{B}_2 \quad \cdots \quad \boldsymbol{B}_p) = (\boldsymbol{C}\boldsymbol{B}_1 \quad \boldsymbol{C}\boldsymbol{B}_2 \quad \cdots \quad \boldsymbol{C}\boldsymbol{B}_p) \tag{2.12}
$$

(iii) 当 $\boldsymbol{A}_1, \boldsymbol{A}_2, \cdots, \boldsymbol{A}_t$ 的列数分别与 $\boldsymbol{B}_1, \boldsymbol{B}_2, \cdots, \boldsymbol{B}_t$ 的行数相同时, 则有

$$
\boldsymbol{A}\boldsymbol{B} = (\boldsymbol{A}_1 \quad \boldsymbol{A}_2 \quad \cdots \quad \boldsymbol{A}_t)\begin{pmatrix} \boldsymbol{B}_1 \\ \boldsymbol{B}_2 \\ \vdots \\ \boldsymbol{B}_t \end{pmatrix} = \sum_{i=1}^{t} \boldsymbol{A}_i\boldsymbol{B}_i. \tag{2.13}
$$

为证 (2.11) 式, 只需将 $\boldsymbol{A}_1, \boldsymbol{A}_2, \cdots, \boldsymbol{A}_t$ 按各行分块写出, 将 $\boldsymbol{D}$ 按各列分块写出, 然后将 $\boldsymbol{A}_1\boldsymbol{D}, \boldsymbol{A}_2\boldsymbol{D}, \cdots, \boldsymbol{A}_t\boldsymbol{D}$ 分别套用 (2.9) 式可看出 (2.11) 式左、右两端相等.

为证 (2.12) 式, 只需将 $\boldsymbol{C}$ 按各行分块写出, 将 $\boldsymbol{B}_1, \boldsymbol{B}_2, \cdots, \boldsymbol{B}_p$ 按各列分块写出, 然后将 $\boldsymbol{C}\boldsymbol{B}_1, \boldsymbol{C}\boldsymbol{B}_2, \cdots, \boldsymbol{C}\boldsymbol{B}_p$ 分别套用 (2.9) 式可看出 (2.12) 式左、右两端相等.

为证 (2.13) 式, 设 $\boldsymbol{A}, \boldsymbol{A}_1, \boldsymbol{A}_2 \cdots, \boldsymbol{A}_t$ 的第 i 行分别为 a_i, $a_i^{(1)}, a_i^{(2)}, \cdots, a_i^{(t)}$, 又

设 $\boldsymbol{B}, \boldsymbol{B}_1, \boldsymbol{B}_2, \cdots, \boldsymbol{B}_t$ 的第 j 列分别为 $b_j, b_j^{(1)}, b_j^{(2)}, \cdots, b_j^{(t)}$, 易见

$$\boldsymbol{a}_i = (\, a_i^{(1)} \quad a_i^{(2)} \quad \cdots \quad a_i^{(t)}\,), \qquad \boldsymbol{b}_j = \begin{pmatrix} b_j^{(1)} \\ b_j^{(2)} \\ \vdots \\ b_j^{(t)} \end{pmatrix},$$

于是按 (2.9) 式, $\boldsymbol{AB}$ 的 (i,j) 位置元素为

$$\boldsymbol{a}_i \boldsymbol{b}_j = (\, a_i^{(1)} \quad a_i^{(2)} \quad \cdots \quad a_i^{(t)}\,) \begin{pmatrix} b_j^{(1)} \\ b_j^{(2)} \\ \vdots \\ b_j^{(t)} \end{pmatrix} = a_i^{(1)} b_j^{(1)} + a_i^{(2)} b_j^{(2)} \cdots + a_i^{(t)} b_j^{(t)},$$

且易见 $a_i^{(1)} b_j^{(1)}, a_i^{(2)} b_j^{(2)}, \cdots, a_i^{(t)} b_j^{(t)}$ 分别为 $\boldsymbol{A}_1\boldsymbol{B}_1, \boldsymbol{A}_2\boldsymbol{B}_2, \cdots, \boldsymbol{A}_t\boldsymbol{B}_t$ 的 (i,j) 位置元素, 故 (2.13) 式成立.

现在由 (2.11)—(2.13) 式证明分块乘法的一般公式, 即 (2.10) 式.

设

$$\boldsymbol{A}_i = (\, \boldsymbol{A}_{i1} \quad \boldsymbol{A}_{i2} \quad \cdots \quad \boldsymbol{A}_{is}\,), \qquad \boldsymbol{B}_j = \begin{pmatrix} \boldsymbol{B}_{1j} \\ \boldsymbol{B}_{2j} \\ \vdots \\ \boldsymbol{B}_{sj} \end{pmatrix},$$

其中 $i = 1, 2, \cdots, t;\ j = 1, 2, \cdots, p$, 于是

$$\begin{aligned} \boldsymbol{AB} &= \boldsymbol{A}(\, \boldsymbol{B}_1 \quad \boldsymbol{B}_2 \quad \cdots \quad \boldsymbol{B}_p\,) \xlongequal{(2.12)} (\, \boldsymbol{AB}_1 \quad \boldsymbol{AB}_2 \quad \cdots \quad \boldsymbol{AB}_p\,) \\ &= \left(\begin{pmatrix} \boldsymbol{A}_1 \\ \boldsymbol{A}_2 \\ \vdots \\ \boldsymbol{A}_t \end{pmatrix} \boldsymbol{B}_1 \quad \begin{pmatrix} \boldsymbol{A}_1 \\ \boldsymbol{A}_2 \\ \vdots \\ \boldsymbol{A}_t \end{pmatrix} \boldsymbol{B}_2 \quad \cdots \quad \begin{pmatrix} \boldsymbol{A}_1 \\ \boldsymbol{A}_2 \\ \vdots \\ \boldsymbol{A}_t \end{pmatrix} \boldsymbol{B}_p \right) \\ &\xlongequal{(2.11)} \begin{pmatrix} \boldsymbol{A}_1\boldsymbol{B}_1 & \boldsymbol{A}_1\boldsymbol{B}_2 & \cdots & \boldsymbol{A}_1\boldsymbol{B}_p \\ \boldsymbol{A}_2\boldsymbol{B}_1 & \boldsymbol{A}_2\boldsymbol{B}_2 & \cdots & \boldsymbol{A}_2\boldsymbol{B}_p \\ \vdots & \vdots & & \vdots \\ \boldsymbol{A}_t\boldsymbol{B}_1 & \boldsymbol{A}_t\boldsymbol{B}_2 & \cdots & \boldsymbol{A}_t\boldsymbol{B}_p \end{pmatrix} = (\boldsymbol{A}_i\boldsymbol{B}_j)_{t\times p}. \end{aligned}$$

对 $\boldsymbol{A}_i\boldsymbol{B}_j$ 使用 (2.13) 式, 则有

$$\boldsymbol{A}_i\boldsymbol{B}_j = \sum_{k=1}^{s} \boldsymbol{A}_{ik}\boldsymbol{B}_{kj},$$

故 (2.10) 式得证.

例 2.10 已知 $\boldsymbol{A}$, $\boldsymbol{B}$ 分别为 m 阶及 n 阶可逆阵, 证明

$$\boldsymbol{D}=\begin{pmatrix}\boldsymbol{A} & \boldsymbol{C}\\ \boldsymbol{O} & \boldsymbol{B}\end{pmatrix}$$

可逆, 并求 $\boldsymbol{D}^{-1}$.

证明 因为 $|\boldsymbol{D}|=|\boldsymbol{A}||\boldsymbol{B}|\neq 0$, 故 $\boldsymbol{D}$ 可逆, 设

$$\boldsymbol{D}^{-1}=\begin{pmatrix}\boldsymbol{X} & \boldsymbol{Y}\\ \boldsymbol{Z} & \boldsymbol{U}\end{pmatrix},$$

其分块方式与 $\boldsymbol{D}$ 相同, 由 $\boldsymbol{D}\boldsymbol{D}^{-1}=\boldsymbol{I}$ 得

$$\begin{pmatrix}\boldsymbol{AX}+\boldsymbol{CZ} & \boldsymbol{AY}+\boldsymbol{CU}\\ \boldsymbol{BZ} & \boldsymbol{BU}\end{pmatrix}=\begin{pmatrix}\boldsymbol{I}_m & \boldsymbol{O}\\ \boldsymbol{O} & \boldsymbol{I}_n\end{pmatrix},$$

从而

$$\begin{aligned}&\boldsymbol{AX}+\boldsymbol{CZ}=\boldsymbol{I}_m; &&\boldsymbol{AY}+\boldsymbol{CU}=\boldsymbol{O};\\ &\boldsymbol{BZ}=\boldsymbol{O}; &&\boldsymbol{BU}=\boldsymbol{I}_n.\end{aligned}$$

由后两式求得 $\boldsymbol{U}=\boldsymbol{B}^{-1}$, $\boldsymbol{Z}=\boldsymbol{O}$, 将它们代入前两式可求得

$$\boldsymbol{X}=\boldsymbol{A}^{-1},\quad \boldsymbol{Y}=-\boldsymbol{A}^{-1}\boldsymbol{C}\boldsymbol{B}^{-1},$$

于是

$$\boldsymbol{D}^{-1}=\begin{pmatrix}\boldsymbol{A}^{-1} & -\boldsymbol{A}^{-1}\boldsymbol{C}\boldsymbol{B}^{-1}\\ \boldsymbol{O} & \boldsymbol{B}^{-1}\end{pmatrix}.$$ □

例 2.11 设 $\boldsymbol{A}=(a_{ij})_{m\times n}$, 且 $\boldsymbol{Ax}=\boldsymbol{0}$ 对任意的 $n\times 1$ 阵 $\boldsymbol{x}$ 成立, 证明 $\boldsymbol{A}=\boldsymbol{O}$.

证明 方法 1. 取 $\boldsymbol{x}$ 为 $\boldsymbol{I}_n$ 的第 $1,2,\cdots,n$ 列 $\boldsymbol{e}_1,\boldsymbol{e}_2,\cdots,\boldsymbol{e}_n$, 由已知 $\boldsymbol{Ae}_i=\boldsymbol{0}$, $\forall\, i=1,2,\cdots,n$. 易见

$$\begin{aligned}\boldsymbol{A}&=\boldsymbol{AI}_n=\boldsymbol{A}(\boldsymbol{e}_1\ \ \boldsymbol{e}_2\ \ \cdots\ \ \boldsymbol{e}_n)\\ &=(\boldsymbol{Ae}_1\ \ \boldsymbol{Ae}_2\ \ \cdots\ \ \boldsymbol{Ae}_n)=(\boldsymbol{0}\ \ \boldsymbol{0}\ \ \cdots\ \ \boldsymbol{0})=\boldsymbol{0}.\end{aligned}$$

方法 2. 将 $\boldsymbol{A}$ 按列分块, $\boldsymbol{A}=(\boldsymbol{A}_1\ \ \boldsymbol{A}_2\ \ \cdots\ \ \boldsymbol{A}_n)$, 设

$$\boldsymbol{x}=\begin{pmatrix}x_1\\ x_2\\ \vdots\\ x_n\end{pmatrix},$$

由分块乘法

$$\boldsymbol{0}=\boldsymbol{Ax}=x_1\boldsymbol{A}_1+x_2\boldsymbol{A}_2+\cdots+x_n\boldsymbol{A}_n.$$

由于 x 的任意性, 取 $x_i = 1,\ x_j = 0,\ \forall\, j \neq i$, 则有

$$\boldsymbol{A}_i = \boldsymbol{O}, \quad \forall\, i = 1,\ 2,\ \cdots,\ n,$$

故 $\boldsymbol{A} = \boldsymbol{O}$.

方法 3. 假定 $\boldsymbol{A} \neq \boldsymbol{O}$, 则存在 $a_{ij} \neq 0$, 取 $\boldsymbol{x} = \boldsymbol{e}_j$, 得

$$\boldsymbol{A}\boldsymbol{e}_j = \begin{pmatrix} a_{1j} \\ a_{2j} \\ \vdots \\ a_{ij} \\ \vdots \\ a_{mj} \end{pmatrix} \neq \boldsymbol{O},$$

与已知矛盾, 故 $\boldsymbol{A} = \boldsymbol{O}$. □

如果 $\boldsymbol{A}_1, \boldsymbol{A}_2, \cdots, \boldsymbol{A}_s$ 都是方阵 (不一定阶数相同), 则称

$$\boldsymbol{A} = \begin{pmatrix} \boldsymbol{A}_1 & & & \\ & \boldsymbol{A}_2 & & \\ & & \ddots & \\ & & & \boldsymbol{A}_s \end{pmatrix}$$

为**准对角阵**, 简记 $\mathrm{diag}(\boldsymbol{A}_1, \boldsymbol{A}_2, \cdots, \boldsymbol{A}_s)$. 当 $\boldsymbol{A}_1, \boldsymbol{A}_2, \cdots, \boldsymbol{A}_s$ 都是可逆阵时, 容易验证

$$\boldsymbol{A}^{-1} = \mathrm{diag}(\boldsymbol{A}_1^{-1}, \boldsymbol{A}_2^{-1}, \cdots, \boldsymbol{A}_s^{-1}).$$

又设 $\boldsymbol{B}$ 为与 $\boldsymbol{A}$ 同型的准对角阵, 即

$$\boldsymbol{B} = \mathrm{diag}(\boldsymbol{B}_1, \boldsymbol{B}_2, \cdots, \boldsymbol{B}_s),$$

其中 $\boldsymbol{B}_i$ 与 $\boldsymbol{A}_i$ 同型, $i = 1, 2, \cdots, s$, 则

$$\begin{aligned} \boldsymbol{A} \pm \boldsymbol{B} &= \mathrm{diag}(\boldsymbol{A}_1 \pm \boldsymbol{B}_1, \boldsymbol{A}_2 \pm \boldsymbol{B}_2, \cdots, \boldsymbol{A}_s \pm \boldsymbol{B}_s); \\ \boldsymbol{A}\boldsymbol{B} &= \mathrm{diag}(\boldsymbol{A}_1\boldsymbol{B}_1, \boldsymbol{A}_2\boldsymbol{B}_2, \cdots, \boldsymbol{A}_s\boldsymbol{B}_s); \\ \boldsymbol{A}^m &= \mathrm{diag}(\boldsymbol{A}_1^m, \boldsymbol{A}_2^m, \cdots, \boldsymbol{A}_s^m). \end{aligned}$$

对于分块矩阵的转置矩阵, 请读者自行验证下列规则:

$$\begin{pmatrix} \boldsymbol{A}_{11} & \boldsymbol{A}_{12} & \cdots & \boldsymbol{A}_{1s} \\ \boldsymbol{A}_{21} & \boldsymbol{A}_{22} & \cdots & \boldsymbol{A}_{2s} \\ \vdots & \vdots & & \vdots \\ \boldsymbol{A}_{t1} & \boldsymbol{A}_{t2} & \cdots & \boldsymbol{A}_{ts} \end{pmatrix}^{\mathrm{T}} = \begin{pmatrix} \boldsymbol{A}_{11}^{\mathrm{T}} & \boldsymbol{A}_{21}^{\mathrm{T}} & \cdots & \boldsymbol{A}_{t1}^{\mathrm{T}} \\ \boldsymbol{A}_{12}^{\mathrm{T}} & \boldsymbol{A}_{22}^{\mathrm{T}} & \cdots & \boldsymbol{A}_{t2}^{\mathrm{T}} \\ \vdots & \vdots & & \vdots \\ \boldsymbol{A}_{1s}^{\mathrm{T}} & \boldsymbol{A}_{2s}^{\mathrm{T}} & \cdots & \boldsymbol{A}_{ts}^{\mathrm{T}} \end{pmatrix}.$$

例 2.12 证明: 两个 n 阶下三角阵的积是下三角阵, 可逆的下三角阵的逆也是下三角阵.

证明 对阶数 n 用数学归纳法. 当 $n=1$ 时结论显然, 假定 $n-1$ 阶阵结论成立, 看 n 阶阵 $\boldsymbol{A}$ 和 $\boldsymbol{B}$. 设

$$\boldsymbol{A}=\begin{pmatrix} a_{11} & \boldsymbol{0} \\ \boldsymbol{a} & \boldsymbol{A}_1 \end{pmatrix}, \qquad \boldsymbol{B}=\begin{pmatrix} b_{11} & \boldsymbol{0} \\ \boldsymbol{b} & \boldsymbol{B}_1 \end{pmatrix},$$

其中 $\boldsymbol{A}_1, \boldsymbol{B}_1$ 为 $n-1$ 阶下三角阵. 显然

$$\boldsymbol{AB}=\begin{pmatrix} a_{11}b_{11} & \boldsymbol{0} \\ b_{11}\boldsymbol{a}+\boldsymbol{A}_1\boldsymbol{b} & \boldsymbol{A}_1\boldsymbol{B}_1 \end{pmatrix}.$$

由归纳假设 $\boldsymbol{A}_1\boldsymbol{B}_1$ 为下三角阵, 故 $\boldsymbol{AB}$ 是下三角阵.

当 $\boldsymbol{A}$ 可逆时, 容易求出

$$\boldsymbol{A}^{-1}=\begin{pmatrix} a_{11}^{-1} & \boldsymbol{0} \\ -a_{11}^{-1}\boldsymbol{A}_1^{-1}\boldsymbol{a} & \boldsymbol{A}_1^{-1} \end{pmatrix}.$$

由归纳假设 $\boldsymbol{A}_1^{-1}$ 为下三角阵, 故 $\boldsymbol{A}^{-1}$ 亦然. □

练 习 2.3

2.3.1 设 $\boldsymbol{A}, \boldsymbol{B}, \boldsymbol{C}, \boldsymbol{D}$ 都是 n 阶方阵, 指出下列各式正确与否.

(1) $(\mathrm{diag}(\boldsymbol{A},\boldsymbol{B},\boldsymbol{C},\boldsymbol{D}))^{\mathrm{T}}=\mathrm{diag}(\boldsymbol{A},\boldsymbol{B},\boldsymbol{C},\boldsymbol{D})$;

(2) $\boldsymbol{A}(\boldsymbol{B}\quad\boldsymbol{C}\quad\boldsymbol{D})=(\boldsymbol{AB}\quad\boldsymbol{AC}\quad\boldsymbol{AD})$;

(3) $\boldsymbol{A}\begin{pmatrix}\boldsymbol{B}\\ \boldsymbol{C}\end{pmatrix}=\begin{pmatrix}\boldsymbol{AB}\\ \boldsymbol{AC}\end{pmatrix}$;

(4) $(\boldsymbol{A}\quad\boldsymbol{B})^{\mathrm{T}}=\begin{pmatrix}\boldsymbol{A}\\ \boldsymbol{B}\end{pmatrix}$;

(5) $(\boldsymbol{A}\quad\boldsymbol{B})\boldsymbol{C}=(\boldsymbol{AC}\quad\boldsymbol{BC})$;

(6) $\begin{pmatrix}\boldsymbol{A}\\ \boldsymbol{B}\end{pmatrix}\boldsymbol{C}=\begin{pmatrix}\boldsymbol{AC}\\ \boldsymbol{BC}\end{pmatrix}$;

(7) $\begin{pmatrix}\boldsymbol{A}\\ \boldsymbol{B}\end{pmatrix}(\boldsymbol{C}\quad\boldsymbol{D})=\boldsymbol{AC}+\boldsymbol{BD}$;

(8) $\begin{pmatrix}\boldsymbol{O} & \boldsymbol{A}\\ \boldsymbol{B} & \boldsymbol{O}\end{pmatrix}^{\mathrm{T}}=\begin{pmatrix}\boldsymbol{O} & \boldsymbol{B}\\ \boldsymbol{A} & \boldsymbol{O}\end{pmatrix}$.

2.3.2 用分块矩阵方法求下述矩阵的逆矩阵:

(1) $\begin{pmatrix} 3 & 5 & 0 & 0 \\ -1 & 1 & 0 & 0 \\ 0 & 0 & 2 & 1 \\ 0 & 0 & 0 & 3 \end{pmatrix}$; (2) $\begin{pmatrix} 1 & 1 & 2 & 3 \\ -1 & 1 & 1 & -2 \\ 0 & 0 & 1 & 0 \\ 0 & 0 & 4 & 1 \end{pmatrix}$.

2.3.3　设 $\boldsymbol{A}$, $\boldsymbol{B}$ 可逆, 证明下列分块阵可逆, 并求其逆矩阵:

(1) $\begin{pmatrix} \boldsymbol{O} & \boldsymbol{A} \\ \boldsymbol{B} & \boldsymbol{C} \end{pmatrix}$;　(2) $\begin{pmatrix} \boldsymbol{A} & \boldsymbol{O} \\ \boldsymbol{C} & \boldsymbol{B} \end{pmatrix}$;

(3) $\begin{pmatrix} \boldsymbol{C} & \boldsymbol{A} \\ \boldsymbol{B} & \boldsymbol{O} \end{pmatrix}$.

2.3.4　设 $\boldsymbol{A}$ 可逆, 求适当的 $\boldsymbol{X}$, 使

$$\begin{pmatrix} \boldsymbol{A} & \boldsymbol{B} \\ \boldsymbol{C} & \boldsymbol{D} \end{pmatrix}\begin{pmatrix} \boldsymbol{I} & \boldsymbol{X} \\ \boldsymbol{O} & \boldsymbol{I} \end{pmatrix} = \begin{pmatrix} * & \boldsymbol{O} \\ * & * \end{pmatrix}.$$

2.3.5　进行如下块乘并发现其特点:

(1) $\begin{pmatrix} \boldsymbol{I}_m & \boldsymbol{X} \\ \boldsymbol{O} & \boldsymbol{I}_n \end{pmatrix}\begin{pmatrix} \boldsymbol{I}_m & \boldsymbol{Y} \\ \boldsymbol{O} & \boldsymbol{I}_n \end{pmatrix}$;

(2) $\begin{pmatrix} \boldsymbol{I}_m & \boldsymbol{O} \\ \boldsymbol{X} & \boldsymbol{I}_n \end{pmatrix}\begin{pmatrix} \boldsymbol{I}_m & \boldsymbol{O} \\ \boldsymbol{Y} & \boldsymbol{I}_n \end{pmatrix}$.

在此基础上求 $\begin{pmatrix} \boldsymbol{I}_m & \boldsymbol{X} \\ \boldsymbol{O} & \boldsymbol{I}_n \end{pmatrix}^{-1}$ 及 $\begin{pmatrix} \boldsymbol{I}_m & \boldsymbol{O} \\ \boldsymbol{X} & \boldsymbol{I}_n \end{pmatrix}^{-1}$.

2.3.6　设有矩阵等式 $\boldsymbol{MAN} = \boldsymbol{B}$ 及 $\boldsymbol{PCQ} = \boldsymbol{D}$ 成立, 其中 $\boldsymbol{A}, \boldsymbol{B}$ 同型, $\boldsymbol{C}$, $\boldsymbol{D}$ 同型, 证明存在方阵 $\boldsymbol{H}$ 及 $\boldsymbol{R}$, 使

$$\boldsymbol{H}\begin{pmatrix} \boldsymbol{A} & \boldsymbol{O} \\ \boldsymbol{O} & \boldsymbol{C} \end{pmatrix}\boldsymbol{R} = \begin{pmatrix} \boldsymbol{B} & \boldsymbol{O} \\ \boldsymbol{O} & \boldsymbol{D} \end{pmatrix}.$$

2.3.7　证明: $\boldsymbol{ABC}$ 的左上角的 $r \times s$ 子块等于 $\boldsymbol{A}_1\boldsymbol{B}\boldsymbol{C}_1$, 其中 $\boldsymbol{A}_1$ 为 $\boldsymbol{A}$ 的前 r 行, $\boldsymbol{C}_1$ 为 $\boldsymbol{C}$ 的前 s 列.

2.3.8　证明: 同阶上三角阵之积及可逆上三角阵之逆仍为上三角阵.

2.4　初　等　阵

本节将建立矩阵初等变换与矩阵乘法的关系, 由此还得到用初等变换求逆矩阵的方法.

定义 2.8　将单位阵进行一次初等变换 (倍法、消法、换法) 所得到的矩阵称为**初等阵**. 有以下三种类型:

(1) **倍法阵**　$\boldsymbol{D}_i(k) = \mathrm{diag}(1, \cdots, 1, \overset{(i)}{k}, 1, \cdots, 1)$, 其中 $k \neq 0$.

(2) **消法阵**　$\boldsymbol{T}_{ij}(k) = \boldsymbol{I} + k\boldsymbol{E}_{ij} (i \neq j)$.

(3) **换法阵**　$\boldsymbol{P}_{ij} = \boldsymbol{I} - \boldsymbol{E}_{ii} - \boldsymbol{E}_{jj} + \boldsymbol{E}_{ij} + \boldsymbol{E}_{ji} (i \neq j)$.

命题 2.1　初等阵都是可逆阵, 其逆仍为该型初等阵.

证明　不难看出

$$\boldsymbol{D}_i(k)^{-1} = \boldsymbol{D}_i(k^{-1}),\quad \boldsymbol{T}_{ij}(k)^{-1} = T_{ij}(-k),\quad \boldsymbol{P}_{ij}^{-1} = \boldsymbol{P}_{ij}.$$ □

命题 2.2 用 m 阶初等阵去左乘 $m \times n$ 阵 $\boldsymbol{A}$, 相当于对 $\boldsymbol{A}$ 的行作一次相应的初等变换; 用 n 阶初等阵去右乘 $m \times n$ 阵 $\boldsymbol{A}$, 相当于对 $\boldsymbol{A}$ 的列作一次相应的初等变换.

证明 设 $\boldsymbol{A}_1, \boldsymbol{A}_2, \cdots, \boldsymbol{A}_m$ 为 $\boldsymbol{A}$ 的各行, $\boldsymbol{a}_1, \boldsymbol{a}_2, \cdots, \boldsymbol{a}_n$ 为 $\boldsymbol{A}$ 的各列, 由分块乘法计算有

$$(1)\ \boldsymbol{D}_i(k)\boldsymbol{A} = \begin{pmatrix} \boldsymbol{A}_1 \\ \vdots \\ k\boldsymbol{A}_i \\ \vdots \\ \boldsymbol{A}_m \end{pmatrix},$$

$$\boldsymbol{A}\boldsymbol{D}_i(k) = \begin{pmatrix} \boldsymbol{a}_1 & \cdots & k\boldsymbol{a}_i & \cdots & \boldsymbol{a}_n \end{pmatrix};$$

$$(2)\ \boldsymbol{T}_{ij}(k)\boldsymbol{A} = \begin{pmatrix} \boldsymbol{A}_1 \\ \vdots \\ \boldsymbol{A}_i + k\boldsymbol{A}_j \\ \vdots \\ \boldsymbol{A}_j \\ \vdots \\ \boldsymbol{A}_m \end{pmatrix},$$

$$\boldsymbol{A}\boldsymbol{T}_{ij}(k) = \begin{pmatrix} \boldsymbol{a}_1 & \cdots & \boldsymbol{a}_i & \cdots & k\boldsymbol{a}_i + \boldsymbol{a}_j & \cdots & \boldsymbol{a}_n \end{pmatrix};$$

$$(3)\ \boldsymbol{P}_{ij}\boldsymbol{A} = \begin{pmatrix} \boldsymbol{A}_1 \\ \vdots \\ \boldsymbol{A}_j \\ \vdots \\ \boldsymbol{A}_i \\ \vdots \\ \boldsymbol{A}_m \end{pmatrix} \begin{matrix} \\ \\ (i) \\ \\ (j) \\ \\ \\ \end{matrix},$$

$$\boldsymbol{A}\boldsymbol{P}_{ij} = (\boldsymbol{a}_1 \quad \cdots \quad \overset{(i)}{\boldsymbol{a}_j} \quad \cdots \quad \overset{(j)}{\boldsymbol{a}_i} \quad \cdots \quad \boldsymbol{a}_n). \qquad \square$$

命题 2.3 n 阶阵 $\boldsymbol{A}$ 可逆的充要条件是 $\boldsymbol{A}$ 可表示为有限个 n 阶初等阵之积.

证明 充分性: 设 $\boldsymbol{A} = \boldsymbol{P}_1\boldsymbol{P}_2\cdots\boldsymbol{P}_t$, 其中 $\boldsymbol{P}_1, \boldsymbol{P}_2, \cdots, \boldsymbol{P}_t$ 皆为初等阵, 因初等阵 $\boldsymbol{P}_1, \boldsymbol{P}_2, \cdots, \boldsymbol{P}_t$ 皆为可逆阵, 故其积 $\boldsymbol{A}$ 也可逆.

必要性: 因为 $\boldsymbol{A}$ 可逆, 所以 $\boldsymbol{A}$ 可经一系列行的初等变换化为单位阵, 这相当

于有一系列初等阵 $\boldsymbol{P}_1, \boldsymbol{P}_2, \cdots, \boldsymbol{P}_t$ 左乘 $\boldsymbol{A}$ 得单位阵, 即

$$\boldsymbol{P}_t\boldsymbol{P}_{t-1}\cdots\boldsymbol{P}_1\boldsymbol{A} = \boldsymbol{I}_n,$$

从而

$$\boldsymbol{A} = (\boldsymbol{P}_t\boldsymbol{P}_{t-1}\cdots\boldsymbol{P}_1)^{-1} = \boldsymbol{P}_1^{-1}\boldsymbol{P}_2^{-1}\cdots\boldsymbol{P}_t^{-1}.$$

因初等阵的逆矩阵还是初等阵, 故上式说明 $\boldsymbol{A}$ 为一系列初等阵之积. □

现在给出用初等变换方法求一个可逆矩阵的逆矩阵的步骤和原理.

步骤:

(1) 作一个 $n \times 2n$ 的分块阵 $(\boldsymbol{A} \quad \boldsymbol{I}_n)$;

(2) 对 $(\boldsymbol{A} \quad \boldsymbol{I}_n)$ 施行初等行变换, 当前面的 $\boldsymbol{A}$ 化成 $\boldsymbol{I}_n$ 时, 后面的 $\boldsymbol{I}_n$ 就化成了 $\boldsymbol{A}^{-1}$.

原理: 对 $(\boldsymbol{A} \quad \boldsymbol{I}_n)$ 施行初等行变换相当于用可逆阵 $\boldsymbol{B}$ 左乘 $(\boldsymbol{A} \quad \boldsymbol{I}_n)$, 由于 $\boldsymbol{B}(\boldsymbol{A} \quad \boldsymbol{I}_n) = (\boldsymbol{BA} \quad \boldsymbol{B})$, 故当 $\boldsymbol{BA} = \boldsymbol{I}_n$ 时, $\boldsymbol{B} = \boldsymbol{A}^{-1}$, 即

$$(\boldsymbol{A} \quad \boldsymbol{I}_n) \to (\boldsymbol{I}_n \quad \boldsymbol{A}^{-1}).$$

这个方法也可用于解线性方程组: $\boldsymbol{Ax} = \boldsymbol{b}$ (当 $|\boldsymbol{A}| \neq 0$ 时). 实际上只要对块阵 $(\boldsymbol{A} \quad \boldsymbol{b})$ 施行初等行变换, 将 $\boldsymbol{A}$ 化成 $\boldsymbol{I}_n$, 则 $\boldsymbol{b}$ 就化为解 $\boldsymbol{A}^{-1}\boldsymbol{b}$ 了. 原理是: $\boldsymbol{B}(\boldsymbol{A} \quad \boldsymbol{b}) = (\boldsymbol{BA} \quad \boldsymbol{Bb})$, 当 $\boldsymbol{BA} = \boldsymbol{I}_n$ 时, $\boldsymbol{B} = \boldsymbol{A}^{-1}$, 故

$$\boldsymbol{Bb} = \boldsymbol{A}^{-1}\boldsymbol{b}.$$

例 2.13　用初等变换法求 $\boldsymbol{A}^{-1}$, 其中

$$\boldsymbol{A} = \begin{pmatrix} 0 & 1 & 1 & 1 \\ 1 & 0 & 1 & 1 \\ 1 & 1 & 0 & 1 \\ 1 & 1 & 1 & 0 \end{pmatrix}.$$

解

$$(\boldsymbol{A} \quad \boldsymbol{I}_4) = \begin{pmatrix} 0 & 1 & 1 & 1 & 1 & 0 & 0 & 0 \\ 1 & 0 & 1 & 1 & 0 & 1 & 0 & 0 \\ 1 & 1 & 0 & 1 & 0 & 0 & 1 & 0 \\ 1 & 1 & 1 & 0 & 0 & 0 & 0 & 1 \end{pmatrix}$$

$$\longrightarrow \begin{pmatrix} 3 & 3 & 3 & 3 & 1 & 1 & 1 & 1 \\ 1 & 0 & 1 & 1 & 0 & 1 & 0 & 0 \\ 1 & 1 & 0 & 1 & 0 & 0 & 1 & 0 \\ 1 & 1 & 1 & 0 & 0 & 0 & 0 & 1 \end{pmatrix}$$

$$\longrightarrow \begin{pmatrix} 1 & 1 & 1 & 1 & \frac{1}{3} & \frac{1}{3} & \frac{1}{3} & \frac{1}{3} \\ 1 & 0 & 1 & 1 & 0 & 1 & 0 & 0 \\ 1 & 1 & 0 & 1 & 0 & 0 & 1 & 0 \\ 1 & 1 & 1 & 0 & 0 & 0 & 0 & 1 \end{pmatrix}$$

$$\longrightarrow \begin{pmatrix} 1 & 1 & 1 & 1 & \frac{1}{3} & \frac{1}{3} & \frac{1}{3} & \frac{1}{3} \\ 0 & -1 & 0 & 0 & -\frac{1}{3} & \frac{2}{3} & -\frac{1}{3} & -\frac{1}{3} \\ 0 & 0 & -1 & 0 & -\frac{1}{3} & -\frac{1}{3} & \frac{2}{3} & -\frac{1}{3} \\ 0 & 0 & 0 & -1 & -\frac{1}{3} & -\frac{1}{3} & -\frac{1}{3} & \frac{2}{3} \end{pmatrix}$$

$$\longrightarrow \begin{pmatrix} 1 & 0 & 0 & 0 & -\frac{2}{3} & \frac{1}{3} & \frac{1}{3} & \frac{1}{3} \\ 0 & -1 & 0 & 0 & -\frac{1}{3} & \frac{2}{3} & -\frac{1}{3} & -\frac{1}{3} \\ 0 & 0 & -1 & 0 & -\frac{1}{3} & -\frac{1}{3} & \frac{2}{3} & -\frac{1}{3} \\ 0 & 0 & 0 & -1 & -\frac{1}{3} & -\frac{1}{3} & -\frac{1}{3} & \frac{2}{3} \end{pmatrix}$$

$$\longrightarrow \begin{pmatrix} 1 & 0 & 0 & 0 & -\frac{2}{3} & \frac{1}{3} & \frac{1}{3} & \frac{1}{3} \\ 0 & 1 & 0 & 0 & \frac{1}{3} & -\frac{2}{3} & \frac{1}{3} & \frac{1}{3} \\ 0 & 0 & 1 & 0 & \frac{1}{3} & \frac{1}{3} & -\frac{2}{3} & \frac{1}{3} \\ 0 & 0 & 0 & 1 & \frac{1}{3} & \frac{1}{3} & \frac{1}{3} & -\frac{2}{3} \end{pmatrix},$$

所以

$$\boldsymbol{A}^{-1} = \begin{pmatrix} -\frac{2}{3} & \frac{1}{3} & \frac{1}{3} & \frac{1}{3} \\ \frac{1}{3} & -\frac{2}{3} & \frac{1}{3} & \frac{1}{3} \\ \frac{1}{3} & \frac{1}{3} & -\frac{2}{3} & \frac{1}{3} \\ \frac{1}{3} & \frac{1}{3} & \frac{1}{3} & -\frac{2}{3} \end{pmatrix}. \qquad \square$$

例 2.14 用初等变换方法解方程组

$$\begin{cases} x_1+x_2-x_3=-1, \\ 2x_1-x_2 \qquad =0, \\ x_1 \qquad +x_3=-3. \end{cases}$$

解

$$\begin{pmatrix} 1 & 1 & -1 & -1 \\ 2 & -1 & 0 & 0 \\ 1 & 0 & 1 & -3 \end{pmatrix} \longrightarrow \begin{pmatrix} 1 & 1 & -1 & -1 \\ 0 & -3 & 2 & 2 \\ 0 & -1 & 2 & -2 \end{pmatrix}$$

$$\longrightarrow \begin{pmatrix} 1 & 1 & -1 & -1 \\ 0 & -1 & 2 & -2 \\ 0 & 0 & -4 & 8 \end{pmatrix} \longrightarrow \begin{pmatrix} 1 & 1 & -1 & -1 \\ 0 & 1 & -2 & 2 \\ 0 & 0 & 1 & -2 \end{pmatrix}$$

$$\longrightarrow \begin{pmatrix} 1 & 1 & 0 & -3 \\ 0 & 1 & 0 & -2 \\ 0 & 0 & 1 & -2 \end{pmatrix} \longrightarrow \begin{pmatrix} 1 & 0 & 0 & -1 \\ 0 & 1 & 0 & -2 \\ 0 & 0 & 1 & -2 \end{pmatrix},$$

故得解

$$x_1=-1, \quad x_2=-2, \quad x_3=-2.$$

□

例 2.15 每行一个 1, 每列一个 1, 其余位置都是 0 的 n 阶阵称为 n **阶置换阵**. 证明: 置换阵是有限个换法阵的乘积, 且其逆与转置相等.

解 按定义, 置换阵 $\boldsymbol{P}$ 可写成

$$\boldsymbol{P}=(\boldsymbol{e}_{j_1} \quad \boldsymbol{e}_{j_2} \quad \cdots \quad \boldsymbol{e}_{j_n}),$$

其中 $j_1j_2\cdots j_n$ 为 $12\cdots n$ 的一个排列. 因为经一系列对换 $j_1j_2\cdots j_n$ 能变为 $1\,2\cdots n$, 故存在着换法阵 $\boldsymbol{P}_1,\boldsymbol{P}_2,\cdots,\boldsymbol{P}_t$, 使

$$\boldsymbol{P}\boldsymbol{P}_1\boldsymbol{P}_2\cdots\boldsymbol{P}_t=(\boldsymbol{e}_1 \quad \boldsymbol{e}_2 \quad \cdots \quad \boldsymbol{e}_n)=\boldsymbol{I}_n,$$

从而

$$\boldsymbol{P}=\boldsymbol{P}_t^{-1}\boldsymbol{P}_{t-1}^{-1}\cdots\boldsymbol{P}_1^{-1}=\boldsymbol{P}_t\boldsymbol{P}_{t-1}\cdots\boldsymbol{P}_1,$$

这证明了前一结论. 又

$$\boldsymbol{P}^{\mathrm{T}}=\boldsymbol{P}_1^{\mathrm{T}}\boldsymbol{P}_2^{\mathrm{T}}\cdots\boldsymbol{P}_t^{\mathrm{T}}=\boldsymbol{P}_1\boldsymbol{P}_2\cdots\boldsymbol{P}_t=\boldsymbol{P}_1^{-1}\boldsymbol{P}_2^{-1}\cdots\boldsymbol{P}_t^{-1}=\boldsymbol{P}^{-1},$$

后一结论成立.

□

练 习 2.4

2.4.1 用初等变换的方法求下列矩阵的逆矩阵:

(1) $\begin{pmatrix} 1 & 2 & 3 & 4 \\ 2 & 3 & 1 & 2 \\ 1 & 1 & 1 & -1 \\ 1 & 0 & -2 & -6 \end{pmatrix}$; (2) $\begin{pmatrix} 1 & 1 & 1 & 1 \\ 1 & 1 & -1 & -1 \\ 1 & -1 & 1 & -1 \\ 1 & -1 & -1 & 1 \end{pmatrix}$;

(3) $\begin{pmatrix} 2 & 1 & 0 & 0 \\ 0 & 2 & 1 & 0 \\ 0 & 0 & 2 & 1 \\ 0 & 0 & 0 & 2 \end{pmatrix}$; (4) $\begin{pmatrix} 2 & 1 & 0 & 0 & 0 \\ 0 & 2 & 1 & 0 & 0 \\ 0 & 0 & 2 & 1 & 0 \\ 0 & 0 & 0 & 2 & 1 \\ 1 & 0 & 0 & 0 & 2 \end{pmatrix}$;

(5) $\begin{pmatrix} a & 0 & 0 & b \\ 0 & a & b & 0 \\ 0 & b & a & 0 \\ b & 0 & 0 & a \end{pmatrix} (a \neq \pm b)$; (6) $\begin{pmatrix} 2 & 1 & 0 & 0 & 0 \\ 1 & 2 & 1 & 0 & 0 \\ 0 & 1 & 2 & 1 & 0 \\ 0 & 0 & 1 & 2 & 1 \\ 0 & 0 & 0 & 1 & 2 \end{pmatrix}$;

(7) $\begin{pmatrix} 1 & 1 & \cdots & 1 & 1 \\ 0 & 1 & \cdots & 1 & 1 \\ \vdots & \vdots & & \vdots & \vdots \\ 0 & 0 & \cdots & 1 & 1 \\ 0 & 0 & \cdots & 0 & 1 \end{pmatrix}_{n\times n}$;

(8) $\begin{pmatrix} 1 & \cdots & 0 & a_1 & 0 & \cdots & 0 \\ \vdots & & \vdots & \vdots & \vdots & & \vdots \\ 0 & \cdots & 1 & a_{i-1} & 0 & \cdots & 0 \\ 0 & \cdots & 0 & a_i & 0 & \cdots & 0 \\ 0 & \cdots & 0 & a_{i+1} & 1 & \cdots & 0 \\ \vdots & & \vdots & \vdots & \vdots & & \vdots \\ 0 & \cdots & 0 & a_n & 0 & \cdots & 1 \end{pmatrix} (a_i \neq 0)$.

2.4.2 说明可以用初等列变换的方法求一个可逆阵的逆矩阵的步骤和原理.

2.4.3 若矩阵 $\boldsymbol{A}$ 的某些行为零行, 证明对 $\boldsymbol{A}$ 施行一系列初等列变换后这些零行仍为零行.

2.4.4 设 $\boldsymbol{A}$ 为 n 阶方阵, $\boldsymbol{P} = (\boldsymbol{e}_3\ \boldsymbol{e}_1\ \boldsymbol{e}_5\ \boldsymbol{e}_4\ \boldsymbol{e}_2)$, 说明 $\boldsymbol{PA}$ 及 $\boldsymbol{AP}$ 相对 $\boldsymbol{A}$ 的变化情况.

2.4.5 用初等变换方法解下列方程组:

(1) $\begin{cases} 2x_1 - x_2 + 3x_3 = 1, \\ 3x_1 + 2x_2 - x_3 = 2, \\ x_1 - x_2 + x_3 = -1; \end{cases}$

(2) $\begin{cases} x_1+4x_2-5x_3=2, \\ 2x_1-\ x_2-\ x_3=1, \\ x_1+2x_2+\ x_3=0. \end{cases}$

2.4.6 证明: 若将 $\boldsymbol{A}$ 经一系列初等行变换化为 $\boldsymbol{A}_1$, 则对 $\boldsymbol{AB}$ 施以同样的初等变换则得 $\boldsymbol{A}_1\boldsymbol{B}$.

2.5 矩阵的等价分解

由于可逆阵可以在初等行变换下化为相当简洁的标准形状 —— 单位阵, 故我们可利用初等变换的方法求逆矩阵, 同时还能用初等变换的方法解系数阵非奇异时的线性方程组 $\boldsymbol{Ax}=\boldsymbol{b}$. 为了能用初等变换的方法解更一般的线性方程组, 我们需要研究一般的矩阵在初等变换下的标准形.

定理 2.5 设 $\boldsymbol{A}=(a_{ij})_{m\times n}\neq\boldsymbol{O}$, 则

(1) 在适当的初等行变换下 $\boldsymbol{A}$ 能化为如下阶梯形阵 $\boldsymbol{B}$, 即

$$\boldsymbol{B}=\begin{pmatrix} 0\cdots 0 & b_{11} & \cdots & \cdots & \cdots & \cdots \\ 0\cdots\cdots & 0 & b_{22} & \cdots & \cdots & \cdots \\ 0\cdots\cdots & \cdots & 0 & b_{33} & \cdots & \cdots \\ \vdots & & & & & \vdots \\ 0\cdots\cdots & 0 & & 0 & b_{rr} & \cdots \\ 0\cdots\cdots & \cdots & \cdots & \cdots & \cdots & 0 \\ \vdots & & & & & \vdots \\ 0\cdots\cdots & \cdots & \cdots & \cdots & \cdots & 0 \end{pmatrix},$$

其中 $b_{ii}\neq 0\ (\forall\, i=1,2,\cdots,r)$.

(2) 在适当的初等行变换及列交换之下 $\boldsymbol{A}$ 能化为如下形状的紧凑阶梯形阵 $\boldsymbol{B}_1$, 即

$$\boldsymbol{B}_1=\begin{pmatrix} b_{11} & \cdots & \cdots & \cdots & \cdots \\ 0 & b_{22} & \cdots & \cdots & \cdots \\ 0 & 0 & b_{33} & \cdots & \cdots \\ \vdots & & & & \vdots \\ 0 & \cdots\cdots & 0 & b_{rr} & \cdots \\ 0 & \cdots & \cdots & \cdots & 0 \\ \vdots & & & & \vdots \\ 0 & \cdots & \cdots & \cdots & 0 \end{pmatrix},$$

进一步可化为

$$\boldsymbol{H}=\begin{pmatrix}\boldsymbol{I}_r & \boldsymbol{C}\\ \boldsymbol{O} & \boldsymbol{O}\end{pmatrix},\quad \boldsymbol{C}=(c_{ij})_{r\times(n-r)}.$$

(3) 在适当的初等变换下 $\boldsymbol{A}$ 能化为标准形

$$\boldsymbol{M}=\begin{pmatrix}\boldsymbol{I}_r & \boldsymbol{O}\\ \boldsymbol{O} & \boldsymbol{O}\end{pmatrix}.$$

证明 (1) 因 $\boldsymbol{A}\neq\boldsymbol{O}$, 设 $\boldsymbol{A}$ 的第一个非零列为第 j 列, 并且设 $a_{ij}\neq 0$, 令 $b_{11}=a_{ij}$, 将 $\boldsymbol{A}$ 的第 i 行分别乘以 $-b_{11}^{-1}a_{1j},\cdots,-b_{11}^{-1}a_{i-1,j},-b_{11}^{-1}a_{i+1,j},\cdots,-b_{11}^{-1}a_{mj}$ 依次加于第 $1,\cdots,i-1,i+1,\cdots,m$ 行, 然后将所得到的阵对调第 $1,i$ 两行后得 $\boldsymbol{A}_1$. 设 $\boldsymbol{A}_1$ 去掉第 1 行, 其余各行构成的子阵为 $\boldsymbol{A}_2$, 如果 $\boldsymbol{A}_2=\boldsymbol{O}$, 则证毕. 若 $\boldsymbol{A}_2\neq\boldsymbol{O}$, 则继续对 $\boldsymbol{A}_2$ 进行如上操作 $\cdots\cdots$ 由于 $\boldsymbol{A}$ 行列数有限, 故可得阶梯形 $\boldsymbol{B}$.

(2) 在 $\boldsymbol{B}$ 的基础上适当进行列交换显然有 $\boldsymbol{B}_1$, 又 $\boldsymbol{B}_1$ 左上角 r 阶块是一可逆的矩阵. 对 $\boldsymbol{B}_1$ 的前 r 行施行初等行变换, 显然可化左上角的 r 阶块为单位阵, 从而有 $\boldsymbol{H}$.

(3) 在 $\boldsymbol{H}$ 的基础上, 依次将 $\boldsymbol{H}$ 的第 1 列乘以 $-c_{11},\cdots,-c_{1,n-r}$ 加于第 $r+1,\cdots,n$ 列可化 $\boldsymbol{C}$ 的第 1 行为 0, 如此继续施行一系列的列消法变换可得标准形 M. □

推论 2.5 设 $\boldsymbol{A}$ 为非零的 $m\times n$ 阵, 则存在 m 阶可逆阵 $\boldsymbol{P}$ 及 n 阶可逆阵 $\boldsymbol{Q}$, 使

$$\boldsymbol{PAQ}=\begin{pmatrix}\boldsymbol{I}_r & \boldsymbol{O}\\ \boldsymbol{O} & \boldsymbol{O}\end{pmatrix}$$

(若定义 $\boldsymbol{I}_0=\boldsymbol{O}$, 上述等式可包含 $\boldsymbol{A}=\boldsymbol{O}$ 的情形).

定义 2.9 对于 $m\times n$ 矩阵 $\boldsymbol{A}$ 及 $\boldsymbol{B}$, 若存在 m 阶可逆阵 $\boldsymbol{P}$ 及 n 阶可逆阵 $\boldsymbol{Q}$, 使 $\boldsymbol{PAQ}=\boldsymbol{B}$, 则称 $\boldsymbol{A}$ 与 $\boldsymbol{B}$ **等价**或**相抵**.

同型阵之间的这种“等价”或“相抵”关系满足以下三种性质:

(i) 自反性, 即 $\boldsymbol{A}$ 与 $\boldsymbol{A}$ 等价.

(ii) 对称性, 即若 $\boldsymbol{A}$ 与 $\boldsymbol{B}$ 等价, 则 $\boldsymbol{B}$ 与 $\boldsymbol{A}$ 也等价.

(iii) 传递性, 即若 $\boldsymbol{A}$ 与 $\boldsymbol{B}$ 等价, $\boldsymbol{B}$ 与 $\boldsymbol{C}$ 等价, 则 $\boldsymbol{A}$ 与 $\boldsymbol{C}$ 等价.

事实上, 由 $\boldsymbol{I}_m\boldsymbol{A}\boldsymbol{I}_n=\boldsymbol{A}$ 可知 (i) 成立;

由 $\boldsymbol{PAQ}=\boldsymbol{B}$ 可推出 $\boldsymbol{P}^{-1}\boldsymbol{B}\boldsymbol{Q}^{-1}=\boldsymbol{A}$ 可知 (ii) 成立;

由 $\boldsymbol{PAQ}=\boldsymbol{B}$ 及 $\boldsymbol{MBN}=\boldsymbol{C}$, 其中 $\boldsymbol{M},\boldsymbol{N}$ 亦为可逆阵, 可推出 $(\boldsymbol{MP})\boldsymbol{A}(\boldsymbol{QN})=\boldsymbol{C}$ 成立, 所以 (iii) 亦成立.

矩阵之间的相抵关系其实是更一般的对象之间的等价关系的特例. 一般地, 如果对象自己与自己具有所研究的这种“关系”, 则称此“关系”具有**自反性**; 如果由

对象 $\boldsymbol{X}$ 与 $\boldsymbol{Y}$ 有此“关系”可推出 $\boldsymbol{Y}$ 与 $\boldsymbol{X}$ 也有此“关系”, 则称此“关系”具有**对称性**; 如果由对象 $\boldsymbol{X}$ 与 $\boldsymbol{Y}$ 有“关系”、$\boldsymbol{Y}$ 与 $\boldsymbol{Z}$ 有“关系”能推出 $\boldsymbol{X}$ 与 $\boldsymbol{Z}$ 也有“关系”, 则称此“关系”具有**传递性**. 具有这三种性质的关系称为对象之间的**等价关系**. 例如, 三角形的“相似关系”, 数之间的“相等关系”都是等价关系. 又如实数之间的“大于关系”不满足自反性和对称性, 但满足传递性, 不能称为等价关系. 再如方程组的同解关系是等价关系, 但解的包含关系“$\subset$”就不是等价关系. 在线性代数里我们将研究许多重要的等价关系.

由同型阵的等价 (相抵) 关系的对称性可知, 存在可逆阵 $\boldsymbol{P}$ 及 $\boldsymbol{Q}$, 使

$$\boldsymbol{A}=\boldsymbol{P}\begin{pmatrix}\boldsymbol{I}_r & \boldsymbol{O}\\ \boldsymbol{O} & \boldsymbol{O}\end{pmatrix}\boldsymbol{Q},$$

上式称为矩阵 $\boldsymbol{A}$ 的**等价分解**,

$$\begin{pmatrix}\boldsymbol{I}_r & \boldsymbol{O}\\ \boldsymbol{O} & \boldsymbol{O}\end{pmatrix}$$

称为 $\boldsymbol{A}$ 的**等价 (相抵) 标准形**.

推论 2.6 矩阵等价分解中标准形里的非负整数 r 由原矩阵唯一确定.

证明 设 $m\times n$ 矩阵 $\boldsymbol{A}\neq\boldsymbol{O}$, $\begin{pmatrix}\boldsymbol{I}_r & \boldsymbol{O}\\ \boldsymbol{O} & \boldsymbol{O}\end{pmatrix}$ 及 $\begin{pmatrix}\boldsymbol{I}_s & \boldsymbol{O}\\ \boldsymbol{O} & \boldsymbol{O}\end{pmatrix}$ 为其两个不同的标准形, 即 $r\neq s$. 不妨假定 $s>r$. 由矩阵相抵的定义知这两个标准形分别与 $\boldsymbol{A}$ 等价 (相抵), 再由相抵的对称性和传递性知, 这两个标准形相抵, 即存在可逆阵 $\boldsymbol{M}$ 及 $\boldsymbol{N}$, 使

$$\boldsymbol{M}\begin{pmatrix}\boldsymbol{I}_r & \boldsymbol{O}\\ \boldsymbol{O} & \boldsymbol{O}\end{pmatrix}\boldsymbol{N}=\begin{pmatrix}\boldsymbol{I}_s & \boldsymbol{O}\\ \boldsymbol{O} & \boldsymbol{O}\end{pmatrix}.$$

令

$$\boldsymbol{M}=\begin{pmatrix}\boldsymbol{M}_1 & \boldsymbol{M}_2\\ \boldsymbol{M}_3 & \boldsymbol{M}_4\end{pmatrix},\qquad \boldsymbol{N}^{-1}=\begin{pmatrix}\boldsymbol{N}_1 & \boldsymbol{N}_2\\ \boldsymbol{N}_3 & \boldsymbol{N}_4\end{pmatrix},$$

其中 $\boldsymbol{M}_1$ 为 $s\times r$ 矩阵, $\boldsymbol{N}_1$ 为 s 阶方阵, 显然

$$\begin{pmatrix}\boldsymbol{M}_1 & \boldsymbol{M}_2\\ \boldsymbol{M}_3 & \boldsymbol{M}_4\end{pmatrix}\begin{pmatrix}\boldsymbol{I}_r & \boldsymbol{O}\\ \boldsymbol{O} & \boldsymbol{O}\end{pmatrix}=\begin{pmatrix}\boldsymbol{I}_s & \boldsymbol{O}\\ \boldsymbol{O} & \boldsymbol{O}\end{pmatrix}\begin{pmatrix}\boldsymbol{N}_1 & \boldsymbol{N}_2\\ \boldsymbol{N}_3 & \boldsymbol{N}_4\end{pmatrix},$$

从而

$$\begin{pmatrix}\boldsymbol{M}_1 & \boldsymbol{O}\\ \boldsymbol{M}_3 & \boldsymbol{O}\end{pmatrix}=\begin{pmatrix}\boldsymbol{N}_1 & \boldsymbol{N}_2\\ \boldsymbol{O} & \boldsymbol{O}\end{pmatrix}.$$

注意上述分块阵左、右两端分法不一致, 但因相等矩阵对应元素应相等, 所以有 $\boldsymbol{N}_2=\boldsymbol{O}$ 及 $\boldsymbol{N}_1=(\boldsymbol{M}_1\quad\boldsymbol{O})$ (这是因为 $s>r$). 由 $\boldsymbol{N}_2=\boldsymbol{O}$ 看 $\boldsymbol{N}^{-1}$ 的分块写法知 $\boldsymbol{N}_1$ 为可逆阵, 但这与 $\boldsymbol{N}_1=(\boldsymbol{M}_1\quad\boldsymbol{O})$ 矛盾. 故 $s=r$, 即标准形中的 r 是唯一由 $\boldsymbol{A}$ 确定的.

当 $\boldsymbol{A}=\boldsymbol{O}$ 时, 显然有 $r=0$, 这也说明本结论成立. □

上述推论只证明了标准形中 r 的唯一性, 这并不说明等价分解式

$$\boldsymbol{A}=\boldsymbol{P}\begin{pmatrix}\boldsymbol{I}_r & \boldsymbol{O}\\ \boldsymbol{O} & \boldsymbol{O}\end{pmatrix}\boldsymbol{Q}$$

中的三项都是唯一的, 事实上可以举例说明 $\boldsymbol{P}$, $\boldsymbol{Q}$ 并不是唯一的. 例如

$$\begin{aligned}\boldsymbol{A}&=\begin{pmatrix}1 & 0\\ 0 & 0\end{pmatrix}\\ &=\begin{pmatrix}1 & 1\\ 0 & 1\end{pmatrix}\begin{pmatrix}1 & 0\\ 0 & 0\end{pmatrix}\begin{pmatrix}1 & 0\\ 1 & 1\end{pmatrix}\\ &=\begin{pmatrix}1 & 2\\ 0 & 1\end{pmatrix}\begin{pmatrix}1 & 0\\ 0 & 0\end{pmatrix}\begin{pmatrix}1 & 0\\ 2 & 3\end{pmatrix}.\end{aligned}$$

推论 2.6 使我们能定义如下的关于矩阵的一个重要概念.

定义 2.10 矩阵 $\boldsymbol{A}$ 的等价标准形中的 r 称为 $\boldsymbol{A}$ 的秩, 记为秩 $\boldsymbol{A}$.

容易看出, 矩阵的秩是由矩阵本身所确定的一个非负整数, 当矩阵为零矩阵时它是零, 当矩阵不是零矩阵时它是一个正整数. 给一个具体的数字矩阵, 如何才能把它的秩求出来呢? 按照定义, 似乎应先求其等价标准形, 其实不必那样麻烦. 事实上这个在标准形中的 r, 就是矩阵在初等行变换下所化成的阶梯形中的非零行数. 只要我们用初等行变换将一个矩阵化为阶梯形, 秩数也就一清二楚了.

例 2.16 求下述矩阵 $\boldsymbol{A}$ 的秩, 其中

$$\boldsymbol{A}=\begin{pmatrix}4 & 0 & 3 & 3\\ -2 & 4 & -3 & 1\\ 0 & 2 & 3 & 5\\ 3 & 1 & 0 & 1\end{pmatrix}.$$

解 用初等行变换化 $\boldsymbol{A}$ 为阶梯形

$$\boldsymbol{A}\longrightarrow\begin{pmatrix}-2 & 4 & -3 & 1\\ 0 & 8 & -3 & 5\\ 0 & 2 & 3 & 5\\ 0 & 7 & -\dfrac{9}{2} & \dfrac{5}{2}\end{pmatrix}\longrightarrow\begin{pmatrix}-2 & 4 & -3 & 1\\ 0 & 2 & 3 & 5\\ 0 & 0 & -15 & -15\\ 0 & 14 & -9 & 5\end{pmatrix}$$

$$\longrightarrow\begin{pmatrix}-2 & 4 & -3 & 1\\ 0 & 2 & 3 & 5\\ 0 & 0 & -15 & -15\\ 0 & 0 & -30 & -30\end{pmatrix}\longrightarrow\begin{pmatrix}-2 & 4 & -3 & 1\\ 0 & 2 & 3 & 5\\ 0 & 0 & -15 & -15\\ 0 & 0 & 0 & 0\end{pmatrix},$$

于是可知 $\boldsymbol{A}$ 的秩为 3. □

练　习　2.5

2.5.1　求下列矩阵的秩:

(1) $\begin{pmatrix} 1 & 2 & 0 & 3 \\ -1 & -1 & -2 & 1 \\ 3 & 4 & 4 & 1 \end{pmatrix}$;　　(2) $\begin{pmatrix} -3 & -1 & -2 & 2 & 0 \\ -4 & -3 & 0 & 3 & 0 \\ -2 & 3 & -1 & 4 & 2 \end{pmatrix}$;

(3) $\begin{pmatrix} 1 & 0 & 0 & 1 \\ 0 & 1 & 0 & 2 \\ 0 & 0 & 1 & 3 \\ 1 & 2 & 3 & 14 \end{pmatrix}$;　　(4) $\begin{pmatrix} 3 & 3 & 6 & -1 & 0 \\ 2 & 2 & 4 & -2 & 0 \\ 3 & 0 & 6 & -1 & 1 \\ 2 & -1 & 4 & 2 & 1 \end{pmatrix}$;

(5) $\begin{pmatrix} 2 & -2 & 3 & 12 \\ 6 & 8 & 0 & 4 \\ 3 & 0 & 1 & 2 \\ 5 & 10 & -10 & 17 \end{pmatrix}$.

2.5.2　试举例说明, 将矩阵去掉一行, 矩阵秩有何变化? 将矩阵中的某些零换上非零元素, 矩阵的秩有何变化?

2.5.3　证明: 若 n 阶方阵 $\boldsymbol{A}$ 可逆, 则秩 $\boldsymbol{A} = n$.

2.5.4　如果 $\boldsymbol{A}$ 的秩 r 小于 $\boldsymbol{A}$ 的行数 m, 证明: 必存在一系列初等行变换将 $\boldsymbol{A}$ 化为至少有一行为零的矩阵.

2.5.5　证明: 存在可逆阵 $\boldsymbol{P}$, 使

$$\boldsymbol{PA} = \begin{pmatrix} \boldsymbol{A}_1 \\ \boldsymbol{O} \end{pmatrix},$$

而秩 $\boldsymbol{A}_1 =$ 秩 $\boldsymbol{A}$, 且 $\boldsymbol{A}_1$ 的行数与秩数相同.

2.6　矩阵秩的性质

2.5 节证明了矩阵等价标准形的唯一性, 在此基础上定义了矩阵的秩, 本节继续研究矩阵秩的有关性质.

定理 2.6　设矩阵 $\boldsymbol{A}$ 与 $\boldsymbol{B}$ 为同型阵, 则 $\boldsymbol{A}$ 与 $\boldsymbol{B}$ 等价当且仅当秩 $\boldsymbol{A} =$ 秩 $\boldsymbol{B}$.

证明　若 $\boldsymbol{A}$ 与 $\boldsymbol{B}$ 等价, 则它们具有相同的标准形. 事实上, 设 $\boldsymbol{B}$ 的等价标准形为 $\begin{pmatrix} \boldsymbol{I}_r & \boldsymbol{O} \\ \boldsymbol{O} & \boldsymbol{O} \end{pmatrix}$, 则 $\boldsymbol{B}$ 与 $\begin{pmatrix} \boldsymbol{I}_r & \boldsymbol{O} \\ \boldsymbol{O} & \boldsymbol{O} \end{pmatrix}$ 等价, 由等价关系的传递性知 $\boldsymbol{A}$ 与 $\begin{pmatrix} \boldsymbol{I}_r & \boldsymbol{O} \\ \boldsymbol{O} & \boldsymbol{O} \end{pmatrix}$ 等价, 这正说明 $\begin{pmatrix} \boldsymbol{I}_r & \boldsymbol{O} \\ \boldsymbol{O} & \boldsymbol{O} \end{pmatrix}$ 也是 $\boldsymbol{A}$ 的等价标准形. 故秩 $\boldsymbol{A} =$ 秩 $\boldsymbol{B}$.

反之, 若秩 $\boldsymbol{A}=$ 秩 $\boldsymbol{B}=r$, 则 $\boldsymbol{A}$ 与 $\boldsymbol{B}$ 有相同的标准形 $\begin{pmatrix} \boldsymbol{I}_r & \boldsymbol{O} \\ \boldsymbol{O} & \boldsymbol{O} \end{pmatrix}$, 而 $\begin{pmatrix} \boldsymbol{I}_r & \boldsymbol{O} \\ \boldsymbol{O} & \boldsymbol{O} \end{pmatrix}$ 既与 $\boldsymbol{A}$ 等价, 又与 $\boldsymbol{B}$ 等价, 从而 $\boldsymbol{A}$ 与 $\boldsymbol{B}$ 等价. □

推论 2.7 初等变换不改变矩阵的秩, 两个秩相等的同型阵可经初等变换互化.

证明 对矩阵 $\boldsymbol{A}$ 施行一系列初等变换相当于在 $\boldsymbol{A}$ 的左方及右方乘以适当的一系列初等阵, 而初等阵之积为可逆阵, 这意味着存在可逆阵 $\boldsymbol{P}$ 及 $\boldsymbol{Q}$ 将 $\boldsymbol{A}$ 变成了 $\boldsymbol{PAQ}$, 即 $\boldsymbol{A}$ 变成了与其等价的阵 $\boldsymbol{PAQ}$. 由定理 2.6 知, 秩 $\boldsymbol{A}=$ 秩 $\boldsymbol{PAQ}$, 即初等变换不改变矩阵的秩.

又设同型阵 $\boldsymbol{A}$ 与 $\boldsymbol{B}$ 秩相等, 由定理 2.6 知它们等价, 即存在可逆阵 $\boldsymbol{P}$ 及 $\boldsymbol{Q}$, 使 $\boldsymbol{A}=\boldsymbol{PBQ}$, 这相当于说 $\boldsymbol{B}$ 可经一系列初等变换化为 $\boldsymbol{A}$. 将 $\boldsymbol{A}=\boldsymbol{PBQ}$ 变形为 $\boldsymbol{P}^{-1}\boldsymbol{A}\boldsymbol{Q}^{-1}=\boldsymbol{B}$, 又说明 $\boldsymbol{A}$ 可经一系列初等变换化为 $\boldsymbol{B}$. 这证明了后一结论. □

推论 2.8 设 $\boldsymbol{P}$, $\boldsymbol{Q}$ 为可逆阵, 且如下乘法有意义, 则有

$$秩\boldsymbol{A}=秩(\boldsymbol{PA})=秩(\boldsymbol{AQ})=秩(\boldsymbol{PAQ}).$$

证明 注意 $\boldsymbol{PA}$, $\boldsymbol{AQ}$, $\boldsymbol{PAQ}$ 都与 $\boldsymbol{A}$ 等价, 然后应用定理 2.6 可证. □

为进一步研究秩及有关问题, 下面给出矩阵秩的另一个重要特征.

定理 2.7 矩阵 $\boldsymbol{A}$ 的秩等于 $\boldsymbol{A}$ 的非零子式的最高阶数.

证明 设 $\boldsymbol{A}$ 的非零子式的最高阶数为 r, 今证 r 就是 $\boldsymbol{A}$ 的秩.

$r=0$ 时显然. 若 $r>0$, 设 $\boldsymbol{A}_1$ 为 $\boldsymbol{A}$ 的一个行列式不等于零的 r 阶子阵, 经一系列变换法变换不难将其移到左上角 (注意这不改变秩). 不妨设

$$\boldsymbol{A}=\begin{pmatrix} \boldsymbol{A}_1 & \boldsymbol{b}_1 & \cdots & \boldsymbol{b}_{n-r} \\ \boldsymbol{a}_1 & & & \\ \vdots & & \boldsymbol{C}_{(m-r)\times(n-r)} & \\ \boldsymbol{a}_{m-r} & & & \end{pmatrix},$$

其中 $|\boldsymbol{A}_1|\neq 0$, $\boldsymbol{b}_1,\boldsymbol{b}_2,\cdots,\boldsymbol{b}_{n-r}$ 均为 r 元列, $\boldsymbol{a}_1,\boldsymbol{a}_2,\cdots,\boldsymbol{a}_{m-r}$ 均为 r 元行.

因为 r 是 $\boldsymbol{A}$ 的非零子式的最高阶数, 所以任意含 $\boldsymbol{A}_1$ 的 $r+1$ 阶子阵

$$\boldsymbol{M}_{ij}=\begin{pmatrix} \boldsymbol{A}_1 & \boldsymbol{b}_j \\ \boldsymbol{a}_i & c_{ij} \end{pmatrix} \quad (i=1,2,\cdots,m-r;\ j=1,2,\cdots,n-r)$$

的行列式都是零, 其中 c_{ij} 是 $\boldsymbol{C}$ 的 (i,j) 位置元素. 又容易看出

$$\begin{pmatrix} \boldsymbol{I}_r & \boldsymbol{O} \\ -\boldsymbol{a}_i\boldsymbol{A}_1^{-1} & 1 \end{pmatrix}\begin{pmatrix} \boldsymbol{A}_1 & \boldsymbol{b}_j \\ \boldsymbol{a}_i & c_{ij} \end{pmatrix}=\begin{pmatrix} \boldsymbol{A}_1 & \boldsymbol{b}_j \\ \boldsymbol{0} & d_{ij} \end{pmatrix},$$

其中 $d_{ij}=c_{ij}-\boldsymbol{a}_i\boldsymbol{A}_1^{-1}\boldsymbol{b}_j$.

两端取行列式, 因 $|\boldsymbol{M}_{ij}|=0$ 可知 $d_{ij}=0$. 这说明, 当我们用适当的一系列初等行变换把 $\boldsymbol{a}_1, \boldsymbol{a}_2, \cdots, \boldsymbol{a}_{m-r}$ 都化为 $\boldsymbol{O}$ 时, $\boldsymbol{A}$ 就化成

$$\begin{pmatrix} \boldsymbol{A}_1 & \boldsymbol{b}_1 & \cdots & \boldsymbol{b}_{n-r} \\ \boldsymbol{O} & \boldsymbol{O} & \cdots & \boldsymbol{O} \\ \vdots & \vdots & & \vdots \\ \boldsymbol{O} & \boldsymbol{O} & \cdots & \boldsymbol{O} \end{pmatrix}.$$

再用一系列初等行变换化 $\boldsymbol{A}_1$ 为上三角形, 容易看出 $\boldsymbol{A}$ 的秩为 r. □

推论 2.9 设 $\boldsymbol{A}$ 为 $m\times n$ 矩阵, 则秩 $\boldsymbol{A}=r\neq 0$ 的充要条件是 $\boldsymbol{A}$ 有 r 阶子式不为 0, 且包含这个子式的 $r+1$ 阶子式全为 0.

证明 由定理 2.7 的结论知, $\boldsymbol{A}$ 的非零子式的最高阶数为 r, 故确有 r 阶非零子式, 同时所有 $r+1$ 阶子式必然为 0, 故必要性成立.

由定理 2.7 的证明过程易见充分性成立. □

推论 2.10 设 $\boldsymbol{A}$ 为 $m\times n$ 矩阵, 则秩 $\boldsymbol{A}=r\neq 0$ 当且仅当 $\boldsymbol{A}$ 有一个 r 阶子式不为 0, 所有 $r+1$ 阶子式全为 0.

证明 这是定理 2.7 的自然结论. □

推论 2.11 设 $\boldsymbol{A}$ 为 $m\times n$ 矩阵, $\boldsymbol{B}$ 为 $n\times p$ 矩阵, 则关于秩的下述结果成立.

(1) 秩 $\boldsymbol{A}\leqslant \min\{m, n\}$;

(2) $\boldsymbol{A}$ 的子阵的秩 $\leqslant$ 秩 $\boldsymbol{A}$;

(3) 可逆阵的某 r 行构成的子阵的秩必为 r;

(4) 秩 $(\boldsymbol{AB})\leqslant \min\{$秩 $\boldsymbol{A}$, 秩 $\boldsymbol{B}\}$.

证明 结论 (1) 及 (2) 是定理 2.7 的显然结果.

为证 (3), 设可逆阵 $\boldsymbol{M}$ 的某 r 行构成的子阵为 $\boldsymbol{D}$, 由结论 (2) 知, 秩 $\boldsymbol{D}\leqslant r$, 如果秩 $\boldsymbol{D}<r$, 则对 $\boldsymbol{D}$ 施行一系列初等行变换化其为阶梯形必然至少含有一零行, 这就是说 $\boldsymbol{M}$ 可经初等变换化为有零行的矩阵. 但初等变换不改变矩阵的秩, 所以 n 阶可逆阵 $\boldsymbol{M}$ 经初等变换化成的矩阵的秩仍为 n, 即行列式不为零, 不能有零行, 矛盾, 故秩 $\boldsymbol{D}=r$. 这证明了 (3).

为证 (4), 设

$$\boldsymbol{A}=\boldsymbol{P}\begin{pmatrix} \boldsymbol{I}_r & \boldsymbol{O} \\ \boldsymbol{O} & \boldsymbol{O} \end{pmatrix}\boldsymbol{Q}$$

为 $\boldsymbol{A}$ 的等价分解, 其中 $\boldsymbol{P}, \boldsymbol{Q}$ 分别为 m 阶及 n 阶可逆阵, 由推论 2.8 知

$$\begin{aligned} 秩(\boldsymbol{AB}) &= 秩\left(\boldsymbol{P}\begin{pmatrix} \boldsymbol{I}_r & \boldsymbol{O} \\ \boldsymbol{O} & \boldsymbol{O} \end{pmatrix}\boldsymbol{QB}\right) \\ &= 秩\left(\begin{pmatrix} \boldsymbol{I}_r & \boldsymbol{O} \\ \boldsymbol{O} & \boldsymbol{O} \end{pmatrix}\boldsymbol{QB}\right). \end{aligned}$$

设 $\boldsymbol{QB}=\begin{pmatrix}\boldsymbol{B}_1\\ \boldsymbol{B}_2\end{pmatrix}$, 其中 $\boldsymbol{B}_1$ 为 $\boldsymbol{QB}$ 的前 r 行, 则易见

$$\text{秩}(\boldsymbol{AB})=\text{秩}\begin{pmatrix}\boldsymbol{B}_1\\ \boldsymbol{O}\end{pmatrix}=\text{秩}\,\boldsymbol{B}_1,$$

但是秩 $\boldsymbol{B}_1\leqslant$ 秩 $(\boldsymbol{QB})=$ 秩 $\boldsymbol{B}$, 从而秩 $(\boldsymbol{AB})\leqslant$ 秩 $\boldsymbol{B}$. 又显然秩 $\boldsymbol{B}_1\leqslant r$, 即秩 $(\boldsymbol{AB})\leqslant$ 秩 $\boldsymbol{A}$, 这证明了 (4). □

练 习 2.6

2.6.1 如果 n 阶方阵 $\boldsymbol{A}$ 的秩为 n, 证明 $\boldsymbol{A}$ 可逆.

2.6.2 证明: 秩 $\boldsymbol{A}=$ 秩 $\boldsymbol{A}^{\mathrm{T}}$.

2.6.3 $\boldsymbol{C}$ 为可逆阵, 则 $\boldsymbol{ACB}$ 的秩与 $\boldsymbol{AB}$ 的秩一定相等吗?

2.6.4 $\boldsymbol{A},\boldsymbol{B}$ 均为 $m\times n$ 阵, 则秩 $(\boldsymbol{A}\quad\boldsymbol{B})$ 与秩 $\begin{pmatrix}\boldsymbol{A}\\ \boldsymbol{B}\end{pmatrix}$ 一定相等吗?

2.6.5 设 $\boldsymbol{A}$ 为秩数与行数相等的矩阵, 称为**行满秩的阵**, 证明: 分块阵 $(\boldsymbol{A}\quad\boldsymbol{B})$ 也是行满秩的矩阵.

2.6.6 设 $\boldsymbol{A}$ 为 n 阶方阵, 证明 $\boldsymbol{A}$ 的伴随阵 $\boldsymbol{A}^*=\boldsymbol{O}$ 当且仅当秩 $\boldsymbol{A}<n-1$.

2.6.7 证明对任意自然数 t 有

$$\text{秩}\,(\boldsymbol{A}_1\boldsymbol{A}_2\cdots\boldsymbol{A}_t)\leqslant\text{秩}\,\boldsymbol{A}_i\quad(i=1,2,\cdots,t).$$

2.6.8 设矩阵 $\boldsymbol{A}$ 的秩为 s, 在 $\boldsymbol{A}$ 中去掉 t 行所得阵为 $\boldsymbol{B}$, 证明: 秩 $\boldsymbol{B}\geqslant s-t$.

2.6.9 设 $\boldsymbol{ABA}=\boldsymbol{A}$ 且 $\boldsymbol{BAB}=\boldsymbol{B}$, 证明: 秩 $\boldsymbol{A}=$ 秩 $\boldsymbol{B}$.

2.7 初等块矩阵及等价分解之应用

类似于三种初等阵, 对于分块阵有三种**初等块矩阵**如下:

(1) $\begin{pmatrix}\boldsymbol{P}&\boldsymbol{O}\\ \boldsymbol{O}&\boldsymbol{I}\end{pmatrix}$, $\boldsymbol{P}$ 可逆;

(2) $\begin{pmatrix}\boldsymbol{O}&\boldsymbol{I}_n\\ \boldsymbol{I}_m&\boldsymbol{O}\end{pmatrix}$;

(3) $\begin{pmatrix}\boldsymbol{I}_n&\boldsymbol{X}\\ \boldsymbol{O}&\boldsymbol{I}_m\end{pmatrix}$, $\begin{pmatrix}\boldsymbol{I}_n&\boldsymbol{O}\\ \boldsymbol{X}&\boldsymbol{I}_m\end{pmatrix}$.

用它们乘分块阵, 相当于对其行块和列块进行**初等块变换**. 例如

$$\begin{pmatrix}\boldsymbol{I}&\boldsymbol{O}\\ \boldsymbol{X}&\boldsymbol{I}\end{pmatrix}\begin{pmatrix}\boldsymbol{A}&\boldsymbol{B}\\ \boldsymbol{C}&\boldsymbol{D}\end{pmatrix}=\begin{pmatrix}\boldsymbol{A}&\boldsymbol{B}\\ \boldsymbol{XA}+\boldsymbol{C}&\boldsymbol{XB}+\boldsymbol{D}\end{pmatrix},\tag{2.14}$$

就是用 $\boldsymbol{X}$ 左乘以 $\begin{pmatrix} \boldsymbol{A} & \boldsymbol{B} \\ \boldsymbol{C} & \boldsymbol{D} \end{pmatrix}$ 的第一行块加于第二行块.

初等块阵有很多重要应用, 以下举例说明. 这些例子叙述的内容都是矩阵论中的一些重要结果.

例 2.17 (行列式降阶公式)　设分块阵

$$\boldsymbol{M} = \begin{pmatrix} \boldsymbol{A} & \boldsymbol{B} \\ \boldsymbol{C} & \boldsymbol{D} \end{pmatrix}$$

中 $\boldsymbol{A}$ 可逆, 则 $|\boldsymbol{M}| = |\boldsymbol{A}| \cdot |\boldsymbol{D} - \boldsymbol{C}\boldsymbol{A}^{-1}\boldsymbol{B}|$.

解　在 (2.14) 式中, 取 $\boldsymbol{X}$ 满足 $\boldsymbol{X}\boldsymbol{A} + \boldsymbol{C} = \boldsymbol{O}$, 即

$$\boldsymbol{X} = -\boldsymbol{C}\boldsymbol{A}^{-1}.$$

易见

$$\boldsymbol{X}\boldsymbol{B} + \boldsymbol{D} = \boldsymbol{D} - \boldsymbol{C}\boldsymbol{A}^{-1}\boldsymbol{B}.$$

此时在 (2.14) 式两端取行列式, 结论得证. □

例 2.18 (三角分解)　设 $\boldsymbol{A}$ 为 n 阶方阵, 令 $\boldsymbol{A} = (a_{ij})_{n\times n}$ 及

$$\boldsymbol{A}_r = \begin{pmatrix} a_{11} & a_{12} & \cdots & a_{1r} \\ a_{21} & a_{22} & \cdots & a_{2r} \\ a_{r1} & a_{r2} & \cdots & a_{rr} \end{pmatrix}, \quad r = 1, 2, \cdots, n,$$

称 $\boldsymbol{A}_r$ 为 $\boldsymbol{A}$ 的 r 阶**顺序主子阵**, $|\boldsymbol{A}_r|$ 为 $\boldsymbol{A}$ 的 r 阶**顺序主子式**. 如果

$$|\boldsymbol{A}_i| \neq 0, \quad \forall\, i = 1, 2, \cdots, n-1,$$

证明: 存在上三角阵 $\boldsymbol{R}$ 及主对角线上元素全为 1 的下三角阵 $\boldsymbol{L}$, 使得 $\boldsymbol{A} = \boldsymbol{L}\boldsymbol{R}$.

证明　对阶数 n 使用数学归纳法来证.

当 $n = 1$ 时结论显然成立. 假设对 $n-1$ 阶阵命题成立, 现看 n 阶阵 $\boldsymbol{A}$. 将 $\boldsymbol{A}$ 分块

$$\boldsymbol{A} = \begin{pmatrix} \boldsymbol{A}_{n-1} & \boldsymbol{B} \\ \boldsymbol{C} & a_{nn} \end{pmatrix},$$

令

$$\boldsymbol{L}_1 = \begin{pmatrix} \boldsymbol{I}_{n-1} & \boldsymbol{O} \\ -\boldsymbol{C}\boldsymbol{A}_{n-1}^{-1} & 1 \end{pmatrix},$$

易见

$$\boldsymbol{L}_1\boldsymbol{A} = \begin{pmatrix} \boldsymbol{A}_{n-1} & \boldsymbol{B} \\ \boldsymbol{O} & a_{nn} - \boldsymbol{C}\boldsymbol{A}_{n-1}^{-1}\boldsymbol{B} \end{pmatrix}.$$

令 $a_{nn}-\boldsymbol{C}\boldsymbol{A}_{n-1}^{-1}\boldsymbol{B}=b$, 由归纳假设 $\boldsymbol{A}_{n-1}=\boldsymbol{L}_2\boldsymbol{R}_2$ (因为 $\boldsymbol{A}_{n-1}$ 的前 $n-2$ 个顺序主子式非零), 其中 $\boldsymbol{L}_2$ 为主对角线上全为 1 的 $n-1$ 阶下三角阵, $\boldsymbol{R}_2$ 为 $n-1$ 阶上三角阵. 于是

$$\boldsymbol{A}=\boldsymbol{L}_1^{-1}\begin{pmatrix}\boldsymbol{L}_2\boldsymbol{R}_2 & \boldsymbol{B}\\ \boldsymbol{0} & b\end{pmatrix}=\boldsymbol{L}_1^{-1}\begin{pmatrix}\boldsymbol{L}_2 & \boldsymbol{0}\\ \boldsymbol{0} & 1\end{pmatrix}\begin{pmatrix}\boldsymbol{R}_2 & \boldsymbol{B}_1\\ \boldsymbol{0} & b\end{pmatrix},$$

其中 $\boldsymbol{B}_1=\boldsymbol{L}_2^{-1}\boldsymbol{B}$.

令

$$\boldsymbol{L}=\boldsymbol{L}_1^{-1}\begin{pmatrix}\boldsymbol{L}_2 & \boldsymbol{0}\\ \boldsymbol{0} & 1\end{pmatrix},\quad \boldsymbol{R}=\begin{pmatrix}\boldsymbol{R}_2 & \boldsymbol{B}_1\\ \boldsymbol{0} & b\end{pmatrix}.$$

注意到下三角阵的逆及积仍为下三角阵, 故 $\boldsymbol{L}$ 为下三角阵, 且容易看出其对角线上元素全为 1, 又 $\boldsymbol{R}$ 为上三角阵, 从而 $\boldsymbol{A}=\boldsymbol{L}\boldsymbol{R}$ 得证. □

2.6 节给出的矩阵的等价分解是矩阵的一种重要表达方式, 它在矩阵秩、矩阵方程、矩阵分解等许多问题的研究中有广泛的应用. 将它与初等块矩阵、分块运算相结合是矩阵技巧中的重要手段之一. 下面举例说明.

例 2.19 证明

$$\text{秩}\begin{pmatrix}\boldsymbol{A} & \boldsymbol{O}\\ \boldsymbol{O} & \boldsymbol{B}\end{pmatrix}=\text{秩 }\boldsymbol{A}+\text{ 秩 }\boldsymbol{B}.$$

证明 由等价分解, 设

$$\boldsymbol{A}=\boldsymbol{P}_1\begin{pmatrix}\boldsymbol{I}_r & \boldsymbol{O}\\ \boldsymbol{O} & \boldsymbol{O}\end{pmatrix}\boldsymbol{Q}_1,\quad \boldsymbol{B}=\boldsymbol{P}_2\begin{pmatrix}\boldsymbol{I}_s & \boldsymbol{O}\\ \boldsymbol{O} & \boldsymbol{O}\end{pmatrix}\boldsymbol{Q}_2,$$

其中 $\boldsymbol{P}_1$, $\boldsymbol{Q}_1$, $\boldsymbol{P}_2$, $\boldsymbol{Q}_2$ 为相应阶数的可逆阵.

将此二式代入原式之左端, 易见

$$\begin{aligned}\text{左端}&=\text{秩}\begin{pmatrix}\boldsymbol{P}_1\begin{pmatrix}\boldsymbol{I}_r & \boldsymbol{O}\\ \boldsymbol{O} & \boldsymbol{O}\end{pmatrix}\boldsymbol{Q}_1 & \boldsymbol{O}\\ \boldsymbol{O} & \boldsymbol{P}_2\begin{pmatrix}\boldsymbol{I}_s & \boldsymbol{O}\\ \boldsymbol{O} & \boldsymbol{O}\end{pmatrix}\boldsymbol{Q}_2\end{pmatrix}\\
&=\text{秩}\begin{pmatrix}\boldsymbol{P}_1 & \boldsymbol{O}\\ \boldsymbol{O} & \boldsymbol{P}_2\end{pmatrix}\begin{pmatrix}\boldsymbol{I}_r & \boldsymbol{O} & \boldsymbol{O} & \boldsymbol{O}\\ \boldsymbol{O} & \boldsymbol{O} & \boldsymbol{O} & \boldsymbol{O}\\ \boldsymbol{O} & \boldsymbol{O} & \boldsymbol{I}_s & \boldsymbol{O}\\ \boldsymbol{O} & \boldsymbol{O} & \boldsymbol{O} & \boldsymbol{O}\end{pmatrix}\begin{pmatrix}\boldsymbol{Q}_1 & \boldsymbol{O}\\ \boldsymbol{O} & \boldsymbol{Q}_2\end{pmatrix}\\
&=\text{秩}\begin{pmatrix}\boldsymbol{I}_r & \boldsymbol{O} & \boldsymbol{O} & \boldsymbol{O}\\ \boldsymbol{O} & \boldsymbol{O} & \boldsymbol{O} & \boldsymbol{O}\\ \boldsymbol{O} & \boldsymbol{O} & \boldsymbol{I}_s & \boldsymbol{O}\\ \boldsymbol{O} & \boldsymbol{O} & \boldsymbol{O} & \boldsymbol{O}\end{pmatrix}\\
&=\text{秩}\begin{pmatrix}\boldsymbol{I}_{r+s} & \boldsymbol{O}\\ \boldsymbol{O} & \boldsymbol{O}\end{pmatrix}=r+s=\text{右端}.\end{aligned}$$

□

例 2.20 (矩阵的秩分解)　设秩 $\boldsymbol{A}=r>0$, 证明存在秩 r 的 $m\times r$ 阵 $\boldsymbol{C}$ 及 $r\times n$ 阵 $\boldsymbol{D}$ 使得 $\boldsymbol{A}=\boldsymbol{CD}$.

证明　设 $\boldsymbol{A}$ 的等价分解为

$$\boldsymbol{A}=\boldsymbol{P}\begin{pmatrix}\boldsymbol{I}_r & \boldsymbol{O}\\ \boldsymbol{O} & \boldsymbol{O}\end{pmatrix}\boldsymbol{Q},$$

其中 $\boldsymbol{P}, \boldsymbol{Q}$ 为可逆阵, 将

$$\begin{pmatrix}\boldsymbol{I}_r & \boldsymbol{O}\\ \boldsymbol{O} & \boldsymbol{O}\end{pmatrix}=\begin{pmatrix}\boldsymbol{I}_r\\ \boldsymbol{O}\end{pmatrix}(\boldsymbol{I}_r\quad \boldsymbol{O})$$

代入上式, 再令 $\boldsymbol{C}=\boldsymbol{P}\begin{pmatrix}\boldsymbol{I}_r\\ \boldsymbol{O}\end{pmatrix}$, $\boldsymbol{D}=(\boldsymbol{I}_r\quad \boldsymbol{O})\boldsymbol{Q}$, 易见秩 $\boldsymbol{C}=r$, 秩 $\boldsymbol{D}=r$, 且型号分别为 $m\times r$ 及 $r\times n$, 故 $\boldsymbol{A}=\boldsymbol{CD}$, $\boldsymbol{C}$, $\boldsymbol{D}$ 满足要求.

这个分解式中的 $\boldsymbol{C}$ 是**列满秩的阵**(列数等于秩数), $\boldsymbol{D}$ 是**行满秩的阵**(行数等于秩数), 常称此分解为矩阵的秩分解. □

例 2.21　设 $m\times n$ 阵 $\boldsymbol{A}$ 的等价分解为

$$\boldsymbol{A}=\boldsymbol{P}\begin{pmatrix}\boldsymbol{I}_r & \boldsymbol{O}\\ \boldsymbol{O} & \boldsymbol{O}\end{pmatrix}\boldsymbol{Q}\quad (r>0),$$

其中 $\boldsymbol{P}, \boldsymbol{Q}$ 为可逆阵, 求解矩阵方程 $\boldsymbol{AXA}=\boldsymbol{A}$.

解　设

$$\boldsymbol{X}=\boldsymbol{Q}^{-1}\begin{pmatrix}\boldsymbol{X}_1 & \boldsymbol{X}_2\\ \boldsymbol{X}_3 & \boldsymbol{X}_4\end{pmatrix}\boldsymbol{P}^{-1},$$

其中 $\boldsymbol{X}_1$ 为 r 阶方阵. 由 $\boldsymbol{AXA}=\boldsymbol{A}$ 得

$$\begin{aligned}&\boldsymbol{P}\begin{pmatrix}\boldsymbol{I}_r & \boldsymbol{O}\\ \boldsymbol{O} & \boldsymbol{O}\end{pmatrix}\boldsymbol{Q}\cdot\boldsymbol{Q}^{-1}\begin{pmatrix}\boldsymbol{X}_1 & \boldsymbol{X}_2\\ \boldsymbol{X}_3 & \boldsymbol{X}_4\end{pmatrix}\boldsymbol{P}^{-1}\cdot\boldsymbol{P}\begin{pmatrix}\boldsymbol{I}_r & \boldsymbol{O}\\ \boldsymbol{O} & \boldsymbol{O}\end{pmatrix}\boldsymbol{Q}\\ =&\boldsymbol{P}\begin{pmatrix}\boldsymbol{I}_r & \boldsymbol{O}\\ \boldsymbol{O} & \boldsymbol{O}\end{pmatrix}\boldsymbol{Q},\end{aligned}$$

即

$$\begin{pmatrix}\boldsymbol{I}_r & \boldsymbol{O}\\ \boldsymbol{O} & \boldsymbol{O}\end{pmatrix}\begin{pmatrix}\boldsymbol{X}_1 & \boldsymbol{X}_2\\ \boldsymbol{X}_3 & \boldsymbol{X}_4\end{pmatrix}\begin{pmatrix}\boldsymbol{I}_r & \boldsymbol{O}\\ \boldsymbol{O} & \boldsymbol{O}\end{pmatrix}=\begin{pmatrix}\boldsymbol{I}_r & \boldsymbol{O}\\ \boldsymbol{O} & \boldsymbol{O}\end{pmatrix}.$$

对比两端相应位置的块知 $\boldsymbol{X}_1=\boldsymbol{I}_r$. 故得方程的全部解为

$$\boldsymbol{X}=\boldsymbol{Q}^{-1}\begin{pmatrix}\boldsymbol{I}_r & \boldsymbol{X}_2\\ \boldsymbol{X}_3 & \boldsymbol{X}_4\end{pmatrix}\boldsymbol{P}^{-1},$$

其中 $\boldsymbol{X}_2$, $\boldsymbol{X}_3$, $\boldsymbol{X}_4$ 任意. □

如上矩阵方程的解称为 $\boldsymbol{A}$ 的**广义逆矩阵**, 记为 $\boldsymbol{A}^{-}$. 广义逆矩阵在解线性方程组、矩阵方程中有重要意义, 在统计学、数量经济学、计算方法等领域有广泛的应用.

例 2.22 $\boldsymbol{A}$ 为 n 阶幂等阵, 证明存在 n 阶可逆阵 $\boldsymbol{M}$, 使

$$\boldsymbol{A}=\boldsymbol{M}\begin{pmatrix}\boldsymbol{I}_r & \boldsymbol{O}\\ \boldsymbol{O} & \boldsymbol{O}\end{pmatrix}\boldsymbol{M}^{-1}.$$

证明 当 $\boldsymbol{A}\neq\boldsymbol{O}$ 时, 设 $\boldsymbol{A}$ 的等价分解式为

$$\boldsymbol{A}=\boldsymbol{P}\begin{pmatrix}\boldsymbol{I}_r & \boldsymbol{O}\\ \boldsymbol{O} & \boldsymbol{O}\end{pmatrix}\boldsymbol{Q},$$

其中 $\boldsymbol{P},\boldsymbol{Q}$ 为可逆阵, 则由已知得

$$\boldsymbol{P}\begin{pmatrix}\boldsymbol{I}_r & \boldsymbol{O}\\ \boldsymbol{O} & \boldsymbol{O}\end{pmatrix}\boldsymbol{QP}\begin{pmatrix}\boldsymbol{I}_r & \boldsymbol{O}\\ \boldsymbol{O} & \boldsymbol{O}\end{pmatrix}\boldsymbol{Q}=\boldsymbol{P}\begin{pmatrix}\boldsymbol{I}_r & \boldsymbol{O}\\ \boldsymbol{O} & \boldsymbol{O}\end{pmatrix}\boldsymbol{Q}.$$

记 $\boldsymbol{QP}=\begin{pmatrix}\boldsymbol{A}_1 & \boldsymbol{A}_2\\ \boldsymbol{A}_3 & \boldsymbol{A}_4\end{pmatrix}$, 则

$$\begin{pmatrix}\boldsymbol{I}_r & \boldsymbol{O}\\ \boldsymbol{O} & \boldsymbol{O}\end{pmatrix}\begin{pmatrix}\boldsymbol{A}_1 & \boldsymbol{A}_2\\ \boldsymbol{A}_3 & \boldsymbol{A}_4\end{pmatrix}\begin{pmatrix}\boldsymbol{I}_r & \boldsymbol{O}\\ \boldsymbol{O} & \boldsymbol{O}\end{pmatrix}=\begin{pmatrix}\boldsymbol{I}_r & \boldsymbol{O}\\ \boldsymbol{O} & \boldsymbol{O}\end{pmatrix}.$$

计算得 $\boldsymbol{A}_1=\boldsymbol{I}_r$. 于是

$$\begin{aligned}\boldsymbol{A}&=\boldsymbol{P}\begin{pmatrix}\boldsymbol{I}_r & \boldsymbol{O}\\ \boldsymbol{O} & \boldsymbol{O}\end{pmatrix}\begin{pmatrix}\boldsymbol{A}_1 & \boldsymbol{A}_2\\ \boldsymbol{A}_3 & \boldsymbol{A}_4\end{pmatrix}\boldsymbol{P}^{-1}\\ &=\boldsymbol{P}\begin{pmatrix}\boldsymbol{I}_r & \boldsymbol{A}_2\\ \boldsymbol{O} & \boldsymbol{O}\end{pmatrix}\boldsymbol{P}^{-1}\\ &=\boldsymbol{P}\begin{pmatrix}\boldsymbol{I}_r & -\boldsymbol{A}_2\\ \boldsymbol{O} & \boldsymbol{I}_{n-r}\end{pmatrix}\begin{pmatrix}\boldsymbol{I}_r & \boldsymbol{O}\\ \boldsymbol{O} & \boldsymbol{O}\end{pmatrix}\begin{pmatrix}\boldsymbol{I}_r & \boldsymbol{A}_2\\ \boldsymbol{O} & \boldsymbol{I}_{n-r}\end{pmatrix}\boldsymbol{P}^{-1}.\end{aligned}$$

令

$$\boldsymbol{M}=\boldsymbol{P}\begin{pmatrix}\boldsymbol{I}_r & -\boldsymbol{A}_2\\ \boldsymbol{O} & \boldsymbol{I}_{n-r}\end{pmatrix},$$

则结论得证.

当 $\boldsymbol{A}=\boldsymbol{O}$ 时, 结论显然成立. □

练 习 2.7

2.7.1 设方阵 $\boldsymbol{M}=\begin{pmatrix}\boldsymbol{A} & \boldsymbol{B}\\ \boldsymbol{C} & \boldsymbol{D}\end{pmatrix}$, 其中 $\boldsymbol{D}$ 为可逆阵, 证明:

$$|\boldsymbol{M}|=|\boldsymbol{D}|\cdot|\boldsymbol{A}-\boldsymbol{BD}^{-1}\boldsymbol{C}|.$$

2.7.2　利用等价分解证明 n 阶方阵可写成一个可逆阵与一个对称阵之积.

2.7.3　设 $\boldsymbol{A}$ 及如下的 $\boldsymbol{D}$ 均为方阵, 且

$$\boldsymbol{D}=\begin{pmatrix}\boldsymbol{A} & \boldsymbol{B}\\ \boldsymbol{A} & \boldsymbol{C}\end{pmatrix},$$

证明 $|\boldsymbol{D}|=|\boldsymbol{A}|\cdot|\boldsymbol{C}-\boldsymbol{B}|$.

2.7.4　证明

$$\text{秩}\begin{pmatrix}\boldsymbol{I}_r & \boldsymbol{B}\\ \boldsymbol{O} & \boldsymbol{C}\end{pmatrix}=r+\text{秩}\ \boldsymbol{C}.$$

2.7.5　证明: 秩 $(\boldsymbol{A}\quad \boldsymbol{B})\leqslant$ 秩 $\boldsymbol{A}+$ 秩 $\boldsymbol{B}$.

2.7.6　设 $\boldsymbol{A}$, $\boldsymbol{B}$ 为同型阵, 证明:

$$\text{秩}\ (\boldsymbol{A}+\boldsymbol{B})\leqslant\text{秩}\ (\boldsymbol{A}\quad \boldsymbol{B})\leqslant\text{秩}\ \boldsymbol{A}+\text{秩}\ \boldsymbol{B}.$$

2.7.7　设 $\boldsymbol{A}$ 为 $m\times n$ 阵, $\boldsymbol{B}$ 为 $n\times p$ 阵, 若 $\boldsymbol{AB}=\boldsymbol{O}$, 证明

$$\text{秩}\ \boldsymbol{A}+\text{秩}\ \boldsymbol{B}\leqslant n.$$

2.7.8　证明

$$\text{秩}\begin{pmatrix}\boldsymbol{I}_r & \boldsymbol{Y}\\ \boldsymbol{X} & \boldsymbol{XY}\end{pmatrix}=r.$$

2.7.9　解矩阵方程组 $\boldsymbol{AXA}=\boldsymbol{A}$, 且 $\boldsymbol{XAX}=\boldsymbol{X}$.

2.7.10　$\boldsymbol{A}$ 为各阶顺序主子阵均可逆的 n 阶阵, 证明 $\boldsymbol{A}$ 可写成如下形式: $\boldsymbol{A}=\boldsymbol{LDR}$, 其中 $\boldsymbol{L}$ 及 $\boldsymbol{R}$ 分别为主对角线上全为 1 的下三角及上三角矩阵, $\boldsymbol{D}$ 为对角阵.

2.7.11　设 n 阶阵 $\boldsymbol{A}$ 的秩为 $n-1$, 证明 $\boldsymbol{A}$ 的伴随阵 $\boldsymbol{A}^*$ 的秩为 1.

2.7.12　若秩 $\boldsymbol{A}=$ 秩 $\boldsymbol{A}^2>0$, 证明存在可逆阵 $\boldsymbol{P}$ 及 $\boldsymbol{D}$ 使

$$\boldsymbol{A}=\boldsymbol{P}\begin{pmatrix}\boldsymbol{D} & \boldsymbol{O}\\ \boldsymbol{O} & \boldsymbol{O}\end{pmatrix}\boldsymbol{P}^{-1}.$$

问题与研讨 2

问题 2.1　(1) 仅用一系列行消法变换能否将非零矩阵 $\boldsymbol{A}$ 化成行阶梯形 (见 2.5 节)?

(2) 进一步能使阶梯形中的 $b_{11},\cdots,b_{rr}$ 均为 1 且它们所在列的其他元素全为 0 吗?

(3) 将行消法变换改成行初等变换呢?

问题 2.2　在下列初等变换下可逆阵 $\boldsymbol{A}$ 化成 $\boldsymbol{B}$, 分别研究 $\boldsymbol{A}^{-1}$ 与 $\boldsymbol{B}^{-1}$ 的关系.

(1) 将 $\boldsymbol{A}$ 的第 i 行乘以 λ 加于第 j 行, $i\neq j$;

(2) 将 $\boldsymbol{A}$ 的第 i 列乘以 λ 加于第 j 列, $i\neq j$.

问题 2.3 n 阶矩阵 $\boldsymbol{A}(n \geqslant 2)$ 与什么样的一些 n 阶阵可交换, 可推出 $\boldsymbol{A}$ 是数量阵. 请列出尽量多的情形, 尽量弱的条件.

问题 2.4 * 设 $\boldsymbol{A}$ 为 $m \times n$ 阵, $\boldsymbol{B}$ 为 $n \times m$ 阵, 那么由 $\boldsymbol{I}_m - \boldsymbol{AB}$ 可逆能否推出 $\boldsymbol{I}_n - \boldsymbol{A}$ 可逆? 用多种方法解答之.

问题 2.5 * 设 $\boldsymbol{A}, \boldsymbol{B}$ 为 n 阶复矩阵, 求使 $\begin{pmatrix} \boldsymbol{A} & \boldsymbol{B} \\ \boldsymbol{B} & \boldsymbol{A} \end{pmatrix}$ 及 $\begin{pmatrix} \boldsymbol{A} & \boldsymbol{B} \\ -\boldsymbol{B} & \boldsymbol{A} \end{pmatrix}$ 分别可逆的条件, 当可逆时求其逆.

问题 2.6 * 给出秩 $\boldsymbol{A}_{m\times n} = m$ 的若干充要条件, 且证明之.

问题 2.7 * (1) 设 $\boldsymbol{A} = \boldsymbol{B}_{m\times r}\boldsymbol{C}_{r\times n}$, 秩 $\boldsymbol{B}_{m\times r} = r =$ 秩 $\boldsymbol{C}_{r\times n}$, 那么秩 $\boldsymbol{A}$ 是否一定等于 r?

(2) 若 $\boldsymbol{A} = \boldsymbol{BC}$ 及 $\boldsymbol{A} = \boldsymbol{A}_1\boldsymbol{C}_1$ 均为秩分解, 那么 $\boldsymbol{B}$ 与 $\boldsymbol{B}_1$, $\boldsymbol{C}$ 与 $\boldsymbol{C}_1$ 有何关系?

问题 2.8 * 设 $\boldsymbol{A}$ 与 $\boldsymbol{B}$ 分别为 $m \times n$ 及 $n \times p$ 矩阵, 试给出秩 $(\boldsymbol{AB}) + n$ 与秩 $\boldsymbol{A}+$ 秩 $\boldsymbol{B}$ 的大小关系并证明之.

问题 2.9 * 设 a, b, c, d 为实数且 b, c, d 互不相等, 有

$$\boldsymbol{A} = \begin{pmatrix} a & b & c & d \\ -b & a & -d & c \\ -c & d & a & -b \\ -d & -c & b & a \end{pmatrix},$$

那么 $\boldsymbol{A} + \boldsymbol{I}_4$ 何时可逆? 当可逆时, 用 a, b, c, d 及 $\boldsymbol{A}$ 表示 $(\boldsymbol{A} + \boldsymbol{I}_4)^{-1}$.

问题 2.10 * 设 $\boldsymbol{A} = (a_{ij})_{n\times n}, n \geqslant 2$, 用 $a_{ij}(i, j = 1, 2, \cdots, n)$ 及 $|\boldsymbol{A}|$ 表示 $\begin{vmatrix} A_{22} & \cdots & A_{2n} \\ \vdots & & \vdots \\ A_{n2} & \cdots & A_{nn} \end{vmatrix}$, 其中 A_{ij} 为 $\boldsymbol{A}$ 的 (i, j) 位置的代数余子式, $i, j = 1, 2, \cdots, n$.

总习题 2

A 类题

2.1 设二阶阵 $\boldsymbol{A}$ 及 $\boldsymbol{B}$, 证明:

(1) 若 $\boldsymbol{A}^2 = \boldsymbol{O}$, 则 $\mathrm{tr}\boldsymbol{A} = 0$;

(2) 若 $\mathrm{tr}\boldsymbol{A} = 0$, 则 $\boldsymbol{A}^2$ 为数量阵;

(3) $(\boldsymbol{AB} - \boldsymbol{A})^2$ 是数量阵.

2.2 若 $\boldsymbol{A}$ 的每行元素的和都是 a, 证明 $\boldsymbol{A}^2$ 的每行元素的和为 a^2.

2.3 设 n 阶阵 $\boldsymbol{A}$ 与 $\boldsymbol{B}$ 可交换, 证明

$$(\boldsymbol{A} + \boldsymbol{B})^m = \boldsymbol{A}^m + \mathrm{C}_m^1\boldsymbol{A}^{m-1}\boldsymbol{B} + \cdots + \mathrm{C}_m^{m-1}\boldsymbol{AB}^{m-1} + \boldsymbol{B}^m.$$

2.4 设 $\boldsymbol{A}$ 为 n 阶阵, 若对一切 n 阶阵 $\boldsymbol{B}$ 有 $\mathrm{tr}(\boldsymbol{AB})=0$, 证明 $\boldsymbol{A}=\boldsymbol{O}$.

2.5 设 $\boldsymbol{A}$ 为 $m\times n$ 实数矩阵且 $\boldsymbol{A}^{\mathrm{T}}\boldsymbol{A}=\boldsymbol{O}$, 证明 $\boldsymbol{A}=\boldsymbol{O}$.

2.6 设 $\boldsymbol{A}$, $\boldsymbol{B}$ 为同阶可逆阵, 证明 $(\boldsymbol{AB})^*=\boldsymbol{B}^*\boldsymbol{A}^*$.

2.7 设 $\boldsymbol{A}+\boldsymbol{B}$ 可逆, 证明

$$\boldsymbol{A}(\boldsymbol{A}+\boldsymbol{B})^{-1}\boldsymbol{B}=\boldsymbol{A}-\boldsymbol{A}(\boldsymbol{A}+\boldsymbol{B})^{-1}\boldsymbol{A}=\boldsymbol{B}(\boldsymbol{A}+\boldsymbol{B})^{-1}\boldsymbol{A}.$$

2.8 设 $\boldsymbol{A}^2=\boldsymbol{I}_n$, 如果 $\boldsymbol{APA}$ 及 $\boldsymbol{AQA}$ 都是对角阵, 证明 $\boldsymbol{PQ}=\boldsymbol{QP}$.

2.9 将 $\boldsymbol{AB}+\boldsymbol{CD}$ 写成分块阵的乘积, 其中 $\boldsymbol{A}$, $\boldsymbol{B}$, $\boldsymbol{C}$, $\boldsymbol{D}$ 分别为 $m\times n$, $n\times p$, $m\times k$, $k\times p$ 矩阵. 又设 $\boldsymbol{A}$, $\boldsymbol{B}$ 为同阶可逆阵, 试把 $\boldsymbol{I}+\boldsymbol{AB}$ 及 $\boldsymbol{A}+\boldsymbol{B}$ 写成分块阵之积.

2.10 设 $\boldsymbol{A}=\boldsymbol{B}_1\boldsymbol{B}_2$, 且 $\boldsymbol{B}_1^2=\boldsymbol{I}_n$, $\boldsymbol{B}_2^2=\boldsymbol{I}_n$, 证明存在可逆阵 $\boldsymbol{P}$, 使 $\boldsymbol{PAP}^{-1}=\boldsymbol{A}^{-1}$.

2.11 如果 $\boldsymbol{P}-\boldsymbol{I}$ 可逆, 证明对任意自然数 k 有

$$\begin{pmatrix}\boldsymbol{P} & \boldsymbol{Q}\\ \boldsymbol{O} & \boldsymbol{I}\end{pmatrix}^k=\begin{pmatrix}\boldsymbol{P}^k & \boldsymbol{M}\\ \boldsymbol{O} & \boldsymbol{I}\end{pmatrix},$$

其中 $\boldsymbol{M}=(\boldsymbol{P}^k-\boldsymbol{I})(\boldsymbol{P}-\boldsymbol{I})^{-1}\boldsymbol{Q}$.

2.12 将下列矩阵写成初等阵的积:

(1) $\begin{pmatrix}1 & 3\\ 0 & 2\end{pmatrix}$;

(2) $\begin{pmatrix}2 & 0\\ 0 & 3\end{pmatrix}$;

(3) $\begin{pmatrix}1 & 0 & 0\\ 1 & 2 & 0\\ 0 & 0 & 3\end{pmatrix}$.

2.13 如果 n 阶阵 $\boldsymbol{A}$ 的秩小于 n, 证明存在 n 阶阵 $\boldsymbol{B}\neq\boldsymbol{O}$ 使 $\boldsymbol{AB}=\boldsymbol{O}$.

2.14 证明: 秩为 $r(>0)$ 的矩阵可以写成 r 个秩为 1 的矩阵的和.

2.15 证明: $m\times n$ 阵 $\boldsymbol{A}$ 的秩为 1 当且仅当存在 $m\times 1$ 的非零阵 $\boldsymbol{B}$ 及 $1\times n$ 的非零阵 $\boldsymbol{C}$, 使 $\boldsymbol{A}=\boldsymbol{BC}$.

2.16 设

$$\boldsymbol{A}=\begin{pmatrix}a_1b_1 & a_1b_2 & \cdots & a_1b_n\\ a_2b_1 & a_2b_2 & \cdots & a_2b_n\\ \vdots & \vdots & & \vdots\\ a_nb_1 & a_nb_2 & \cdots & a_nb_n\end{pmatrix},$$

其中 $a_1, a_2, \cdots, a_n$ 及 $b_1, b_2, \cdots, b_n$ 都是数域 $\mathbb{F}$ 中的数, 证明:

(1) 秩 $\boldsymbol{A}\leqslant 1$; (2) 存在 $a\in\mathbb{F}$, 使 $\boldsymbol{A}^2=a\boldsymbol{A}$.

2.17 若 $\boldsymbol{A}$, $\boldsymbol{B}$ 为同阶可逆阵, 证明: $\boldsymbol{A}+\boldsymbol{B}$ 可逆的充要条件是 $\boldsymbol{A}^{-1}+\boldsymbol{B}^{-1}$ 可逆.

2.18 若 $\boldsymbol{A}$, $\boldsymbol{B}$ 都是 n 阶阵, 证明

$$\begin{vmatrix}\boldsymbol{A} & \boldsymbol{B}\\ \boldsymbol{B} & \boldsymbol{A}\end{vmatrix}=|\boldsymbol{A}+\boldsymbol{B}|\cdot|\boldsymbol{A}-\boldsymbol{B}|.$$

2.19 设 $\boldsymbol{A}$ 为 n 阶方阵, 证明:

(1) $|\boldsymbol{A}^*|=|\boldsymbol{A}|^{n-1}\ (n>1)$; (2) $(\boldsymbol{A}^*)^*=|\boldsymbol{A}|^{n-2}\cdot\boldsymbol{A}\ (n>2)$.

2.20 若 $\boldsymbol{A}^2=\boldsymbol{B}^2=\boldsymbol{I}_n$, $|\boldsymbol{A}|+|\boldsymbol{B}|=0$, 证明 $\boldsymbol{A}+\boldsymbol{B}$ 奇异.

2.21 多项选择题.

(1) 设 $n(n\geqslant 3)$ 阶阵 $\boldsymbol{A}$ 满足 $\boldsymbol{A}^2=\boldsymbol{O}$, 则 ( ).

A. $\boldsymbol{A}=\boldsymbol{O}$ B. $\boldsymbol{A}^3=\boldsymbol{O}$

C. $|\boldsymbol{A}|=0$ D. $\boldsymbol{A}^*=\boldsymbol{O}$

(2) $\boldsymbol{A}$ 为 n 阶方阵, 则 $\boldsymbol{A}$ 奇异的充要条件是 ( ).

A. 存在非奇异阵 $\boldsymbol{P}$ 使 $\boldsymbol{PA}$ 的某行为 $\boldsymbol{O}$

B. 存在非奇异阵 $\boldsymbol{Q}$ 使 $\boldsymbol{AQ}$ 的某列为 $\boldsymbol{O}$

C. 存在非奇异阵 $\boldsymbol{P}$ 及 $\boldsymbol{Q}$ 使 $\boldsymbol{PAQ}=\boldsymbol{O}$

D. 存在非奇异阵 $\boldsymbol{P}$ 使 $\boldsymbol{PAP}^{-1}$ 的最后一行为 $\boldsymbol{O}$

(3) 经初等变换可把可逆阵 $\boldsymbol{A}$ 化成 ( ).

A. 单位阵 B. $\boldsymbol{A}^{-1}$

C. $\boldsymbol{A}^{\mathrm{T}}$ D. 任意数量阵

(4) 任意 n 阶方阵可写成 ( ) 之和.

A. 两个可逆阵

B. 一上三角阵与一下三角阵

C. 一对称阵与一反对称阵

D. 一对称阵与一对角阵

(5) $\boldsymbol{A}$, $\boldsymbol{B}$ 为同型阵, 则 ( ).

A. 秩 $\boldsymbol{A}-$ 秩 $\boldsymbol{B}\leqslant$ 秩 $(\boldsymbol{A}+\boldsymbol{B})$

B. 秩 $\boldsymbol{A}+$ 秩 $\boldsymbol{B}\geqslant$ 秩 $(\boldsymbol{A}-\boldsymbol{B})$

C. 秩 $\boldsymbol{A}-$ 秩 $\boldsymbol{B}\geqslant$ 秩 $(\boldsymbol{A}-\boldsymbol{B})$

D. 秩 $\boldsymbol{A}+$ 秩 $\boldsymbol{B}\geqslant$ 秩 $(\boldsymbol{A}+\boldsymbol{B})$

(6) 任意秩 3 的阵可写成 ( ) 个秩 1 矩阵之和.

A. 2 B. 3

C. 4 D. 5

B 类 题

2.22 $\boldsymbol{A}$ 为 n 阶阵, 证明: $\boldsymbol{A}$ 为反对称阵当且仅当对一切 $n\times 1$ 阵 $\boldsymbol{x}$, 有

$$\boldsymbol{x}^{\mathrm{T}}\boldsymbol{A}\boldsymbol{x}=\boldsymbol{0}.$$

2.23 证明: 对自然数 k, n 阶阵 $\boldsymbol{A}$ 及 $\boldsymbol{B}$ 有

$$(\boldsymbol{AB})^k=\boldsymbol{I}_n\Longleftrightarrow(\boldsymbol{BA})^k=\boldsymbol{I}_n.$$

2.24 设 $\boldsymbol{A}$, $\boldsymbol{B}$ 为 n 阶阵, 证明

$$\begin{pmatrix} \boldsymbol{I} & \boldsymbol{A} \\ \boldsymbol{O} & \boldsymbol{I} \end{pmatrix}\begin{pmatrix} \boldsymbol{A} & \boldsymbol{O} \\ -\boldsymbol{I} & \boldsymbol{B} \end{pmatrix}=\begin{pmatrix} \boldsymbol{O} & \boldsymbol{AB} \\ -\boldsymbol{I} & \boldsymbol{B} \end{pmatrix}.$$

并由此证明 $|\boldsymbol{AB}|=|\boldsymbol{A}|\cdot|\boldsymbol{B}|$.

2.25 交换可逆阵 $\boldsymbol{A}$ 的两行后得 $\boldsymbol{B}$, 试问 $\boldsymbol{B}^{-1}$ 与 $\boldsymbol{A}^{-1}$ 有何关系? 将 $\boldsymbol{A}$ 的第 i 行乘以 k 后得 $\boldsymbol{B}$, 则 $\boldsymbol{B}^{-1}$ 与 $\boldsymbol{A}^{-1}$ 有何关系?

2.26 将下列阵写成初等阵的积:

(1) $\begin{pmatrix} 1 & 2 \\ 3 & 4 \end{pmatrix}$;

(2) $\begin{pmatrix} 1 & 3 & 3 \\ 1 & 4 & 3 \\ 1 & 3 & 4 \end{pmatrix}$;

(3) $\begin{pmatrix} 0 & 0 & 1 & 0 \\ 0 & 1 & 0 & 0 \\ 0 & 0 & 0 & 1 \\ 1 & 0 & 0 & 0 \end{pmatrix}$.

2.27 设 $\boldsymbol{A}_{m\times n}$ 经一次倍法或消法变换化为 $\boldsymbol{B}$, 直接证明若 $\boldsymbol{A}$ 的所有 r 阶子式都是 0, 则 $\boldsymbol{B}$ 的所有 r 阶子式也都是 0, 由此证明定理 2.7.

2.28 设 $\boldsymbol{A}$ 为 $m\times n$ 阵, 验证

$$\begin{pmatrix} \boldsymbol{P} & \boldsymbol{O} \\ \boldsymbol{O} & \boldsymbol{I}_n \end{pmatrix}\begin{pmatrix} \boldsymbol{A} & \boldsymbol{I}_m \\ \boldsymbol{I}_n & \boldsymbol{O} \end{pmatrix}\begin{pmatrix} \boldsymbol{Q} & \boldsymbol{O} \\ \boldsymbol{O} & \boldsymbol{I}_m \end{pmatrix}=\begin{pmatrix} \boldsymbol{PAQ} & \boldsymbol{P} \\ \boldsymbol{Q} & \boldsymbol{O} \end{pmatrix},$$

说明这提供了一个求

$$\boldsymbol{PAQ}=\begin{pmatrix} \boldsymbol{I}_r & \boldsymbol{O} \\ \boldsymbol{O} & \boldsymbol{O} \end{pmatrix}$$

中 $\boldsymbol{P}$ 和 $\boldsymbol{Q}$ 的初等变换方法, 举例计算一下.

2.29 设 $\boldsymbol{A}$ 为对角线上的元素全为 0 的 n 阶上三角阵, 证明 $\boldsymbol{A}^n=\boldsymbol{O}$.

2.30 证明: 秩 $\begin{pmatrix} \boldsymbol{A} & \boldsymbol{AQ} \\ \boldsymbol{PA} & \boldsymbol{B} \end{pmatrix}=$ 秩 $\boldsymbol{A}+$ 秩 $(\boldsymbol{B}-\boldsymbol{PAQ})$.

2.31 证明: 秩 $\begin{pmatrix} \boldsymbol{A} & \boldsymbol{C} \\ \boldsymbol{O} & \boldsymbol{B} \end{pmatrix}\geqslant$ 秩 $\boldsymbol{A}+$ 秩 $\boldsymbol{B}$.

2.32 证明: 任意 n 阶阵可写成一个可逆阵与一个幂等阵之积.

2.33 证明: n 阶可逆的下三角阵 $\boldsymbol{A}$ 及上三角阵 $\boldsymbol{B}$ 的乘积 $\boldsymbol{AB}$ 的任意 r 阶顺序主子阵是可逆的.

2.34 若 $\boldsymbol{DB}=\boldsymbol{BD}$, 且 $|\boldsymbol{D}|\neq 0$, 证明: $\begin{vmatrix} \boldsymbol{A} & \boldsymbol{B} \\ \boldsymbol{C} & \boldsymbol{D} \end{vmatrix}=|\boldsymbol{DA}-\boldsymbol{BC}|$.

2.35 设 $\boldsymbol{A}$, $\boldsymbol{B}$ 分别为 $m\times n$ 阵及 $n\times m$ 阵, 证明

$$\begin{vmatrix} \boldsymbol{I}_m & \boldsymbol{A} \\ \boldsymbol{B} & \boldsymbol{I}_n \end{vmatrix}=|\boldsymbol{I}_m-\boldsymbol{AB}|=|\boldsymbol{I}_n-\boldsymbol{BA}|.$$

2.36 (1) 将 $\mathrm{diag}(a,\ a^{-1})$ 表示为消法阵的积, 其中 $a \neq 0$;

(2) 将 $\begin{pmatrix} a & b \\ c & d \end{pmatrix}$ 表示为消法阵之积, 其中 $ad-bc=1$.

2.37 设 $\boldsymbol{A}, \boldsymbol{D}$ 为方阵, 证明

$$\begin{vmatrix} \boldsymbol{A} & \boldsymbol{B} & \boldsymbol{O} \\ \boldsymbol{C} & \boldsymbol{D} & \boldsymbol{I} \\ \boldsymbol{O} & \boldsymbol{I} & \boldsymbol{O} \end{vmatrix} = \pm|\boldsymbol{A}|,$$

其中 $\boldsymbol{I}$ 为单位阵.

2.38 $\boldsymbol{A}$ 是 n 阶对称阵, $\boldsymbol{B}$ 为 n 阶反对称阵, 证明: $\mathrm{tr}(\boldsymbol{AB})=0$.

2.39 设对 n 阶阵 $\boldsymbol{A}$, 有 $\boldsymbol{A}^3=3\boldsymbol{A}(\boldsymbol{A}-\boldsymbol{I}_n)$, 证明: $\boldsymbol{A}-\boldsymbol{I}_n$ 可逆, 并用 $\boldsymbol{A}$ 表示 $(\boldsymbol{A}-\boldsymbol{I}_n)^{-1}$.

2.40 设 $\boldsymbol{A}$ 为 $m\times n$ 阵, $\boldsymbol{B}$ 为 $n\times p$ 阵, 证明

$$秩\ \boldsymbol{AB} \geqslant 秩\ \boldsymbol{A} + 秩\ \boldsymbol{B} - n.$$

2.41 设 $S_k = \sum\limits_{i=1}^{n} x_i^k$, 证明

$$\begin{vmatrix} S_0 & S_1 & \cdots & S_{n-1} \\ S_1 & S_2 & \cdots & S_n \\ \vdots & \vdots & & \vdots \\ S_{n-1} & S_n & \cdots & S_{2n-2} \end{vmatrix} = \prod_{n\geqslant i>j\geqslant 1}(x_i-x_j)^2.$$

2.42 设形为 $a(\boldsymbol{E}_{11}+\boldsymbol{E}_{22})+b(\boldsymbol{E}_{21}-\boldsymbol{E}_{12})$ 的实二阶方阵集合为 $\mathcal{S}$, 其中 $a>0, b>0$, 证明: 若 $\boldsymbol{A}\in\mathcal{S}$, 则存在 $\boldsymbol{B}\in\mathcal{S}$, 使 $\boldsymbol{A}=\boldsymbol{B}^2$, 进一步对任意固定的 n 存在 $\boldsymbol{C}$, 使 $\boldsymbol{A}=\boldsymbol{C}^{2^n}$.

2.43 设实 n 阶阵 $\boldsymbol{A}\neq\boldsymbol{O}$ 且 $\boldsymbol{A}^{\mathrm{T}}=\boldsymbol{A}^*$, 证明: $\boldsymbol{A}$ 非奇异.

2.44 $\boldsymbol{A}$ 可逆且每行元素和为 c, 证明: $\boldsymbol{A}^{-1}$ 每行元素的和为 c^{-1}.

2.45 证明: $\boldsymbol{A}^2=\boldsymbol{A}_{n\times n}$ 当且仅当秩 $\boldsymbol{A}+$ 秩 $(\boldsymbol{A}-\boldsymbol{I}_n)=n$.

2.46 设 $\boldsymbol{A}$ 为 $m\times n$ 阵, 证明下述各项等价:

(1) 秩 $\boldsymbol{A}=n$ ($\boldsymbol{A}$ 为列满秩的阵);

(2) 存在可逆阵 $\boldsymbol{P}$, 使 $\boldsymbol{A}=\boldsymbol{P}\begin{pmatrix}\boldsymbol{I}_n \\ \boldsymbol{O}\end{pmatrix}$;

(3) 存在矩阵 $\boldsymbol{B}$, 使 $(\boldsymbol{A}\quad \boldsymbol{B})$ 可逆, 或 $\boldsymbol{A}$ 可逆;

(4) 存在矩阵 $\boldsymbol{G}$ 使 $\boldsymbol{GA}=\boldsymbol{I}_n$;

(5) 若 $\boldsymbol{AC}=\boldsymbol{AD}$, 则 $\boldsymbol{C}=\boldsymbol{D}$;

(6) 若 $\boldsymbol{AX}=\boldsymbol{O}$, 则 $\boldsymbol{X}=\boldsymbol{O}$;

(7) 对一切列数为 n 的矩阵 $\boldsymbol{B}$, 有秩 $\begin{pmatrix}\boldsymbol{A} \\ \boldsymbol{B}\end{pmatrix}=$ 秩 $\boldsymbol{A}$;

(8) 存在矩阵 $\boldsymbol{B}$, 使秩 $\boldsymbol{AB}=n$;

(9) 对任意行数为 n 的矩阵 $\boldsymbol{B}$, 有秩 $\boldsymbol{AB}=$ 秩 $\boldsymbol{B}$;

(10) $\boldsymbol{A}^{\mathrm{T}}$ 为行满秩的阵.

2.47 试仿上题给出行满秩的阵的各项等价条件并证明之.

C 类 题

2.48 设 $x \neq 0$, $\boldsymbol{A}=(a_{ij})_{n\times n}$, 证明

$$\begin{vmatrix} a_{11} & x^{-1}a_{12} & \cdots & x^{-(n-1)}\cdot a_{1n} \\ xa_{21} & a_{22} & \cdots & x^{-(n-2)}\cdot a_{2n} \\ \vdots & \vdots & & \vdots \\ x^{n-1}a_{n1} & x^{n-2}a_{n2} & \cdots & a_{nn} \end{vmatrix} = |\boldsymbol{A}|.$$

2.49 如果对任意 $n\times s$ 矩阵 $\boldsymbol{A}$ 都有 $\boldsymbol{P}_{m\times n}\boldsymbol{A}\boldsymbol{Q}_{s\times t}=\boldsymbol{O}$, 证明: $\boldsymbol{P}=\boldsymbol{O}$ 或 $\boldsymbol{Q}=\boldsymbol{O}$.

2.50 $\boldsymbol{A}$ 是 n 阶阵, $\boldsymbol{x}$ 是 $n\times 1$ 阵, 如果 $\dfrac{\boldsymbol{x}^{\mathrm{T}}\boldsymbol{A}\boldsymbol{x}}{\boldsymbol{x}^{\mathrm{T}}\boldsymbol{x}}$ 对任意非零的 $\boldsymbol{x}$ 总是一个与 $\boldsymbol{x}$ 无关的常数, 证明: $\boldsymbol{A}$ 是一个数量阵与一个反对称阵之和.

2.51 设 $\boldsymbol{A}$ 可逆, $\lambda\neq 0$, 且 $(\boldsymbol{A}-\lambda\boldsymbol{I})^m=\boldsymbol{O}$, 证明: $(\boldsymbol{A}^{-1}-\lambda^{-1}\boldsymbol{I})^m=\boldsymbol{O}$.

2.52 设 $\boldsymbol{A}$ 为 n 阶阵且 $\boldsymbol{A}^2=\boldsymbol{O}$, 证明: 秩 $\boldsymbol{A}\leqslant\dfrac{n}{2}$.

2.53 如果存在 $s\geqslant 2$ 及二阶阵 $\boldsymbol{A}$ 有 $\boldsymbol{A}^s=\boldsymbol{O}$, 证明: $\boldsymbol{A}^2=\boldsymbol{O}$.

2.54 如果实矩阵等式 $\boldsymbol{A}\boldsymbol{B}\boldsymbol{B}^{\mathrm{T}}=\boldsymbol{C}\boldsymbol{B}\boldsymbol{B}^{\mathrm{T}}$ 成立, 证明: $\boldsymbol{A}\boldsymbol{B}=\boldsymbol{C}\boldsymbol{B}$.

2.55 $\boldsymbol{A}$, $\boldsymbol{B}$ 都是 n 阶幂等阵, 证明: $\boldsymbol{A}+\boldsymbol{B}$ 幂等的充要条件是

$$\boldsymbol{A}\boldsymbol{B}=\boldsymbol{B}\boldsymbol{A}=\boldsymbol{O}.$$

2.56 如果 n 阶阵 $\boldsymbol{A}$ 有分解式 $\boldsymbol{A}=\boldsymbol{B}\boldsymbol{C}$, 则 $\boldsymbol{A}$ 必有另一分解式 $\boldsymbol{A}=\boldsymbol{C}\boldsymbol{B}$. 证明满足如上条件的 $\boldsymbol{A}$ 必为数量阵.

2.57 设 $\boldsymbol{A}$, $\boldsymbol{B}$ 分别为 $m\times n$, $n\times m$ 矩阵, 证明: $\boldsymbol{I}_m+\boldsymbol{A}\boldsymbol{B}$ 可逆当且仅当 $\boldsymbol{I}_n+\boldsymbol{B}\boldsymbol{A}$ 可逆.

2.58 设 $\boldsymbol{A}$ 为 n 阶可逆阵, $\boldsymbol{B}$, $\boldsymbol{C}$ 分别为 $n\times m$ 及 $m\times n$ 矩阵, 如果 $\boldsymbol{I}+\boldsymbol{C}\boldsymbol{A}^{-1}\boldsymbol{B}$ 可逆, 证明: $\boldsymbol{A}+\boldsymbol{B}\boldsymbol{C}$ 可逆.

2.59 如果 $\boldsymbol{A}$, $\boldsymbol{B}$, $\boldsymbol{A}\boldsymbol{B}-\boldsymbol{I}$ 均为非奇异阵, 证明: $\boldsymbol{A}-\boldsymbol{B}^{-1}$ 及 $(\boldsymbol{A}-\boldsymbol{B}^{-1})^{-1}-\boldsymbol{A}^{-1}$ 非奇异.

2.60 设 $\boldsymbol{A}$ 为 n 阶可逆反对称阵, 证明: 秩 $\begin{pmatrix}\boldsymbol{A} & \boldsymbol{b}\\ \boldsymbol{b}^{\mathrm{T}} & \boldsymbol{0}\end{pmatrix}=n$, 其中 $\boldsymbol{b}$ 为 $n\times 1$ 阵.

2.61 若 $\boldsymbol{I}-\boldsymbol{A}$ 可逆, 证明: $\boldsymbol{I}-\boldsymbol{A}$ 的逆矩阵为 $\boldsymbol{I}-\boldsymbol{B}$, 且 $\boldsymbol{B}$ 与 $\boldsymbol{A}$ 同秩.

2.62 证明如下关于秩的不等式

$$\text{秩}\,(\boldsymbol{A}\boldsymbol{B}-\boldsymbol{I})\leqslant\text{秩}\,(\boldsymbol{A}-\boldsymbol{I})+\text{秩}\,(\boldsymbol{B}-\boldsymbol{I}).$$

2.63 设 $\boldsymbol{A}$ 是对称阵, 证明存在列满秩的阵 $\boldsymbol{P}$, 使 $\boldsymbol{A}=\boldsymbol{P}\boldsymbol{A}_1\boldsymbol{P}^{\mathrm{T}}$, 其中 $\boldsymbol{A}_1$ 为可逆阵.

2.64 证明下列叙述等价:

(1) $\boldsymbol{A}^2=\boldsymbol{I}_n$;

(2) 存在可逆阵 $\boldsymbol{P}$, 使 $\boldsymbol{A}=\boldsymbol{P}\,\mathrm{diag}(\boldsymbol{I}_r,\ -\boldsymbol{I}_{n-r})\boldsymbol{P}^{-1}$;

(3) 秩 $(\boldsymbol{A}+\boldsymbol{I}_n)+$ 秩 $(\boldsymbol{A}-\boldsymbol{I}_n)=n$.

2.65 如果 $\boldsymbol{A}$ 及 $\begin{pmatrix} \boldsymbol{A} & \boldsymbol{B} \\ \boldsymbol{C} & \boldsymbol{D} \end{pmatrix}$ 可逆, 证明 $\begin{pmatrix} \boldsymbol{A} & \boldsymbol{B} \\ \boldsymbol{C} & \boldsymbol{D} \end{pmatrix}^{-1}$ 为如下形式:

$$\begin{pmatrix} \boldsymbol{A}^{-1} + \boldsymbol{A}^{-1}\boldsymbol{BXCA}^{-1} & -\boldsymbol{A}^{-1}\boldsymbol{BX} \\ -\boldsymbol{XCA}^{-1} & \boldsymbol{X} \end{pmatrix},$$

其中 $\boldsymbol{X} = (\boldsymbol{D} - \boldsymbol{CA}^{-1}\boldsymbol{B})^{-1}$.

2.66 设 $\boldsymbol{G}$ 为非零阵 $\boldsymbol{A}$ 的一个广义逆, 证明存在可逆阵 $\boldsymbol{P}$ 及 $\boldsymbol{Q}$, 使

$$\boldsymbol{A} = \boldsymbol{P}\begin{pmatrix} \boldsymbol{I}_r & \boldsymbol{O} \\ \boldsymbol{O} & \boldsymbol{O} \end{pmatrix}\boldsymbol{Q} \quad \text{及} \quad \boldsymbol{G} = \boldsymbol{Q}^{-1}\begin{pmatrix} \boldsymbol{I}_s & \boldsymbol{O} \\ \boldsymbol{O} & \boldsymbol{O} \end{pmatrix}\boldsymbol{P}^{-1}.$$

2.67 设 $\boldsymbol{A}$ 为 r 阶方阵, $\boldsymbol{D}$ 为 $n-r$ 阶阵, 且

$$\text{秩}\,(\boldsymbol{A} \quad \boldsymbol{B}) = \text{秩}\begin{pmatrix} \boldsymbol{A} & \boldsymbol{B} \\ \boldsymbol{C} & \boldsymbol{D} \end{pmatrix} = \text{秩}\begin{pmatrix} \boldsymbol{A} \\ \boldsymbol{C} \end{pmatrix} = r,$$

证明 $\boldsymbol{A}$ 可逆.

2.68 证明: 秩 r 的对称阵必有 r 阶主子式非零 (行标与列标相同的 r 行及 r 列相交所得子式称为**主子式**). 反之, 若 $\boldsymbol{A}$ 为对称阵且有一个 r 阶主子式不为 0, 但含此主子式之 $r+1$ 阶及 $r+2$ 阶主子式都是 0, 则 $\boldsymbol{A}$ 的秩为 r.

2.69 设矩阵等式 $\boldsymbol{B} = \boldsymbol{A} + \boldsymbol{XRY}$ 成立, 且 $\boldsymbol{A}$, $\boldsymbol{R}$ 及 $\boldsymbol{B}$ 可逆, 证明: $\boldsymbol{R}^{-1} + \boldsymbol{YA}^{-1}\boldsymbol{X}$ 可逆且

$$\boldsymbol{B}^{-1} = \boldsymbol{A}^{-1} - \boldsymbol{A}^{-1}\boldsymbol{X}(\boldsymbol{R}^{-1} + \boldsymbol{YA}^{-1}\boldsymbol{X})^{-1}\boldsymbol{YA}^{-1}.$$

2.70 设 $\boldsymbol{A}$, $\boldsymbol{D}$ 的阶数与 $\begin{pmatrix} \boldsymbol{A} & \boldsymbol{B} \\ \boldsymbol{C} & \boldsymbol{D} \end{pmatrix}$ 的秩数相等, 证明

$$|\boldsymbol{A}||\boldsymbol{D}| = |\boldsymbol{B}||\boldsymbol{C}|.$$

2.71 证明在矩阵的秩分解 $\boldsymbol{A} = \boldsymbol{CD}$ 中可以要求 $\boldsymbol{C}$ 或 $\boldsymbol{D}$ 是 $\boldsymbol{A}$ 的子阵.

2.72 证明对任意自然数 n, 存在二阶实矩阵 $\boldsymbol{A}$ 使 $\boldsymbol{A}^{2n} = -\boldsymbol{I}_2$.

2.73 证明: 设 $\boldsymbol{A}$,$\boldsymbol{B}$ 为同型阵且秩 $\boldsymbol{A} = r$, 秩 $\boldsymbol{B} = s$, 则秩 $\boldsymbol{A}+$ 秩 $\boldsymbol{B} =$ 秩 $(\boldsymbol{A}+\boldsymbol{B})$ 的充要条件是存在可逆阵 $\boldsymbol{P}$ 及 $\boldsymbol{Q}$, 使

$$\boldsymbol{A} = \boldsymbol{P}\begin{pmatrix} \boldsymbol{I}_r & \boldsymbol{O} \\ \boldsymbol{O} & \boldsymbol{O} \end{pmatrix}\boldsymbol{Q}, \quad \boldsymbol{B} = \boldsymbol{P}\begin{pmatrix} \boldsymbol{O} & \boldsymbol{O} \\ \boldsymbol{O} & \boldsymbol{I}_s \end{pmatrix}\boldsymbol{Q},$$

其中 $r+s$ 不超过矩阵 $\boldsymbol{A}$ 的行数及列数.

第 3 章　线性方程组

由于科学技术中大量的实际问题归结为线性方程组, 因此对于线性方程组的研究就显得非常重要. 通常假定线性方程组是某数域 $\mathbb{F}$ 上的, 即所有系数属于 $\mathbb{F}$. 第 2 章给出了当系数阵可逆时解线性方程组的克拉默法则, 本章则要研究线性方程组的一般理论, 它包括有解的条件、解法、解的分类及解的结构. 为了彻底解决这些问题, 还需研究 n 维向量.

3.1　消　去　法

第 2 章已经给出了解线性方程组所依据的同解定理: 当 $\boldsymbol{D}$ 是可逆阵时线性方程组 $\boldsymbol{Ax}=\boldsymbol{b}$ 与 $\boldsymbol{DAx}=\boldsymbol{Db}$ 同解.

由于可逆阵可以写成一些初等阵的乘积, 所以显然又有如下结论.

定理 3.1　设 $(\boldsymbol{A}\quad\boldsymbol{b})$ 经一系列初等行变换化成 $(\boldsymbol{A}_1\quad\boldsymbol{b}_1)$, 则 $\boldsymbol{Ax}=\boldsymbol{b}$ 与 $\boldsymbol{A}_1\boldsymbol{x}=\boldsymbol{b}_1$ 同解.

$\overline{\boldsymbol{A}}=(\boldsymbol{A}\quad\boldsymbol{b})$ 是由线性方程组 $\boldsymbol{Ax}=\boldsymbol{b}$ 的系数阵 $\boldsymbol{A}_{m\times n}$ 及常数列 $\boldsymbol{b}$ 构成的, 称其为方程组 $\boldsymbol{Ax}=\boldsymbol{b}$ 的**增广矩阵**. 由第 2 章知 $\boldsymbol{A}$ 可经一系列初等行变换化成阶梯形, 与此同时增广矩阵 $(\boldsymbol{A}\quad\boldsymbol{b})$ 化为如下的 $\boldsymbol{M}=(\boldsymbol{N}\quad\boldsymbol{c})$, 即

$$\begin{pmatrix}
0\cdots0 & b_{11}\cdots\cdots\cdots\cdots\cdots\cdots\cdots\cdots\cdots & & & c_1\\
0\cdots0 & 0\cdots0 & b_{22}\cdots\cdots\cdots\cdots\cdots\cdots & & c_2\\
0\cdots\cdots\cdots0 & & 0\cdots0 & b_{33}\cdots\cdots\cdots\cdots & c_3\\
\vdots & & & & \vdots\\
0\cdots\cdots\cdots\cdots\cdots\cdots\cdots\cdots0 & & & b_{rr}\cdots\cdots & c_r\\
0\cdots\cdots\cdots\cdots\cdots\cdots\cdots\cdots\cdots\cdots\cdots\cdots0 & & & & c_{r+1}\\
\vdots & & & & \vdots\\
0\cdots\cdots\cdots\cdots\cdots\cdots\cdots\cdots\cdots\cdots\cdots\cdots0 & & & & c_m
\end{pmatrix}=\boldsymbol{M},$$

其中 $\boldsymbol{N}$ 是 $\boldsymbol{M}$ 的前 n 列构成的子阵, $\boldsymbol{c}$ 是 $\boldsymbol{M}$ 的最后一列.

由定理 3.1 知, $\boldsymbol{Ax}=\boldsymbol{b}$ 与 $\boldsymbol{Nx}=\boldsymbol{c}$ 同解. 看 $\boldsymbol{Nx}=\boldsymbol{c}$ 的后 $m-r$ 个方程知, 如果有一个

$$c_i\neq0\quad(i=r+1,\ r+2,\ \cdots,\ m),$$

则 $\boldsymbol{Nx}=\boldsymbol{c}$ 无解, 从而原方程组 $\boldsymbol{Ax}=\boldsymbol{b}$ 无解. 如果 $c_{r+1},c_{r+2},\ \cdots,\ c_m$ 全为 0, 设 b_{kk} 相应的未知数为 x_{i_k} $(k=1,2,\ \cdots,\ r)$, 由 $\boldsymbol{Nx}=\boldsymbol{c}$ 的第 r 个方程, 给 x_{i_k}

$(k=1,2,\cdots,r)$ 以外的 $n-r$ 个未知数一组值可解出 x_{i_r}, 代入第 $r-1$ 个方程又解出 $x_{i_{r-1}},\cdots$, 依此逐次回代, 可求出 $x_1,x_2,\cdots,x_n$ 之值.

另外, 由 $c_{r+1}=\cdots=c_m=0$, 易见秩 $\boldsymbol{N}=$ 秩 $(\boldsymbol{N}\quad \boldsymbol{c})=r$.

由上面这些讨论可得到如下解的情况的分类结果, 同时也可看出用初等变换解线性方程组的步骤, 这种方法称为**消去法**, 以下将举例研究.

定理 3.2 设 $\boldsymbol{A}$ 为 $m\times n$ 阵, $\boldsymbol{Ax}=\boldsymbol{b}$ 为线性方程组, 经一系列初等行变换 $(\boldsymbol{A}\quad \boldsymbol{b})$ 化为如上的 $\boldsymbol{M}$, 则

(i) $\boldsymbol{Ax}=\boldsymbol{b}$ 有解 $\Longleftrightarrow c_{r+1}=\cdots=c_m=0 \Longleftrightarrow$ 秩 $\boldsymbol{A}=$ 秩 $(\boldsymbol{A}\quad \boldsymbol{b})$;

(ii) $\boldsymbol{Ax}=\boldsymbol{b}$ 有唯一解 $\Longleftrightarrow$ 秩 $\boldsymbol{A}=$ 秩 $(\boldsymbol{A}\quad \boldsymbol{b})=n$;

(iii) $\boldsymbol{Ax}=\boldsymbol{b}$ 有无穷多解 $\Longleftrightarrow$ 秩 $\boldsymbol{A}=$ 秩 $(\boldsymbol{A}\quad \boldsymbol{b})<n$.

例 3.1 解下述线性方程组

$$
\begin{cases}
2x_1-3x_2+2x_3-2x_4=1,\\
3x_1-4x_2+\ \ x_3-3x_4=a,\\
4x_1-6x_2+4x_3-4x_4=1+a.
\end{cases}
$$

解 对 $\overline{\boldsymbol{A}}$(增广阵) 施行初等行变换

$$
\begin{aligned}
\overline{\boldsymbol{A}} &\longrightarrow \begin{pmatrix} 1 & -2 & 3 & -1 & 1\\ 2 & -3 & 2 & -2 & 1\\ 3 & -4 & 1 & -3 & a \end{pmatrix}\\
&\longrightarrow \begin{pmatrix} 1 & -2 & 3 & -1 & 1\\ 0 & 1 & -4 & 0 & -1\\ 0 & 2 & -8 & 0 & a-3 \end{pmatrix}\\
&\longrightarrow \begin{pmatrix} 1 & -2 & 3 & -1 & 1\\ 0 & 1 & -4 & 0 & -1\\ 0 & 0 & 0 & 0 & a-1 \end{pmatrix},
\end{aligned}
$$

由此按定理 3.2 有:

(1) 当 $a\neq 1$ 时, 原方程组无解.

(2) 当 $a=1$ 时, 由于秩 $\overline{\boldsymbol{A}}=$ 秩 $\boldsymbol{A}=2$, 故原方程组有无穷多解. 由

$$
\begin{cases}
x_1-2x_2+3x_3-x_4=1,\\
\qquad\ \ x_2-4x_3\qquad\ =-1
\end{cases}
\tag{3.1}
$$

的后一方程解得 $x_2=4x_3-1$, 代入前一方程求得 $x_1=5x_3+x_4-1$, 故方程组的

解为

$$\begin{cases} x_1 = 5x_3 + x_4 - 1, \\ x_2 = 4x_3 - 1, \\ x_3 \text{ 任意}, \\ x_4 \text{ 任意}. \end{cases}$$

□

从例 3.1 中可以看出, 在有无穷多解时, 解的表达式中总有可任意取值的未知数, 这称为**自由未知量**, 很明显自由未知量的个数是 $n-r$, 即未知数个数减去系数阵的秩数的差. 例如, 上例中的 x_3, x_4 就是自由未知量. 当然, 如果选另外两个未知量 x_2, x_4 也可以, 不过那时解的表达式就有变化了, 但所表达的解集合是一致的. 但是, 必须注意自由未知量的选取也不是任意的, 例如上例中如果取 x_2 及 x_3 就不行, 因为那时我们无法从方程组 (3.1) 的后一方程中解出 x_4, 实际上可看出在这个方程中 x_2, x_3 互相关联, 它们不可能都自由选取值.

一般地, 常选取阶梯形中 $b_{11}, b_{22}, \cdots, b_{rr}$ 相应的未知数以外的未知数为自由未知量.

例 3.2　讨论 λ 及 μ, 并解方程组

$$\begin{cases} x_1 + x_2 + x_3 + x_4 = 1, \\ x_1 + x_2 + \lambda x_3 + x_4 = 1, \\ x_1 + \lambda x_2 + x_3 + x_4 = 1, \\ \lambda x_1 + x_2 + x_3 + x_4 = \mu. \end{cases}$$

解　设增广矩阵为 $\overline{\boldsymbol{A}}$, 则

$$\overline{\boldsymbol{A}} = \begin{pmatrix} 1 & 1 & 1 & 1 & 1 \\ 1 & 1 & \lambda & 1 & 1 \\ 1 & \lambda & 1 & 1 & 1 \\ \lambda & 1 & 1 & 1 & \mu \end{pmatrix}$$

$$\longrightarrow \begin{pmatrix} 1 & 1 & 1 & 1 & 1 \\ 0 & 0 & \lambda-1 & 0 & 0 \\ 0 & \lambda-1 & 0 & 0 & 0 \\ 0 & 1-\lambda & 1-\lambda & 1-\lambda & \mu-\lambda \end{pmatrix}$$

$$\longrightarrow \begin{pmatrix} 1 & 1 & 1 & 1 & 1 \\ 0 & \lambda-1 & 0 & 0 & 0 \\ 0 & 0 & \lambda-1 & 0 & 0 \\ 0 & 0 & 1-\lambda & 1-\lambda & \mu-\lambda \end{pmatrix}$$

$$\longrightarrow \begin{pmatrix} 1 & 1 & 1 & 1 & 1 \\ 0 & \lambda-1 & 0 & 0 & 0 \\ 0 & 0 & \lambda-1 & 0 & 0 \\ 0 & 0 & 0 & 1-\lambda & \mu-\lambda \end{pmatrix}.$$

(1) 当 $\lambda \neq 1$ 时, 方程组有唯一解

$$x_1 = \frac{1-\mu}{1-\lambda}, \quad x_2 = 0, \quad x_3 = 0, \quad x_4 = \frac{\mu-\lambda}{1-\lambda}.$$

(2) 当 $\lambda = 1, \mu = 1$ 时, 有无穷多解

$$x_1 = 1 - x_2 - x_3 - x_4, \quad x_2,\ x_3,\ x_4 \text{ 任意}.$$

(3) 当 $\lambda = 1, \mu \neq 1$ 时, 无解. □

线性方程组 $\boldsymbol{Ax} = \boldsymbol{0}$ 常称为**齐次线性方程组**, 对于这种特殊的线性方程组, 定理 3.2 的结论可以简化. 事实上, 这个方程组显然有未知数全取零值的解 (称为**零解**), 即 $\boldsymbol{Ax} = \boldsymbol{0}$ 总有解. 再注意到 n 阶阵 $\boldsymbol{A}$ 可逆当且仅当秩 $\boldsymbol{A} = n$, 故有

推论 3.1 (i) $\boldsymbol{A}_{m\times n}\boldsymbol{x} = \boldsymbol{0}$ 必有解;

(ii) $\boldsymbol{A}_{m\times n}\boldsymbol{x} = \boldsymbol{0}$ 只有零解 $\Longleftrightarrow$ 秩 $\boldsymbol{A} = n$;

(iii) $\boldsymbol{A}_{m\times n}\boldsymbol{x} = \boldsymbol{0}$ 有非零解 $\Longleftrightarrow$ 秩 $\boldsymbol{A} < n$.

当 $m = n$ 时,

(i) $\boldsymbol{A}_{n\times n}\boldsymbol{x} = \boldsymbol{0}$ 只有零解 $\Longleftrightarrow |\boldsymbol{A}| \neq 0$;

(ii) $\boldsymbol{A}_{n\times n}\boldsymbol{x} = \boldsymbol{0}$ 有非零解 $\Longleftrightarrow |\boldsymbol{A}| = 0$.

例 3.3 ℓ_1, ℓ_2, ℓ_3 表示平面上三条不同直线,

$$\ell_1:\ a_1x + b_1y = c_1, \quad \ell_2:\ a_2x + b_2y = c_2, \quad \ell_3:\ a_3x + b_3y = c_3,$$

求这三条直线相交成一个三角形的充要条件.

解 三条直线要相交成一个三角形当且仅当每两条相交且仅相交于一点, 又三条直线不能相交于一点. 从方程组来看, 这等价于

$$\begin{cases} a_1x + b_1y = c_1, \\ a_2x + b_2y = c_2, \\ a_3x + b_3y = c_3 \end{cases}$$

无解, 且任意两个方程构成的方程组有唯一解. 从而, 系数阵之秩为 2 且每个二阶子阵秩亦为 2, 而增广阵秩为 3. 由此易见条件是 (1)–(4) 同时成立.

(1) $\begin{vmatrix} a_1 & b_1 & c_1 \\ a_2 & b_2 & c_2 \\ a_3 & b_3 & c_3 \end{vmatrix} \neq 0$; (2) $\begin{vmatrix} a_1 & b_1 \\ a_2 & b_2 \end{vmatrix} \neq 0$;

(3) $\begin{vmatrix} a_1 & b_1 \\ a_3 & b_3 \end{vmatrix} \neq 0$;　　(4) $\begin{vmatrix} a_2 & b_2 \\ a_3 & b_3 \end{vmatrix} \neq 0$. □

练　习　3.1

3.1.1　解方程组:

(1) $\begin{cases} 2x_1+3x_2+5x_3+2x_4=-3, \\ x_1+\ \ x_2+2x_3+3x_4=1, \\ 3x_1-\ \ x_2-\ \ x_3-2x_4=-4, \\ 3x_1+5x_2+2x_3-2x_4=-10; \end{cases}$

(2) $\begin{cases} 5x_1-\ \ x_2+2x_3+\ \ x_4=7, \\ 2x_1+\ \ x_2+4x_3-2x_4=1, \\ 3x_1-2x_2-2x_3+3x_4=1; \end{cases}$

(3) $\begin{cases} 2x_1-\ \ x_2+x_3+3x_4=1, \\ -3x_1+2x_2-x_3-2x_4=0. \end{cases}$

3.1.2　λ 取何值时, 下述方程组有唯一解?

$$\begin{cases} x_1+x_2 \qquad +x_3=\lambda-1, \\ \quad 2x_2 \qquad -x_3=\lambda-2, \\ \qquad\qquad\quad x_3=\lambda-3, \\ \qquad (\lambda-1)x_3=-(\lambda-3)(\lambda-1). \end{cases}$$

3.1.3　λ 取何值时, 下述方程组无解?

$$\begin{cases} x_1+2x_2- \qquad\qquad x_3=4, \\ \quad x_2- \qquad\qquad x_3=2, \\ \qquad (\lambda-1)(\lambda-2)x_3=-(\lambda-3)(\lambda-4). \end{cases}$$

3.1.4　判断下列叙述正确与否, 正确者说明理由, 错误者举出反例.

(1) 当 $\boldsymbol{Ax}=\boldsymbol{b}$ 有唯一解时, $\boldsymbol{Ax}=\boldsymbol{0}$ 必有唯一解.

(2) 当 $\boldsymbol{Ax}=\boldsymbol{0}$ 有唯一解时, $\boldsymbol{Ax}=\boldsymbol{b}$ 必有唯一解.

(3) 当 $m>n$ 时, $\boldsymbol{A}_{m\times n}\boldsymbol{x}=\boldsymbol{b}$ 必无解.

(4) $\boldsymbol{Ax}=\boldsymbol{b}$ 与 $\boldsymbol{Ax}=\boldsymbol{c}$ 同解当且仅当 $\boldsymbol{b}=\boldsymbol{c}$.

(5) 经初等变换 $\boldsymbol{A}$ 化为 $\boldsymbol{B}$, 则 $\boldsymbol{Ax}=\boldsymbol{0}$ 与 $\boldsymbol{Bx}=\boldsymbol{0}$ 同解.

(6) $\boldsymbol{A}_{n\times n}\boldsymbol{x}=\boldsymbol{b}$ 有唯一解当且仅当 $|\boldsymbol{A}|\neq\boldsymbol{0}$.

3.1.5　讨论 λ 并解方程组:

(1) $\begin{cases} -2x_1+\ \ x_2+\ \ x_3=-2, \\ x_1-2x_2+\ \ x_3=\lambda, \\ x_1+\ \ x_2-2x_3=\lambda^2; \end{cases}$

(2) $\begin{cases} x_1+3x_2+2x_3+\ \ x_4=1, \\ \qquad x_2+\lambda x_3-\lambda x_4=-1, \\ x_1+2x_2 \qquad +3x_4=3. \end{cases}$

3.1.6 设 $\boldsymbol{A}$ 为 $m\times n$ 阵且 $m<n$, 证明线性方程组 $\boldsymbol{Ax}=\boldsymbol{0}$ 有非零解.

3.1.7 给出下面方程组有解的充要条件, 在有解时求出全部解.

$$\begin{cases} x_1-x_2 = a_1, \\ x_2-x_3 = a_2, \\ x_3-x_4 = a_3, \\ x_4-x_5 = a_4, \\ -x_1 + x_5 = a_5. \end{cases}$$

3.1.8 用线性方程组的方法证明:

(1) 设 $\boldsymbol{A}$ 为 $m\times n$ 阵, $\boldsymbol{B}$ 为 $n\times p$ 阵, 且 $\boldsymbol{AB}=\boldsymbol{O}$, 秩 $\boldsymbol{A}=n$, 则 $\boldsymbol{B}=\boldsymbol{O}$;

(2) 设方阵 $\boldsymbol{A}\neq\boldsymbol{O}$, $\boldsymbol{B}\neq\boldsymbol{O}$ 且 $\boldsymbol{AB}=\boldsymbol{O}$, 则 $|\boldsymbol{A}|=0$, $|\boldsymbol{B}|=0$.

3.1.9 $\ell_1:\ a_1x+b_1y=c_1$, $\ell_2:\ a_2x+b_2y=c_2$, $\ell_3:\ a_3x+b_3y=c_3$ 为平面上三条直线, 给出它们仅相交于一点的充要条件.

3.2 n 维 向 量

为了进一步研究线性方程组解的结构, 有必要研究一些特殊的矩阵, 即单独一行或单独一列所构成的矩阵, 诸如线性方程组系数阵的行或列、常数列、未知数列等等.

由数域 $\mathbb{F}$ 上 n 个数构成的 $1\times n$ 阵及 $n\times 1$ 阵称为 $\mathbb{F}$ 上的 n **维向量**. n 维向量的运算与它们被看成矩阵时的运算是一致的. 容易看出, n 维向量不过是在几何及物理中所学的二维矢量、三维矢量的推广.

今后如不特殊声明, 所说的 n 维向量通常指 $n\times 1$ 阵 (列).

下面研究 n 维向量线性运算中的几个重要概念.

3.2.1 线性表出

定义 3.1 如果 n 维向量 $\boldsymbol{\alpha}_1, \boldsymbol{\alpha}_2, \cdots, \boldsymbol{\alpha}_t, \boldsymbol{\beta}$ 之间有关系

$$\boldsymbol{\beta}=k_1\boldsymbol{\alpha}_1+k_2\boldsymbol{\alpha}_2+\cdots+k_t\boldsymbol{\alpha}_t,$$

其中 $k_1,k_2,\cdots,k_t$ 为 $\mathbb{F}$ 中的数, 则称向量 $\boldsymbol{\beta}$ 可由 $\boldsymbol{\alpha}_1, \boldsymbol{\alpha}_2, \cdots, \boldsymbol{\alpha}_t$**线性表出**, 或称 $\boldsymbol{\beta}$ 是 $\boldsymbol{\alpha}_1, \boldsymbol{\alpha}_2, \cdots, \boldsymbol{\alpha}_t$ 的**线性组合**.

如果 $\boldsymbol{\beta}_1, \boldsymbol{\beta}_2, \cdots, \boldsymbol{\beta}_s$ 都可由 $\boldsymbol{\alpha}_1, \boldsymbol{\alpha}_2, \cdots, \boldsymbol{\alpha}_t$ 线性表出, 则称**向量组** $\boldsymbol{\beta}_1, \boldsymbol{\beta}_2, \cdots, \boldsymbol{\beta}_s$ **可由向量组** $\boldsymbol{\alpha}_1, \boldsymbol{\alpha}_2, \cdots, \boldsymbol{\alpha}_t$ **线性表出**. 设表出的关系式如下:

$$\begin{cases} \boldsymbol{\beta}_1 = k_{11}\boldsymbol{\alpha}_1 + k_{21}\boldsymbol{\alpha}_2 + \cdots + k_{t1}\boldsymbol{\alpha}_t, \\ \boldsymbol{\beta}_2 = k_{12}\boldsymbol{\alpha}_1 + k_{22}\boldsymbol{\alpha}_2 + \cdots + k_{t2}\boldsymbol{\alpha}_t, \\ \cdots\cdots \\ \boldsymbol{\beta}_s = k_{1s}\boldsymbol{\alpha}_1 + k_{2s}\boldsymbol{\alpha}_2 + \cdots + k_{ts}\boldsymbol{\alpha}_t, \end{cases}$$

这个关系可以用和号表示, 即

$$\boldsymbol{\beta}_i = \sum_{j=1}^{t} k_{ji}\boldsymbol{\alpha}_j \quad (i = 1, 2, \cdots, s);$$

还可以用矩阵乘积来表示, 即

$$(\boldsymbol{\beta}_1 \ \boldsymbol{\beta}_2 \ \cdots \ \boldsymbol{\beta}_s) = (\boldsymbol{\alpha}_1 \ \boldsymbol{\alpha}_2 \ \cdots \ \boldsymbol{\alpha}_t) \begin{pmatrix} k_{11} & k_{12} & \cdots & k_{1s} \\ k_{21} & k_{22} & \cdots & k_{2s} \\ \vdots & \vdots & & \vdots \\ k_{t1} & k_{t2} & \cdots & k_{ts} \end{pmatrix},$$

其中 $\boldsymbol{K} = (k_{ij})_{t\times s}$ 称为**表出系数矩阵**.

下面证明线性表出关系具有传递性.

命题 3.1　设 $\boldsymbol{\beta}_1, \boldsymbol{\beta}_2, \cdots, \boldsymbol{\beta}_s$ 可由 $\boldsymbol{\alpha}_1, \boldsymbol{\alpha}_2, \cdots, \boldsymbol{\alpha}_t$ 线性表出, 又 $\boldsymbol{\gamma}_1, \boldsymbol{\gamma}_2, \cdots, \boldsymbol{\gamma}_p$ 可由 $\boldsymbol{\beta}_1, \boldsymbol{\beta}_2, \cdots, \boldsymbol{\beta}_s$ 线性表出, 则 $\boldsymbol{\gamma}_1, \boldsymbol{\gamma}_2, \cdots, \boldsymbol{\gamma}_p$ 可由 $\boldsymbol{\alpha}_1, \boldsymbol{\alpha}_2, \cdots, \boldsymbol{\alpha}_t$ 线性表出.

证明　设

$$(\boldsymbol{\beta}_1 \quad \boldsymbol{\beta}_2 \quad \cdots \quad \boldsymbol{\beta}_s) = (\boldsymbol{\alpha}_1 \quad \boldsymbol{\alpha}_2 \quad \cdots \quad \boldsymbol{\alpha}_t)\boldsymbol{A}$$

及

$$(\boldsymbol{\gamma}_1 \quad \boldsymbol{\gamma}_2 \quad \cdots \quad \boldsymbol{\gamma}_p) = (\boldsymbol{\beta}_1 \quad \boldsymbol{\beta}_2 \quad \cdots \quad \boldsymbol{\beta}_s)\boldsymbol{B},$$

其中 $\boldsymbol{A}_{t\times s}$ 及 $\boldsymbol{B}_{s\times p}$ 分别为表出系数矩阵. 将前式代入后式, 再根据矩阵乘法结合律有

$$(\boldsymbol{\gamma}_1 \quad \boldsymbol{\gamma}_2 \quad \cdots \quad \boldsymbol{\gamma}_p) = (\boldsymbol{\alpha}_1 \quad \boldsymbol{\alpha}_2 \quad \cdots \quad \boldsymbol{\alpha}_t)(\boldsymbol{AB}),$$

这正好证明了结论. □

例 3.4　下面向量 $\boldsymbol{b}$ 能否由 $\boldsymbol{\alpha}_1, \boldsymbol{\alpha}_2, \boldsymbol{\alpha}_3$ 线性表出? 其中

$$\boldsymbol{\alpha}_1 = \begin{pmatrix} 1 \\ -2 \\ 1 \end{pmatrix}, \quad \boldsymbol{\alpha}_2 = \begin{pmatrix} 3 \\ 1 \\ 0 \end{pmatrix}, \quad \boldsymbol{\alpha}_3 = \begin{pmatrix} -1 \\ -12 \\ 5 \end{pmatrix}, \quad \boldsymbol{b} = \begin{pmatrix} 14 \\ -7 \\ 5 \end{pmatrix}.$$

解　问题归结为是否存在数 x_1, x_2, x_3, 使

$$\boldsymbol{b} = x_1\boldsymbol{\alpha}_1 + x_2\boldsymbol{\alpha}_2 + x_3\boldsymbol{\alpha}_3$$

成立, 写成矩阵形式

$$(\boldsymbol{\alpha}_1 \ \ \boldsymbol{\alpha}_2 \ \ \boldsymbol{\alpha}_3)\begin{pmatrix} x_1 \\ x_2 \\ x_3 \end{pmatrix} = \boldsymbol{b},$$

即

$$\begin{pmatrix} 1 & 3 & -1 \\ -2 & 1 & -12 \\ 1 & 0 & 5 \end{pmatrix}\begin{pmatrix} x_1 \\ x_2 \\ x_3 \end{pmatrix} = \begin{pmatrix} 14 \\ -7 \\ 5 \end{pmatrix}.$$

本例问题现在就是要看上述方程组是否有解. 将方程组增广矩阵经初等行变换化为

$$\begin{pmatrix} 1 & 3 & -1 & 14 \\ 0 & 7 & -14 & 21 \\ 0 & -3 & 6 & -9 \end{pmatrix},$$

由此看出系数阵及增广矩阵的秩都是 2, 故方程组有解, 即 $\boldsymbol{\beta}$ 可由 $\boldsymbol{\alpha}_1, \boldsymbol{\alpha}_2, \boldsymbol{\alpha}_3$ 线性表出. □

如果有些问题要求求出具体的表出系数, 可以解方程组求之. 在例 3.4 中由于有无穷多解, 所以求得的 x_1, x_2, x_3 有无穷多组, 这说明 $\boldsymbol{b}$ 由 $\boldsymbol{\alpha}_1, \boldsymbol{\alpha}_2, \boldsymbol{\alpha}_3$ 的表出方式也有无穷多种.

运用处理例 3.4 的方法同样可以得到如下更一般的结果.

定理 3.3　线性方程组 $\boldsymbol{Ax} = \boldsymbol{b}$ 有解的充要条件是 $\boldsymbol{b}$ 可由 $\boldsymbol{A}$ 的各列线性表出.

证明　若 $\boldsymbol{Ax} = \boldsymbol{b}$ 有解 $x_1, x_2, \cdots, x_n$, 再将 $\boldsymbol{A}$ 按列分块写成 $(\boldsymbol{\alpha}_1 \ \boldsymbol{\alpha}_2 \ \cdots \ \boldsymbol{\alpha}_n)$, 于是

$$(\boldsymbol{\alpha}_1 \quad \boldsymbol{\alpha}_2 \quad \cdots \quad \boldsymbol{\alpha}_n)\begin{pmatrix} x_1 \\ x_2 \\ \vdots \\ x_n \end{pmatrix} = \boldsymbol{b},$$

按分块乘法有

$$x_1\boldsymbol{\alpha}_1 + x_2\boldsymbol{\alpha}_2 + \cdots + x_n\boldsymbol{\alpha}_n = \boldsymbol{b},$$

即 $\boldsymbol{b}$ 可由 $\boldsymbol{A}$ 的各列线性表出. 这证明了必要性. 逆推回去可得充分性证明. □

定义 3.2　关于向量 $\boldsymbol{\alpha}_1, \boldsymbol{\alpha}_2, \cdots, \boldsymbol{\alpha}_t$ 的线性组合的一个等式

$$\sum_{i=1}^{t} k_i\boldsymbol{\alpha}_i = \mathbf{0}$$

称为 $\boldsymbol{\alpha}_1, \boldsymbol{\alpha}_2, \cdots, \boldsymbol{\alpha}_t$ 的一个**线性关系**, 其中 $k_1, k_2, \cdots, k_t \in \mathbb{F}$.

例如,

$$\boldsymbol{\alpha}_3 = \boldsymbol{\alpha}_1 + 2\boldsymbol{\alpha}_2,$$

$$2\boldsymbol{\alpha}_1 - \boldsymbol{\alpha}_2 + 3\boldsymbol{\alpha}_3 = \mathbf{0}$$

等都是 $\boldsymbol{\alpha}_1, \boldsymbol{\alpha}_2, \boldsymbol{\alpha}_3$ 间的线性关系.

线性表出关系可以认为是向量线性关系的一种, 下面再来看两类重要的线性关系.

3.2.2 线性相关和线性无关

定义 3.3 如果存在不全为 0 的数 $k_1, k_2, \cdots, k_t$, 使向量 $\boldsymbol{\alpha}_1, \boldsymbol{\alpha}_2, \cdots, \boldsymbol{\alpha}_t$ 有线性关系

$$k_1\boldsymbol{\alpha}_1 + k_2\boldsymbol{\alpha}_2 + \cdots + k_t\boldsymbol{\alpha}_t = \mathbf{0},$$

则称向量 $\boldsymbol{\alpha}_1, \boldsymbol{\alpha}_2, \cdots, \boldsymbol{\alpha}_t$ **线性相关**.

容易看出, $\boldsymbol{\beta}$ 可由 $\boldsymbol{\alpha}_1, \boldsymbol{\alpha}_2, \cdots, \boldsymbol{\alpha}_t$ 线性表出, 则 $\boldsymbol{\alpha}_1, \boldsymbol{\alpha}_2, \cdots, \boldsymbol{\alpha}_t, \boldsymbol{\beta}$ 是线性相关的. 更一般地有如下结论.

命题 3.2 设 $t \geqslant 2$, 则 $\boldsymbol{\alpha}_1, \boldsymbol{\alpha}_2, \cdots, \boldsymbol{\alpha}_t$ 线性相关的充要条件是至少存在某个向量 $\boldsymbol{\alpha}_i$ 可由其余向量线性表出.

证明 充分性明显, 移项即可看出. 现假定 $\boldsymbol{\alpha}_1, \boldsymbol{\alpha}_2, \cdots, \boldsymbol{\alpha}_t$ 线性相关, 按定义存在不全为 0 的数 $k_1, k_2, \cdots, k_t$ 使

$$k_1\boldsymbol{\alpha}_1 + k_2\boldsymbol{\alpha}_2 + \cdots + k_t\boldsymbol{\alpha}_t = \mathbf{0}.$$

设 $k_i \neq 0$, 由上式可得

$$\boldsymbol{\alpha}_i = -\frac{k_1}{k_i}\boldsymbol{\alpha}_1 - \cdots - \frac{k_{i-1}}{k_i}\boldsymbol{\alpha}_{i-1} - \frac{k_{i+1}}{k_i}\boldsymbol{\alpha}_{i+1} - \cdots - \frac{k_t}{k_i}\boldsymbol{\alpha}_t,$$

即 $\boldsymbol{\alpha}_i$ 可由其余向量线性表出, 必要性得证. □

这个命题揭示了线性相关与线性表出两个概念之间的密切联系. 从例 3.4 中已看到可以通过方程组来判断线性表出. 其实也可通过方程组来判断线性相关. 设 $\boldsymbol{\alpha}_1, \boldsymbol{\alpha}_2, \boldsymbol{\alpha}_3$ 为例 3.4 中的向量, 要判断这三个向量是否线性相关就得看是否有不全为 0 的 x_1, x_2, x_3, 使

$$x_1\boldsymbol{\alpha}_1 + x_2\boldsymbol{\alpha}_2 + x_3\boldsymbol{\alpha}_3 = \mathbf{0},$$

即齐次线性方程组

$$\begin{pmatrix} \boldsymbol{\alpha}_1 & \boldsymbol{\alpha}_2 & \boldsymbol{\alpha}_3 \end{pmatrix} \begin{pmatrix} x_1 \\ x_2 \\ x_3 \end{pmatrix} = \mathbf{0}$$

是否有非零解, 由推论 3.1 知, 这需看秩 $(\boldsymbol{\alpha}_1 \quad \boldsymbol{\alpha}_2 \quad \boldsymbol{\alpha}_3)$, 由例 3.4 已知,

$$秩(\boldsymbol{\alpha}_1 \quad \boldsymbol{\alpha}_2 \quad \boldsymbol{\alpha}_3) = 2 < 3,$$

故 $\boldsymbol{\alpha}_1, \boldsymbol{\alpha}_2, \boldsymbol{\alpha}_3$ 线性相关. 同样方法可证得下述定理.

定理 3.4 设 $\boldsymbol{A} = (\boldsymbol{\alpha}_1 \quad \boldsymbol{\alpha}_2 \quad \cdots \quad \boldsymbol{\alpha}_t)$, $\boldsymbol{\alpha}_1, \boldsymbol{\alpha}_2, \cdots, \boldsymbol{\alpha}_t$ 均为 m 维向量, 则下述等价:

(1) $\boldsymbol{\alpha}_1, \boldsymbol{\alpha}_2, \cdots, \boldsymbol{\alpha}_t$ 线性相关.

(2) $\boldsymbol{Ax} = \boldsymbol{0}$ 有非零解.

(3) 秩 $\boldsymbol{A} < t$.

利用这个定理, 容易看出例 3.4 中的 $\boldsymbol{\alpha}_1$ 和 $\boldsymbol{\alpha}_2$ 不是线性相关的. 事实上, 秩 $(\boldsymbol{\alpha}_1 \quad \boldsymbol{\alpha}_2) = 2$. 一般地, **如果** $\boldsymbol{\alpha}_1, \boldsymbol{\alpha}_2, \cdots, \boldsymbol{\alpha}_t$ **不线性相关, 就称线性无关**. 从正面叙述则有如下定义.

定义 3.4 对于向量 $\boldsymbol{\alpha}_1, \boldsymbol{\alpha}_2, \cdots, \boldsymbol{\alpha}_t$ 来说, $\sum\limits_{i=1}^{t} x_i\boldsymbol{\alpha}_i = \boldsymbol{0}$ 仅当 $x_1 = x_2 = \cdots = x_t = 0$, 则称 $\boldsymbol{\alpha}_1, \boldsymbol{\alpha}_2, \cdots, \boldsymbol{\alpha}_t$ 线性无关.

从定义 3.3 和定义 3.4 知线性相关和线性无关是意义正好相反的两个概念, 于是一个向量组或者线性相关, 或者线性无关, 二者必居其一. 从而由定理 3.4 可得如下定理.

定理 3.5 设 $\boldsymbol{A} = (\boldsymbol{\alpha}_1 \quad \boldsymbol{\alpha}_2 \quad \cdots \quad \boldsymbol{\alpha}_t)$, $\boldsymbol{\alpha}_1, \boldsymbol{\alpha}_2, \cdots, \boldsymbol{\alpha}_t$ 均为 m 维向量, 则下述等价:

(1) $\boldsymbol{\alpha}_1, \boldsymbol{\alpha}_2, \cdots, \boldsymbol{\alpha}_t$ 线性无关.

(2) $\boldsymbol{Ax} = \boldsymbol{0}$ 只有零解.

(3) 秩 $\boldsymbol{A} = t$.

例 3.5 证明下面 n 维向量组 $\boldsymbol{\alpha}_1, \boldsymbol{\alpha}_2, \cdots, \boldsymbol{\alpha}_r$ $(r \leqslant n)$ 线性无关

$$\boldsymbol{\alpha}_1 = \begin{pmatrix} a_{11} \\ 0 \\ \vdots \\ \vdots \\ \vdots \\ 0 \end{pmatrix}, \quad \boldsymbol{\alpha}_2 = \begin{pmatrix} a_{12} \\ a_{22} \\ 0 \\ \vdots \\ \vdots \\ 0 \end{pmatrix}, \quad \cdots, \quad \boldsymbol{\alpha}_r = \begin{pmatrix} a_{1r} \\ \vdots \\ a_{rr} \\ 0 \\ \vdots \\ 0 \end{pmatrix},$$

其中 $a_{11}, a_{22}, \cdots, a_{rr}$ 都不为 0.

证明　由定理 3.5, 因为

$$\text{秩}\begin{pmatrix} a_{11} & a_{12} & \cdots & a_{1r} \\ 0 & a_{22} & & a_{2r} \\ \vdots & \vdots & & \vdots \\ 0 & 0 & \cdots & a_{rr} \\ 0 & 0 & \cdots & 0 \\ \vdots & \vdots & & \vdots \\ 0 & 0 & \cdots & 0 \end{pmatrix} = r,$$

所以 $\boldsymbol{\alpha}_1, \boldsymbol{\alpha}_2, \cdots, \boldsymbol{\alpha}_r$ 线性无关. □

例 3.6　设 $m \geqslant n$, 有

$$\boldsymbol{\alpha}_1 = \begin{pmatrix} a_{11} \\ a_{12} \\ \vdots \\ a_{1n} \end{pmatrix}, \quad \boldsymbol{\alpha}_2 = \begin{pmatrix} a_{21} \\ a_{22} \\ \vdots \\ a_{2n} \end{pmatrix}, \quad \cdots, \quad \boldsymbol{\alpha}_t = \begin{pmatrix} a_{t1} \\ a_{t2} \\ \vdots \\ a_{tn} \end{pmatrix},$$

$$\boldsymbol{\beta}_1 = \begin{pmatrix} a_{11} \\ \vdots \\ a_{1n} \\ \vdots \\ a_{1m} \end{pmatrix}, \quad \boldsymbol{\beta}_2 = \begin{pmatrix} a_{21} \\ \vdots \\ a_{2n} \\ \vdots \\ a_{2m} \end{pmatrix}, \quad \cdots, \quad \boldsymbol{\beta}_t = \begin{pmatrix} a_{t1} \\ \vdots \\ a_{tn} \\ \vdots \\ a_{tm} \end{pmatrix}.$$

如果 $\boldsymbol{\alpha}_1, \boldsymbol{\alpha}_2, \cdots, \boldsymbol{\alpha}_t$ 线性无关, 证明 $\boldsymbol{\beta}_1, \boldsymbol{\beta}_2, \cdots, \boldsymbol{\beta}_t$ 线性无关.

证明　由 $\boldsymbol{\alpha}_1, \boldsymbol{\alpha}_2, \cdots, \boldsymbol{\alpha}_t$ 线性无关知

$$\text{秩}\begin{pmatrix} a_{11} & a_{21} & \cdots & a_{t1} \\ \vdots & \vdots & & \vdots \\ a_{1n} & a_{2n} & \cdots & a_{tn} \end{pmatrix} = t,$$

从而矩阵 $(\boldsymbol{\alpha}_1 \quad \boldsymbol{\alpha}_2 \cdots \quad \boldsymbol{\alpha}_t)$ 有一个 t 阶子式不为 0, 于是 $(\boldsymbol{\beta}_1 \quad \boldsymbol{\beta}_2 \quad \cdots \quad \boldsymbol{\beta}_t)$ 也有一个 t 阶子式不为 0, 故

$$t \leqslant \text{秩}\begin{pmatrix} a_{11} & a_{21} & \cdots & a_{t1} \\ \vdots & \vdots & & \vdots \\ a_{1n} & a_{2n} & \cdots & a_{tn} \\ \vdots & \vdots & & \vdots \\ a_{1m} & a_{2m} & \cdots & a_{tm} \end{pmatrix} \leqslant t,$$

即秩 $(\boldsymbol{\beta}_1, \boldsymbol{\beta}_2, \cdots, \boldsymbol{\beta}_t) = t$, 故 $\boldsymbol{\beta}_1, \boldsymbol{\beta}_2, \cdots, \boldsymbol{\beta}_t$ 线性无关. □

例 3.7 如果 $\boldsymbol{\alpha}_1,\boldsymbol{\alpha}_2,\cdots,\boldsymbol{\alpha}_t$ 线性相关, 证明 $\boldsymbol{\alpha}_1,\boldsymbol{\alpha}_2,\cdots,\boldsymbol{\alpha}_t,\boldsymbol{\alpha}_{t+1},\cdots,\boldsymbol{\alpha}_s$ 仍线性相关.

证明 方法 1. 按线性相关定义, 存在不全为 0 的 $k_1,k_2,\cdots,k_t$ 使

$$k_1\boldsymbol{\alpha}_1+k_2\boldsymbol{\alpha}_2+\cdots+k_t\boldsymbol{\alpha}_t=\mathbf{0},$$

由此

$$k_1\boldsymbol{\alpha}_1+k_2\boldsymbol{\alpha}_2+\cdots+k_t\boldsymbol{\alpha}_t+0\cdot\boldsymbol{\alpha}_{t+1}+\cdots+0\cdot\boldsymbol{\alpha}_s=\mathbf{0},$$

且 $k_1,k_2,\cdots,k_t,0,\cdots,0$ 仍不全为 0, 故 $\boldsymbol{\alpha}_1,\boldsymbol{\alpha}_2,\cdots,\boldsymbol{\alpha}_t,\cdots,\boldsymbol{\alpha}_s$ 线性相关.

方法 2. 由 $\boldsymbol{\alpha}_1,\boldsymbol{\alpha}_2,\cdots,\boldsymbol{\alpha}_t$ 线性相关知线性方程组

$$(\boldsymbol{\alpha}_1\quad\boldsymbol{\alpha}_2\quad\cdots\quad\boldsymbol{\alpha}_t)\boldsymbol{x}=\mathbf{0}$$

有非零解 $(c_1\quad c_2\quad\cdots\quad c_t)^{\mathrm{T}}$, 从而线性方程组

$$(\boldsymbol{\alpha}_1\quad\boldsymbol{\alpha}_2\quad\cdots\quad\boldsymbol{\alpha}_t\quad\boldsymbol{\alpha}_{t+1}\quad\cdots\quad\boldsymbol{\alpha}_s)\boldsymbol{x}=\mathbf{0}$$

有非零解 $(c_1\ \ c_2\ \ \cdots\ \ c_t\ \ 0\ \ \cdots\ \ 0)^{\mathrm{T}}$, 故 $\boldsymbol{\alpha}_1,\boldsymbol{\alpha}_2,\cdots,\boldsymbol{\alpha}_t,\cdots,\boldsymbol{\alpha}_s$ 线性相关.

方法 3. 由 $\boldsymbol{\alpha}_1,\boldsymbol{\alpha}_2,\cdots,\boldsymbol{\alpha}_t$ 线性相关知

$$\text{秩}\,(\boldsymbol{\alpha}_1\quad\boldsymbol{\alpha}_2\quad\cdots\quad\boldsymbol{\alpha}_t)<t,$$

于是 $(\boldsymbol{\alpha}_1\quad\boldsymbol{\alpha}_2\quad\cdots\quad\boldsymbol{\alpha}_t)^{\mathrm{T}}$ 可经初等行变换化为至少一行为零的阵, 从而 $(\boldsymbol{\alpha}_1\quad\boldsymbol{\alpha}_2\quad\cdots\quad\boldsymbol{\alpha}_t\quad\cdots\boldsymbol{\alpha}_s)^{\mathrm{T}}$ 可经初等行变换化为至少一行为零的阵, 即

$$\text{秩}\,(\boldsymbol{\alpha}_1\quad\boldsymbol{\alpha}_2\quad\cdots\quad\boldsymbol{\alpha}_t\quad\cdots\quad\boldsymbol{\alpha}_s)^{\mathrm{T}}<s,$$

故

$$\text{秩}\,(\boldsymbol{\alpha}_1\quad\boldsymbol{\alpha}_2\quad\cdots\quad\boldsymbol{\alpha}_t\quad\cdots\quad\boldsymbol{\alpha}_s)<s,$$

从而 $\boldsymbol{\alpha}_1,\boldsymbol{\alpha}_2,\cdots,\boldsymbol{\alpha}_t,\cdots,\boldsymbol{\alpha}_s$ 线性相关. □

例 3.6 和例 3.7 是两个很基本的结论. 例 3.6 是说**一个线性无关的 n 维向量组, 如果增加每个向量的分量个数, 使之变为一个 m 维向量组, 则其仍为一个线性无关组**. 例 3.7 是说**由部分 n 维向量构成的线性相关组, 当增加向量个数时仍为线性相关组**.

3.2.3 向量组的等价

定义 3.5 如果向量组 $\boldsymbol{\alpha}_1,\boldsymbol{\alpha}_2,\cdots,\boldsymbol{\alpha}_t$ 与 $\boldsymbol{\beta}_1,\boldsymbol{\beta}_2,\cdots,\boldsymbol{\beta}_s$ 可以互相线性表出, 则称**两向量组等价**.

例如, 设

$$\boldsymbol{\beta}_1=\boldsymbol{\alpha}_1+\boldsymbol{\alpha}_2,\quad\boldsymbol{\beta}_2=\boldsymbol{\alpha}_1-\boldsymbol{\alpha}_2,$$

即 $\boldsymbol{\beta}_1, \boldsymbol{\beta}_2$ 可由 $\boldsymbol{\alpha}_1, \boldsymbol{\alpha}_2$ 线性表出. 其实从前二式不难推出

$$\boldsymbol{\alpha}_1 = \frac{1}{2}\boldsymbol{\beta}_1 + \frac{1}{2}\boldsymbol{\beta}_2, \quad \boldsymbol{\alpha}_2 = \frac{1}{2}\boldsymbol{\beta}_1 - \frac{1}{2}\boldsymbol{\beta}_2,$$

这说明 $\boldsymbol{\alpha}_1, \boldsymbol{\alpha}_2$ 与 $\boldsymbol{\beta}_1, \boldsymbol{\beta}_2$ 是等价的.

等价的向量组有什么重要性质呢? 首先看以向量组的向量为列作成的阵的秩.

命题 3.3　设向量组 $\boldsymbol{\beta}_1,\boldsymbol{\beta}_2,\cdots,\boldsymbol{\beta}_s$ 可由 $\boldsymbol{\alpha}_1,\boldsymbol{\alpha}_2,\cdots,\boldsymbol{\alpha}_t$ 线性表出, 且设

$$\boldsymbol{A} = (\boldsymbol{\alpha}_1 \quad \boldsymbol{\alpha}_2 \quad \cdots \quad \boldsymbol{\alpha}_t), \quad \boldsymbol{B} = (\boldsymbol{\beta}_1 \quad \boldsymbol{\beta}_2 \quad \cdots \quad \boldsymbol{\beta}_s),$$

则秩 $\boldsymbol{B} \leqslant$ 秩 $\boldsymbol{A}$.

证明　由线性表出的定义, 有

$$(\boldsymbol{\beta}_1 \quad \boldsymbol{\beta}_2 \quad \cdots \quad \boldsymbol{\beta}_s) = (\boldsymbol{\alpha}_1 \quad \boldsymbol{\alpha}_2 \quad \cdots \quad \boldsymbol{\alpha}_t)\boldsymbol{C}_{t\times s},$$

其中 $\boldsymbol{C}$ 为表出系数矩阵. 此即 $\boldsymbol{B} = \boldsymbol{AC}$, 故秩 $\boldsymbol{B} \leqslant$ 秩 $\boldsymbol{A}$. □

命题 3.4　设 $\boldsymbol{\alpha}_1,\boldsymbol{\alpha}_2,\cdots,\boldsymbol{\alpha}_t$ 与 $\boldsymbol{\beta}_1,\boldsymbol{\beta}_2,\cdots,\boldsymbol{\beta}_s$ 等价, 又设

$$\boldsymbol{A} = (\boldsymbol{\alpha}_1 \quad \boldsymbol{\alpha}_2 \quad \cdots \quad \boldsymbol{\alpha}_t), \quad \boldsymbol{B} = (\boldsymbol{\beta}_1 \quad \boldsymbol{\beta}_2 \quad \cdots \quad \boldsymbol{\beta}_s),$$

则秩 $\boldsymbol{A} =$ 秩 $\boldsymbol{B}$.

证明　由 $\boldsymbol{\beta}_1,\boldsymbol{\beta}_2,\cdots,\boldsymbol{\beta}_s$ 能用 $\boldsymbol{\alpha}_1,\boldsymbol{\alpha}_2,\cdots,\boldsymbol{\alpha}_t$ 线性表出知

$$\text{秩}\ \boldsymbol{B} \leqslant \text{秩}\ \boldsymbol{A},$$

再由 $\boldsymbol{\alpha}_1,\boldsymbol{\alpha}_2,\cdots,\boldsymbol{\alpha}_t$ 能用 $\boldsymbol{\beta}_1,\boldsymbol{\beta}_2,\cdots,\boldsymbol{\beta}_s$ 线性表出知

$$\text{秩}\ \boldsymbol{A} \leqslant \text{秩}\ \boldsymbol{B},$$

故秩 $\boldsymbol{B} =$ 秩 $\boldsymbol{A}$. □

定理 3.6　等价的线性无关组所含向量个数相等.

证明　设 $\boldsymbol{\alpha}_1,\boldsymbol{\alpha}_2,\cdots,\boldsymbol{\alpha}_t$ 与 $\boldsymbol{\beta}_1,\boldsymbol{\beta}_2,\cdots,\boldsymbol{\beta}_s$ 为两个等价的线性无关组, 由命题 3.4 知

$$\text{秩}\,(\boldsymbol{\alpha}_1 \quad \boldsymbol{\alpha}_2 \quad \cdots \quad \boldsymbol{\alpha}_t) = \text{秩}\,(\boldsymbol{\beta}_1 \quad \boldsymbol{\beta}_2 \quad \cdots \quad \boldsymbol{\beta}_s).$$

又由定理 3.5 有

$$\text{秩}\,(\boldsymbol{\alpha}_1 \quad \boldsymbol{\alpha}_2 \quad \cdots \quad \boldsymbol{\alpha}_t) = t, \quad \text{秩}\,(\boldsymbol{\beta}_1 \quad \boldsymbol{\beta}_2 \quad \cdots \quad \boldsymbol{\beta}_s) = s.$$

故 $t = s$, 结论得证. □

练 习 3.2

3.2.1 证明向量 $\boldsymbol{\alpha}$ 可用 $\boldsymbol{\alpha}_1, \boldsymbol{\alpha}_2, \boldsymbol{\alpha}_3$ 线性表出, 并求表出系数, 其中

$$\boldsymbol{\alpha}=\begin{pmatrix}0\\0\\1\end{pmatrix},\quad \boldsymbol{\alpha}_1=\begin{pmatrix}1\\1\\0\end{pmatrix},\quad \boldsymbol{\alpha}_2=\begin{pmatrix}2\\1\\3\end{pmatrix},\quad \boldsymbol{\alpha}_3=\begin{pmatrix}1\\0\\1\end{pmatrix}.$$

3.2.2 判断下列向量组是线性相关组还是线性无关组:

(1) $\begin{pmatrix}1\\0\\0\\0\end{pmatrix},\begin{pmatrix}0\\1\\0\\0\end{pmatrix},\begin{pmatrix}0\\0\\1\\0\end{pmatrix},\begin{pmatrix}0\\0\\0\\1\end{pmatrix};$

(2) $\begin{pmatrix}1\\2\\1\\0\end{pmatrix},\begin{pmatrix}2\\3\\-1\\0\end{pmatrix},\begin{pmatrix}0\\0\\1\\0\end{pmatrix},\begin{pmatrix}0\\0\\2\\1\end{pmatrix};$

(3) $\begin{pmatrix}1\\1\\1\end{pmatrix},\begin{pmatrix}0\\2\\-5\end{pmatrix},\begin{pmatrix}1\\-1\\6\end{pmatrix};$

(4) $\begin{pmatrix}1\\a_1\\a_1^2\\a_1^3\end{pmatrix},\begin{pmatrix}1\\a_2\\a_2^2\\a_2^3\end{pmatrix},\begin{pmatrix}1\\a_3\\a_3^2\\a_3^3\end{pmatrix}$ $(a_1,a_2,a_3$ 互不等).

3.2.3 判断下列叙述正确与否, 正确者说明理由, 错误者举出反例.

(1) 一个向量 $\boldsymbol{\alpha}$ 线性无关当且仅当 $\boldsymbol{\alpha}\neq\mathbf{0}$.

(2) 含零向量的向量组必为线性相关组.

(3) 当 $k_1=k_2=\cdots=k_t=0$ 时, $k_1\boldsymbol{\alpha}_1+k_2\boldsymbol{\alpha}_2+\cdots+k_t\boldsymbol{\alpha}_t=\mathbf{0}$, 则 $\boldsymbol{\alpha}_1,\boldsymbol{\alpha}_2,\cdots,\boldsymbol{\alpha}_t$ 线性无关.

(4) 如果对任意不全为 0 的 $k_1,k_2,\cdots,k_t$ 都有 $k_1\boldsymbol{\alpha}_1+k_2\boldsymbol{\alpha}_2\cdots+k_t\boldsymbol{\alpha}_t\neq\mathbf{0}$, 则 $\boldsymbol{\alpha}_1$, $\boldsymbol{\alpha}_2,\cdots,\boldsymbol{\alpha}_t$ 线性无关.

(5) $\boldsymbol{\alpha}_1$, $\boldsymbol{\alpha}_2$ 线性相关的充要条件是 $\boldsymbol{\alpha}_1$ 可由 $\boldsymbol{\alpha}_2$ 线性表出且 $\boldsymbol{\alpha}_2$ 可由 $\boldsymbol{\alpha}_1$ 线性表出.

(6) 向量 $\boldsymbol{\alpha}$, $\boldsymbol{\beta}$, $\boldsymbol{\gamma}$ 中任意一个均不能由另两个线性表出, 则 $\boldsymbol{\alpha}$, $\boldsymbol{\beta}$, $\boldsymbol{\gamma}$ 线性无关.

(7) $\boldsymbol{\alpha}_1,\boldsymbol{\alpha}_2,\cdots,\boldsymbol{\alpha}_t$ 线性无关, $\boldsymbol{\beta}_1,\boldsymbol{\beta}_2,\cdots,\boldsymbol{\beta}_s$ 线性无关, 则 $\boldsymbol{\alpha}_1,\boldsymbol{\alpha}_2,\cdots,\boldsymbol{\alpha}_t,\boldsymbol{\beta}_1,\boldsymbol{\beta}_2,\cdots,\boldsymbol{\beta}_s$ 线性无关.

(8) 两个等价的向量组, 若其中一个是线性无关组, 则另一个也是线性无关组.

(9) 含有相同个数向量的两个线性无关组必等价.

(10) 含有两个相同向量的向量组一定是线性相关组.

3.2.4 叙述与例 3.6 及例 3.7 分别等价的逆否命题.

3.2.5　求满足下列条件的实数 λ,

(1) $\begin{pmatrix}\lambda\\1\\1\end{pmatrix}, \begin{pmatrix}1\\\lambda\\1\end{pmatrix}, \begin{pmatrix}0\\1\\\lambda\end{pmatrix}$ 线性相关;

(2) $\begin{pmatrix}-1\\0\\1\end{pmatrix}, \begin{pmatrix}-4\\\lambda\\3\end{pmatrix}, \begin{pmatrix}1\\-3\\\lambda+1\end{pmatrix}$ 线性相关;

(3) $\begin{pmatrix}1\\2\\3\end{pmatrix}, \begin{pmatrix}0\\-1\\1\end{pmatrix}, \begin{pmatrix}\lambda\\0\\2\end{pmatrix}$ 线性无关.

3.2.6　求 x, y 之间的关系, 使 $\begin{pmatrix}0\\x\\1\end{pmatrix}, \begin{pmatrix}1\\1\\1\end{pmatrix}, \begin{pmatrix}1\\y\\0\end{pmatrix}$ 线性无关.

3.2.7　λ 取何值时, $\begin{pmatrix}1+\lambda\\1\\1\end{pmatrix}, \begin{pmatrix}1\\1+\lambda\\1\end{pmatrix}, \begin{pmatrix}1\\1\\1+\lambda\end{pmatrix}$ 可线性表出 $\begin{pmatrix}0\\\lambda\\\lambda^2\end{pmatrix}$.

3.2.8　证明: 如果 $\boldsymbol{\alpha}_1,\boldsymbol{\alpha}_2,\cdots,\boldsymbol{\alpha}_r$ 线性无关, $\boldsymbol{\alpha}_1,\boldsymbol{\alpha}_2,\cdots,\boldsymbol{\alpha}_r,\boldsymbol{\beta}$ 线性相关, 则 $\boldsymbol{\beta}$ 可由 $\boldsymbol{\alpha}_1,\boldsymbol{\alpha}_2,\cdots,\boldsymbol{\alpha}_r$ 线性表出.

3.2.9　设 $\boldsymbol{\beta}$ 可由 $\boldsymbol{\alpha}_1,\boldsymbol{\alpha}_2,\cdots,\boldsymbol{\alpha}_r$ 线性表出, 且 $\boldsymbol{\alpha}_1,\boldsymbol{\alpha}_2,\cdots,\boldsymbol{\alpha}_r$ 线性无关, 证明表出方式是唯一的.

3.2.10　证明: 若 $\boldsymbol{\alpha}_1,\boldsymbol{\alpha}_2,\cdots,\boldsymbol{\alpha}_t$ 线性无关, $\boldsymbol{\alpha}_{t+1}$ 不能由 $\boldsymbol{\alpha}_1,\boldsymbol{\alpha}_2,\cdots,\boldsymbol{\alpha}_t$ 线性表出, 则 $\boldsymbol{\alpha}_1,\boldsymbol{\alpha}_2,\cdots,\boldsymbol{\alpha}_t,\boldsymbol{\alpha}_{t+1}$ 线性无关.

3.2.11　证明: $n+1$ 个 n 维向量必线性相关.

3.2.12　证明: 若 $\boldsymbol{\alpha}_1,\boldsymbol{\alpha}_2,\cdots,\boldsymbol{\alpha}_t$ 线性无关, 则 $\boldsymbol{\alpha}_1,\boldsymbol{\alpha}_1+\boldsymbol{\alpha}_2,\cdots,\boldsymbol{\alpha}_1+\boldsymbol{\alpha}_t$ 线性无关.

3.3　向量组的秩

本节研究向量组的极大无关组和秩, 这个问题的原始由来是线性方程组究竟有几个独立的方程, 那些方程里有几个自由未知量, 即在向量组中哪些是独立的向量, 哪些是由一些独立向量经线性组合的方式生成的.

定义 3.6　S 是一些向量构成的组, 如果其中有限个向量 $\boldsymbol{\alpha}_1,\boldsymbol{\alpha}_2,\cdots,\boldsymbol{\alpha}_r$ 线性无关, 并且 S 中任意向量都可由它们线性表出, 则称 $\boldsymbol{\alpha}_1,\boldsymbol{\alpha}_2,\cdots,\boldsymbol{\alpha}_r$ 为向量组 S 的一个**极大无关组**.

例如, 若 S 表示所有三维向量构成的组, 易见下列向量组

$$\boldsymbol{e}_1=\begin{pmatrix}1\\0\\0\end{pmatrix},\quad \boldsymbol{e}_2=\begin{pmatrix}0\\1\\0\end{pmatrix},\quad \boldsymbol{e}_3=\begin{pmatrix}0\\0\\1\end{pmatrix}$$

是 S 的一个极大无关组. 又设 $S_1 = \{\boldsymbol{\alpha}_1,\ \boldsymbol{\alpha}_2,\ \boldsymbol{\alpha}_3\}$, 其中

$$\boldsymbol{\alpha}_1 = \begin{pmatrix} 1 \\ 0 \\ 1 \end{pmatrix}, \quad \boldsymbol{\alpha}_2 = \begin{pmatrix} 0 \\ 1 \\ 1 \end{pmatrix}, \quad \boldsymbol{\alpha}_3 = \begin{pmatrix} 1 \\ -1 \\ 0 \end{pmatrix},$$

由 $(\boldsymbol{\alpha}_1 \quad \boldsymbol{\alpha}_2)$ 的秩为 2 知 $\boldsymbol{\alpha}_1, \boldsymbol{\alpha}_2$ 线性无关. 又容易算出

$$\det(\boldsymbol{\alpha}_1 \ \ \boldsymbol{\alpha}_2 \ \ \boldsymbol{\alpha}_3) = 0,$$

故 $(\boldsymbol{\alpha}_1 \quad \boldsymbol{\alpha}_2 \quad \boldsymbol{\alpha}_3)$ 的秩也是 2, 于是 $\boldsymbol{\alpha}_1, \boldsymbol{\alpha}_2, \boldsymbol{\alpha}_3$ 线性相关, 从而 $\boldsymbol{\alpha}_3$ 可由 $\boldsymbol{\alpha}_1, \boldsymbol{\alpha}_2$ 线性表出 (如果注意到 $\boldsymbol{\alpha}_1 - \boldsymbol{\alpha}_2 = \boldsymbol{\alpha}_3$, 则此显然). 由定义知 $\boldsymbol{\alpha}_1,\ \boldsymbol{\alpha}_2$ 是 S_1 的一个极大无关组. 不难看出 S_1 还有其他的极大无关组 $\boldsymbol{\alpha}_1,\ \boldsymbol{\alpha}_3$ 及 $\boldsymbol{\alpha}_2,\ \boldsymbol{\alpha}_3$. 这个例子说明**极大无关组未必是唯一的**.

为了给出求极大无关组的更简单的一般化的方法, 需先证明如下的命题.

命题 3.5 初等行 (列) 变换不改变矩阵 $\boldsymbol{A}$ 的列 (行) 之间的线性关系.

证明 设 $\boldsymbol{A} = (\boldsymbol{\alpha}_1 \ \boldsymbol{\alpha}_2 \ \cdots \ \boldsymbol{\alpha}_t)$, 其中 $\boldsymbol{\alpha}_1, \boldsymbol{\alpha}_2, \cdots, \boldsymbol{\alpha}_t$ 是 $\boldsymbol{A}$ 的各列, 又设 $\sum\limits_{i=1}^{t} k_i \boldsymbol{\alpha}_i = \boldsymbol{0}$ 为各列间的某一线性关系. 对 $\boldsymbol{A}$ 进行一系列初等行变换相当于对 $\boldsymbol{A}$ 左乘以可逆阵 $\boldsymbol{T}$, 于是 $\boldsymbol{\alpha}_1, \boldsymbol{\alpha}_2, \cdots, \boldsymbol{\alpha}_t$ 变成了 $\boldsymbol{T}\boldsymbol{\alpha}_1, \boldsymbol{T}\boldsymbol{\alpha}_2, \cdots, \boldsymbol{T}\boldsymbol{\alpha}_t$, 从而

$$\sum_{i=1}^{t} k_i (\boldsymbol{T}\boldsymbol{\alpha}_i) = \boldsymbol{T}\left(\sum_{i=1}^{t} k_i \boldsymbol{\alpha}_i\right) = \boldsymbol{T} \cdot \boldsymbol{0} = \boldsymbol{0},$$

这说明 $\boldsymbol{T}\boldsymbol{\alpha}_1, \boldsymbol{T}\boldsymbol{\alpha}_2, \cdots, \boldsymbol{T}\boldsymbol{\alpha}_t$ 仍具有原线性关系, 这证明了关于列的结论. 类似可证关于行的结论. □

例 3.8 求向量组 $\boldsymbol{\alpha}_1,\ \boldsymbol{\alpha}_2,\ \boldsymbol{\alpha}_3,\ \boldsymbol{\alpha}_4$ 的一个极大无关组并用其表示所有向量, 其中

$$\boldsymbol{\alpha}_1 = \begin{pmatrix} 1 \\ -2 \\ -1 \\ 3 \end{pmatrix}, \quad \boldsymbol{\alpha}_2 = \begin{pmatrix} -3 \\ 1 \\ -7 \\ -14 \end{pmatrix}, \quad \boldsymbol{\alpha}_3 = \begin{pmatrix} 5 \\ -3 \\ 9 \\ 22 \end{pmatrix}, \quad \boldsymbol{\alpha}_4 = \begin{pmatrix} 1 \\ -4 \\ -7 \\ 1 \end{pmatrix}.$$

证明 对 $\boldsymbol{A} = (\boldsymbol{\alpha}_1 \quad \boldsymbol{\alpha}_2 \quad \boldsymbol{\alpha}_3 \quad \boldsymbol{\alpha}_4)$ 进行初等行变换化为阶梯形

$$\boldsymbol{A} \longrightarrow \begin{pmatrix} 1 & -3 & 5 & 1 \\ 0 & -5 & 7 & -2 \\ 0 & -10 & 14 & -6 \\ 0 & -5 & 7 & -2 \end{pmatrix} \longrightarrow \begin{pmatrix} 1 & -3 & 5 & 1 \\ 0 & -5 & 7 & -2 \\ 0 & 0 & 0 & -2 \\ 0 & 0 & 0 & 0 \end{pmatrix},$$

容易看出, 最后的阶梯形阵的第 1, 2, 4 列线性无关, 由命题 3.5 知 $\boldsymbol{\alpha}_1, \boldsymbol{\alpha}_2, \boldsymbol{\alpha}_4$ 线性无关. 看阶梯形前三列构成的子阵, 易见方程组

$$\begin{pmatrix} 1 & -3 \\ 0 & -5 \end{pmatrix}\begin{pmatrix} x_1 \\ x_2 \end{pmatrix} = \begin{pmatrix} 5 \\ 7 \end{pmatrix}$$

有解, 即阶梯形第 3 列可由第 1, 2 列线性表出, 求得表出系数 $x_1 = \frac{4}{5}, x_2 = -\frac{7}{5}$, 由命题 3.5, 这意味着 $\boldsymbol{\alpha}_3 = \frac{4}{5}\boldsymbol{\alpha}_1 - \frac{7}{5}\boldsymbol{\alpha}_2$.

又显然有

$$\boldsymbol{\alpha}_1 = \boldsymbol{\alpha}_1, \quad \boldsymbol{\alpha}_2 = \boldsymbol{\alpha}_2, \quad \boldsymbol{\alpha}_4 = \boldsymbol{\alpha}_4,$$

这说明 $\boldsymbol{\alpha}_1, \boldsymbol{\alpha}_2, \boldsymbol{\alpha}_4$ 为一个极大无关组. □

由此例不难看出求 $S = \{\boldsymbol{\alpha}_1, \boldsymbol{\alpha}_2, \cdots, \boldsymbol{\alpha}_t\}$ 的极大无关组的一般步骤是:

(1) 用初等行变换化 $\boldsymbol{A} = (\boldsymbol{\alpha}_1\ \boldsymbol{\alpha}_2\ \cdots\ \boldsymbol{\alpha}_t)$ 为阶梯形

$$(\boldsymbol{\beta}_1\ \boldsymbol{\beta}_2\ \cdots\ \boldsymbol{\beta}_t) = \boldsymbol{B};$$

(2) 设阶梯形每一非零行第一个非零元为 $b_{11}, b_{22}, \cdots, b_{rr}$, 它们所占据的列为第 $i_1, i_2, \cdots, i_r$ 列, 即 $\boldsymbol{\beta}_{i_1}, \boldsymbol{\beta}_{i_2}, \cdots, \boldsymbol{\beta}_{i_r}$, 则 S 的一个极大无关组是 $\boldsymbol{\alpha}_{i_1}, \boldsymbol{\alpha}_{i_2}, \cdots, \boldsymbol{\alpha}_{i_r}$.

(3) 欲求

$$\boldsymbol{\alpha}_j = x_1\boldsymbol{\alpha}_{i_1} + x_1\boldsymbol{\alpha}_{i_2} + \cdots + x_r\boldsymbol{\alpha}_{i_r}$$

的系数 $x_1, x_2, \cdots, x_r$, 可解方程组

$$(\boldsymbol{\beta}_{i_1}\quad \boldsymbol{\beta}_{i_2}\quad \cdots\quad \boldsymbol{\beta}_{i_r})\begin{pmatrix} x_1 \\ x_2 \\ \vdots \\ x_r \end{pmatrix} = \boldsymbol{\beta}_j.$$

现在, 从理论上尚需弄清楚一个 n 维向量的向量组是否总存在极大无关组. 如果存在, 那么极大无关组之间的关系到底如何? 下面的命题和定理回答了这些问题.

命题 3.6　在一个 n 维向量的向量组 S 中, 若 $\boldsymbol{\alpha}_1, \boldsymbol{\alpha}_2, \cdots, \boldsymbol{\alpha}_t$ 线性无关且不是 S 的极大无关组, 则 $\boldsymbol{\alpha}_1, \boldsymbol{\alpha}_2, \cdots, \boldsymbol{\alpha}_t$ 可扩充为 $\boldsymbol{\alpha}_1, \boldsymbol{\alpha}_2, \cdots, \boldsymbol{\alpha}_t, \cdots, \boldsymbol{\alpha}_r$, 使之成为 S 的一个极大无关组.

证明　因为 $\boldsymbol{\alpha}_1, \boldsymbol{\alpha}_2, \cdots, \boldsymbol{\alpha}_t$ 不是 S 的极大无关组, 于是必存在 $\boldsymbol{\alpha}_{t+1}$ 不能用 $\boldsymbol{\alpha}_1, \boldsymbol{\alpha}_2, \cdots, \boldsymbol{\alpha}_t$ 线性表出, 由练习 3.2.10 题知, $\boldsymbol{\alpha}_1, \boldsymbol{\alpha}_2, \cdots, \boldsymbol{\alpha}_t, \boldsymbol{\alpha}_{t+1}$ 线性无关. 如此继续, 不断扩充, 因为 $n+1$ 个 n 维向量必线性相关, 故终能得到极大无关组, 它是由 $\boldsymbol{\alpha}_1, \boldsymbol{\alpha}_2, \cdots, \boldsymbol{\alpha}_t$ 扩充而成的. □

定理 3.7 含有非零向量的一个 n 维向量组必有极大无关组, 且它的任意两个极大无关组所含向量个数相等.

证明 设 $\boldsymbol{\alpha} \neq \mathbf{0}$, 则 $\boldsymbol{\alpha}$ 线性无关, 由命题 3.6 知由 $\boldsymbol{\alpha}$ 可扩充得到一个极大无关组.

同一个向量组的两个极大无关组, 按定义它们分别线性无关且能互相线性表出, 从而等价. 但等价的线性无关组所含向量个数相等, 这证明了结论. □

定义 3.7 一个向量组, 若有极大无关组, 则称极大无关组所含向量的个数为**向量组的秩**. **如果向量组只含零向量, 规定向量组秩为零**.

定义 3.8 矩阵 $\boldsymbol{A}$ 的行 (列) 向量全体构成的向量组的秩称为 $\boldsymbol{A}$ 的**行 (列) 秩**.

定理 3.8 设 $\boldsymbol{A}$ 为 $m \times n$ 矩阵, 则

$$\text{秩 } \boldsymbol{A} = \boldsymbol{A} \text{ 的行秩} = \boldsymbol{A} \text{ 的列秩}.$$

证明 由于初等变换不改变矩阵的秩, 现在将 $\boldsymbol{A}$ 经一系列的初等行变换化为阶梯形阵 $\boldsymbol{B}$ (2.5 节). 设 $\boldsymbol{B}$ 有 r 个非零行, 故

$$\text{秩 } \boldsymbol{A} = \text{秩 } \boldsymbol{B} = r.$$

又因为初等行变换不改变列之间的线性关系, 当然也不改变某些列之间的线性相关或线性无关, 从而不改变列向量组的秩即列秩. 故

$$\boldsymbol{A} \text{ 的列秩} = \boldsymbol{B} \text{ 的列秩} = r$$

(其实 $\boldsymbol{B}$ 的列向量组的极大无关组即由 $b_{11}, b_{22}, \cdots, b_{rr}$ 所在的列构成).

由上得秩 $\boldsymbol{A} = \boldsymbol{A}$ 的列秩. 但

$$\text{秩 } \boldsymbol{A} = \text{秩 } \boldsymbol{A}^{\mathrm{T}} = \boldsymbol{A}^{\mathrm{T}} \text{ 的列秩} = \boldsymbol{A} \text{ 的行秩},$$

故结论得证. □

此定理常称为**三秩相等定理**. 由此定理, 矩阵的秩与向量组的秩虽然从不同角度定义, 但是它们有深刻的内在联系. 有了这个定理还可以把命题 3.3 和命题 3.4 用新的语言来叙述, 即以下推论.

推论 3.2 若向量组 I 可由向量组 II 线性表出, 则

$$\text{组 I 的秩} \leqslant \text{组 II 的秩}.$$

推论 3.3 等价的向量组其秩相等.

需要引起注意的是, 如上两个推论的内容已经比命题 3.3 和命题 3.4 有所扩展. 因为**这里所说的向量组可以由无限多个向量构成**, 那里都是由有限个向量构成的.

为了借助命题 3.3、命题 3.4 和定理 3.8 得到如上推论, 只需用每个向量组的极大无关组代替该向量组即可.

练 习 3.3

3.3.1 求下列向量组的一个极大无关组和秩, 并用极大无关组线性表出每个向量.

(1) $\boldsymbol{\alpha}_1=\begin{pmatrix}1\\0\\-2\end{pmatrix},\quad \boldsymbol{\alpha}_2=\begin{pmatrix}2\\1\\3\end{pmatrix},\quad \boldsymbol{\alpha}_3=\begin{pmatrix}5\\1\\-3\end{pmatrix}$;

(2) $\boldsymbol{\alpha}_1=\begin{pmatrix}2\\3\\0\\-1\end{pmatrix},\quad \boldsymbol{\alpha}_2=\begin{pmatrix}0\\7\\-4\\5\end{pmatrix},\quad \boldsymbol{\alpha}_3=\begin{pmatrix}3\\1\\2\\4\end{pmatrix}$;

(3) $\boldsymbol{\alpha}_1=\begin{pmatrix}2\\2\\0\\-3\end{pmatrix},\quad \boldsymbol{\alpha}_2=\begin{pmatrix}0\\2\\5\\8\end{pmatrix},\quad \boldsymbol{\alpha}_3=\begin{pmatrix}2\\-2\\-10\\-19\end{pmatrix}$;

(4) $\boldsymbol{\alpha}_1=\begin{pmatrix}1\\-1\\2\\4\end{pmatrix},\quad \boldsymbol{\alpha}_2=\begin{pmatrix}0\\3\\1\\2\end{pmatrix},\quad \boldsymbol{\alpha}_3=\begin{pmatrix}3\\0\\7\\14\end{pmatrix}$.

3.3.2 设 $\{\boldsymbol{\alpha}_1,\boldsymbol{\alpha}_2,\cdots,\boldsymbol{\alpha}_t\}$ 的秩为 r, 证明: $\{\boldsymbol{\alpha}_1,\boldsymbol{\alpha}_2,\cdots,\boldsymbol{\alpha}_{t-1}\}$ 的秩为 r 或 $r-1$, 进一步

$$\text{秩}\,\{\boldsymbol{\alpha}_1,\boldsymbol{\alpha}_2,\cdots,\boldsymbol{\alpha}_{t-s}\}\geqslant r-s.$$

3.3.3 设 $\boldsymbol{\alpha}_1,\boldsymbol{\alpha}_2,\boldsymbol{\alpha}_3$ 线性相关, $\boldsymbol{\alpha}_2,\boldsymbol{\alpha}_3,\boldsymbol{\alpha}_4$ 线性无关, 求秩 $\{\boldsymbol{\alpha}_1,\boldsymbol{\alpha}_2,\boldsymbol{\alpha}_3,\boldsymbol{\alpha}_4\}$, 说明理由.

3.3.4 证明可逆矩阵的任意 r 行必线性无关.

3.3.5 设 $\boldsymbol{A}$ 为一矩阵, 证明: $\boldsymbol{A}$ 可逆当且仅当 $\boldsymbol{A}$ 的诸行线性无关, 诸列也线性无关.

3.3.6 若秩 $\{\boldsymbol{\alpha}_1,\ \boldsymbol{\alpha}_2,\ \boldsymbol{\alpha}_3,\ \boldsymbol{\alpha}_4,\ \boldsymbol{\alpha}_5\}=4$, 秩 $\{\boldsymbol{\alpha}_1,\ \boldsymbol{\alpha}_2,\ \boldsymbol{\alpha}_3,\ \boldsymbol{\alpha}_4\}=3$, 秩 $\{\boldsymbol{\alpha}_1,\ \boldsymbol{\alpha}_2,\ \boldsymbol{\alpha}_3\}=3$, 证明

$$\text{秩}\,\{\boldsymbol{\alpha}_1,\ \boldsymbol{\alpha}_2,\ \boldsymbol{\alpha}_3,\ \boldsymbol{\alpha}_5-\boldsymbol{\alpha}_4\}=4.$$

3.3.7 如果 $\boldsymbol{\alpha}_1,\boldsymbol{\alpha}_2,\cdots,\boldsymbol{\alpha}_r$ 线性无关且可由 $\boldsymbol{\beta}_1,\boldsymbol{\beta}_2,\cdots,\boldsymbol{\beta}_s$ 线性表出, 则 $s\geqslant r$.

3.3.8 证明: 如果 $\boldsymbol{\alpha}_1,\ \boldsymbol{\alpha}_2,\ \cdots,\ \boldsymbol{\alpha}_r$ 可由 $\boldsymbol{\beta}_1,\ \boldsymbol{\beta}_2,\ \cdots,\ \boldsymbol{\beta}_s$ 线性表出且 $r>s$, 则 $\boldsymbol{\alpha}_1,\ \boldsymbol{\alpha}_2,\ \cdots,\ \boldsymbol{\alpha}_r$ 线性相关.

3.3.9 已知 n 阶单位阵的各列 $\boldsymbol{e}_1,\boldsymbol{e}_2,\cdots,\boldsymbol{e}_n$ 可由 $\boldsymbol{\alpha}_1,\boldsymbol{\alpha}_2,\cdots,\boldsymbol{\alpha}_n$ 线性表出, 证明 $\boldsymbol{\alpha}_1,\boldsymbol{\alpha}_2,\cdots,\boldsymbol{\alpha}_n$ 线性无关.

3.3.10 若向量组 $S=\{\boldsymbol{\alpha}_1,\boldsymbol{\alpha}_2,\cdots,\boldsymbol{\alpha}_t\}$ 的秩为 r, 证明: 在 S 中任意取 r 个线性无关的向量 $\boldsymbol{\alpha}_{i_1},\boldsymbol{\alpha}_{i_2},\cdots,\boldsymbol{\alpha}_{i_r}$, 则它必为 S 的一个极大无关组.

3.4　n 维向量空间

从现在开始, 我们把前面数域 $\mathbb{F}$ 上已经定义了线性运算的 n 维列向量的全体构成的集合称为 n **维向量空间**, 记为 $\mathbb{F}^n$.

实际上, 在 $\mathbb{F}^n$ 中两种运算即加法和数乘与 2.1 节定义的矩阵运算是一致的, 因而不仅运算是封闭的, 而且线性运算具有八条运算性质.

之所以称 $\mathbb{F}^n$ 为 n 维向量空间是因为 n 维向量确实是在几何和物理中所知道的二维向量、三维向量的推广, 后者其实是 $\mathbb{R}^2$ 及 $\mathbb{R}^3$, 其中 $\mathbb{R}$ 为实数域. 所谓 "n 维" 是指 $\mathbb{F}^n$ 确实是由 n 个向量构成的极大无关组, 例如, $\boldsymbol{e}_1, \boldsymbol{e}_2, \cdots, \boldsymbol{e}_n$, 也就是说 $\mathbb{F}^n$ 作为向量组, 其秩为 n.

$\mathbb{F}^n$ 的一个极大无关组通常称为 $\mathbb{F}^n$ 的**基底**, $\boldsymbol{e}_1, \boldsymbol{e}_2, \cdots, \boldsymbol{e}_n$ 常称为**自然基**. 容易看出 $\mathbb{F}^n$ 中任意 n 个线性无关的向量均构成一个基底, 所以 $\mathbb{F}^n$ 实际有无穷多个基底. 基底在空间中的作用完全类似于二维平面及三维空间的坐标轴. 因为任意向量 $\boldsymbol{\alpha}$ 可由基底 $\boldsymbol{\varepsilon}_1, \boldsymbol{\varepsilon}_2, \cdots, \boldsymbol{\varepsilon}_n$ 线性表出, 不妨记

$$\boldsymbol{\alpha} = x_1\boldsymbol{\varepsilon}_1 + x_2\boldsymbol{\varepsilon}_2 + \cdots + x_n\boldsymbol{\varepsilon}_n,$$

此时称 $x_1, x_2, \cdots, x_n$ 为$\boldsymbol{\alpha}$ **在基** $\boldsymbol{\varepsilon}_1, \boldsymbol{\varepsilon}_2, \cdots, \boldsymbol{\varepsilon}_n$ **下的坐标**. 例如, 在 $\mathbb{F}^3$ 中令

$$\boldsymbol{\varepsilon}_1 = \begin{pmatrix} 1 \\ 0 \\ 0 \end{pmatrix}, \quad \boldsymbol{\varepsilon}_2 = \begin{pmatrix} 1 \\ 1 \\ 0 \end{pmatrix}, \quad \boldsymbol{\varepsilon}_3 = \begin{pmatrix} 1 \\ 1 \\ 1 \end{pmatrix},$$

则 $\boldsymbol{\varepsilon}_1, \boldsymbol{\varepsilon}_2, \boldsymbol{\varepsilon}_3$ 构成 $\mathbb{F}^3$ 的一个基底. 设向量 $\boldsymbol{\alpha} = (3 \quad -5 \quad 2)^{\mathrm{T}}$, 易见

$$\boldsymbol{\alpha} = 8\boldsymbol{\varepsilon}_1 - 7\boldsymbol{\varepsilon}_2 + 2\boldsymbol{\varepsilon}_3,$$

即 $\boldsymbol{\alpha}$ 在基 $\boldsymbol{\varepsilon}_1, \boldsymbol{\varepsilon}_2, \boldsymbol{\varepsilon}_3$ 下坐标为 8, -7, 2.

上面关于 $\mathbb{F}^n$ 所说的基底、维数、坐标等概念完全可以放到 $\mathbb{F}^n$ 的某些子集上来考虑, 这正是下面要研究的.

3.4.1　子空间、基底、维数和坐标

定义 3.9　$\mathbb{F}^n$ 的一个非空子集 V, 如果对于 $\mathbb{F}^n$ 的两种运算是封闭的, 即

(1) $x + y \in V$ $(\forall\, x,\ y \in V)$,

(2) $\lambda x \in V$ $(\forall\, x \in V,\ \forall\, \lambda \in \mathbb{F})$,

则称 V 为 $\mathbb{F}^n$ 的一个**子空间**.

定义 3.10　设 V 是 $\mathbb{F}^n$ 的一个子空间, 则 V 的一个极大无关组称为 V 的一个**基底**, V 的秩称为 V 的**维数**, 记为 $\dim V$. 设 V 的基底为 $\boldsymbol{\eta}_1, \boldsymbol{\eta}_2, \cdots, \boldsymbol{\eta}_r$, $\boldsymbol{\alpha} \in V$ 且

$$\boldsymbol{\alpha} = x_1\boldsymbol{\eta}_1 + x_2\boldsymbol{\eta}_2 + \cdots + x_r\boldsymbol{\eta}_r,$$

则称 $x_1, x_2, \cdots, x_r$ 为$\boldsymbol{\alpha}$ **在基** $\boldsymbol{\eta}_1, \boldsymbol{\eta}_2, \cdots, \boldsymbol{\eta}_r$ **下的坐标**.

$\mathbb{F}^n$ 有显然的两个子空间, 即 $\mathbb{F}^n$ 本身及 $\{0\}$, 后者称为**零空间**, 它的维数为零, 无基底.

例 3.9　设 $V = \{x = (x_1 \;\; x_2 \;\; 0)^{\mathrm{T}}, x_1, \; x_2 \in \mathbb{F}\}$, 证明 V 是 $\mathbb{F}^3$ 的二维子空间.

解　显然 $V \neq \varnothing$, 且对 $\forall\, x_1, \; x_2, \; y_1, \; y_2 \in V$ 及 $\lambda \in \mathbb{F}$ 有

$$\begin{pmatrix} x_1 \\ x_2 \\ 0 \end{pmatrix} + \begin{pmatrix} y_1 \\ y_2 \\ 0 \end{pmatrix} = \begin{pmatrix} x_1 + y_1 \\ x_2 + y_2 \\ 0 \end{pmatrix} \in V,$$

$$\lambda \begin{pmatrix} x_1 \\ x_2 \\ 0 \end{pmatrix} = \begin{pmatrix} \lambda x_1 \\ \lambda x_2 \\ 0 \end{pmatrix} \in V.$$

故 V 是一个子空间. 这个子空间有基底 $\begin{pmatrix} 1 \\ 0 \\ 0 \end{pmatrix}, \begin{pmatrix} 0 \\ 1 \\ 0 \end{pmatrix}$, 故 $\dim V = 2$. □

例 3.10　线性方程组 $\boldsymbol{A}_{m\times n}\boldsymbol{x} = \mathbf{0}$ 的解集合 V 构成 $\mathbb{F}^n$ 的子空间.

解　显然 $V \neq \varnothing$. 任意取 $\boldsymbol{x}, \; \boldsymbol{y} \in V$, 则

$$\boldsymbol{A}\boldsymbol{x} = \mathbf{0}, \quad \boldsymbol{A}\boldsymbol{y} = \mathbf{0},$$

于是

$$\boldsymbol{A}(\boldsymbol{x} + \boldsymbol{y}) = \boldsymbol{A}\boldsymbol{x} + \boldsymbol{A}\boldsymbol{y} = \mathbf{0},$$

故 $\boldsymbol{x} + \boldsymbol{y} \in V$. 任取 $\boldsymbol{x} \in V$ 及 $\lambda \in \mathbb{F}$, 则

$$\boldsymbol{A}(\lambda\boldsymbol{x}) = \lambda\boldsymbol{A}\boldsymbol{x} = \lambda \cdot \mathbf{0} = \mathbf{0},$$

故 $\lambda\boldsymbol{x} \in V$. □

这个子空间称为齐次方程组 $\boldsymbol{A}\boldsymbol{x} = \mathbf{0}$ 的**解空间**, 其维数和基底下节再讨论.

例 3.11　设 $\boldsymbol{\alpha}_1, \boldsymbol{\alpha}_2, \cdots, \boldsymbol{\alpha}_t \in \mathbb{F}^n$, 记

$$V = L(\boldsymbol{\alpha}_1, \boldsymbol{\alpha}_2, \; \cdots, \; \boldsymbol{\alpha}_t) = \{x_1\boldsymbol{\alpha}_1 + x_2\boldsymbol{\alpha}_2 \cdots + x_t\boldsymbol{\alpha}_t \mid \forall x_1, x_2, \cdots, x_t \in \mathbb{F}\},$$

则它是 $\mathbb{F}^n$ 的一个子空间, 称为由 $\boldsymbol{\alpha}_1, \boldsymbol{\alpha}_2, \cdots, \boldsymbol{\alpha}_t$ **生成的子空间**. 它实际上是由 $\boldsymbol{\alpha}_1$, $\boldsymbol{\alpha}_2, \cdots, \boldsymbol{\alpha}_t$ 的全部线性组合构成的.

解 显然 $V \neq \varnothing$. 任取 $\boldsymbol{x}$, $\boldsymbol{y} \in V$, 设 $\boldsymbol{x} = \sum\limits_{i=1}^{t} x_i \boldsymbol{\alpha}_i$, $\boldsymbol{y} = \sum\limits_{i=1}^{t} y_i \boldsymbol{\alpha}_i$, 则有

$$\boldsymbol{x} + \boldsymbol{y} = \sum_{i=1}^{t} (x_i + y_i) \boldsymbol{\alpha}_i \in V;$$

又任取 $\lambda \in \mathbb{F}$, 则有

$$\lambda \boldsymbol{x} = \sum_{i=1}^{t} (\lambda x_i) \boldsymbol{\alpha}_i \in V.$$ □

这个子空间的基底是 $\boldsymbol{\alpha}_1, \boldsymbol{\alpha}_2, \cdots, \boldsymbol{\alpha}_t$ 的一个极大无关组. 事实上, 这个极大无关组首先生成 $\boldsymbol{\alpha}_1, \boldsymbol{\alpha}_2, \cdots, \boldsymbol{\alpha}_t$, 然后生成 $L(\boldsymbol{\alpha}_1, \boldsymbol{\alpha}_2, \cdots, \boldsymbol{\alpha}_t)$. 如此则有

$$\dim L(\boldsymbol{\alpha}_1, \boldsymbol{\alpha}_2, \cdots, \boldsymbol{\alpha}_t) = \text{秩}\, \{\boldsymbol{\alpha}_1, \boldsymbol{\alpha}_2, \cdots, \boldsymbol{\alpha}_t\}.$$

如果设 $\boldsymbol{A} = (\boldsymbol{\alpha}_1 \quad \boldsymbol{\alpha}_2 \quad \cdots \quad \boldsymbol{\alpha}_t)$, 还可以得到 $L(\boldsymbol{\alpha}_1, \boldsymbol{\alpha}_2, \cdots, \boldsymbol{\alpha}_t)$ 的另一种表达方式, 即

$$L(\boldsymbol{\alpha}_1, \boldsymbol{\alpha}_2, \cdots, \boldsymbol{\alpha}_t) = \{\boldsymbol{A}\boldsymbol{x} \mid \boldsymbol{x} = (x_1 \quad x_2 \quad \cdots \quad x_t)^{\mathrm{T}} \in \mathbb{F}^t\}.$$

这可由

$$\boldsymbol{A}\boldsymbol{x} = (\boldsymbol{\alpha}_1 \quad \boldsymbol{\alpha}_2 \quad \cdots \quad \boldsymbol{\alpha}_t) \begin{pmatrix} x_1 \\ x_2 \\ \vdots \\ x_t \end{pmatrix} = x_1 \boldsymbol{\alpha}_1 + x_2 \boldsymbol{\alpha}_2 \cdots + x_t \boldsymbol{\alpha}_t$$

立即看出.

生成子空间是常用的子空间, 下面来看一个具体的例子.

例 3.12 设 $V = L(\boldsymbol{\alpha}_1, \boldsymbol{\alpha}_2, \boldsymbol{\alpha}_3, \boldsymbol{\alpha}_4)$, 求 V 的一组基, 并求在该基下向量 $\boldsymbol{\alpha} = \boldsymbol{\alpha}_1 + 2\boldsymbol{\alpha}_2 + 3\boldsymbol{\alpha}_3 + 4\boldsymbol{\alpha}_4$ 的坐标. 其中

$$\boldsymbol{\alpha}_1 = \begin{pmatrix} 1 \\ 3 \\ 0 \\ 2 \end{pmatrix}, \quad \boldsymbol{\alpha}_2 = \begin{pmatrix} -1 \\ 1 \\ 1 \\ 0 \end{pmatrix}, \quad \boldsymbol{\alpha}_3 = \begin{pmatrix} 2 \\ 0 \\ 0 \\ -2 \end{pmatrix}, \quad \boldsymbol{\alpha}_4 = \begin{pmatrix} 2 \\ 4 \\ 1 \\ 0 \end{pmatrix}.$$

解 为求基, 先求 $\boldsymbol{\alpha}_1, \boldsymbol{\alpha}_2, \boldsymbol{\alpha}_3, \boldsymbol{\alpha}_4$ 的一个极大无关组. 设

$$\boldsymbol{A} = (\boldsymbol{\alpha}_1 \quad \boldsymbol{\alpha}_2 \quad \boldsymbol{\alpha}_3 \quad \boldsymbol{\alpha}_4) = \begin{pmatrix} 1 & -1 & 2 & 2 \\ 3 & 1 & 0 & 4 \\ 0 & 1 & 0 & 1 \\ 2 & 0 & -2 & 0 \end{pmatrix},$$

对 $\boldsymbol{A}$ 进行初等行变换

$$\boldsymbol{A} \longrightarrow \begin{pmatrix} 1 & -1 & 2 & 2 \\ 0 & 4 & -6 & -2 \\ 0 & 1 & 0 & 1 \\ 0 & 2 & -6 & -4 \end{pmatrix} \longrightarrow \begin{pmatrix} 1 & -1 & 2 & 2 \\ 0 & 1 & 0 & 1 \\ 0 & 0 & -6 & -6 \\ 0 & 0 & 0 & 0 \end{pmatrix}.$$

由上可取 $\boldsymbol{\alpha}_1, \boldsymbol{\alpha}_2, \boldsymbol{\alpha}_3$ 为基, 为求 $\boldsymbol{\alpha}_4$ 由 $\boldsymbol{\alpha}_1, \boldsymbol{\alpha}_2, \boldsymbol{\alpha}_3$ 表出的系数, 可解方程组

$$\begin{pmatrix} 1 & -1 & 2 \\ 0 & 1 & 0 \\ 0 & 0 & -6 \end{pmatrix} \begin{pmatrix} x_1 \\ x_2 \\ x_3 \end{pmatrix} = \begin{pmatrix} 2 \\ 1 \\ -6 \end{pmatrix},$$

求得 $x_1 = x_2 = x_3 = 1$, 即 $\boldsymbol{\alpha}_4 = \boldsymbol{\alpha}_1 + \boldsymbol{\alpha}_2 + \boldsymbol{\alpha}_3$, 从而

$$\begin{aligned} \boldsymbol{\alpha} &= \boldsymbol{\alpha}_1 + 2\boldsymbol{\alpha}_2 + 3\boldsymbol{\alpha}_3 + 4(\boldsymbol{\alpha}_1 + \boldsymbol{\alpha}_2 + \boldsymbol{\alpha}_3) \\ &= 5\boldsymbol{\alpha}_1 + 6\boldsymbol{\alpha}_2 + 7\boldsymbol{\alpha}_3, \end{aligned}$$

即 $\boldsymbol{\alpha}$ 在基 $\boldsymbol{\alpha}_1, \boldsymbol{\alpha}_2, \boldsymbol{\alpha}_3$ 下的坐标是 5, 6, 7. □

3.4.2　基变换与坐标变换

$\mathbb{F}^n$ 的一个子空间 V 的基底就是 V 的一个极大无关组. 因为极大无关组并不是唯一的, 所以 V 的基底也不是唯一的. 那么这些基底之间存在什么关系呢?

设 V 有基 $\boldsymbol{\varepsilon}_1, \boldsymbol{\varepsilon}_2, \cdots, \boldsymbol{\varepsilon}_r$ 及基 $\boldsymbol{\eta}_1, \boldsymbol{\eta}_2, \cdots, \boldsymbol{\eta}_r$, 由极大无关组的定义可设

$$\begin{aligned} \boldsymbol{\eta}_1 &= a_{11}\boldsymbol{\varepsilon}_1 + a_{21}\boldsymbol{\varepsilon}_2 + \cdots + a_{r1}\boldsymbol{\varepsilon}_r, \\ \boldsymbol{\eta}_2 &= a_{12}\boldsymbol{\varepsilon}_1 + a_{22}\boldsymbol{\varepsilon}_2 + \cdots + a_{r2}\boldsymbol{\varepsilon}_r, \\ &\cdots\cdots \\ \boldsymbol{\eta}_r &= a_{1r}\boldsymbol{\varepsilon}_1 + a_{2r}\boldsymbol{\varepsilon}_2 + \cdots + a_{rr}\boldsymbol{\varepsilon}_r, \end{aligned}$$

写成矩阵形式, 设 $\boldsymbol{A} = (a_{ij})_{r\times r}$, 则

$$(\boldsymbol{\eta}_1 \quad \boldsymbol{\eta}_2 \quad \cdots \quad \boldsymbol{\eta}_r) = (\boldsymbol{\varepsilon}_1 \quad \boldsymbol{\varepsilon}_2 \quad \cdots \quad \boldsymbol{\varepsilon}_r)\boldsymbol{A}. \tag{3.2}$$

(3.2) 式称为**基变换公式**, $\boldsymbol{A}$ 称为**从基** $\boldsymbol{\varepsilon}_1, \boldsymbol{\varepsilon}_2, \cdots, \boldsymbol{\varepsilon}_r$ **到基** $\boldsymbol{\eta}_1, \boldsymbol{\eta}_2, \cdots, \boldsymbol{\eta}_r$ **的过渡阵**.

首先指出, 基底过渡阵必为可逆阵.

事实上, 由 (3.2) 式知, 秩 $\boldsymbol{A} \geqslant$ 秩 $(\boldsymbol{\eta}_1 \quad \boldsymbol{\eta}_2 \quad \cdots \quad \boldsymbol{\eta}_r) = r$ (前一不等号是因为因子阵的秩不小于乘积阵的秩, 后一等号是因为 $\boldsymbol{\eta}_1, \boldsymbol{\eta}_2, \cdots, \boldsymbol{\eta}_r$ 是基, 从而线性无关), 从而秩 $\boldsymbol{A}_{r\times r} = r$, 即 $\boldsymbol{A}$ 可逆.

现在看一个向量在不同基下坐标之间的关系.

设 $\boldsymbol{x}=x_1\boldsymbol{\varepsilon}_1+x_2\boldsymbol{\varepsilon}_2+\cdots+x_r\boldsymbol{\varepsilon}_r=y_1\boldsymbol{\eta}_1+y_2\boldsymbol{\eta}_2+\cdots+y_r\boldsymbol{\eta}_r$, 即

$$(\boldsymbol{\varepsilon}_1\quad\boldsymbol{\varepsilon}_2\quad\cdots\quad\boldsymbol{\varepsilon}_r)\begin{pmatrix}x_1\\x_2\\\vdots\\x_r\end{pmatrix}=(\boldsymbol{\eta}_1\quad\boldsymbol{\eta}_2\quad\cdots\quad\boldsymbol{\eta}_r)\begin{pmatrix}y_1\\y_2\\\vdots\\y_r\end{pmatrix},$$

将 (3.2) 式代入上式, 得

$$(\boldsymbol{\varepsilon}_1\quad\boldsymbol{\varepsilon}_2\quad\cdots\quad\boldsymbol{\varepsilon}_r)\begin{pmatrix}x_1\\x_2\\\vdots\\x_r\end{pmatrix}=(\boldsymbol{\varepsilon}_1\quad\boldsymbol{\varepsilon}_2\quad\cdots\quad\boldsymbol{\varepsilon}_r)\boldsymbol{A}\begin{pmatrix}y_1\\y_2\\\vdots\\y_r\end{pmatrix},$$

从而

$$(\boldsymbol{\varepsilon}_1\quad\boldsymbol{\varepsilon}_2\quad\cdots\quad\boldsymbol{\varepsilon}_r)\left[\begin{pmatrix}x_1\\x_2\\\vdots\\x_r\end{pmatrix}-\boldsymbol{A}\begin{pmatrix}y_1\\y_2\\\vdots\\y_r\end{pmatrix}\right]=0,$$

再由 $\boldsymbol{\varepsilon}_1,\boldsymbol{\varepsilon}_2,\cdots,\boldsymbol{\varepsilon}_r$ 线性无关可得

$$\begin{pmatrix}x_1\\x_2\\\vdots\\x_r\end{pmatrix}=\boldsymbol{A}\begin{pmatrix}y_1\\y_2\\\vdots\\y_r\end{pmatrix}.\tag{3.3}$$

(3.3) 式称为**坐标变换公式**.

例 3.13 在 $\mathbb{F}^3$ 中求从基 $\boldsymbol{\beta}_1$, $\boldsymbol{\beta}_2$, $\boldsymbol{\beta}_3$ 到基 $\boldsymbol{\alpha}_1$, $\boldsymbol{\alpha}_2$, $\boldsymbol{\alpha}_3$ 的过渡阵, 并求 $\boldsymbol{\alpha}$ 在 $\boldsymbol{\beta}_1$, $\boldsymbol{\beta}_2$, $\boldsymbol{\beta}_3$ 下的坐标. 其中

$$\boldsymbol{\alpha}_1=\begin{pmatrix}1\\0\\-1\end{pmatrix},\quad\boldsymbol{\alpha}_2=\begin{pmatrix}2\\1\\1\end{pmatrix},\quad\boldsymbol{\alpha}_3=\begin{pmatrix}1\\1\\1\end{pmatrix},$$

$$\boldsymbol{\beta}_1=\begin{pmatrix}0\\1\\1\end{pmatrix},\quad\boldsymbol{\beta}_2=\begin{pmatrix}-1\\1\\0\end{pmatrix},\quad\boldsymbol{\beta}_3=\begin{pmatrix}1\\2\\1\end{pmatrix},\quad\boldsymbol{\alpha}=\begin{pmatrix}3\\0\\1\end{pmatrix}.$$

解 设 $(\boldsymbol{\alpha}_1\quad\boldsymbol{\alpha}_2\quad\boldsymbol{\alpha}_3)=(\boldsymbol{\beta}_1\quad\boldsymbol{\beta}_2\quad\boldsymbol{\beta}_3)\boldsymbol{T}$, 则

$$\begin{aligned}\boldsymbol{T}&=(\boldsymbol{\beta}_1\quad\boldsymbol{\beta}_2\quad\boldsymbol{\beta}_3)^{-1}(\boldsymbol{\alpha}_1\quad\boldsymbol{\alpha}_2\quad\boldsymbol{\alpha}_3)\\&=\begin{pmatrix}0&-1&1\\1&1&2\\1&0&1\end{pmatrix}^{-1}\cdot\begin{pmatrix}1&2&1\\0&1&1\\-1&1&1\end{pmatrix}\end{aligned}$$

$$
=\frac{1}{2}\begin{pmatrix}-1&-1&3\\-1&1&-1\\1&1&-1\end{pmatrix}\begin{pmatrix}1&2&1\\0&1&1\\-1&1&1\end{pmatrix}
$$

$$
=\frac{1}{2}\begin{pmatrix}-4&0&1\\0&-2&-1\\2&2&1\end{pmatrix}.
$$

设 $\mathbb{F}^3$ 的自然基为 $\boldsymbol{e}_1, \boldsymbol{e}_2, \boldsymbol{e}_3$, 由于 $\boldsymbol{\alpha}$ 在 $\boldsymbol{e}_1, \boldsymbol{e}_2, \boldsymbol{e}_3$ 下的坐标为 3, 0, 1, 故 $\boldsymbol{\alpha}$ 在 $\boldsymbol{\beta}_1, \boldsymbol{\beta}_2, \boldsymbol{\beta}_3$ 下的坐标向量是

$$
\begin{pmatrix}0&-1&1\\1&1&2\\1&0&1\end{pmatrix}^{-1}\begin{pmatrix}3\\0\\1\end{pmatrix}=\frac{1}{2}\begin{pmatrix}-1&-1&3\\-1&1&-1\\1&1&-1\end{pmatrix}\begin{pmatrix}3\\0\\1\end{pmatrix}=\begin{pmatrix}0\\-2\\1\end{pmatrix}. \qquad \square
$$

在本段中我们已经看到空间基底的变化必然引出向量坐标的变化. 这实质上是大家熟知的几何中坐标系的变化必然引起点的坐标的变化的更一般化的结果. 例如, 转轴公式

$$
\begin{pmatrix}\boldsymbol{x}^{\mathrm{T}}\\\boldsymbol{y}^{\mathrm{T}}\end{pmatrix}=\begin{pmatrix}\cos\theta&\sin\theta\\-\sin\theta&\cos\theta\end{pmatrix}\begin{pmatrix}\boldsymbol{x}\\\boldsymbol{y}\end{pmatrix}
$$

正是 (3.3) 式的一个例子.

3.4.3 n 维向量空间的线性变换

定义 3.11 设 $\boldsymbol{A}$ 为选定的一个 n 阶阵, 称

$$
\boldsymbol{y}=\boldsymbol{A}\boldsymbol{x} \quad (\forall\, \boldsymbol{x}\in\mathbb{F}^n)
$$

为 $\mathbb{F}^n$ 空间的一个**线性变换**. $\boldsymbol{A}$ 称为这个**线性变换的矩阵**. 当 $\boldsymbol{A}$ 可逆时, 称此变换为**可逆线性变换**或**非退化的线性变换**.

例如, 3.3 节中的坐标变换就是非退化的线性变换.

线性变换实际上是 $\mathbb{F}^n$ 到自身的一个映射 $\varphi: \boldsymbol{x}\to\boldsymbol{A}\boldsymbol{x}$. 这个映射保持线性运算, 即

$$
\varphi(\boldsymbol{x}_1+\boldsymbol{x}_2)=\varphi(\boldsymbol{x}_1)+\varphi(\boldsymbol{x}_2) \quad (\forall\, \boldsymbol{x}_1,\ \boldsymbol{x}_2\in\mathbb{F}^n),
$$
$$
\varphi(\lambda\boldsymbol{x})=\lambda\varphi(\boldsymbol{x}) \quad (\forall\, \boldsymbol{x}\in\mathbb{F}^n,\ \lambda\in\mathbb{F}).
$$

事实上, 由矩阵运算性质可立即看出

$$
\boldsymbol{A}(\boldsymbol{x}_1+\boldsymbol{x}_2)=\boldsymbol{A}\boldsymbol{x}_1+\boldsymbol{A}\boldsymbol{x}_2 \quad (\forall\, \boldsymbol{x}_1,\ \boldsymbol{x}_2\in\mathbb{F}^n),
$$
$$
\boldsymbol{A}(\lambda\boldsymbol{x})=\lambda\boldsymbol{A}\boldsymbol{x} \quad (\forall\, \boldsymbol{x}\in\mathbb{F}^n,\ \lambda\in\mathbb{F}).
$$

在线性变换 $\boldsymbol{y}=\boldsymbol{A}\boldsymbol{x}$ 中, $\boldsymbol{x}$ 和 $\boldsymbol{y}$ 都可以看成 $\mathbb{F}^n$ 中自然基下的坐标向量, $\boldsymbol{y}=\boldsymbol{A}\boldsymbol{x}$ 是它们之间的关系. 当基底改变时, 例如, 在基变换 $(\boldsymbol{\eta}_1 \quad \boldsymbol{\eta}_2 \quad \cdots \quad \boldsymbol{\eta}_n)=(\boldsymbol{e}_1 \quad \boldsymbol{e}_2 \quad \cdots \quad \boldsymbol{e}_n)\boldsymbol{T}$ 之下坐标向量 $\boldsymbol{x}$ 及 $\boldsymbol{y}$ 变为 $\boldsymbol{x}^{\mathrm{T}}$ 及 $\boldsymbol{y}^{\mathrm{T}}$, 由坐标变换公式有

$$\boldsymbol{x}=\boldsymbol{T}\boldsymbol{x}^{\mathrm{T}}, \quad \boldsymbol{y}=\boldsymbol{T}\boldsymbol{y}^{\mathrm{T}}.$$

如果用新坐标向量 $\boldsymbol{x}^{\mathrm{T}}$ 及 $\boldsymbol{y}^{\mathrm{T}}$ 来表达原来线性变换所反映的关系, 则有

$$\boldsymbol{T}\boldsymbol{y}^{\mathrm{T}}=\boldsymbol{y}=\boldsymbol{A}\boldsymbol{x}=\boldsymbol{A}\cdot\boldsymbol{T}\boldsymbol{x}^{\mathrm{T}},$$

即

$$\boldsymbol{y}^{\mathrm{T}}=\left(\boldsymbol{T}^{-1}\boldsymbol{A}\boldsymbol{T}\right)\boldsymbol{x}^{\mathrm{T}}.$$

由此可见, 同一线性变换在不同基下的表达式中, 线性变换的矩阵之间满足关系 $\boldsymbol{B}=\boldsymbol{T}^{-1}\boldsymbol{A}\boldsymbol{T}$, 这引出了如下的重要概念.

定义 3.12 对于数域 $\mathbb{F}$ 上 n 阶方阵 $\boldsymbol{A}$ 和 $\boldsymbol{B}$, 如果存在 $\mathbb{F}$ 上可逆阵 $\boldsymbol{T}$, 使 $\boldsymbol{B}=\boldsymbol{T}^{-1}\boldsymbol{A}\boldsymbol{T}$, 则称 $\boldsymbol{A}$ 与 $\boldsymbol{B}$ 在 $\mathbb{F}$ 上**相似**, 简记为 $\boldsymbol{A}\sim\boldsymbol{B}$.

相似是今后要研究的重要内容. 容易验证相似关系是一种等价关系, 即它具有自反性、对称性和传递性 (留作习题).

下面列出几个与相似有关的运算性质:

(1) $\boldsymbol{T}^{-1}\boldsymbol{A}\boldsymbol{T}+\boldsymbol{T}^{-1}\boldsymbol{B}\boldsymbol{T}=\boldsymbol{T}^{-1}(\boldsymbol{A}+\boldsymbol{B})\boldsymbol{T}$;

(2) $\boldsymbol{T}^{-1}\boldsymbol{A}\boldsymbol{T}\cdot\boldsymbol{T}^{-1}\boldsymbol{B}\boldsymbol{T}=\boldsymbol{T}^{-1}\boldsymbol{A}\boldsymbol{B}\boldsymbol{T}$;

(3) $(\boldsymbol{T}^{-1}\boldsymbol{A}\boldsymbol{T})^s=\boldsymbol{T}^{-1}\boldsymbol{A}^s\boldsymbol{T}$, s 是自然数;

(4) 若 $\boldsymbol{A}$ 可逆, 则 $(\boldsymbol{T}^{-1}\boldsymbol{A}\boldsymbol{T})^{-1}=\boldsymbol{T}^{-1}\boldsymbol{A}^{-1}\boldsymbol{T}$;

(5) $\boldsymbol{T}^{-1}(\lambda\boldsymbol{A})\boldsymbol{T}=\lambda\boldsymbol{T}^{-1}\boldsymbol{A}\boldsymbol{T} \ (\lambda\in\mathbb{F})$;

(6) $|\boldsymbol{T}^{-1}\boldsymbol{A}\boldsymbol{T}|=|\boldsymbol{A}|$.

它们的验证非常容易, 留给读者.

例 3.14 设 $\boldsymbol{B}\boldsymbol{A}=\boldsymbol{C}\boldsymbol{B}$, 其中

$$\boldsymbol{B}=\begin{pmatrix}1 & -5 & 1\\ 0 & -1 & 0\\ 2 & -2 & 3\end{pmatrix}, \quad \boldsymbol{C}=\mathrm{diag}(1,\ 2,\ -1),$$

求: (1) $\boldsymbol{A}^{100}$; (2) $|\boldsymbol{A}+3\boldsymbol{I}_3|$.

解 (1) 容易验证 $|\boldsymbol{B}|=-1$, 从而 $\boldsymbol{A}=\boldsymbol{B}^{-1}\boldsymbol{C}\boldsymbol{B}$, 故

$$\boldsymbol{A}^{100}=\boldsymbol{B}^{-1}\cdot\boldsymbol{C}^{100}\cdot\boldsymbol{B}$$

$$
\begin{aligned}
&=\begin{pmatrix}1&-5&1\\0&-1&0\\2&-2&3\end{pmatrix}^{-1}\begin{pmatrix}1&&\\&2^{100}&\\&&1\end{pmatrix}\begin{pmatrix}1&-5&1\\0&-1&0\\2&-2&3\end{pmatrix}\\
&=\begin{pmatrix}3&-13&-1\\0&-1&0\\-2&8&1\end{pmatrix}\begin{pmatrix}1&&\\&2^{100}&\\&&1\end{pmatrix}\begin{pmatrix}1&-5&1\\0&-1&0\\2&-2&3\end{pmatrix}\\
&=\begin{pmatrix}3&(-13)2^{100}&-1\\0&-2^{100}&0\\-2&8\cdot 2^{100}&1\end{pmatrix}\begin{pmatrix}1&-5&1\\0&-1&0\\2&-2&3\end{pmatrix}\\
&=\begin{pmatrix}1&13(2^{100}-1)&0\\0&2^{100}&0\\0&8(1-2^{100})&1\end{pmatrix}.
\end{aligned}
$$

(2)

$$
\begin{aligned}
|\boldsymbol{A}+3\boldsymbol{I}_3| &= |\boldsymbol{B}^{-1}\boldsymbol{C}\boldsymbol{B}+3\boldsymbol{I}_3| = |\boldsymbol{B}^{-1}\boldsymbol{C}\boldsymbol{B}+3\boldsymbol{B}^{-1}\boldsymbol{I}_3\boldsymbol{B}| = |\boldsymbol{B}^{-1}(\boldsymbol{C}+3\boldsymbol{I}_3)\boldsymbol{B}|\\
&= |\boldsymbol{C}+3\boldsymbol{I}_3| = |\mathrm{diag}(4,\ 5,\ 2)| = 4\cdot 5\cdot 2 = 40.
\end{aligned}
$$

□

练 习 3.4

3.4.1 下列集合是否构成 $\mathbb{F}^3$ 的子空间? 若构成, 求出基底和维数.

(1) $\left\{\begin{pmatrix}x_1\\0\\x_3\end{pmatrix}\middle|\, x_1+x_3=0\right\}$; (2) $\left\{\begin{pmatrix}x_1\\x_2\\0\end{pmatrix}\middle|\, x_1+x_2=1\right\}$;

(3) $\left\{\begin{pmatrix}1&1&0\\0&2&0\\0&0&3\end{pmatrix}\begin{pmatrix}x_1\\x_2\\x_3\end{pmatrix}\middle|\begin{pmatrix}x_1\\x_2\\x_3\end{pmatrix}\in\mathbb{F}^3\right\}$;

(4) $\left\{\begin{pmatrix}1&1&0\\2&2&0\\0&0&3\end{pmatrix}\begin{pmatrix}x_1\\x_2\\x_3\end{pmatrix}\middle|\begin{pmatrix}x_1\\x_2\\x_3\end{pmatrix}\in\mathbb{F}^3\right\}$;

(5) $\left\{\begin{pmatrix}x\\x\\0\end{pmatrix}\middle|\, x\in\mathbb{F}\right\}$; (6) $\left\{\begin{pmatrix}x_1\\x_2\\0\end{pmatrix}\middle|\, x_1^2+x_2=0\right\}$.

3.4.2 求 $L(\boldsymbol{\alpha}_1,\ \boldsymbol{\alpha}_2,\ \boldsymbol{\alpha}_3,\ \boldsymbol{\alpha}_4,\ \boldsymbol{\alpha}_5)$ 的基、维数及在此基下向量

$$
\boldsymbol{\alpha}=2\boldsymbol{\alpha}_1-\boldsymbol{\alpha}_2+\boldsymbol{\alpha}_3+\boldsymbol{\alpha}_4+3\boldsymbol{\alpha}_5
$$

的坐标, 其中

$$\boldsymbol{\alpha}_1=\begin{pmatrix}1\\0\\0\\-1\end{pmatrix},\ \boldsymbol{\alpha}_2=\begin{pmatrix}2\\1\\1\\0\end{pmatrix},\ \boldsymbol{\alpha}_3=\begin{pmatrix}1\\1\\1\\1\end{pmatrix},\ \boldsymbol{\alpha}_4=\begin{pmatrix}1\\2\\3\\4\end{pmatrix},\ \boldsymbol{\alpha}_5=\begin{pmatrix}0\\1\\-4\\-3\end{pmatrix}.$$

3.4.3 证明: $\boldsymbol{\alpha}_1, \boldsymbol{\alpha}_2, \boldsymbol{\alpha}_3, \boldsymbol{\alpha}_4$ 是 $\mathbb{F}^4$ 的一组基, 并求 $\boldsymbol{\alpha}$ 在此基下的坐标, 其中

$$\boldsymbol{\alpha}_1=\begin{pmatrix}2\\1\\3\\1\end{pmatrix},\ \boldsymbol{\alpha}_2=\begin{pmatrix}0\\1\\2\\2\end{pmatrix},\ \boldsymbol{\alpha}_3=\begin{pmatrix}-2\\1\\2\\1\end{pmatrix},\ \boldsymbol{\alpha}_4=\begin{pmatrix}1\\3\\1\\2\end{pmatrix},\ \boldsymbol{\alpha}=\begin{pmatrix}-1\\-13\\0\\-6\end{pmatrix}.$$

3.4.4 求基 $\boldsymbol{\alpha}_1, \boldsymbol{\alpha}_2, \boldsymbol{\alpha}_3$ 到基 $\boldsymbol{\beta}_1, \boldsymbol{\beta}_2, \boldsymbol{\beta}_3$ 的过渡阵, 并求 $\boldsymbol{\alpha}$ 在基 $\boldsymbol{\alpha}_1, \boldsymbol{\alpha}_2, \boldsymbol{\alpha}_3$ 下的坐标, 其中

$$\boldsymbol{\alpha}_1=\begin{pmatrix}1\\-2\\1\end{pmatrix},\quad \boldsymbol{\alpha}_2=\begin{pmatrix}2\\3\\3\end{pmatrix},\quad \boldsymbol{\alpha}_3=\begin{pmatrix}-3\\7\\1\end{pmatrix},$$

$$\boldsymbol{\beta}_1=\begin{pmatrix}4\\1\\-3\end{pmatrix},\quad \boldsymbol{\beta}_2=\begin{pmatrix}5\\-2\\1\end{pmatrix},\quad \boldsymbol{\beta}_3=\begin{pmatrix}1\\1\\0\end{pmatrix},\quad \boldsymbol{\alpha}=\begin{pmatrix}-1\\18\\9\end{pmatrix}.$$

3.4.5 证明矩阵相似关系满足自反性、对称性及传递性.

3.4.6 设 $\boldsymbol{AB}+2\boldsymbol{BC}=\boldsymbol{O}$, 其中

$$\boldsymbol{B}=\begin{pmatrix}3&-1\\-5&2\end{pmatrix},\quad \boldsymbol{C}=\begin{pmatrix}-2&0\\0&-1\end{pmatrix},$$

求 $\boldsymbol{A}^{50}$ 及 $|3\boldsymbol{I}_2-\boldsymbol{A}|$.

3.4.7 设 $\boldsymbol{A}\sim\boldsymbol{B}$, 证明:

(1) 秩 $\boldsymbol{A}=$ 秩 $\boldsymbol{B}$; (2) $\boldsymbol{A}^2\sim\boldsymbol{B}^2$;

(3) $|\boldsymbol{A}+a\boldsymbol{I}|=|\boldsymbol{B}+a\boldsymbol{I}|$, $a\in\mathbb{F}$.

3.4.8 设 $\boldsymbol{A}\sim\boldsymbol{B}$, $\boldsymbol{C}\sim\boldsymbol{D}$, 证明: $\begin{pmatrix}\boldsymbol{A}&\boldsymbol{O}\\\boldsymbol{O}&\boldsymbol{C}\end{pmatrix}\sim\begin{pmatrix}\boldsymbol{B}&\boldsymbol{O}\\\boldsymbol{O}&\boldsymbol{D}\end{pmatrix}$.

3.4.9 设 $\boldsymbol{A},\boldsymbol{B}$ 为 n 阶阵且 $\boldsymbol{A}$ 可逆, 证明: $\boldsymbol{AB}\sim\boldsymbol{BA}$.

3.5 线性方程组解的结构

有了向量和空间方面的一些知识准备, 现在来研究线性方程组的解的结构. 分两种情况讨论.

3.5.1 齐次线性方程组

我们已经知道, 齐次线性方程组 $\boldsymbol{A}_{m\times n}\boldsymbol{x}=\boldsymbol{0}$ 总有解, 并且全部解构成 $\mathbb{F}^n$ 空间的一个子空间, 所以求解 $\boldsymbol{A}\boldsymbol{x}=\boldsymbol{0}$ 的关键是求出解空间的一个基底 (又称之为**齐次线性方程组 $\boldsymbol{A}\boldsymbol{x}=\boldsymbol{0}$ 的基础解系**).

当 $\boldsymbol{A}=\boldsymbol{O}$ 时, 显然 $\mathbb{F}^n$ 中任意向量都是 $\boldsymbol{A}\boldsymbol{x}=\boldsymbol{0}$ 的解向量, 解空间的维数为 n, 基底可取 $\mathbb{F}^n$ 的自然基 $\boldsymbol{e}_1,\boldsymbol{e}_2,\cdots,\boldsymbol{e}_n$.

当 $\boldsymbol{A}\neq\boldsymbol{O}$ 时, 设 $\boldsymbol{A}$ 有等价分解

$$\boldsymbol{A}=\boldsymbol{P}\begin{pmatrix}\boldsymbol{I}_r & \boldsymbol{O}\\ \boldsymbol{O} & \boldsymbol{O}\end{pmatrix}\boldsymbol{Q}.$$

由 $\boldsymbol{A}\boldsymbol{x}=\boldsymbol{0}$, 令 $\boldsymbol{Q}\boldsymbol{x}=\begin{pmatrix}y_1 & y_2 & \cdots & y_n\end{pmatrix}^{\mathrm{T}}$, 根据线性方程组的同解定理, 有

$$\begin{pmatrix}\boldsymbol{I}_r & \boldsymbol{O}\\ \boldsymbol{O} & \boldsymbol{O}\end{pmatrix}\begin{pmatrix}y_1\\ y_2\\ \vdots\\ y_n\end{pmatrix}=\begin{pmatrix}0\\ 0\\ \vdots\\ 0\end{pmatrix},$$

于是 $y_1=y_2=\cdots=y_r=0$, 故 $\boldsymbol{x}=\boldsymbol{Q}^{-1}\begin{pmatrix}0 & \cdots & 0 & y_{r+1} & y_{r+2} & \cdots & y_n\end{pmatrix}^{\mathrm{T}}$. 如果设 $\boldsymbol{Q}^{-1}$ 的第 $r+1,r+2,\cdots,n$ 列为 $\boldsymbol{\alpha}_{r+1},\boldsymbol{\alpha}_{r+2},\cdots,\boldsymbol{\alpha}_n$ (易见这 $n-r$ 个向量全是 $\boldsymbol{A}\boldsymbol{x}=\boldsymbol{0}$ 的解向量, 为什么?) 且全部解可写成

$$\boldsymbol{x}=y_{r+1}\boldsymbol{\alpha}_{r+1}+y_{r+2}\boldsymbol{\alpha}_{r+2}+\cdots+y_n\boldsymbol{\alpha}_n\quad(\forall\, y_i\in\mathbb{F},\ i=r+1,r+2,\ \cdots,\ n).$$

上述表达式称为 $\boldsymbol{A}\boldsymbol{x}=\boldsymbol{0}$ 的**通解表达式**.

因为 $\boldsymbol{Q}^{-1}$ 可逆, 所以 $\boldsymbol{\alpha}_{r+1},\boldsymbol{\alpha}_{r+2},\cdots,\boldsymbol{\alpha}_n$ 线性无关, 因此 $\boldsymbol{A}\boldsymbol{x}=\boldsymbol{0}$ 的解空间, 即 $\boldsymbol{\alpha}_{r+1},\boldsymbol{\alpha}_{r+2},\cdots,\boldsymbol{\alpha}_n$ 的生成子空间 $L(\boldsymbol{\alpha}_{r+1},\boldsymbol{\alpha}_{r+2},\cdots,\boldsymbol{\alpha}_n)$, 故其维数为 $n-r$, 且 $\boldsymbol{\alpha}_{r+1},\boldsymbol{\alpha}_{r+2},\cdots,\boldsymbol{\alpha}_n$ 就是一个基础解系, 其中 $r=$ 秩 $\boldsymbol{A}$. 当 $r=n$ 时, 无基础解系, 方程组只有零解.

如上, 我们证明了如下定理.

定理 3.9 设齐次线性方程组 $\boldsymbol{A}\boldsymbol{x}=\boldsymbol{0}$ 的系数阵 $\boldsymbol{A}$ 的秩为 r, 则方程组解空间的维数等于 $n-r$.

由推导定理的过程能够看出, 求一个齐次线性方程组的基础解系, 就是要求 $\boldsymbol{Q}^{-1}$ 的后 $n-r$ 列, 而 $\boldsymbol{Q}$ 是 $\boldsymbol{A}$ 的等价分解中右边的可逆阵. 下面的分块乘法, 给出了求 $\boldsymbol{Q}^{-1}$ 的初等变换手段.

$$\begin{pmatrix}\boldsymbol{P}^{-1} & \boldsymbol{O}\\ \boldsymbol{O} & \boldsymbol{I}_n\end{pmatrix}\begin{pmatrix}\boldsymbol{A}\\ \boldsymbol{I}_n\end{pmatrix}\boldsymbol{Q}^{-1}=\begin{pmatrix}\boldsymbol{P}^{-1}\boldsymbol{A}\boldsymbol{Q}^{-1}\\ \boldsymbol{Q}^{-1}\end{pmatrix}=\begin{pmatrix}\begin{pmatrix}\boldsymbol{I}_r & \boldsymbol{O}\\ \boldsymbol{O} & \boldsymbol{O}\end{pmatrix}\\ \boldsymbol{Q}^{-1}\end{pmatrix}.$$

这就是说, 当我们对 $\begin{pmatrix}\boldsymbol{A}\\ \boldsymbol{I}_n\end{pmatrix}$ 的前 m 行施行一系列初等行变换的同时对 $\begin{pmatrix}\boldsymbol{A}\\ \boldsymbol{I}_n\end{pmatrix}$ 施

行初等列变换. 当将 $\boldsymbol{A}$ 化成等价标准形 $\begin{pmatrix} \boldsymbol{I}_r & \boldsymbol{O} \\ \boldsymbol{O} & \boldsymbol{O} \end{pmatrix}$ 时, 在原来块阵 $\boldsymbol{I}_n$ 的位置恰好得到了 $\boldsymbol{Q}^{-1}$.

例 3.15 求下面方程组的基础解系及全部解

$$\begin{cases} 3x_1 - 2x_2 - x_3 + 2x_5 = 0, \\ 2x_1 - x_2 + x_3 - 2x_4 + x_5 = 0, \\ 3x_1 - x_2 + 4x_3 - 3x_4 + 4x_5 = 0. \end{cases}$$

解 方法 1. 先对系数阵 $\boldsymbol{A}$ 进行初等行变换, 将其化为阶梯形 $\boldsymbol{B}$.

$$\boldsymbol{A} \longrightarrow \begin{pmatrix} 1 & -1 & -2 & 2 & 1 \\ 2 & -1 & 1 & -2 & 1 \\ 3 & -1 & 4 & -3 & 4 \end{pmatrix} \longrightarrow \begin{pmatrix} 1 & -1 & -2 & 2 & 1 \\ 0 & 1 & 5 & -6 & -1 \\ 0 & 2 & 10 & -9 & 1 \end{pmatrix} \longrightarrow \begin{pmatrix} 1 & -1 & -2 & 2 & 1 \\ 0 & 1 & 5 & -6 & -1 \\ 0 & 0 & 0 & 1 & 1 \end{pmatrix} = \boldsymbol{B},$$

再对 $\begin{pmatrix} \boldsymbol{B} \\ \boldsymbol{I}_5 \end{pmatrix}$ 施行初等列变换, 化 $\boldsymbol{B}$ 为 $\begin{pmatrix} \boldsymbol{I}_r & \boldsymbol{O} \\ \boldsymbol{O} & \boldsymbol{O} \end{pmatrix}$, 即

$$\begin{pmatrix} \boldsymbol{B} \\ \boldsymbol{I}_5 \end{pmatrix} \longrightarrow \begin{pmatrix} 1 & 0 & 0 & 0 & 0 \\ 0 & 1 & 5 & -6 & -1 \\ 0 & 0 & 0 & 1 & 1 \\ 1 & 1 & 2 & -2 & -1 \\ 0 & 1 & 0 & 0 & 0 \\ 0 & 0 & 1 & 0 & 0 \\ 0 & 0 & 0 & 1 & 0 \\ 0 & 0 & 0 & 0 & 1 \end{pmatrix}$$

$$\longrightarrow \begin{pmatrix} 1 & 0 & 0 & 0 & 0 \\ 0 & 1 & 0 & 0 & 0 \\ 0 & 0 & 0 & 1 & 1 \\ 1 & 1 & -3 & 4 & 0 \\ 0 & 1 & -5 & 6 & 1 \\ 0 & 0 & 1 & 0 & 0 \\ 0 & 0 & 0 & 1 & 0 \\ 0 & 0 & 0 & 0 & 1 \end{pmatrix} \longrightarrow \begin{pmatrix} 1 & 0 & 0 & 0 & 0 \\ 0 & 1 & 0 & 0 & 0 \\ 0 & 0 & 1 & 0 & 0 \\ 1 & 1 & 4 & -3 & -4 \\ 0 & 1 & 6 & -5 & -5 \\ 0 & 0 & 0 & 1 & 0 \\ 0 & 0 & 1 & 0 & -1 \\ 0 & 0 & 0 & 0 & 1 \end{pmatrix},$$

故基础解系为 $\boldsymbol{\eta}_1 = (-3\ \ -5\ \ 1\ \ 0\ \ 0)^{\mathrm{T}}$, $\boldsymbol{\eta}_2 = (-4\ \ -5\ \ 0\ \ -1\ \ 1)^{\mathrm{T}}$, 方程组的全部解为 $\boldsymbol{x} = k_1(-3\ \ -5\ \ 1\ \ 0\ \ 0)^{\mathrm{T}} + k_2(-4\ \ -5\ \ 0\ \ -1\ \ 1)^{\mathrm{T}}$, 其中 k_1, k_2 为 $\mathbb{F}$ 中任意数.

方法 2. 当求出 $\boldsymbol{B}$ 时, 再解 $\boldsymbol{Bx} = \boldsymbol{0}$, 即

$$\begin{cases} x_1 - x_2 - 2x_3 + 2x_4 + x_5 = 0, \\ \qquad x_2 + 5x_3 - 6x_4 - x_5 = 0, \\ \qquad\qquad\qquad\quad x_4 + x_5 = 0. \end{cases}$$

取 x_3 及 x_5 为自由未知量. 令 $x_3 = 1$, $x_5 = 0$ 并代入上面方程组求得 $x_4 = 0$, $x_2 = -5$, $x_1 = -3$. 再令 $x_3 = 0$, $x_5 = 1$ 又可求得 $x_4 = -1$, $x_2 = -5$, $x_1 = -4$, 于是仍得基础解系为方法 1 中的 $\boldsymbol{\eta}_1$ 及 $\boldsymbol{\eta}_2$. □

虽然上面两种解法求得的基础解系是一样的, 但不要误认为基础解系必须一样, 因为基础解系就是解空间的基底, 它并不唯一.

上面用方法 2 求出的解为什么是基础解系呢? 一般地, 令 $n-r$ 个自由未知量构成的 $\mathbb{F}^{n-r}$ 中的向量分别取值为 $\boldsymbol{e}_1, \boldsymbol{e}_2, \cdots, \boldsymbol{e}_{n-r}$, 代入方程组求得其余未知数后的解, 不妨设为

$$\begin{pmatrix} \boldsymbol{e}_1 \\ \star \end{pmatrix}, \quad \begin{pmatrix} \boldsymbol{e}_2 \\ \star \end{pmatrix}, \quad \cdots, \quad \begin{pmatrix} \boldsymbol{e}_{n-r} \\ \star \end{pmatrix},$$

由 $\boldsymbol{e}_1, \boldsymbol{e}_2, \cdots, \boldsymbol{e}_{n-r}$ 线性无关知, 上面的 $n-r$ 个解线性无关, 由定理 3.9 知解空间维数为 $n-r$, 故这 $n-r$ 个解是基础解系.

3.5.2　非齐次线性方程组

前面已经把齐次线性方程组解的结构说清楚了, 在此基础上来考虑非齐次线性方程组 $\boldsymbol{A}_{m\times n}\boldsymbol{x} = \boldsymbol{b}$ $(\boldsymbol{b} \neq \boldsymbol{0})$. 首先, 必须指出, 非齐次线性方程组的全部解并不构成子空间 (为什么?), 但是非齐次线性方程组 $\boldsymbol{Ax} = \boldsymbol{b}$ 的解与其导出的齐次线性方程组 $\boldsymbol{Ax} = \boldsymbol{0}$ 的解有如下的密切关系.

(1) 如果 $\boldsymbol{\alpha}_1, \boldsymbol{\alpha}_2$ 是 $\boldsymbol{Ax} = \boldsymbol{b}$ 的解, 则 $\boldsymbol{\alpha}_1 - \boldsymbol{\alpha}_2$ 是 $\boldsymbol{Ax} = \boldsymbol{0}$ 的解.

事实上, $\boldsymbol{A}(\boldsymbol{\alpha}_1 - \boldsymbol{\alpha}_2) = \boldsymbol{A\alpha}_1 - \boldsymbol{A\alpha}_2 = \boldsymbol{b} - \boldsymbol{b} = \boldsymbol{0}$.

(2) 如果 $\boldsymbol{\alpha}_1$ 是 $\boldsymbol{Ax} = \boldsymbol{b}$ 的解, $\boldsymbol{\alpha}_2$ 是 $\boldsymbol{Ax} = \boldsymbol{0}$ 的解, 则 $\boldsymbol{\alpha}_1 + \boldsymbol{\alpha}_2$ 是 $\boldsymbol{Ax} = \boldsymbol{b}$ 的解.

事实上, $\boldsymbol{A}(\boldsymbol{\alpha}_1 + \boldsymbol{\alpha}_2) = \boldsymbol{A\alpha}_1 + \boldsymbol{A\alpha}_2 = \boldsymbol{b} + \boldsymbol{0} = \boldsymbol{b}$.

现在, 给出 $\boldsymbol{Ax} = \boldsymbol{b}$ 的解的结构.

定理 3.10　设 $\boldsymbol{\beta}$ 是 $\boldsymbol{Ax} = \boldsymbol{b}$ 的一个解 (称之为**特解**), 又设秩 $\boldsymbol{A} = r$, $\boldsymbol{\alpha}_1, \boldsymbol{\alpha}_2, \cdots, \boldsymbol{\alpha}_{n-r}$ 为 $\boldsymbol{Ax} = \boldsymbol{0}$ 的基础解系, 则 $\boldsymbol{Ax} = \boldsymbol{b}$ 的全部解可写成

$$\boldsymbol{x} = \boldsymbol{\beta} + k_1\boldsymbol{\alpha}_1 + k_2\boldsymbol{\alpha}_2 + \cdots + k_{n-r}\boldsymbol{\alpha}_{n-r} \quad (\forall\, k_i \in \mathbb{F},\ i = 1, 2, \cdots, n-r).$$

此式称为**非齐次线性方程组的结构式通解**, 即非齐次线性方程组的通解是一个特解与其导出方程组的通解之和.

证明 设 $\boldsymbol{x}$ 是 $\boldsymbol{A}\boldsymbol{x}=\boldsymbol{b}$ 的任意一个解, 则由上面 (1) 知, $\boldsymbol{x}-\boldsymbol{\beta}$ 是 $\boldsymbol{A}\boldsymbol{x}=\boldsymbol{0}$ 的解, 由定理 3.9 知

$$\boldsymbol{x}-\boldsymbol{\beta}=k_1\boldsymbol{\alpha}_1+k_2\boldsymbol{\alpha}_2+\cdots+k_{n-r}\boldsymbol{\alpha}_{n-r},$$

从而 $\boldsymbol{x}$ 有结构式通解之形.

反之, 由 (2) 知, 对 $\mathbb{F}$ 中任意的 $k_1,k_2,\cdots,k_{n-r}$ 来说,

$$\boldsymbol{\beta}+k_1\boldsymbol{\alpha}_1+k_2\boldsymbol{\alpha}_2+\cdots+k_{n-r}\boldsymbol{\alpha}_{n-r}$$

是 $\boldsymbol{A}\boldsymbol{x}=\boldsymbol{b}$ 的解, 这证明了结论. □

要求出 $\boldsymbol{A}\boldsymbol{x}=\boldsymbol{b}$ 的结构式通解, 按定理 3.10, 需先求其一个特解, 但是实际上这并不比去求 $\boldsymbol{A}\boldsymbol{x}=\boldsymbol{b}$ 的通解简单多少 (除非在一些特殊情况下), 所以求结构式通解仍使用 3.1 节中使用的消去法. 例如, 例 3.1, 当 $a=1$ 时, 其解可写成

$$\begin{cases} x_1=-1+5x_3+x_4, \\ x_2=-1+4x_3, \\ x_3=x_3, \\ x_4=x_4, \end{cases}$$

故

$$\boldsymbol{x}=\begin{pmatrix}-1\\-1\\0\\0\end{pmatrix}+k_1\begin{pmatrix}5\\4\\1\\0\end{pmatrix}+k_2\begin{pmatrix}1\\0\\0\\1\end{pmatrix}\quad(\forall\, k_1,\ k_2\in\mathbb{F})$$

就是其结构式通解.

事实上, 当 $k_1=k_2=0$ 时, 显然 $(-1\ \ -1\ \ 0\ \ 0)^{\mathrm{T}}$ 为一特解, 而

$$k_1\begin{pmatrix}5\\4\\1\\0\end{pmatrix}+k_2\begin{pmatrix}1\\0\\0\\1\end{pmatrix}\quad(\forall\, k_1,\ k_2\in\mathbb{F})$$

为导出方程组的通解.

练 习 3.5

3.5.1 求下列齐次线性方程组的基础解系:

(1) $\begin{cases} 3x_1-6x_2-8x_3+x_4-4x_5=0, \\ 2x_1-4x_2-7x_3-x_4-x_5=0, \\ 3x_1-6x_2-9x_3-3x_5=0; \end{cases}$

(2) $\begin{cases} x_1+x_2+x_3+x_4+x_5=0, \\ 3x_1+2x_2+x_3+x_4-3x_5=0, \\ x_2+2x_3+2x_4+6x_5=0, \\ 5x_1+4x_2+3x_3+3x_4-x_5=0; \end{cases}$

(3) $\begin{cases} x_1+x_2-x_4=0, \\ x_2-x_3+x_4=0; \end{cases}$

(4) $x_1+x_2+\cdots+x_n=0$;

(5) $x_1=x_2=\cdots=x_n$.

3.5.2　求下列非齐次线性方程组的结构式通解:

(1) $\begin{cases} x_1+x_2+x_3+x_4=0, \\ x_2+2x_3+2x_4=0, \\ 3x_1+2x_2-3x_3-2x_4=-1; \end{cases}$

(2) $\begin{cases} x_1-3x_2+5x_3-2x_4+x_5=4, \\ -2x_1+x_2-3x_3+x_4-4x_5=-3, \\ -x_1-7x_2+9x_3-4x_4-5x_5=6, \\ 3x_1-14x_2+22x_3-9x_4+x_5=17. \end{cases}$

3.5.3　讨论 λ 并解方程组, 在有无穷多解时给出其结构式通解:

$$\begin{cases} \lambda x_1+x_2+x_3=\lambda-3, \\ x_1+\lambda x_2+x_3=-2, \\ x_1+x_2+\lambda x_3=-2. \end{cases}$$

3.5.4　设 $\boldsymbol{\alpha}_1,\boldsymbol{\alpha}_2,\cdots,\boldsymbol{\alpha}_t$ 是 $\boldsymbol{Ax}=\boldsymbol{b}$ $(\boldsymbol{b}\neq\boldsymbol{0})$ 的解, 证明: $\sum\limits_{i=1}^{t}k_i\boldsymbol{\alpha}_i$ 为 $\boldsymbol{Ax}=\boldsymbol{b}$ 的解的充要条件是 $\sum\limits_{i=1}^{t}k_i=1$.

3.5.5　设 $\boldsymbol{\alpha}_1,\boldsymbol{\alpha}_2,\boldsymbol{\alpha}_3$ 为线性方程组 $\boldsymbol{Ax}=\boldsymbol{0}$ 的基础解系, 证明: $\boldsymbol{\alpha}_1,\boldsymbol{\alpha}_1+\boldsymbol{\alpha}_2,\boldsymbol{\alpha}_1+\boldsymbol{\alpha}_2+\boldsymbol{\alpha}_3$ 仍为 $\boldsymbol{Ax}=\boldsymbol{0}$ 的基础解系.

3.5.6　设 n 元一次方程组 $\boldsymbol{Ax}=\boldsymbol{b}$ 的系数阵 $\boldsymbol{A}$ 的秩为 $n-1$, 又 $\boldsymbol{\beta}_1$ 及 $\boldsymbol{\beta}_2$ 为 $\boldsymbol{Ax}=\boldsymbol{b}$ 的两个不相同的解, 证明 $\boldsymbol{Ax}=\boldsymbol{b}$ 的结构式通解为

$$\boldsymbol{x}=k(\boldsymbol{\beta}_1-\boldsymbol{\beta}_2)+\frac{1}{2}(\boldsymbol{\beta}_1+\boldsymbol{\beta}_2)\quad (\forall\, k\in\mathbb{F}).$$

3.5.7　求数 λ 及向量 $\boldsymbol{x}\neq\boldsymbol{0}$, 使 $\begin{pmatrix} 1 & -6 \\ -2 & 5 \end{pmatrix}\boldsymbol{x}=\lambda\boldsymbol{x}$.

3.5.8 求秩为 1 的 2×3 阵 $\boldsymbol{B}$, 使 $\begin{pmatrix} 1 & -2 \\ -3 & 6 \end{pmatrix}\boldsymbol{B}=\boldsymbol{O}$.

3.5.9 n 阶阵 $\boldsymbol{A}$ 的各行元素和都是 0, 秩 $\boldsymbol{A}=n-1$, 求 $\boldsymbol{A}\boldsymbol{x}=\boldsymbol{0}$ 的通解.

问题与研讨 3

问题 3.1 (1) 设 $\boldsymbol{A}$ 为 n 阶方阵, 写出 $\boldsymbol{A}$ 可逆的若干充要条件.

(2) 在初等行变换下, 什么不变?

问题 3.2 如下两方程组同解, 求 a,b,c.

$$(1)\begin{cases} -2x_1+x_2+ax_3-5x_4=1, \\ x_1+x_2-x_3+bx_4=4, \\ 3x_1+x_2+x_3+2x_4=c; \end{cases} \qquad (2)\begin{cases} x_1+x_4=1, \\ x_2-2x_4=2, \\ x_3+x_4=-1. \end{cases}$$

问题 3.3 设

$$\boldsymbol{\alpha}_1=\begin{pmatrix}1\\0\\2\\3\end{pmatrix},\quad \boldsymbol{\alpha}_2=\begin{pmatrix}1\\1\\3\\5\end{pmatrix},\quad \boldsymbol{\alpha}_3=\begin{pmatrix}1\\-1\\a+2\\1\end{pmatrix},\quad \boldsymbol{\alpha}_4=\begin{pmatrix}1\\2\\4\\a+8\end{pmatrix},\quad \boldsymbol{\alpha}_5=\begin{pmatrix}1\\1\\b+3\\5\end{pmatrix},$$

(1) 当 a,b 为何值时 $\boldsymbol{\alpha}_5$ 不能由 $\boldsymbol{\alpha}_1,\boldsymbol{\alpha}_2,\boldsymbol{\alpha}_3,\boldsymbol{\alpha}_4$ 线性表出.

(2) 当 a,b 为何值时 $\boldsymbol{\alpha}_5$ 能由 $\boldsymbol{\alpha}_1,\boldsymbol{\alpha}_2,\boldsymbol{\alpha}_3,\boldsymbol{\alpha}_4$ 唯一线性表出.

(3) 当 a,b 为何值时 $\boldsymbol{\alpha}_4$ 能由 $\boldsymbol{\alpha}_1,\boldsymbol{\alpha}_2,\boldsymbol{\alpha}_3,\boldsymbol{\alpha}_5$ 线性表出.

(4) 当 a,b 为何值时 $\boldsymbol{\alpha}_4$ 能由 $\boldsymbol{\alpha}_1,\boldsymbol{\alpha}_2,\boldsymbol{\alpha}_3,\boldsymbol{\alpha}_5$ 唯一线性表出.

以上各种情况, 能表出时给出具体表达式.

问题 3.4 设向量组 I$=\{\boldsymbol{\alpha}_1,\boldsymbol{\alpha}_2,\boldsymbol{\alpha}_3\}$, II$=\{\boldsymbol{\beta}_1,\boldsymbol{\beta}_2,\boldsymbol{\beta}_3\}$, 其中

$$\boldsymbol{\alpha}_1=\begin{pmatrix}1\\0\\2\end{pmatrix},\quad \boldsymbol{\alpha}_2=\begin{pmatrix}1\\1\\3\end{pmatrix},\quad \boldsymbol{\alpha}_3=\begin{pmatrix}1\\-1\\a+2\end{pmatrix},$$

$$\boldsymbol{\beta}_1=\begin{pmatrix}1\\2\\a+3\end{pmatrix},\quad \boldsymbol{\beta}_2=\begin{pmatrix}2\\1\\a+6\end{pmatrix},\quad \boldsymbol{\beta}_3=\begin{pmatrix}2\\1\\a+4\end{pmatrix},$$

试确定 a 为何值时 I 与 II 等价, a 为何值时向量组 I 与 II 不等价?

问题 3.5 设齐次线性方程组 I 由 $\boldsymbol{\alpha}_1$ 和 $\boldsymbol{\alpha}_2$ 组成的基础解系, 其中 $\boldsymbol{\alpha}_1 = (2,-1,a+2,1)^{\mathrm{T}}, \boldsymbol{\alpha}_2 = (-1,2,4,a+8)^{\mathrm{T}}$. 另一个方程组 II 如下

$$\begin{cases} 2x_1+3x_2-x_3 = 0, \\ x_1+2x_2+x_3-x_4=0. \end{cases}$$

试确定 a 为何值时 I 与 II 有非零公共解, 并求出全部公共解.

问题 3.6* 设 $\boldsymbol{A},\boldsymbol{B},\boldsymbol{C}$ 均为 n 阶阵且 $\boldsymbol{ABC}=\boldsymbol{0}$, 试给出秩 $\boldsymbol{A}+$ 秩 $\boldsymbol{B}+$ 秩 $\boldsymbol{C}$ 的最小上界并证明之.

问题 3.7 (1) 如果一个线性方程组有非零解, 那么解集合是否存在一个极大无关组?

(2) 设解集合的秩为 $s+1$, 那么任意 $s+1$ 个不同解是否一定线性无关?

问题 3.8* 设 $\boldsymbol{A}$ 为 $m\times n$ 矩阵, $\boldsymbol{B}$ 为 $n\times p$ 矩阵, 以 $\boldsymbol{A},\boldsymbol{B}$ 为系数阵的齐次线性方程组的解空间分别记为 $N(\boldsymbol{A}),N(\boldsymbol{B})$, $\boldsymbol{A}$ 的列生成的子空间记为 $R(\boldsymbol{A})$. 试给出一些 $N(\boldsymbol{B})=N(\boldsymbol{AB})$ 成立的充要条件并证明之.

问题 3.9* 如果 $\boldsymbol{B}_1$ 与 $\boldsymbol{B}_2$ 为列数相同的实矩阵, 试证

$$\text{秩}\begin{pmatrix} \boldsymbol{B}_1^{\mathrm{T}}\boldsymbol{B}_1 & \boldsymbol{B}_2^{\mathrm{T}} & \boldsymbol{B}_1^{\mathrm{T}} \\ \\ \boldsymbol{B}_2 & \boldsymbol{0} & \boldsymbol{0} \end{pmatrix} = \text{秩}\begin{pmatrix} \boldsymbol{B}_1^{\mathrm{T}}\boldsymbol{B}_1 & \boldsymbol{B}_2^{\mathrm{T}} \\ \boldsymbol{B}_2 & \boldsymbol{0} \end{pmatrix}.$$

问题 3.10* 设 $\boldsymbol{\alpha}$ 为 n 维行向量, $\boldsymbol{\beta}$ 为 n 维列向量, 且 $\boldsymbol{\alpha\beta}=1$. 那么是否存在以 $\boldsymbol{\alpha}$ 为第一行的 n 阶阵 $\boldsymbol{A}$ 以及以 $\boldsymbol{\beta}$ 为第一列的 n 阶阵 $\boldsymbol{B}$, 使得 $\boldsymbol{AB}=\boldsymbol{I}_n$.

总习题 3

A 类 题

3.1 λ 取何有理数, 下面方程组有非零解?

$$\begin{cases} \lambda x_1 + x_2 = 0, \\ \lambda x_2 + x_3 = 0, \\ x_1 + \lambda x_3 = 0. \end{cases}$$

3.2 讨论 λ, a, b, 并解方程组, 在无穷多解时写出结构式通解:

(1) $$\begin{cases} x_1+x_2+x_3+x_4=1, \\ 3x_1+2x_2+2x_3+3x_4=a, \\ x_2+x_3+\lambda x_4=1, \\ 5x_1+3x_2+3x_3+5x_4=b; \end{cases}$$

(2) $\begin{pmatrix} 1 & 1 & -1 \\ 2 & a+2 & -b-2 \\ 0 & -3a & a+2b \end{pmatrix}\begin{pmatrix} x_1 \\ x_2 \\ x_3 \end{pmatrix} = \begin{pmatrix} 1 \\ 3 \\ -3 \end{pmatrix}$;

(3) $\begin{cases} (\lambda+3)x_1 + x_2 + 2x_3 = \lambda, \\ \lambda x_1 + (\lambda-1)x_2 + x_3 = \lambda, \\ 3(\lambda+1)x_1 + x_2 + (\lambda+3)x_3 = 3; \end{cases}$

(4) $\begin{cases} ax_1 + x_2 + x_3 = 1, \\ x_1 + ax_2 + x_3 = a, \\ x_1 + x_2 + ax_3 = a^3; \end{cases}$

(5) $\begin{cases} ax_1 + x_2 + x_3 = 4, \\ x_1 + bx_2 + x_3 = 3, \\ x_1 + 2bx_2 + x_3 = 4. \end{cases}$

3.3 若

$$秩\ \boldsymbol{A} = 秩 \begin{pmatrix} \boldsymbol{A} & \boldsymbol{b} \\ \boldsymbol{b}^{\mathrm{T}} & \boldsymbol{k} \end{pmatrix},$$

证明线性方程组 $\boldsymbol{Ax} = \boldsymbol{b}$ 有解.

3.4 设 $\boldsymbol{A}$ 为 n 阶方阵, 若 $\boldsymbol{Ax} = \boldsymbol{b}$ 对任意的 n 维列向量 $\boldsymbol{b}$ 都有解, 证明 $|\boldsymbol{A}| \neq 0$.

3.5 设 $\boldsymbol{A}$ 为 n 阶方阵, $\boldsymbol{B} = (A_{ij})_{n\times n}$, 其中 A_{ij} 记 $\boldsymbol{A}$ 的 (i,j) 位置代数余子式, 证明: 线性方程组 $\boldsymbol{Ax} = \boldsymbol{b}$ 及 $\boldsymbol{Bx} = \boldsymbol{c}$, 其中一个有唯一解时另一个必有唯一解.

3.6 求证平面上三条不同直线

$$\begin{cases} ax + by + c = 0, \\ bx + cy + a = 0, \\ cx + ay + b = 0 \end{cases}$$

相交于一点的充要条件是 $a + b + c = 0$.

3.7 证明平面上 n 个点 $(x_1, y_1), (x_2, y_2), \cdots, (x_n, y_n)$ 位于一条直线上的充要条件是

$$秩 \begin{pmatrix} x_1 & x_2 & \cdots & x_n \\ y_1 & y_2 & \cdots & y_n \\ 1 & 1 & \cdots & 1 \end{pmatrix} < 3.$$

3.8 设

$$\boldsymbol{A} = \begin{pmatrix} 1 & 1 & 2 \\ 2 & 2 & a \\ 3 & 3 & 6 \end{pmatrix}.$$

(1) 证明: 对任意的 a 总存在秩为 1 的方阵 $\boldsymbol{B}$, 使 $\boldsymbol{AB} = \boldsymbol{O}$;

(2) a 取何值时, 由 $\boldsymbol{AB} = \boldsymbol{O}$ 及 $\boldsymbol{B} \neq \boldsymbol{O}$ 能推出方阵 $\boldsymbol{B}$ 的秩必为 1;

(3) 求适当的 a 及秩为 2 的方阵 $\boldsymbol{B}$, 使 $\boldsymbol{AB} = \boldsymbol{O}$.

3.9　如果矩阵 $\boldsymbol{A}$ 与 $\boldsymbol{B}$ 等价, 那么其列向量组是否等价? 反之如何? 初等行变换是否改变行向量组的线性关系?

3.10　若两向量组有相同秩, 且其中一个可由另一个线性表出, 证明这两向量组等价.

3.11　若秩为 r 的向量组 $\boldsymbol{\alpha}_1, \boldsymbol{\alpha}_2, \cdots, \boldsymbol{\alpha}_m$ 可由它的一个部分组 $\boldsymbol{\alpha}_{i_1}, \boldsymbol{\alpha}_{i_2}, \cdots, \boldsymbol{\alpha}_{i_r}$ 线性表出, 证明: $\boldsymbol{\alpha}_{i_1}, \boldsymbol{\alpha}_{i_2}, \cdots, \boldsymbol{\alpha}_{i_r}$ 是 $\boldsymbol{\alpha}_1, \boldsymbol{\alpha}_2, \cdots, \boldsymbol{\alpha}_m$ 的一个极大无关组.

3.12　设 $\boldsymbol{\alpha} = (a_1\ \ a_2\ \cdots\ a_n)$ 且 $a_1 \neq 0$, $\boldsymbol{\beta}_1 = (b_1\ \ b_2{+}1\ \cdots\ b_n)$, $\boldsymbol{\beta}_2 = (b_1\ \ b_2{-}1\ \cdots\ b_n)$, 证明: $\{\boldsymbol{\alpha}, \boldsymbol{\beta}_1\}$ 与 $\{\boldsymbol{\alpha}, \boldsymbol{\beta}_2\}$ 至少有一个是线性无关组.

3.13　设 $\boldsymbol{\alpha} \neq \mathbf{0}$ 且 $\boldsymbol{\alpha}$ 可由向量 $\boldsymbol{\beta}_1, \boldsymbol{\beta}_2, \cdots, \boldsymbol{\beta}_s$ 线性表出, 证明: 存在 $\boldsymbol{\beta}_i$ 使 $\boldsymbol{\alpha}, \boldsymbol{\beta}_1, \boldsymbol{\beta}_2, \cdots, \boldsymbol{\beta}_{i-1}, \boldsymbol{\beta}_{i+1}, \boldsymbol{\beta}_{i+2}, \cdots, \boldsymbol{\beta}_s$ 与 $\boldsymbol{\beta}_1, \boldsymbol{\beta}_2, \cdots, \boldsymbol{\beta}_s$ 等价.

3.14　证明: 向量 $\boldsymbol{\alpha}_1, \boldsymbol{\alpha}_2, \boldsymbol{\alpha}_3$ 线性无关的充要条件是 $\boldsymbol{\alpha}_1 + \boldsymbol{\alpha}_2, \boldsymbol{\alpha}_2 + \boldsymbol{\alpha}_3, \boldsymbol{\alpha}_3 + \boldsymbol{\alpha}_1$ 线性无关 (用两种方法).

3.15　设 $\boldsymbol{\alpha}_1, \boldsymbol{\alpha}_2, \cdots, \boldsymbol{\alpha}_n$ 为 n 维向量, $\boldsymbol{A}$ 为 n 阶方阵, 证明: $\boldsymbol{A\alpha}_1, \boldsymbol{A\alpha}_2, \cdots, \boldsymbol{A\alpha}_n$ 线性无关的充要条件是 $\boldsymbol{\alpha}_1, \boldsymbol{\alpha}_2, \cdots, \boldsymbol{\alpha}_n$ 线性无关且 $\boldsymbol{A}$ 可逆.

3.16　证明: 存在 $\boldsymbol{B}_{n\times m}$ 使 $\boldsymbol{A}_{m\times n}\boldsymbol{B} = \boldsymbol{I}_m$ 的充要条件是 $\boldsymbol{A}$ 的各行线性无关.

3.17　求 $\boldsymbol{\alpha}$ 在基 $\boldsymbol{\alpha}_1, \boldsymbol{\alpha}_2, \boldsymbol{\alpha}_3, \boldsymbol{\alpha}_4$ 下的坐标, 其中

$$\boldsymbol{\alpha} = \begin{pmatrix} 2 \\ 4 \\ 3 \\ -3 \end{pmatrix}, \quad \boldsymbol{\alpha}_1 = \begin{pmatrix} 1 \\ 1 \\ 2 \\ 0 \end{pmatrix}, \quad \boldsymbol{\alpha}_2 = \begin{pmatrix} 2 \\ 3 \\ 4 \\ 0 \end{pmatrix}, \quad \boldsymbol{\alpha}_3 = \begin{pmatrix} 1 \\ 1 \\ 1 \\ 0 \end{pmatrix}, \quad \boldsymbol{\alpha}_4 = \begin{pmatrix} 2 \\ 1 \\ 4 \\ 3 \end{pmatrix}.$$

再求从 $\boldsymbol{\alpha}_1, \boldsymbol{\alpha}_2, \boldsymbol{\alpha}_3, \boldsymbol{\alpha}_4$ 到 $\boldsymbol{\beta}_1, \boldsymbol{\beta}_2, \boldsymbol{\beta}_3, \boldsymbol{\beta}_4$ 的基底过渡阵, 其中

$$\boldsymbol{\beta}_1 = \begin{pmatrix} -1 \\ 0 \\ 0 \\ 0 \end{pmatrix}, \quad \boldsymbol{\beta}_2 = \begin{pmatrix} 1 \\ 2 \\ 0 \\ 0 \end{pmatrix}, \quad \boldsymbol{\beta}_3 = \begin{pmatrix} 1 \\ -2 \\ -3 \\ 0 \end{pmatrix}, \quad \boldsymbol{\beta}_4 = \begin{pmatrix} 2 \\ -3 \\ 1 \\ 6 \end{pmatrix}.$$

3.18　设 $\boldsymbol{\alpha}_1, \boldsymbol{\alpha}_2, \cdots, \boldsymbol{\alpha}_t$ 是 $\boldsymbol{Ax} = \mathbf{0}$ 的一个基础解系, $\boldsymbol{A\beta} \neq \mathbf{0}$, 证明 $\boldsymbol{\beta}, \boldsymbol{\beta} + \boldsymbol{\alpha}_1, \boldsymbol{\beta} + \boldsymbol{\alpha}_2, \cdots, \boldsymbol{\beta} + \boldsymbol{\alpha}_t$ 线性无关.

3.19　若矩阵 $\boldsymbol{A}$ 与 $\boldsymbol{B}$ 相似, $f(\lambda) = \lambda^t + a_1\lambda^{t-1} + \cdots + a_{t-1}\lambda + a_t$, 证明 $f(\boldsymbol{A})$ 与 $f(\boldsymbol{B})$ 相似.

3.20　设 V_1 及 V_2 均为 $\mathbb{F}^n$ 的子空间, 证明: $V_1 \bigcap V_2$ 仍为 $\mathbb{F}^n$ 的子空间. 说明齐次线性方程组 $\boldsymbol{A}_{m\times n}\boldsymbol{x} = \mathbf{0}$ 的解空间是一些 $n-1$ 维子空间的交.

3.21　设 $\boldsymbol{A}^*$ 为 $\boldsymbol{A}_{n\times n}$ 的伴随阵, 证明:

$$秩\ \boldsymbol{A}^* = \begin{cases} n, & 秩\boldsymbol{A} = n, \\ 1, & 秩\boldsymbol{A} = n-1, \\ 0, & 秩\boldsymbol{A} < n-1. \end{cases}$$

3.22　当线性方程组 $\boldsymbol{Ax} = \boldsymbol{a}$ 及 $\boldsymbol{Bx} = \boldsymbol{b}$ 有解并同解时, 证明: $\boldsymbol{Ax} = \mathbf{0}$ 及 $\boldsymbol{Bx} = \mathbf{0}$ 也同解.

3.23 设四元齐次线性方程组

$$(\text{I})\quad \begin{cases} x_1 + x_2 = 0, \\ x_2 - x_4 = 0, \end{cases}$$

又设另一四元齐次线性方程组 (II) 的通解为

$$k_1 \begin{pmatrix} 0 \\ 1 \\ 1 \\ 0 \end{pmatrix} + k_2 \begin{pmatrix} -1 \\ 0 \\ 0 \\ 1 \end{pmatrix} \quad (k_1, k_2 \text{ 任意}).$$

(1) 求 (I) 的一个基础解系.

(2) (I) 与 (II) 有无非零公共解? 若有, 求出全部非零公共解. 若无, 说明理由.

(3) 作出一个齐次线性方程组, 使它与 (II) 同解.

3.24 设四元非齐次线性方程组的系数阵秩为 3, 已知 $\boldsymbol{\alpha}_1, \boldsymbol{\alpha}_2, \boldsymbol{\alpha}_3$ 是它的三个解向量,

$$\boldsymbol{\alpha}_1 = \begin{pmatrix} 2 \\ 0 \\ 5 \\ -1 \end{pmatrix}, \quad \boldsymbol{\alpha}_2 + \boldsymbol{\alpha}_3 = \begin{pmatrix} 1 \\ 9 \\ 8 \\ 8 \end{pmatrix},$$

求这个非齐次线性方程组的全部解.

3.25 设方程组为

$$\begin{cases} x_1 + a_1 x_2 + a_1^2 x_3 = a_1^3, \\ x_1 + a_2 x_2 + a_2^2 x_3 = a_2^3, \\ x_1 + a_3 x_2 + a_3^2 x_3 = a_3^3, \\ x_1 + a_4 x_2 + a_4^2 x_3 = a_4^3. \end{cases}$$

(1) 给出此方程组无解充要条件的讨论;

(2) 当 $\boldsymbol{\beta}_1 = (-1\ \ 1\ \ 1)^{\mathrm{T}}$, $\boldsymbol{\beta}_2 = (1\ \ 1\ \ -1)^{\mathrm{T}}$ 为解时, 求全部解.

3.26 多项选择题.

(1) 向量 $\boldsymbol{\alpha}$ 可由 $\boldsymbol{\beta}, \boldsymbol{\gamma}$ 线性表出, 则 (　　).

A. $\boldsymbol{\gamma}$ 可由 $\boldsymbol{\alpha}, \boldsymbol{\beta}$ 线性表出　　B. $\boldsymbol{\alpha}, \boldsymbol{\beta}$ 线性相关

C. $\boldsymbol{\alpha}, \boldsymbol{\beta}, \boldsymbol{\gamma}$ 线性相关　　D. $\boldsymbol{\alpha}, 2\boldsymbol{\beta}, 3\boldsymbol{\gamma}$ 线性相关

(2) 向量 $\boldsymbol{\alpha}+\boldsymbol{\beta}, \boldsymbol{\alpha}+2\boldsymbol{\beta}, \boldsymbol{\alpha}+3\boldsymbol{\beta}$(　　).

A. 线性相关　　B. 线性无关

C. 可线性表出 $\boldsymbol{\alpha}, 2\boldsymbol{\beta}$　　D. 可由 $\boldsymbol{\alpha}+\boldsymbol{\beta}, \boldsymbol{\alpha}-\boldsymbol{\beta}$ 线性表出

(3) 向量 $\boldsymbol{\alpha}$ 不能由 $\boldsymbol{\beta}$ 线性表出, $\boldsymbol{\beta}$ 不能由 $\boldsymbol{\gamma}$ 线性表出, 则 (　　).

A. $\boldsymbol{\alpha}$ 不能由 $\boldsymbol{\gamma}$ 线性表出　　B. $\boldsymbol{\alpha}, \boldsymbol{\beta}$ 线性无关

C. $\boldsymbol{\beta}, \boldsymbol{\gamma}$ 线性无关　　D. $\boldsymbol{\alpha}, \boldsymbol{\beta}, \boldsymbol{\gamma}$ 线性无关

(4) 设向量 $\boldsymbol{\alpha}_1, \boldsymbol{\alpha}_2, \boldsymbol{\alpha}_3, \boldsymbol{\alpha}_4$ 线性无关, 则 (　　).

A. $\boldsymbol{\alpha}_1+\boldsymbol{\alpha}_2, \boldsymbol{\alpha}_2+\boldsymbol{\alpha}_3, \boldsymbol{\alpha}_3+\boldsymbol{\alpha}_4, \boldsymbol{\alpha}_4+\boldsymbol{\alpha}_1$ 线性相关

B. $\boldsymbol{\alpha}_1-\boldsymbol{\alpha}_2, \boldsymbol{\alpha}_2-\boldsymbol{\alpha}_3, \boldsymbol{\alpha}_3-\boldsymbol{\alpha}_4, \boldsymbol{\alpha}_4-\boldsymbol{\alpha}_1$ 线性无关

C. $\boldsymbol{\alpha}_1+\boldsymbol{\alpha}_2, \boldsymbol{\alpha}_2+\boldsymbol{\alpha}_3, \boldsymbol{\alpha}_3+\boldsymbol{\alpha}_4, \boldsymbol{\alpha}_4-\boldsymbol{\alpha}_1$ 线性无关

D. $\boldsymbol{\alpha}_1+\boldsymbol{\alpha}_2, \boldsymbol{\alpha}_2+\boldsymbol{\alpha}_3, \boldsymbol{\alpha}_3-\boldsymbol{\alpha}_4, \boldsymbol{\alpha}_4-\boldsymbol{\alpha}_1$ 线性无关

(5) 设 $\boldsymbol{A}$ 为 $m\times n$ 阵, 线性方程组 $\boldsymbol{Ax}=\boldsymbol{b}$ 有唯一解, 则 (　　).

A. $m=n$ 且 $|\boldsymbol{A}|\neq 0$　　　B. 秩 $\boldsymbol{A}=$ 秩 $(\boldsymbol{A}\ \ \boldsymbol{b})$

C. 秩 $\boldsymbol{A}=n$　　　D. 秩 $\boldsymbol{A}=m$

(6) 设 $\boldsymbol{\beta}_1$ 及 $\boldsymbol{\beta}_2$ 是线性方程组 $\boldsymbol{Ax}=\boldsymbol{b}$ 的线性无关解, $\boldsymbol{\alpha}_1$ 及 $\boldsymbol{\alpha}_2$ 是 $\boldsymbol{Ax}=\boldsymbol{0}$ 的基础解系, k_1 及 k_2 为任意常数, 则 $\boldsymbol{Ax}=\boldsymbol{b}$ 的通解是 (　　).

A. $k_1\boldsymbol{\alpha}_1+k_2\boldsymbol{\alpha}_2+\boldsymbol{\beta}_1+\boldsymbol{\beta}_2$　　　B. $k_1\boldsymbol{\alpha}_1+k_2\boldsymbol{\alpha}_2+\dfrac{1}{2}(\boldsymbol{\beta}_1+\boldsymbol{\beta}_2)$

C. $k_1\boldsymbol{\beta}_1+k_2\boldsymbol{\beta}_2+\boldsymbol{\alpha}_1+\boldsymbol{\alpha}_2$

D. $k_1(\boldsymbol{\alpha}_1+\boldsymbol{\alpha}_2)+k_2(\boldsymbol{\alpha}_1-\boldsymbol{\alpha}_2)+\boldsymbol{\beta}_1$

(7) 对矩阵施行初等行变换不改变其 (　　).

A. 行之间的线性关系　　　B. 非零行个数

C. 列之间的线性关系　　　D. 秩

B 类 题

3.27 有理数域上的线性方程组 $\boldsymbol{Ax}=\boldsymbol{b}$ 在复数域内有解, 证明它必在有理数域内有解.

3.28 设 $\boldsymbol{b},\boldsymbol{c}$ 都是 $\mathbb{F}^n$ 中的向量, 且 $\boldsymbol{b}\neq\boldsymbol{0}$, 证明: 存在 n 阶阵 $\boldsymbol{A}$, 使 $\boldsymbol{Ab}=\boldsymbol{c}$.

3.29 $\boldsymbol{A}$ 是 n 阶可逆阵, 且 $n\geqslant 2$, 是否存在非零的 $\boldsymbol{\alpha},\boldsymbol{\beta}\in\mathbb{F}^n$, 使 $\boldsymbol{\alpha}^{\mathrm{T}}\boldsymbol{A\beta}=\boldsymbol{0}$?

3.30 证明: 线性方程组 $\sum\limits_{j=1}^{n}a_{ij}x_j=b_i(i=1,2,\cdots,m)$ 有解的充要条件是方程组 $\sum\limits_{j=1}^{m}a_{ji}x_j=0\ (i=1,2,\cdots,n)$ 的每个解都是 $\sum\limits_{i=1}^{m}b_ix_i=0$ 的解.

3.31 如果幂等阵 $\boldsymbol{A}$ 的对角线上有 0, 证明: 该 0 所在行可由其余的行线性表出.

3.32 向量组由 t 个向量构成, 其秩为 r, 证明: 从这个组中取出 m 个向量构成的新向量组的秩不小于 $r-t+m$.

3.33 向量组 I: $\boldsymbol{\alpha}_1,\boldsymbol{\alpha}_2,\cdots,\boldsymbol{\alpha}_s$; II: $\boldsymbol{\beta}_1,\boldsymbol{\beta}_2,\cdots,\boldsymbol{\beta}_t$; III: $\boldsymbol{\alpha}_1,\boldsymbol{\alpha}_2,\cdots,\boldsymbol{\alpha}_s,\boldsymbol{\beta}_1,\boldsymbol{\beta}_2,\cdots,\boldsymbol{\beta}_t$. 证明

$$\max\{\text{秩 I, 秩 II}\}\leqslant \text{秩 III}\leqslant \text{秩 I}+\text{秩 II}.$$

3.34 向量组 $\boldsymbol{\alpha}_1,\boldsymbol{\alpha}_2,\cdots,\boldsymbol{\alpha}_s$ 及 $\boldsymbol{\beta}_1,\boldsymbol{\beta}_2,\cdots,\boldsymbol{\beta}_s$ 的秩分别是 γ_1 及 γ_2, 证明

$$\text{秩}\,\{\boldsymbol{\alpha}_1+\boldsymbol{\beta}_1,\boldsymbol{\alpha}_2+\boldsymbol{\beta}_2,\cdots,\ \boldsymbol{\alpha}_s+\boldsymbol{\beta}_s\}\leqslant\gamma_1+\gamma_2.$$

3.35 设 $\boldsymbol{\alpha}_1,\boldsymbol{\alpha}_2,\cdots,\boldsymbol{\alpha}_t$ 线性无关, 且

$$\begin{aligned}
\boldsymbol{\beta}_1&=a_{11}\boldsymbol{\alpha}_1+a_{21}\boldsymbol{\alpha}_2+\cdots+a_{t1}\boldsymbol{\alpha}_t,\\
\boldsymbol{\beta}_2&=a_{12}\boldsymbol{\alpha}_1+a_{22}\boldsymbol{\alpha}_2+\cdots+a_{t2}\boldsymbol{\alpha}_t,\\
&\cdots\cdots\\
\boldsymbol{\beta}_s&=a_{1s}\boldsymbol{\alpha}_1+a_{2s}\boldsymbol{\alpha}_2+\cdots+a_{ts}\boldsymbol{\alpha}_t,
\end{aligned}$$

试问: $\boldsymbol{\beta}_1,\boldsymbol{\beta}_2,\cdots,\boldsymbol{\beta}_s$ 线性相关的充要条件是什么?

3.36 $\boldsymbol{A}$ 各列线性无关, $\boldsymbol{B}$ 各列线性无关且 $\boldsymbol{A}$ 与 $\boldsymbol{B}$ 的列向量组等价, 证明存在可逆阵 $\boldsymbol{C}$, 使 $\boldsymbol{A}=\boldsymbol{BC}$.

3.37 $\boldsymbol{A}_{m\times n}$ 各行线性无关, $\boldsymbol{A}_1$ 为 $\boldsymbol{A}$ 的某 p 行 $(p<m)$, 证明 $\boldsymbol{A}_1\boldsymbol{x}=\boldsymbol{0}$ 的解中至少有一个不是 $\boldsymbol{Ax}=\boldsymbol{0}$ 的解.

3.38 设 $m\times n$ 阵 $\boldsymbol{A}$ 的秩为 r, 线性方程组 $\boldsymbol{Ax}=\boldsymbol{b}$ 有解且 $\boldsymbol{b}\neq\boldsymbol{0}$, 证明解集合的秩为 $n-r+1$.

3.39 如果齐次线性方程组 $\boldsymbol{Ax}=\boldsymbol{0}$ 的解都是 $\boldsymbol{Bx}=\boldsymbol{0}$ 的解, 证明存在矩阵 $\boldsymbol{C}$ 使 $\boldsymbol{B}=\boldsymbol{CA}$.

3.40 证明: $\boldsymbol{Ax}=\boldsymbol{0}$ 与 $\boldsymbol{Bx}=\boldsymbol{0}$ 同解的充要条件是存在矩阵 $\boldsymbol{C}$ 及 $\boldsymbol{D}$ 使 $\boldsymbol{A}=\boldsymbol{CB}$ 且 $\boldsymbol{B}=\boldsymbol{DA}$.

3.41 设 $\boldsymbol{A},\boldsymbol{B}$ 为同型阵, $\boldsymbol{Ax}=\boldsymbol{0}$ 与 $\boldsymbol{Bx}=\boldsymbol{0}$ 同解, 证明: 当 $\boldsymbol{Ax}=\boldsymbol{a}$ 有解时, 存在 $\boldsymbol{b}$ 是 $\boldsymbol{Ax}=\boldsymbol{a}$ 与 $\boldsymbol{Bx}=\boldsymbol{b}$ 同解.

3.42 秩 $\boldsymbol{A}_{n\times k}=k<n$, 证明: 存在各列线性无关的 $\boldsymbol{B}_{n\times(n-k)}$, 使

$$\boldsymbol{B}^{\mathrm{T}}\boldsymbol{A}=\boldsymbol{O}.$$

3.43 秩 $\boldsymbol{A}_{m\times n}=n$, $\boldsymbol{A}^{\mathrm{T}}\boldsymbol{C}=\boldsymbol{O}$, 其中 $\boldsymbol{C}$ 的列数大于 $m-n$, 证明: $\boldsymbol{C}$ 的各列线性相关.

3.44 x, y 取何值时 $\boldsymbol{\alpha}_1$ 可由 $\boldsymbol{\alpha}_2$, $\boldsymbol{\alpha}_3$, $\boldsymbol{\alpha}_4$, $\boldsymbol{\alpha}_5$ 唯一线性表出? 其中

$$\boldsymbol{\alpha}_1=\begin{pmatrix}1\\3\\3\\x\end{pmatrix},\quad \boldsymbol{\alpha}_2=\begin{pmatrix}1\\1\\3\\1\end{pmatrix},\quad \boldsymbol{\alpha}_3=\begin{pmatrix}1\\3\\-1\\5\end{pmatrix},\quad \boldsymbol{\alpha}_4=\begin{pmatrix}2\\6\\-y\\-10\end{pmatrix},\quad \boldsymbol{\alpha}_5=\begin{pmatrix}3\\1\\15\\12\end{pmatrix}.$$

3.45 设 $\boldsymbol{\alpha}_1,\boldsymbol{\alpha}_2,\cdots,\boldsymbol{\alpha}_{k-1}$ 线性无关, $\boldsymbol{\alpha}_1,\boldsymbol{\alpha}_2,\cdots,\boldsymbol{\alpha}_k$ 线性相关, $\boldsymbol{\alpha}_1,\boldsymbol{\alpha}_2,\cdots,\boldsymbol{\alpha}_{k-1}$, $\boldsymbol{\alpha}_k+\boldsymbol{\beta}$ 也线性相关, 证明: 对任意 λ 有 $\boldsymbol{\alpha}_1,\boldsymbol{\alpha}_2,\cdots,\boldsymbol{\alpha}_{k-1}$, $\boldsymbol{\alpha}_k+\lambda\boldsymbol{\beta}$ 线性相关.

3.46 设 $\boldsymbol{\alpha}_1,\boldsymbol{\alpha}_2,\boldsymbol{\alpha}_3$ 线性无关, 且 $\boldsymbol{\beta}_1+\boldsymbol{\beta}_2-\boldsymbol{\beta}_3=\boldsymbol{\alpha}_1$, $\boldsymbol{\beta}_1+\boldsymbol{\beta}_2+\boldsymbol{\beta}_3=\boldsymbol{\alpha}_2$, $\boldsymbol{\beta}_1-\boldsymbol{\beta}_2-\boldsymbol{\beta}_3=\boldsymbol{\alpha}_3$, 证明: $\boldsymbol{\beta}_1,\boldsymbol{\beta}_2,\boldsymbol{\beta}_3$ 仍线性无关.

3.47 证明: $L(\boldsymbol{\alpha}_1,\ \boldsymbol{\alpha}_2,\ \boldsymbol{\alpha}_3)=L(\boldsymbol{\beta}_1,\ \boldsymbol{\beta}_2)$, 其中

$$\boldsymbol{\alpha}_1=\begin{pmatrix}1\\1\\1\end{pmatrix},\quad \boldsymbol{\alpha}_2=\begin{pmatrix}2\\3\\4\end{pmatrix},\quad \boldsymbol{\alpha}_3=\begin{pmatrix}5\\7\\9\end{pmatrix},\quad \boldsymbol{\beta}_1=\begin{pmatrix}-3\\-2\\-1\end{pmatrix},\quad \boldsymbol{\beta}_2=\begin{pmatrix}-3\\-1\\1\end{pmatrix}.$$

3.48 设 $\boldsymbol{A}$ 为 $(n-1)\times n$ 矩阵, $\boldsymbol{M}_i$ 为 $\boldsymbol{A}$ 中划去第 i 列的 $n-1$ 阶子式, 证明 $(\boldsymbol{M}_1\ \ -\boldsymbol{M}_2\ \ \cdots\ \ (-1)^{n-1}\boldsymbol{M}_n)^{\mathrm{T}}$ 是 $\boldsymbol{Ax}=\boldsymbol{0}$ 的解. 如果秩 $\boldsymbol{A}=n-1$, 证明: $\boldsymbol{Ax}=\boldsymbol{0}$ 的全部解为 $k(\boldsymbol{M}_1\ \ -\boldsymbol{M}_2\ \ \cdots\ \ (-1)^{n-1}\boldsymbol{M}_n)^{\mathrm{T}}$, 其中 k 为任意数.

C 类 题

3.49 n 维向量 $\boldsymbol{\alpha}_1,\boldsymbol{\alpha}_2,\cdots,\boldsymbol{\alpha}_t$ 线性无关, $\boldsymbol{\beta}_1,\boldsymbol{\beta}_2,\cdots,\boldsymbol{\beta}_s$ 线性无关, 如果上面每个向量都不能用另一组向量线性表出, 那么 $\boldsymbol{\alpha}_1,\boldsymbol{\alpha}_2,\cdots,\boldsymbol{\alpha}_t,\boldsymbol{\beta}_1,\boldsymbol{\beta}_2,\cdots,\boldsymbol{\beta}_s$ 是否线性无关?

3.50　证明: 向量 $\boldsymbol{\alpha}_1, \boldsymbol{\alpha}_2, \cdots, \boldsymbol{\alpha}_r$ 线性无关的充要条件是存在向量 $\boldsymbol{\beta}$ 可由 $\boldsymbol{\alpha}_1, \boldsymbol{\alpha}_2, \cdots, \boldsymbol{\alpha}_r$ 线性表出, 但不能由 $\boldsymbol{\alpha}_1, \boldsymbol{\alpha}_2, \cdots, \boldsymbol{\alpha}_t$ 中少于 r 个的子组线性表出.

3.51　证明: 替换定理: $\boldsymbol{\alpha}_1, \boldsymbol{\alpha}_2, \cdots, \boldsymbol{\alpha}_r$ 线性无关且可由 $\boldsymbol{\beta}_1, \boldsymbol{\beta}_2, \cdots, \boldsymbol{\beta}_s$ 线性表出, 则 $\boldsymbol{\beta}_1, \boldsymbol{\beta}_2, \cdots, \boldsymbol{\beta}_s$ 中存在 r 个向量, 用 $\boldsymbol{\alpha}_1, \boldsymbol{\alpha}_2, \cdots, \boldsymbol{\alpha}_r$ 替换后所得向量组 (不妨设为)$\boldsymbol{\alpha}_1, \boldsymbol{\alpha}_2, \cdots, \boldsymbol{\alpha}_r, \boldsymbol{\beta}_{r+1}, \boldsymbol{\beta}_{r+2}, \cdots, \boldsymbol{\beta}_s$ 与向量组 $\boldsymbol{\beta}_1, \boldsymbol{\beta}_2, \cdots, \boldsymbol{\beta}_s$ 等价.

3.52　证明: 若 $\boldsymbol{A}_{m\times n}$ 的秩为 $r>0$, 则 $\boldsymbol{A}$ 的 r 个线性无关的行和 r 个线性无关的列相交得到的 r 阶子式非零.

3.53　设 V_1 及 V_2 为 $\mathbb{F}^n$ 的两个子空间, 且 $V_1 \subset V_2$, $\dim V_1 = \dim V_2$, 证明: $V_1 = V_2$.

3.54　证明: 秩 $\boldsymbol{AB}=$ 秩 $\boldsymbol{B}$ 的充分必要条件是 $\boldsymbol{ABx}=\boldsymbol{0}$ 与 $\boldsymbol{Bx}=\boldsymbol{0}$ 同解.

3.55　$\boldsymbol{A}$ 为 $m\times n$ 实矩阵, 证明

$$秩\boldsymbol{A} = 秩\boldsymbol{A}^{\mathrm{T}}\boldsymbol{A} = 秩\boldsymbol{A}\boldsymbol{A}^{\mathrm{T}}.$$

3.56　设 $\boldsymbol{A}$ 为 n 阶阵, 证明: 秩 $\boldsymbol{A}^n =$ 秩 $\boldsymbol{A}^{n+1}$.

3.57　设 $\boldsymbol{A}, \boldsymbol{B}$ 为同型阵, 证明: 齐次方程组 $\boldsymbol{Ax}=\boldsymbol{0}$ 与 $\boldsymbol{Bx}=\boldsymbol{0}$ 同解的充分必要条件是存在可逆阵 $\boldsymbol{C}$ 使 $\boldsymbol{A}=\boldsymbol{CB}$.

3.58　证明: 线性方程组 $\boldsymbol{Ax}=\boldsymbol{a}$ 及 $\boldsymbol{Bx}=\boldsymbol{b}$ 有解且同解的充要条件是存在列满秩矩阵 $\boldsymbol{P}$, 使 $\boldsymbol{P}(\boldsymbol{B}\ \ \boldsymbol{b}) = (\boldsymbol{A}\ \ \boldsymbol{a})$, 其中 $\boldsymbol{A}$ 为 $m\times n$ 阵, $\boldsymbol{B}$ 为 $s\times n$ 阵, $s<m$.

3.59　设 $\boldsymbol{A}$ 为实反对称阵, 证明 $\boldsymbol{I}-\boldsymbol{A}$ 可逆.

3.60　设 $\boldsymbol{\alpha}_1, \cdots, \boldsymbol{\alpha}_n$ 为 $\mathbb{F}^n$ 的一组基, $\boldsymbol{A}_{m\times n}$ 的秩为 r, $\boldsymbol{Ax}=\boldsymbol{0}$ 的解空间为 V_0, 证明

$$V_1 = \left\{ \sum_{i=1}^{n} x_i \boldsymbol{\alpha}_i \,\middle|\, \boldsymbol{x} = \begin{pmatrix} x_1 \\ \vdots \\ x_n \end{pmatrix} \in V_0 \right\}$$

是 $\mathbb{F}^n$ 的子空间, 并求其维数.

3.61　求 $L(\boldsymbol{\alpha}_1,\ \boldsymbol{\alpha}_2) \bigcap L(\boldsymbol{\beta}_1,\ \boldsymbol{\beta}_2)$ 的一组基, 其中 $\boldsymbol{\alpha}_1 = (1\ \ 2\ \ 1\ \ 0)$, $\boldsymbol{\alpha}_2 = (-1\ \ 1\ \ 1\ \ 1)$, $\boldsymbol{\beta}_1 = (2\ \ -1\ \ 0\ \ 1)$, $\boldsymbol{\beta}_2 = (1\ \ -1\ \ 3\ \ 7)$.

3.62　设

$$\begin{aligned}
\boldsymbol{\alpha}_{11} &= (\,a_{11}+1 \quad a_{12} \quad \cdots \quad \boldsymbol{a}_{1n}\,),\\
\boldsymbol{\alpha}_{12} &= (\,a_{11}-1 \quad a_{12} \quad \cdots \quad \boldsymbol{a}_{1n}\,),\\
\boldsymbol{\alpha}_{21} &= (\,a_{21} \quad a_{22}+1 \quad \cdots \quad \boldsymbol{a}_{2n}\,),\\
\boldsymbol{\alpha}_{22} &= (\,a_{21} \quad a_{22}-1 \quad \cdots \quad \boldsymbol{a}_{2n}\,),\\
&\cdots\cdots\\
\boldsymbol{\alpha}_{k1} &= (\,a_{k1} \quad \cdots \quad a_{kk}+1 \quad \cdots \quad \boldsymbol{a}_{kn}\,),\\
\boldsymbol{\alpha}_{k2} &= (\,a_{k1} \quad \cdots \quad a_{kk}-1 \quad \cdots \quad \boldsymbol{a}_{kn}\,).
\end{aligned}$$

证明: 存在 k 个向量构成的向量组 $\boldsymbol{\alpha}_{1j_1}, \boldsymbol{\alpha}_{2j_2}, \cdots, \boldsymbol{\alpha}_{kj_k}$ 是线性无关组, 其中 $j_1, j_2, \cdots, j_k$ 不是 1, 就是 2.

3.63　设 $\boldsymbol{\alpha}$ 是非齐次线性方程组 $\boldsymbol{Ax}=\boldsymbol{b}$ 的一个解向量, $\boldsymbol{c}$ 是一个列, 如果 $\boldsymbol{c}^{\mathrm{T}}\boldsymbol{\alpha} \neq \boldsymbol{d}$, 则扩充的非齐次线性方程组

$$\begin{cases} \boldsymbol{c}^{\mathrm{T}}\boldsymbol{x} = \boldsymbol{d}, \\ \boldsymbol{Ax} = \boldsymbol{b} \end{cases}$$

无解的充要条件是秩 $\boldsymbol{A}=$ 秩 $(\boldsymbol{A}^{\mathrm{T}}\ \ \boldsymbol{c})$.

3.64 设 $\boldsymbol{G}$ 为 $\boldsymbol{A}$ 的一广义逆矩阵 (见 2.7 节), 如果 $\boldsymbol{Ax}=\boldsymbol{b}$ 有解, 证明

(1) $\boldsymbol{Gb}$ 是非齐次线性方程组 $\boldsymbol{Ax}=\boldsymbol{b}$ 的一个解;

(2) 齐次线性方程组 $\boldsymbol{Ax}=\boldsymbol{0}$ 的通解为 $(\boldsymbol{I}-\boldsymbol{GA})\boldsymbol{y}$, 其中 $\boldsymbol{y}$ 为 $\mathbb{F}^n$ 中的任意向量;

(3) 设 $\boldsymbol{A}$ 的秩为 r, 则秩 $(\boldsymbol{I}-\boldsymbol{GA})=n-r$;

(4) $\boldsymbol{Ax}=\boldsymbol{b}$ 的结构式通解为 $\boldsymbol{Gb}+k_1\boldsymbol{\alpha}_1+k_2\boldsymbol{\alpha}_2+\cdots+k_{n-r}\boldsymbol{\alpha}_{n-r}$, 其中 $\boldsymbol{\alpha}_1,\boldsymbol{\alpha}_2,\cdots,\boldsymbol{\alpha}_{n-r}$ 为 $\boldsymbol{I}-\boldsymbol{GA}$ 的列向量组的一个极大无关组, $k_1,k_2,\cdots,k_{n-r}$ 为数域 $\mathbb{F}$ 中任意数.

第4章　特征值、特征向量与相似矩阵

特征值和特征向量是高等代数特别是线性代数的重要内容之一, 它们与矩阵相似密切相关, 并且在应用数学、数值分析和统计数学等领域中应用广泛. 本章给出这方面的几个基本结果.

4.1　特征值与特征向量

现从微分方程组的求解引入.

设 y 为 x 的函数, 不难求出微分方程 $y' = ay$ 的通解为 $y = c\mathrm{e}^{ax}$, 其中 c 为任意常数. 如果我们想求微分方程组

$$\begin{cases} y' = y + 2z, \\ z' = 3y + 4z \end{cases}$$

的形为 $y = x_1\mathrm{e}^{\lambda x}$, $z = x_2\mathrm{e}^{\lambda x}$ 的解, 可以将其代入方程组, 经化简得

$$\begin{pmatrix} 1 & 2 \\ 3 & 4 \end{pmatrix}\begin{pmatrix} x_1 \\ x_2 \end{pmatrix} = \lambda\begin{pmatrix} x_1 \\ x_2 \end{pmatrix}.$$

为解决问题, 需要求满足上式的 λ 及向量 $\begin{pmatrix} x_1 \\ x_2 \end{pmatrix}$. 这引出了如下定义.

定义 4.1　$\boldsymbol{A}$ 为数域 $\mathbb{F}$ 上的 n 阶方阵, 如果存在 $\mathbb{F}$ 上的 n 维向量 $\boldsymbol{x} \neq \boldsymbol{0}$ 及数 $\lambda \in \mathbb{F}$, 使

$$\boldsymbol{A}\boldsymbol{x} = \lambda\boldsymbol{x}, \tag{4.1}$$

则称 λ 为 $\boldsymbol{A}$ 的一个**特征值**, $\boldsymbol{x}$ 为 $\boldsymbol{A}$ 的属于特征值 λ 的一个**特征向量**.

我们的问题是要在同一个方程 (4.1) 中, 既要求 λ, 又要求出相应的 $\boldsymbol{x}$. 将 (4.1) 变形为

$$(\lambda\boldsymbol{I}_n - \boldsymbol{A})\boldsymbol{x} = \boldsymbol{0}, \tag{4.2}$$

此方程称为 $\boldsymbol{A}$ 的**特征方程**.

(4.1) 式说明方程 (4.2) 有非零解, 于是可知系数行列式为 0, 即 $|\lambda\boldsymbol{I}_n - \boldsymbol{A}| = 0$.

由上易见, 特征值应为

$$|\lambda\boldsymbol{I}_n - \boldsymbol{A}| = f(\lambda) = \lambda^n + a_1\lambda^{n-1} + \cdots + a_n \tag{4.3}$$

在数域 $\mathbb{F}$ 中的根. 多项式 (4.3) 称为 $\boldsymbol{A}$ 的**特征多项式**. 由第 1 章习题可知 (4.3) 式中

$$a_1 = -\mathrm{tr}\boldsymbol{A}, \quad a_n = (-1)^n|\boldsymbol{A}|.$$

一般有

$$a_k = (-1)^k \cdot (\boldsymbol{A} \text{ 的所有 } k \text{ 阶主子式之和}),$$

其中 k 阶主子式, 即如下形状的子式

$$\begin{vmatrix} a_{i_1i_1} & a_{i_1i_2} & \cdots & a_{i_1i_k} \\ a_{i_2i_1} & a_{i_2i_2} & \cdots & a_{i_2i_k} \\ \vdots & \vdots & & \vdots \\ a_{i_ki_1} & a_{i_ki_2} & \cdots & a_{i_ki_k} \end{vmatrix},$$

此处 $1 \leqslant i_1 < i_2 < \cdots < i_k \leqslant n$, $\boldsymbol{A} = (a_{ij})_{n\times n}$.

由上讨论可知求矩阵 $\boldsymbol{A}$ 的特征值及特征向量的步骤如下:

(1) 先求特征多项式 $f(\lambda) = |\lambda\boldsymbol{I} - \boldsymbol{A}|$;

(2) 再求 $f(\lambda)$ 在 $\mathbb{F}$ 中的全部根即为全部特征值;

(3) 将所求得的特征值分别代入特征方程 $(\lambda\boldsymbol{I} - \boldsymbol{A})\boldsymbol{x} = \boldsymbol{0}$ 中, 解这些齐次方程组, 分别求出通解, 去掉零解即得相应特征值的相应特征向量的全部.

例 4.1　求矩阵 $\boldsymbol{A}$ 的特征值与特征向量, 其中

$$\boldsymbol{A} = \begin{pmatrix} -2 & 1 & 1 \\ 0 & 2 & 0 \\ -4 & 1 & 3 \end{pmatrix}.$$

解　(1) 先求特征多项式

$$|\lambda\boldsymbol{I} - \boldsymbol{A}| = \begin{vmatrix} \lambda+2 & -1 & -1 \\ 0 & \lambda-2 & 0 \\ 4 & -1 & \lambda-3 \end{vmatrix} = (\lambda-2)^2(\lambda+1).$$

(2) 由上知 $\boldsymbol{A}$ 有二重特征值 2 及单特征值 -1.

(3) 将 $\lambda = 2$ 代入特征方程

$$\begin{pmatrix} 4 & -1 & -1 \\ 0 & 0 & 0 \\ 4 & -1 & -1 \end{pmatrix}\begin{pmatrix} x_1 \\ x_2 \\ x_3 \end{pmatrix} = \begin{pmatrix} 0 \\ 0 \\ 0 \end{pmatrix},$$

解此方程组, 求得基础解系是

$$\begin{pmatrix} 1 \\ 4 \\ 0 \end{pmatrix} \text{ 及 } \begin{pmatrix} 1 \\ 0 \\ 4 \end{pmatrix}.$$

因此 $\boldsymbol{A}$ 的属于特征值 2 的全部特征向量是

$$k_1\begin{pmatrix}1\\4\\0\end{pmatrix}+k_2\begin{pmatrix}1\\0\\4\end{pmatrix},$$

其中 k_1, k_2 不同时为 0 (如果 $k_1=k_2=0$, 上式表达的是个零向量, 而特征向量是非零向量).

再将 $\lambda=-1$ 代入特征方程得

$$\begin{pmatrix}1&-1&-1\\0&-3&0\\4&-1&-4\end{pmatrix}\begin{pmatrix}x_1\\x_2\\x_3\end{pmatrix}=\begin{pmatrix}0\\0\\0\end{pmatrix},$$

由此解得 $\boldsymbol{A}$ 的属于特征值 -1 的全部特征向量是

$$k\begin{pmatrix}1\\0\\1\end{pmatrix}\quad(k\neq 0).$$ □

例 4.2　求 $\boldsymbol{A}=\begin{pmatrix}0&1\\-1&0\end{pmatrix}$ 的特征值和特征向量.

解　因为

$$|\lambda\boldsymbol{I}-\boldsymbol{A}|=\lambda^2+1=(\lambda+\mathrm{i})(\lambda-\mathrm{i}),$$

故如果在实数域上讨论问题就无特征值, 而在复数域上讨论就有特征值 $\lambda=\mathrm{i}$ 及 $\lambda=-\mathrm{i}$, 并且容易求得特征向量分别为

$$k\begin{pmatrix}1\\\mathrm{i}\end{pmatrix}\quad(k\neq 0)\quad 及\quad k\begin{pmatrix}1\\-\mathrm{i}\end{pmatrix}\quad(k\neq 0).$$ □

由于复数域上次数大于 0 的多项式总有根 (代数基本定理), 所以复方阵的特征值总存在, 而一般数域上的矩阵就未必存在特征值 (例 4.1.2 中的实矩阵 $\boldsymbol{A}$ 就如此). 但是一般数域上的矩阵总可以看成复数矩阵, 所以特征多项式在复数域上总有根, 这些根称为**特征根**. 例 4.2 中实阵 $\boldsymbol{A}$ 就有特征根 $\pm\mathrm{i}$.

例 4.3　设 λ_0 是 $\boldsymbol{A}$ 的一个特征值, 证明: $\lambda_0^3-2\lambda_0^2+\lambda_0-5$ 是 $\boldsymbol{A}^3-2\boldsymbol{A}^2+\boldsymbol{A}-5\boldsymbol{I}_n$ 的一个特征值.

证明　由 $\boldsymbol{A}\boldsymbol{x}=\lambda_0\boldsymbol{x}\ (\boldsymbol{x}\neq\boldsymbol{0})$, 易见

$$\begin{aligned}(\boldsymbol{A}^3-2\boldsymbol{A}^2+\boldsymbol{A}-5\boldsymbol{I}_n)\boldsymbol{x}&=\boldsymbol{A}^3\boldsymbol{x}-2\boldsymbol{A}^2\boldsymbol{x}+\boldsymbol{A}\boldsymbol{x}-5\boldsymbol{x}\\&=\lambda_0^3\boldsymbol{x}-2\lambda_0^2\boldsymbol{x}+\lambda_0\boldsymbol{x}-5\boldsymbol{x}\\&=(\lambda_0^3-2\lambda_0^2+\lambda_0-5)\boldsymbol{x},\end{aligned}$$

这证明了结论. □

例 4.4 设 $\boldsymbol{A}$ 为 n 阶实对称阵, 证明:

(i) $\boldsymbol{A}$ 的特征根都是实数;

(ii) 对任意实矩阵 $\boldsymbol{B}$ 必有 $\boldsymbol{B}^{\mathrm{T}}\boldsymbol{B}$ 的特征值都不小于零.

证明 (i) 设 λ 是 $\boldsymbol{A}$ 的任意一个特征根, $\boldsymbol{x}$ 是相应的特征向量, 则 $\boldsymbol{Ax}=\lambda\boldsymbol{x}$, 显然 $\boldsymbol{x}$ 是复向量. 用 $\overline{\boldsymbol{A}}$ 表示 $\boldsymbol{A}$ 的每个元素都取共轭复数后得到的矩阵.

不难证明, 对任意复数 a 及 b 有

$$\overline{a+b}=\overline{a}+\overline{b},\quad \overline{ab}=\overline{a}\,\overline{b},$$

从而易推得对任意运算可行的矩阵 $\boldsymbol{A}$, $\boldsymbol{B}$ 及 λ 有

$$\overline{\boldsymbol{A}+\boldsymbol{B}}=\overline{\boldsymbol{A}}+\overline{\boldsymbol{B}},\quad \overline{\lambda\boldsymbol{A}}=\overline{\lambda}\,\overline{\boldsymbol{A}},\quad \overline{\boldsymbol{AB}}=\overline{\boldsymbol{A}}\,\overline{\boldsymbol{B}}.$$

现在以 $\overline{\boldsymbol{x}}^{\mathrm{T}}$ 左乘 $\boldsymbol{Ax}=\lambda\boldsymbol{x}$ 的两端得

$$\overline{\boldsymbol{x}}^{\mathrm{T}}\boldsymbol{Ax}=\lambda\overline{\boldsymbol{x}}^{\mathrm{T}}\boldsymbol{x},$$

易见

$$\overline{\overline{\boldsymbol{x}}^{\mathrm{T}}\boldsymbol{x}}^{\mathrm{T}}=\overline{\boldsymbol{x}^{\mathrm{T}}}\boldsymbol{x}.$$

又因为 $\boldsymbol{A}$ 是实对称阵, 容易看出

$$\overline{\overline{\boldsymbol{x}}^{\mathrm{T}}\boldsymbol{Ax}}^{\mathrm{T}}=\overline{\boldsymbol{x}}^{\mathrm{T}}\overline{\boldsymbol{A}}^{\mathrm{T}}\boldsymbol{x}=\overline{\boldsymbol{x}}^{\mathrm{T}}\boldsymbol{Ax}.$$

这说明 $\overline{\boldsymbol{x}}^{\mathrm{T}}\boldsymbol{x}$ 及 $\overline{\boldsymbol{x}}^{\mathrm{T}}\boldsymbol{Ax}$ 都是实数, 又设

$$\boldsymbol{x}=\begin{pmatrix}x_1\\ \vdots\\ x_n\end{pmatrix}\neq\boldsymbol{0},$$

易见 $\overline{\boldsymbol{x}}^{\mathrm{T}}\boldsymbol{x}>0$, 故由 $\overline{\boldsymbol{x}}^{\mathrm{T}}\boldsymbol{Ax}=\lambda\overline{\boldsymbol{x}}^{\mathrm{T}}\boldsymbol{x}$ 知 λ 为实数, 且 λ 的值与 $\overline{\boldsymbol{x}}^{\mathrm{T}}\boldsymbol{Ax}$ 同号.

(ii) 显然 $\boldsymbol{B}^{\mathrm{T}}\boldsymbol{B}$ 为实对称阵, 仿 (i) 知

$$\overline{\boldsymbol{x}}^{\mathrm{T}}\boldsymbol{B}^{\mathrm{T}}\boldsymbol{Bx}=\overline{\boldsymbol{Bx}}^{\mathrm{T}}\boldsymbol{Bx}.$$

设 $\boldsymbol{Bx}=\boldsymbol{y}$, 易见 $\overline{\boldsymbol{y}}^{\mathrm{T}}\boldsymbol{y}\geqslant 0$, 即

$$\overline{\boldsymbol{x}}^{\mathrm{T}}\boldsymbol{B}^{\mathrm{T}}\boldsymbol{Bx}\geqslant 0,$$

由 (i) 知 λ 与其同号, 故 $\lambda\geqslant 0$. □

定理 4.1 设 $\lambda_1,\lambda_2,\cdots,\lambda_t$ 是 $\boldsymbol{A}$ 的 t 个不同特征值, $\boldsymbol{\alpha}_{11},\boldsymbol{\alpha}_{12},\cdots,\boldsymbol{\alpha}_{1s_1};\boldsymbol{\alpha}_{21},\boldsymbol{\alpha}_{22},\cdots,\boldsymbol{\alpha}_{2s_2};\cdots;\boldsymbol{\alpha}_{t1},\boldsymbol{\alpha}_{t2},\cdots,\boldsymbol{\alpha}_{ts_t}$ 分别是属于这些特征值的线性无关的特征向量组, 则如上这 $s_1+s_2+\cdots+s_t$ 个向量仍构成线性无关组.

证明　对 t 用数学归纳法. $t=1$ 时结论显然, 假定 $t-1$ 时结论成立, 看 t 时的情形. 设

$$\sum_{j=1}^{s_1} k_{1j}\boldsymbol{\alpha}_{1j}+\sum_{j=1}^{s_2} k_{2j}\boldsymbol{\alpha}_{2j}+\cdots+\sum_{j=1}^{s_t} k_{tj}\boldsymbol{\alpha}_{tj}=\mathbf{0}, \tag{4.4}$$

以 $\boldsymbol{A}$ 左乘 (4.4) 式两端, 由诸 $\boldsymbol{\alpha}_{ij}$ 为 $\boldsymbol{A}$ 的属于特征值 λ_i 的特征向量可得

$$\lambda_1\sum_{j=1}^{s_1} k_{1j}\boldsymbol{\alpha}_{1j}+\lambda_2\sum_{j=1}^{s_2} k_{2j}\boldsymbol{\alpha}_{2j}+\cdots+\lambda_t\sum_{j=1}^{s_t} k_{tj}\boldsymbol{\alpha}_{tj}=\mathbf{0}. \tag{4.5}$$

将 (4.4) 式乘 λ_1 减 (4.5) 式得

$$(\lambda_1-\lambda_2)\sum_{j=1}^{s_2} k_{2j}\boldsymbol{\alpha}_{2j}+\cdots+(\lambda_1-\lambda_t)\sum_{j=1}^{s_t} k_{tj}\boldsymbol{\alpha}_{tj}=\mathbf{0},$$

由归纳假设知去掉第一组后剩余 $t-1$ 组总计 $s_2+s_3+\cdots+s_t$ 个向量构成线性无关组, 故由上式知

$$(\lambda_1-\lambda_i)k_{ij_i}=0 \quad (i=2,3,\cdots,t,\ j_i=1,2,\cdots,s_i).$$

由 $\lambda_1,\lambda_2,\cdots,\lambda_t$ 互不相同知

$$k_{21}=\cdots=k_{2s_2}=\cdots=k_{t1}=\cdots=k_{ts_t}=0.$$

将此式代入 (4.4) 式知

$$k_{11}\boldsymbol{\alpha}_{11}+k_{12}\boldsymbol{\alpha}_{12}+\cdots+k_{1s_1}\boldsymbol{\alpha}_{1s_1}=\mathbf{0}.$$

再由 $\boldsymbol{\alpha}_{11},\boldsymbol{\alpha}_{12},\cdots,\boldsymbol{\alpha}_{1s_1}$ 线性无关知

$$k_{11}=k_{12}=\cdots=k_{1s_1}=0,$$

故结论得证. □

推论 4.1　设 $\boldsymbol{A}$ 为 n 阶阵, $\boldsymbol{\alpha}_1,\boldsymbol{\alpha}_2,\cdots,\boldsymbol{\alpha}_t$ 分别为 $\boldsymbol{A}$ 的属于不同特征值 $\lambda_1,\lambda_2,\cdots,\lambda_t$ 的特征向量, 则 $\boldsymbol{\alpha}_1,\boldsymbol{\alpha}_2,\cdots,\boldsymbol{\alpha}_t$ 线性无关.

练　习　4.1

4.1.1　求下列矩阵的特征值和特征向量:

(1) $\begin{pmatrix}-1&0&0\\4&-3&0\\-5&-2&2\end{pmatrix}$;　(2) $\begin{pmatrix}0&-1&1\\-1&0&1\\1&1&0\end{pmatrix}$;　(3) $\begin{pmatrix}3&2&-1\\-2&-2&2\\3&6&-1\end{pmatrix}$;

(4) $\begin{pmatrix} 2 & 3 & 2 \\ 1 & 4 & 2 \\ 1 & -3 & 1 \end{pmatrix}$; (5) $\begin{pmatrix} 0 & 1 & 2 \\ 0 & 0 & 3 \\ 0 & 0 & 0 \end{pmatrix}$; (6) $\begin{pmatrix} 1 & 1 & 1 & 1 \\ 1 & 1 & -1 & -1 \\ 1 & -1 & 1 & -1 \\ 1 & -1 & -1 & 1 \end{pmatrix}$.

4.1.2 求分别满足如下关系的 $\boldsymbol{A}$ 的所有可能的特征值:

(1) $\boldsymbol{A}^2 = \boldsymbol{A}$; (2) $\boldsymbol{A}^2 = \boldsymbol{I}_n$; (3) $\boldsymbol{A}^3 = \boldsymbol{A}$.

4.1.3 判断下列叙述正确与否, 正确者说明理由, 错误者举出反例.

(1) 若 2 是 $\boldsymbol{A}$ 的一个特征值, 则 2 也是 $\boldsymbol{A}^{\mathrm{T}}$ 及 $3\boldsymbol{A} - 4\boldsymbol{I}_n$ 的特征值.

(2) $\boldsymbol{A}$ 的属于特征值 1 的全部特征向量构成一个子空间.

(3) 三阶阵 $\boldsymbol{A}$ 每行元素和都是零, 则它必有特征向量 $\begin{pmatrix} 1 \\ 1 \\ 1 \end{pmatrix}$.

(4) 如果 $\boldsymbol{A}$ 有特征值 -2, 则 $\left(\frac{1}{2}\boldsymbol{A}\right)^2$ 有特征值 -1.

(5) $\begin{pmatrix} 1 \\ -2 \end{pmatrix}$ 及 $\begin{pmatrix} -3 \\ 6 \end{pmatrix}$ 可能成为分别属于特征值 1 和 2 的某二阶阵的相应两个特征向量.

4.1.4 分别求对角阵、上三角阵、下三角阵的特征值.

4.1.5 设 $\boldsymbol{A} = \mathrm{diag}(\boldsymbol{A}_1, \boldsymbol{A}_2)$, 又 $\boldsymbol{A}_1$ 及 $\boldsymbol{A}_2$ 的全部特征值分别为 $\lambda_1, \lambda_2, \cdots, \lambda_t$ 及 $\mu_1, \mu_2, \cdots, \mu_s$, 求 $t+s$ 阶阵 $\boldsymbol{A}$ 的特征值.

4.1.6 由 $|3\boldsymbol{I} + \boldsymbol{A}| = 0$ 能知道 $\boldsymbol{A}$ 的一个特征值吗?

4.1.7 若三阶阵 $\boldsymbol{A}$ 使 $\boldsymbol{A}+\boldsymbol{I}$, $\boldsymbol{A}+2\boldsymbol{I}$, $\boldsymbol{A}-2\boldsymbol{I}$ 都奇异, 求 $\boldsymbol{A}$ 的全部特征值.

4.1.8 证明: $\boldsymbol{A}$ 为奇异阵的充要条件是 0 为 $\boldsymbol{A}$ 的一个特征值.

4.1.9 设可逆阵 $\boldsymbol{A}$ 有特征值 λ, 证明: λ^{-1} 是 $\boldsymbol{A}^{-1}$ 的一个特征值.

4.1.10 证明: 实反对称阵的特征根是纯虚数或零.

4.1.11 设 λ_1 及 λ_2 为 $\boldsymbol{A}$ 的两个不同特征值, $\boldsymbol{\alpha}_1$ 及 $\boldsymbol{\alpha}_2$ 分别为 $\boldsymbol{A}$ 属于 λ_1 及 λ_2 的特征向量, 证明 $\boldsymbol{\alpha}_1 + \boldsymbol{\alpha}_2$ 不是 $\boldsymbol{A}$ 的特征向量.

4.2 相似矩阵

从第 3 章已知, $\mathbb{F}^n$ 空间的线性变换的矩阵, 当基底改变时也要改变, 一个线性变换在不同基下矩阵之间的关系是相似的. 由此自然考虑如下的问题: 适当地选择基底使一个已知线性变换的矩阵尽量简单. 这个问题的另一种表述就是: 在相似关系下求矩阵最简形, 即与一个已知矩阵 $\boldsymbol{A}$ 相似的最简单的矩阵, 应该有什么样的形状?

先看 n 阶阵 $\boldsymbol{A}$ 相似于对角阵的情况. 设存在可逆阵 $\boldsymbol{T}$, 使

$$\boldsymbol{T}^{-1}\boldsymbol{A}\boldsymbol{T} = \mathrm{diag}(\lambda_1, \lambda_2, \cdots, \lambda_n),$$

$\boldsymbol{T} = (\boldsymbol{T}_1 \quad \boldsymbol{T}_2 \quad \cdots \quad \boldsymbol{T}_n)$ 是按列分块写法, 从而

$$\boldsymbol{A}(\boldsymbol{T}_1 \quad \boldsymbol{T}_2 \quad \cdots \quad \boldsymbol{T}_n) = (\boldsymbol{T}_1 \quad \boldsymbol{T}_2 \quad \cdots \quad \boldsymbol{T}_n)\,\mathrm{diag}(\lambda_1, \lambda_2, \cdots, \lambda_n),$$

按分块运算规则可得

$$\boldsymbol{A}\boldsymbol{T}_i = \lambda_i \boldsymbol{T}_i \quad (i = 1, 2, \cdots, n).$$

因为 $\boldsymbol{T}_1, \boldsymbol{T}_2, \cdots, \boldsymbol{T}_n$ 是可逆阵 $\boldsymbol{T}$ 的各列, 所以都是非零向量, 从而上式说明 $\boldsymbol{T}_1, \boldsymbol{T}_2, \cdots, \boldsymbol{T}_n$ 为 $\boldsymbol{A}$ 的分别属于 $\lambda_1, \lambda_2, \cdots, \lambda_n$ 的特征向量. $\boldsymbol{T}_1, \boldsymbol{T}_2, \cdots, \boldsymbol{T}_n$ 显然是线性无关的, 这说明当 n 阶阵 $\boldsymbol{A}$ 相似于对角阵时, $\boldsymbol{A}$ 必有 n 个线性无关的特征向量.

反之, 如果 n 阶阵 $\boldsymbol{A}$ 有 n 个线性无关的特征向量, 不妨设其为 $\boldsymbol{T}_1, \boldsymbol{T}_2, \cdots, \boldsymbol{T}_n$ 且

$$\boldsymbol{A}\boldsymbol{T}_i = \lambda_i \boldsymbol{T}_i, \quad i = 1, 2, \cdots, n \quad (\text{注: } \lambda_1, \lambda_2, \cdots, \lambda_n \text{ 未必互不同}).$$

由上式不难看出下式成立

$$\boldsymbol{A}(\boldsymbol{T}_1 \quad \boldsymbol{T}_2 \quad \cdots \quad \boldsymbol{T}_n) = (\boldsymbol{T}_1 \quad \boldsymbol{T}_2 \quad \cdots \quad \boldsymbol{T}_n)\,\mathrm{diag}(\lambda_1, \lambda_2, \cdots, \lambda_n),$$

因 $\boldsymbol{T}_1, \boldsymbol{T}_2, \cdots, \boldsymbol{T}_n$ 线性无关, 从而令 $\boldsymbol{T} = (\boldsymbol{T}_1 \quad \boldsymbol{T}_2 \quad \cdots \quad \boldsymbol{T}_n)$, 故知其可逆, 于是

$$\boldsymbol{T}^{-1}\boldsymbol{A}\boldsymbol{T} = \mathrm{diag}(\lambda_1, \lambda_2, \cdots, \lambda_n).$$

利用如上结论我们证明了如下定理.

定理 4.2　一个 n 阶阵相似于对角阵的充要条件是: n 阶阵有 n 个线性无关的特征向量.

由于属于不同特征值的特征向量是线性无关的, 所以由定理 4.2 可推出如下的结论.

推论 4.2　若 n 阶阵 $\boldsymbol{A}$ 恰有 n 个不同特征值, 则 $\boldsymbol{A}$ 相似于对角阵.

这个推论实际上只是矩阵相似于对角阵的一个充分条件 (读者举例说明).

由定理 4.2 及推论 4.2 可知, 不是任意方阵都能与对角阵相似的, 相似于对角阵是需要特征值或特征向量方面的一些条件的. 为进一步寻找矩阵相似的简单形状, 我们先研究相似矩阵的一个重要性质.

命题 4.1　相似矩阵具有相同的特征多项式, 从而特征根完全一致.

证明　设 $\boldsymbol{A} \sim \boldsymbol{B}$, 即存在可逆阵 $\boldsymbol{T}$, 使 $\boldsymbol{A} = \boldsymbol{T}^{-1}\boldsymbol{B}\boldsymbol{T}$, 于是

$$\lambda\boldsymbol{I} - \boldsymbol{A} = \lambda\boldsymbol{I} - \boldsymbol{T}^{-1}\boldsymbol{B}\boldsymbol{T} = \boldsymbol{T}^{-1}(\lambda\boldsymbol{I} - \boldsymbol{B})\boldsymbol{T},$$

两边取行列式得

$$|\lambda\boldsymbol{I} - \boldsymbol{A}| = |\boldsymbol{T}^{-1}||\lambda\boldsymbol{I} - \boldsymbol{B}||\boldsymbol{T}| = |\lambda\boldsymbol{I} - \boldsymbol{B}|.$$

命题得证. □

下面给出矩阵相似于上三角阵的条件.

定理 4.3 数域 $\mathbb{F}$ 上的 n 阶阵 $\boldsymbol{A}$ 在 $\mathbb{F}$ 上相似于一个上三角阵 (即存在 $\mathbb{F}$ 上的可逆阵 $\boldsymbol{T}$ 使 $\boldsymbol{T}^{-1}\boldsymbol{A}\boldsymbol{T}$ 为上三角阵) 的充要条件是 $\boldsymbol{A}$ 的特征根都在 $\mathbb{F}$ 中.

证明 必要性: 设 $\boldsymbol{T}^{-1}\boldsymbol{A}\boldsymbol{T}=\boldsymbol{B}$, 易见上三角阵 $\boldsymbol{B}$ 是 $\mathbb{F}$ 上的矩阵, 从而 $\boldsymbol{B}$ 的对角线上的元素 $\lambda_1,\lambda_2,\cdots,\lambda_n$ 都在 $\mathbb{F}$ 中. 由命题 4.1 知

$$|\lambda\boldsymbol{I}-\boldsymbol{A}|=|\lambda\boldsymbol{I}-\boldsymbol{B}|=(\lambda-\lambda_1)(\lambda-\lambda_2)\cdots(\lambda-\lambda_n),$$

由此可知 $\lambda_1,\lambda_2,\cdots,\lambda_n$ 是 $\boldsymbol{A}$ 的特征根, 即 $\boldsymbol{A}$ 的特征根都在 $\mathbb{F}$ 中.

充分性: 对 n 用数学归纳法. $n=1$ 时显然. 假设 $n-1$ 时定理成立, 看 n 阶阵 $\boldsymbol{A}$. 设 λ_1 是 $\boldsymbol{A}$ 的一个特征根, 故 $\lambda_1\in\mathbb{F}$, 于是有 $\boldsymbol{0}\neq\boldsymbol{T}_1\in\mathbb{F}^n$, 使

$$\boldsymbol{A}\boldsymbol{T}_1=\lambda_1\boldsymbol{T}_1.$$

由 $\boldsymbol{T}_1$ 扩充成 $\boldsymbol{T}_1,\boldsymbol{T}_2,\cdots,\boldsymbol{T}_n$ 使之构成 $\mathbb{F}^n$ 的基. 令 $\boldsymbol{T}=(\boldsymbol{T}_1\ \ \boldsymbol{T}_2\ \ \cdots\ \ \boldsymbol{T}_n)$, 易见 $\boldsymbol{T}$ 可逆, 于是

$$\boldsymbol{A}(\boldsymbol{T}_1\ \ \boldsymbol{T}_2\ \ \cdots\ \ \boldsymbol{T}_n)=(\boldsymbol{T}_1\ \ \boldsymbol{T}_2\ \ \cdots\ \ \boldsymbol{T}_n)\begin{pmatrix}\lambda_1 & *\\ \boldsymbol{0} & \boldsymbol{A}_1\end{pmatrix},\tag{4.6}$$

其中 $\boldsymbol{A}_1$ 为 $\mathbb{F}$ 上 $n-1$ 阶阵. 由此易见 $\boldsymbol{A}$ 与 $\begin{pmatrix}\lambda_1 & *\\ \boldsymbol{O} & \boldsymbol{A}_1\end{pmatrix}$ 相似, 从而

$$|\lambda\boldsymbol{I}-\boldsymbol{A}|=\left|\lambda\boldsymbol{I}-\begin{pmatrix}\lambda_1 & *\\ \boldsymbol{O} & \boldsymbol{A}_1\end{pmatrix}\right|,$$

即 $|\lambda\boldsymbol{I}-\boldsymbol{A}|=(\lambda-\lambda_1)|\lambda\boldsymbol{I}-\boldsymbol{A}_1|$.

因 $\boldsymbol{A}$ 的特征根全在 $\mathbb{F}$ 中, 由上式推出 $\boldsymbol{A}_1$ 的特征根也都在 $\mathbb{F}$ 中, 对 $n-1$ 阶阵 $\boldsymbol{A}_1$ 使用归纳假设可知 $\boldsymbol{A}_1\sim\boldsymbol{A}_2$ 且 $\boldsymbol{A}_2$ 为上三角阵, 即存在 $\mathbb{F}$ 上可逆阵 $\boldsymbol{T}_0$, 使 $\boldsymbol{A}_1=\boldsymbol{T}_0\boldsymbol{A}_2\boldsymbol{T}_0^{-1}$, 于是

$$\begin{aligned}\begin{pmatrix}\lambda_1 & *\\ \boldsymbol{O} & \boldsymbol{A}_1\end{pmatrix}&=\begin{pmatrix}\lambda_1 & *\\ \boldsymbol{O} & \boldsymbol{T}_0\boldsymbol{A}_2\boldsymbol{T}_0^{-1}\end{pmatrix}\\&=\begin{pmatrix}1 & \boldsymbol{O}\\ \boldsymbol{O} & \boldsymbol{T}_0\end{pmatrix}\begin{pmatrix}\lambda_1 & *\\ \boldsymbol{O} & \boldsymbol{A}_2\end{pmatrix}\begin{pmatrix}1 & \boldsymbol{O}\\ \boldsymbol{O} & \boldsymbol{T}_0^{-1}\end{pmatrix},\end{aligned}$$

由此式及 (4.6) 式知, 在 $\mathbb{F}$ 上 $\boldsymbol{A}$ 相似于上三角阵. □

推论 4.3 实对称阵必实相似于实上三角阵.

证明 由上节知实对称阵特征根全为实数, 再由定理 4.3, 易见此推论成立. □

推论 4.4 任意复方阵都复相似于复上三角阵.

证明 因复矩阵的特征多项式必有根, 且根当然是复数, 再由定理 4.3, 结论显然. □

一个复方阵究竟能相似于何种简单的复上三角阵? 这个问题也就是著名的**若尔当** (Jordan) **标准形** 问题, 历史上已解决. 为节省篇幅在本书中我们只介绍一下结果, 而不给出证明.

定理 4.4　任意复方阵都相似于它的若尔当标准形

$$\boldsymbol{J} = \mathrm{diag}(\boldsymbol{J}_1,\ \boldsymbol{J}_2,\ \cdots,\ \boldsymbol{J}_t),$$

其中 $\boldsymbol{J}_1, \boldsymbol{J}_2, \cdots, \boldsymbol{J}_t$ 都是复方阵 (阶数未必一样), 称为**若尔当块**. 每一若尔当块为一阶时形状为 (a), 大于一阶时, 为如下形状

$$\begin{pmatrix} a & 1 & 0 & \cdots & 0 \\ 0 & a & 1 & \cdots & 0 \\ 0 & 0 & a & \cdots & 0 \\ \vdots & \vdots & \vdots & & \vdots \\ 0 & 0 & 0 & \cdots & 1 \\ 0 & 0 & 0 & \cdots & a \end{pmatrix}.$$

如果不计若尔当块的顺序, 标准形由原矩阵唯一决定.

例如

$$\begin{pmatrix} 0 & 1 & & & & & & & \\ & 0 & & & & & & & \\ & & 2 & 1 & & & & & \\ & & & 2 & 1 & & & & \\ & & & & 2 & & & & \\ & & & & & 0 & 1 & & \\ & & & & & & 0 & & \\ & & & & & & & 3 & \\ & & & & & & & & 0 \end{pmatrix}$$

就是一个若尔当标准形, 它由五个若尔当块构成, 其中两个一阶块, 两个二阶块, 一个三阶块.

推论 4.5　设 $\lambda_1, \lambda_2, \cdots, \lambda_n$ 为 n 阶阵 $\boldsymbol{A}$ 的全部特征根, 则

$$|\boldsymbol{A}| = \lambda_1\lambda_2\cdots\lambda_n, \qquad \mathrm{tr}\boldsymbol{A} = \sum_{i=1}^{n}\lambda_i.$$

证明　由推论 4.4 或定理 4.3, $\boldsymbol{A}$ 相似于上三角阵 $\boldsymbol{B}$, 且 $\boldsymbol{B}$ 的对角线上应为 $\boldsymbol{A}$ 的全部特征根 $\lambda_1, \lambda_2, \cdots, \lambda_n$, 易见

$$|\boldsymbol{B}| = \lambda_1\lambda_2\cdots\lambda_n, \qquad \mathrm{tr}\boldsymbol{B} = \sum_{i=1}^{n}\lambda_i.$$

但是 $\boldsymbol{A} \sim \boldsymbol{B}$, 从而结论成立. □

练 习 4.2

4.2.1 举例说明特征多项式相同的两个阵未必相似.

4.2.2 矩阵 $\begin{pmatrix} 3 & 2 \\ 0 & 3 \end{pmatrix}$ 是否相似于对角阵?

4.2.3 $\boldsymbol{A} = \begin{pmatrix} 1 & 1 \\ 0 & 2 \end{pmatrix}$ 是否相似于对角阵? 为什么?

4.2.4 证明下列二阶阵相似.

$$\begin{pmatrix} 1 & 0 \\ 0 & -1 \end{pmatrix}, \begin{pmatrix} -1 & 0 \\ 0 & 1 \end{pmatrix}, \begin{pmatrix} 0 & 1 \\ 1 & 0 \end{pmatrix}, \begin{pmatrix} 1 & 1 \\ 0 & -1 \end{pmatrix}.$$

4.2.5 证明对角线上元素互不同的上三角阵相似于对角阵.

4.2.6 设 $f(x) = a_0x^m + a_1x^{m-1} + \cdots + a_m$, n 阶阵 $\boldsymbol{A}$ 的特征值为 $\lambda_1, \lambda_2, \cdots, \lambda_n$, 证明: $f(\boldsymbol{A})$ 的全部特征值为 $f(\lambda_1), f(\lambda_2), \cdots, f(\lambda_n)$.

4.2.7 设 $\boldsymbol{A}$ 有特征值 $2, 4, \cdots, 2n$, 求 $|\boldsymbol{A} - 3\boldsymbol{I}_n|$.

4.2.8 求 $\boldsymbol{A}^{100}$:

(1) $\boldsymbol{A} = \begin{pmatrix} 1 & 4 & 2 \\ 0 & -3 & 4 \\ 0 & 4 & 3 \end{pmatrix}$; (2) $\boldsymbol{A} = \begin{pmatrix} -2 & 1 & 1 \\ 0 & 2 & 0 \\ -4 & 1 & 3 \end{pmatrix}$.

4.2.9 设 $\boldsymbol{A}$ 与对角阵相似, 证明 $f(\boldsymbol{A})$ 也与对角阵相似, 其中 $f(x)$ 是 x 的一个多项式.

4.2.10 求 x, y, 使 $\begin{pmatrix} x & 1 \\ 1 & 1 \end{pmatrix} \sim \begin{pmatrix} -1 & 0 \\ 0 & y \end{pmatrix}$.

4.2.11 已知三阶阵 $\boldsymbol{A}$ 满足 $\boldsymbol{A}\boldsymbol{\alpha}_i = i\boldsymbol{\alpha}_i \ (i = 1, 2, 3)$, 求 $\boldsymbol{A}$, 其中

$$\boldsymbol{\alpha}_1 = \begin{pmatrix} 1 \\ 2 \\ 2 \end{pmatrix}, \quad \boldsymbol{\alpha}_2 = \begin{pmatrix} 2 \\ -2 \\ 1 \end{pmatrix}, \quad \boldsymbol{\alpha}_3 = \begin{pmatrix} -2 \\ -1 \\ 2 \end{pmatrix}.$$

4.2.12 $\boldsymbol{A}, \boldsymbol{B}$ 有一非奇异, $\boldsymbol{AB}$ 相似于对角阵, 证明: $\boldsymbol{BA}$ 也相似于对角阵.

4.2.13 设 $\boldsymbol{A} = \boldsymbol{B}_1\boldsymbol{B}_2$, $\boldsymbol{B}_1^2 = \boldsymbol{I}$, $\boldsymbol{B}_2^2 = \boldsymbol{I}$, 证明: $\boldsymbol{A} \sim \boldsymbol{A}^{-1}$.

4.3 * 特征根估计

求一个矩阵的准确的特征值或特征根并不是一件容易的事情, 特别当矩阵阶数超过 4 时还没有一个一般的方法. 因此给出特征值或特征根在一些范围上的判断, 也就是对特征值做些估计就是非常重要的事了. 许多实际问题也往往仅需要知道特征值的一个范围, 例如, 在研究振动稳定性中人们感兴趣的是所有特征值有负实部, 在统计学和数值分析中往往感兴趣于正特征值或特征值是否在单位圆内.

本节介绍特征值估计中最基本的结果.

定理 4.5 (盖尔 (Gerschgorin) 圆盘定理)　设 $\boldsymbol{A}=(a_{ij})$ 为 n 阶复矩阵, 则 $\boldsymbol{A}$ 的特征值位于复平面上 n 个圆盘的并集中, 即在下述集合中

$$\bigcup_{i=1}^{n}\left\{z\ \middle|\ |z-a_{ii}|\leqslant p_i=\sum_{\substack{j=1\\j\neq i}}^{n}|a_{ij}|\right\}.$$

证明　设 λ 是 $\boldsymbol{A}$ 的任意特征值, $\boldsymbol{x}=(x_1\quad x_2\quad\cdots\quad x_n)^{\mathrm{T}}$ 为属于 λ 的一个特征向量, 即

$$\boldsymbol{A}\boldsymbol{x}=\lambda\boldsymbol{x}.$$

令 $x_i=\max\limits_{j}|x_j|$, 由 $\boldsymbol{x}\neq\boldsymbol{0}$ 知 $x_i\neq 0$, 于是

$$\sum_{j=1}^{n}a_{ij}x_j=\lambda x_i,$$

$$(\lambda-a_{ii})x_i=\sum_{\substack{j=1\\j\neq i}}^{n}a_{ij}x_j,$$

$$|\lambda-a_{ii}||x_i|\leqslant\sum_{\substack{j=1\\j\neq i}}^{n}|a_{ij}||x_j|,$$

$$|\lambda-a_{ii}|\leqslant\sum_{\substack{j=1\\j\neq i}}^{n}|a_{ij}|\frac{|x_j|}{|x_i|}\leqslant p_i,$$

这证明了定理. □

上述各圆盘称为 $\boldsymbol{A}$ 的**盖尔圆**.

例 4.5　设

$$\boldsymbol{A}=\begin{pmatrix}0&1&-1\\1.3&2&-0.7\\0.5&0.5\mathrm{i}&4\mathrm{i}\end{pmatrix},$$

求 $\boldsymbol{A}$ 的所有盖尔圆, 即圆盘.

解　易见 $p_1=2, p_2=2, p_3=1$, 故三个盖尔圆是

$$|\lambda|\leqslant 2;\quad |\lambda-2|\leqslant 2;\quad |\lambda-4\mathrm{i}|\leqslant 1.$$ □

圆盘定理指出, 特征值必在某一个圆盘之中, 但并未说明在哪个圆盘中, 也没说明一个圆盘就有一个特征值, 下述定理给出这些问题的一个讨论.

定理 4.6　设 $\boldsymbol{D}_1,\boldsymbol{D}_2,\cdots,\boldsymbol{D}_k$ 是复平面上 k 个互不相交的连通区域, 每个 $\boldsymbol{D}_i$ 恰由 n 阶阵 $\boldsymbol{A}$ 的 n_i 个盖尔圆构成, $\sum\limits_{i=1}^{k}n_i=n$, 则在每个 $\boldsymbol{D}_i$ 中有且只有 n_i 个特征值.

证明 令 $\boldsymbol{D}=\operatorname{diag}(a_{11},a_{12},\cdots,a_{nn})$, $\boldsymbol{C}=\boldsymbol{A}-\boldsymbol{D}$, 作参数矩阵

$$\boldsymbol{A}(t)=\boldsymbol{D}+t\boldsymbol{C}=\begin{pmatrix} a_{11} & ta_{12} & \cdots & ta_{1n} \\ ta_{21} & a_{22} & \cdots & ta_{2n} \\ \vdots & \vdots & & \vdots \\ ta_{n1} & ta_{n2} & \cdots & a_{nn} \end{pmatrix},$$

易见

$$\boldsymbol{A}(0)=\boldsymbol{D},\quad \boldsymbol{A}(1)=\boldsymbol{A}.$$

由于矩阵的特征值是连续依赖于矩阵元素的 (略去证明), 因此 $\boldsymbol{A}(t)$ 的特征值 $\lambda(t)$ 连续依赖于 t, $\lambda(0)$ 及 $\lambda(1)$ 正好分别为 $\boldsymbol{D}$ 和 $\boldsymbol{A}$ 的特征值.

在 t 从 0 变到 1 的过程中, $\boldsymbol{A}(t)$ 的特征值在平面上画出了几条连续曲线. 因为 $\boldsymbol{D}_i$ 互不相交, 所以由 $\boldsymbol{D}_i$ 的 n_i 个圆心发出的 n_i 条连续曲线不可能跑到 $\boldsymbol{D}_i$ 的外面去. 事实上, 若某条连续曲线终点落入到 $\boldsymbol{D}_j$ 中 $(j\neq i)$, 那么由于 $\boldsymbol{D}_i\cap\boldsymbol{D}_j=\varnothing$, 则必有某个 $\lambda_i(t_0)$ 落在 $\boldsymbol{A}$ 的 n 个圆盘的并集之外, 其中 $0<t_0<1$. 但是对 $\boldsymbol{A}(t_0)$ 使用圆盘定理, 则有某个 i 使

$$|\lambda(t_0)-a_{ii}|\leqslant\sum_{\substack{j=1\\ j\neq i}}^{n}t_0|a_{ij}|,$$

从而有

$$|\lambda(t_0)-a_{ii}|\leqslant\sum_{\substack{j=1\\ j\neq i}}^{n}|a_{ij}|=p_i.$$

此式说明 $\lambda(t_0)$ 还是落在 $\boldsymbol{A}$ 的 n 个盖尔圆盘的并集之中, 此与上面矛盾. 故由 $\boldsymbol{D}_i$ 的 n_i 个圆心发出的 n_i 条连续曲线的终点恰好都落到 $\boldsymbol{D}_i$ 中, 即 $\boldsymbol{D}_i$ 中至少有 n_i 个特征值, 由于 i 的任意性, 易见结论成立. □

定义 4.2 设 $\boldsymbol{A}=(a_{ij})$ 为 n 阶复矩阵, p_i 如定理 4.5 所述, 若

$$|a_{ii}|>p_i\quad(\forall\, i=1,2,\cdots,n),$$

则称 $\boldsymbol{A}$ 为**行严格对角占优矩阵**.

推论 4.6 若 $\boldsymbol{A}$ 行严格对角占优, 则 $|\boldsymbol{A}|\neq 0$.

证明 设 λ 是 $\boldsymbol{A}$ 的任意一个特征值, 由圆盘定理必有 i, 使

$$|\lambda-a_{ii}|\leqslant p_i.$$

又因为 $|\lambda-a_{ii}|\geqslant|a_{ii}|-|\lambda|$, 所以得

$$|\lambda|\geqslant|a_{ii}|-p_i.$$

由 $\boldsymbol{A}$ 行严格对角占优知上式右端恒正, 故 $|\lambda| > 0$, 即 $\boldsymbol{A}$ 的特征值中没有零, 从而 $|\boldsymbol{A}| \neq 0$. □

推论 4.7　若 $\boldsymbol{A}$ 行严格对角占优且 $\boldsymbol{A}$ 的主对角线上元素都为正实数, 则 $\boldsymbol{A}$ 的所有特征值都具有正实部.

证明　设 $\lambda = a + b\mathrm{i}$ 为 $\boldsymbol{A}$ 的任意特征值, 其中 a, b 为实数. 由盖尔圆盘定理可知, 至少存在一个 k, 使

$$|\lambda - a_{kk}| = |a + b\mathrm{i} - a_{kk}| \leqslant p_k < a_{kk},$$

其中 $\boldsymbol{A} = (a_{ij})$, a_{kk} 为 $\boldsymbol{A}$ 的对角元.

由上式易见

$$(a - a_{kk})^2 + b^2 < a_{kk}^2,$$

从而

$$0 < a^2 + b^2 < 2aa_{kk},$$

其中左边不等号是由推论 4.6 知 $\lambda \neq 0$ 推得的. 由上式且注意到 $a_{kk} > 0$，可知 $a = \mathrm{Re}(\lambda) > 0$, 推论得证. □

推论 4.8　若 $\boldsymbol{A}$ 是满足推论 4.7 条件的实矩阵, 则 $|\boldsymbol{A}| > 0$.

证明　由推论 4.7, $\boldsymbol{A}$ 的实特征值为正数, 但实系数多项式的虚根成对出现, 即若 x_0 是根, 则 $\overline{x_0}$ 也是根, 且重数一致 (略去证明), 故 $\boldsymbol{A}$ 的复特征值之积为正, 从而

$$|\boldsymbol{A}| = \lambda_1\lambda_2\cdots\lambda_n > 0.$$ □

练　习　4.3

4.3.1　用盖尔圆盘定理估计下述矩阵的特征值分布范围:

$$\begin{pmatrix} \mathrm{i} & 0.1 & 0.2 & 0.3 \\ 0.5 & 3 & 0.2 & 0.4 \\ 1 & 0.4 & -1 & 0.1 \\ 0.3 & -0.6 & 0.1 & -2 \end{pmatrix}.$$

4.3.2　证明: 若矩阵 $\boldsymbol{A}$ 的 n 个圆盘互不相交, 则 $\boldsymbol{A}$ 相似于对角阵.

4.3.3　证明: 盖尔圆盘定理中的 p_i 可改进为 $\sum\limits_{\substack{j=1\\j\neq i}}^{n} |a_{ij}|\dfrac{d_j}{d_i}$, 其中 $d_1, d_2, \cdots, d_n$ 为 n 个正数.

4.3.4　设 $\lambda_1, \lambda_2, \cdots, \lambda_n$ 为 $\boldsymbol{A}$ 的全部特征值, 定义

$$\rho(\boldsymbol{A}) = \max_i |\lambda_i| \quad (i = 1, 2, \cdots, n),$$

称为 $\boldsymbol{A}$ 的**谱半径**. 证明: $\rho(\boldsymbol{A}) \leqslant R = \max\limits_{i} R_i$, 其中 $R_i = \sum\limits_{j=1}^{n} |a_{ij}|$.

4.3.5 如果 $\boldsymbol{A} = (a_{ij})$ 为 n 阶复矩阵, 且有 k 个 i 使 $|a_{ii}| > p_i$, 证明: 秩 $\boldsymbol{A} \geqslant k$.

4.3.6 设 $\boldsymbol{A}^2 = \boldsymbol{A}$, $\boldsymbol{A} \neq \boldsymbol{I}_n$, 证明 $\boldsymbol{A}$ 不可能是行严格对角占优阵.

问题与研讨 4

问题 4.1 总结矩阵及其特征值、特征向量之间的相关结论.

问题 4.2 设 $\boldsymbol{A}$ 为一个 $n(n \geqslant 2)$ 阶阵, 对任意的 $k \in \{1, 2, \cdots, n\}$, $k\boldsymbol{A} + \boldsymbol{I}_n$ 都是奇异阵, 那么伴随阵 $(\boldsymbol{A} + \boldsymbol{I})^*$ 的秩是多少? $|\boldsymbol{A}^* + \boldsymbol{I}|$ 的值是多少?

问题 4.3 以 $\begin{pmatrix} 0 & 1 \\ 2 & 1 \end{pmatrix}^m$ 为例, 说明求 $\boldsymbol{A}^m$ 的方法.

问题 4.4 设 $\boldsymbol{A} = \begin{pmatrix} a & -1 & c \\ 5 & b & 3 \\ 1-c & 0 & -a \end{pmatrix}$, $|\boldsymbol{A}| = -1$, 又 $\boldsymbol{A}^*$ 有一个特征值 λ_0, 并且属于 λ_0 的特征向量为 $\boldsymbol{x} = \begin{pmatrix} -1 & -1 & 1 \end{pmatrix}^{\mathrm{T}}$. 求 a, b, c 及 λ_0.

问题 4.5 设

$$\boldsymbol{A} = \begin{pmatrix} 1 & -1 & 1 \\ 2 & 4 & -2 \\ -3 & -3 & a \end{pmatrix}, \quad \boldsymbol{B} = \begin{pmatrix} 2 & 0 & 0 \\ 0 & 2 & 0 \\ 0 & 0 & b \end{pmatrix},$$

由此可确定使 $\boldsymbol{B} = \boldsymbol{P}^{-1}\boldsymbol{A}\boldsymbol{P}$ 的 $\boldsymbol{P}$ 及 a, b 吗?

问题 4.6 * 设 $\boldsymbol{A}^n = \boldsymbol{I}_m$, 那么 $\dfrac{1}{n}\mathrm{tr}(\boldsymbol{A} + \boldsymbol{A}^2 + \cdots + \boldsymbol{A}^n)$ 表示 $\boldsymbol{A}$ 的特征值的什么信息?

问题 4.7 $\boldsymbol{A}$ 是三阶阵, 且 $\boldsymbol{A}\boldsymbol{\alpha}_i = i\boldsymbol{\alpha}_i, i = 1, 2, 3$, 求 $\boldsymbol{A}^n\boldsymbol{\beta}$, 其中

$$\boldsymbol{\alpha}_1 = \begin{pmatrix} 1 \\ 1 \\ 1 \end{pmatrix}, \quad \boldsymbol{\alpha}_2 = \begin{pmatrix} 1 \\ 2 \\ 4 \end{pmatrix}, \quad \boldsymbol{\alpha}_3 = \begin{pmatrix} 1 \\ 3 \\ 9 \end{pmatrix}, \quad \boldsymbol{\beta} = \begin{pmatrix} 1 \\ 1 \\ 3 \end{pmatrix}.$$

问题 4.8 * 设 $\boldsymbol{A}$ 为三阶阵, $\boldsymbol{x}$ 为三维列向量, 如果 $\boldsymbol{x}, \boldsymbol{A}\boldsymbol{x}, \boldsymbol{A}^2\boldsymbol{x}$ 线性无关, 且 $\boldsymbol{A}^3\boldsymbol{x} = 3\boldsymbol{A}\boldsymbol{x} - 2\boldsymbol{A}^2\boldsymbol{x}$, 由此能求出 $|\boldsymbol{A} + \boldsymbol{I}|$ 吗?

问题 4.9 * 设 $\boldsymbol{A} = \begin{pmatrix} 1 & 2 & -3 \\ -1 & 4 & -3 \\ 1 & a & 5 \end{pmatrix}$ 有一个二重特征根, 试问 $\boldsymbol{A}$ 是否相似于对角阵?

问题 4.10* *若 $m \geqslant n$, $\boldsymbol{A}$ 为 $m \times n$ 阵, $\boldsymbol{B}$ 为 $n \times m$ 阵, 那么 $\boldsymbol{AB}$ 与 $\boldsymbol{BA}$ 的特征多项式有何关系?*

总 习 题 4

A 类 题

4.1 设三阶阵 $\boldsymbol{A}$ 有特征值 2 及相应的特征向量

$$\begin{pmatrix}1\\1\\0\end{pmatrix},\quad \begin{pmatrix}1\\0\\-1\end{pmatrix},\quad \begin{pmatrix}3\\4\\1\end{pmatrix},$$

$\boldsymbol{A}$ 是否必为数量阵? 为什么?

4.2 求 x 与 y 的关系, 使 $\begin{pmatrix}0&0&1\\x&1&y\\1&0&0\end{pmatrix}$ 有 3 个线性无关的特征向量.

4.3 同一向量可以是一个矩阵的分别属于不同特征值的特征向量吗? 一个矩阵的属于某一特征值的特征向量中必有两个不同者吗?

4.4 设 $\boldsymbol{A}$ 有特征值 2, 下列行列式哪些必为 0?

$$|2\boldsymbol{I}+\boldsymbol{A}|,\quad |\boldsymbol{A}-2\boldsymbol{I}|,\quad |\boldsymbol{A}^2-\boldsymbol{A}-2\boldsymbol{I}|,\quad |\boldsymbol{A}^2+\boldsymbol{A}-2\boldsymbol{I}|.$$

4.5 若存在自然数 m 使 $\boldsymbol{A}^m=\boldsymbol{O}$, 则称 $\boldsymbol{A}$ 为**幂零阵**, 证明: $\boldsymbol{A}$ 为幂零阵的充要条件是 $\boldsymbol{A}$ 的特征根全为 0.

4.6 证明: 非零的幂零阵不能相似于对角阵.

4.7 求适当的实数 x 及 y, 使 $\boldsymbol{A}\sim\boldsymbol{B}$, 其中

$$\boldsymbol{A}=\begin{pmatrix}1&x&1\\x&1&y\\1&y&1\end{pmatrix},\quad \boldsymbol{B}=\begin{pmatrix}0&&\\&1&\\&&2\end{pmatrix}.$$

4.8 设 $\boldsymbol{A}$ 可逆, $\lambda_1,\lambda_2,\cdots,\lambda_n$ 为其全部特征值, 证明: $\dfrac{1}{\lambda_i}|\boldsymbol{A}|\ \ (i=1,2,\cdots,n)$ 是 $\boldsymbol{A}$ 的伴随阵 $\boldsymbol{A}^*$ 的全部特征值.

4.9 若二阶实矩阵 $\boldsymbol{A}$ 的行列式为负值, 证明: $\boldsymbol{A}$ 实相似于对角阵.

4.10 若方阵 $\boldsymbol{A}$ 的每行的元素之和都是 1, 证明: 1 是 $\boldsymbol{A}$ 的一个特征值.

4.11 求元素全为 1 的 n 阶方阵的全部特征值.

4.12 求对角线上元素全为 0, 其余位置全为 1 的 n 阶方阵的全部特征值 $(n\geqslant 2)$, 证明它相似于对角阵.

4.13 设 $\boldsymbol{A}$ 有特征向量 $\boldsymbol{x}$, $\boldsymbol{S}$ 为一个可逆阵, 求矩阵 $\boldsymbol{B}$ 使其以 $\boldsymbol{S}^{-1}\boldsymbol{x}$ 为特征向量.

4.14 多项选择题.

(1) $\boldsymbol{x}$ 和 $\boldsymbol{y}$ 是分别属于 $\boldsymbol{A}$ 的特征值 λ_1 及 λ_2 的特征向量, 则 (　　).

A. 若 $\lambda_1 \neq \lambda_2$, 则 $\boldsymbol{x}, \boldsymbol{y}$ 线性无关

B. 若 $\lambda_1 \neq \lambda_2$, 则 $\boldsymbol{x}, \boldsymbol{y}$ 线性相关

C. 若 $\lambda_1 \neq \lambda_2$, 则 $\boldsymbol{x}+\boldsymbol{y}$ 不是 $\boldsymbol{A}$ 的特征向量

D. 若 $\lambda_1 \neq \lambda_2$, 则 $\boldsymbol{x}+\boldsymbol{y}$ 是 $\boldsymbol{A}$ 的特征向量

(2) 下述矩阵对不相似的是 (　　).

A. $\begin{pmatrix} 1 & 2 \\ 3 & 4 \end{pmatrix}, \begin{pmatrix} 2 & 3 \\ 1 & 4 \end{pmatrix}$　　B. $\begin{pmatrix} 1 & 2 \\ 3 & 4 \end{pmatrix}, \begin{pmatrix} 1 & 3 \\ 2 & 4 \end{pmatrix}$

C. $\begin{pmatrix} 1 & 1 \\ 0 & 1 \end{pmatrix}, \begin{pmatrix} 1 & 2 \\ 0 & 1 \end{pmatrix}$　　D. $\begin{pmatrix} 1 & 2 \\ 3 & 4 \end{pmatrix}, \begin{pmatrix} 2 & 4 \\ 1 & 3 \end{pmatrix}$

(3) n 阶方阵 $\boldsymbol{A}$ 相似于对角阵的充要条件是 (　　).

A. $\boldsymbol{A}$ 有 n 个不同的特征值　　B. $\boldsymbol{A}$ 有 n 个线性无关的特征向量

C. $\boldsymbol{A}$ 相似于 $\boldsymbol{B}$, $\boldsymbol{B}$ 相似于对角阵　　D. 存在对角阵 $\boldsymbol{C}$ 及 n 阶阵 $\boldsymbol{B}$ 使 $\boldsymbol{AB}=\boldsymbol{BC}$

B 类 题

4.15 二阶阵 $\boldsymbol{A}$ 为实矩阵且行列式为 1, 证明:

(1) 若 $|\mathrm{tr}\boldsymbol{A}|>2$, 则 $\boldsymbol{A} \sim \mathrm{diag}(\lambda,\ \lambda^{-1})$, $\lambda \neq \pm 1, 0$;

(2) 若 $|\mathrm{tr}\boldsymbol{A}|=2$ 且 $\boldsymbol{A} \neq \pm \boldsymbol{I}_2$, 则 $\boldsymbol{A} \sim \begin{pmatrix} 1 & 1 \\ 0 & 1 \end{pmatrix}$ 或 $\begin{pmatrix} -1 & 1 \\ 0 & -1 \end{pmatrix}$.

4.16 设 $\boldsymbol{A}$ 的特征值互不相同, 证明: $\boldsymbol{A}$ 与 $\boldsymbol{B}$ 可交换的充要条件是存在可逆阵 $\boldsymbol{T}$ 使 $\boldsymbol{T}^{-1}\boldsymbol{AT}$ 及 $\boldsymbol{T}^{-1}\boldsymbol{BT}$ 都是对角阵.

4.17 证明: 满足 $\boldsymbol{A}^2+\boldsymbol{A}+\boldsymbol{I}=\boldsymbol{O}$ 的实矩阵 $\boldsymbol{A}$ 不实相似于对角阵.

4.18 证明: 满足 $\boldsymbol{A}^{\mathrm{T}}\boldsymbol{A}=\boldsymbol{I}_n$ 的实方阵 $\boldsymbol{A}$ 的所有特征根的模都是 1.

4.19 如果矩阵 $\boldsymbol{A}$ 以所有非零 n 维向量为其特征向量, 证明: $\boldsymbol{A}$ 必为数量阵.

4.20 写出一切四阶秩为 3 阵的若尔当标准形的类型.

4.21 $\boldsymbol{A}$ 幂零, 证明: $\boldsymbol{I}+\boldsymbol{A}$ 可逆.

4.22 四阶阵 $\boldsymbol{A}$ 满足 $|\sqrt{2}\boldsymbol{I}_4+\boldsymbol{A}|=0$, $\boldsymbol{AA}^{\mathrm{T}}=2\boldsymbol{I}_4$, $|\boldsymbol{A}|<0$, 求 $\boldsymbol{A}$ 的伴随阵 $\boldsymbol{A}^*$ 的一个特征值.

4.23 $\boldsymbol{A}$ 的属于同一特征值的特征向量全体是否构成一个子空间? 为什么?

4.24 设 λ_0 是 n 阶阵 $\boldsymbol{A}$ 的一个特征值, 证明:

(1) $V_{\lambda_0}=\{\forall \boldsymbol{x} \in \mathbb{F}\,|\,\boldsymbol{Ax}=\lambda_0\boldsymbol{x}\}$ 是 $\mathbb{F}^n$ 的一个子空间;

(2) 若 $\dim V_{\lambda_0}=m$, 则 $|\lambda\boldsymbol{I}_n-\boldsymbol{A}|=(\lambda-\lambda_0)^m q(\lambda)$, 其中 $q(\lambda)$ 是 λ 的多项式.

4.25 利用若尔当标准形证明任意复方阵 $\boldsymbol{A}$ 可写成 $\boldsymbol{A}=\boldsymbol{B}+\boldsymbol{C}$, 其中 $\boldsymbol{B}$ 幂零, $\boldsymbol{C}$ 满足秩 $\boldsymbol{C}=$ 秩 $\boldsymbol{C}^2$.

4.26 设 $\boldsymbol{A}, \boldsymbol{B}$ 均为方阵, 证明: $\boldsymbol{A}, \boldsymbol{B}$ 都相似于对角阵 $\Leftrightarrow \mathrm{diag}(\boldsymbol{A},\ \boldsymbol{B})$ 相似于对角阵.

4.27 设 n 阶实阵 $\boldsymbol{A}$ 的特征根 $\lambda_1, \lambda_2, \cdots, \lambda_n$ 全是实数, 且满足如下条件

$$\sum_{i=1}^{n}\lambda_i=0, \quad \sum_{i>j}\lambda_i\lambda_j=0,$$

试证 $\boldsymbol{A}^n=\boldsymbol{O}$.

C 类 题

4.28 设 $\boldsymbol{A},\boldsymbol{B}$ 为方阵, 证明: $\boldsymbol{AB}$ 与 $\boldsymbol{BA}$ 有相同的特征多项式. 若 $\boldsymbol{A}$ 为 $m\times n$ 阵, $\boldsymbol{B}$ 为 $n\times m$ 阵, $\boldsymbol{AB}$ 与 $\boldsymbol{BA}$ 的特征多项式有何关系?

4.29 设 $\boldsymbol{A}$ 有互不相同的特征值且与 $\boldsymbol{B}$ 可换, 证明: $\boldsymbol{B}$ 是 $\boldsymbol{A}$ 的一个多项式, 即存在一个多项式 $f(x)$ 使 $\boldsymbol{B}=f(\boldsymbol{A})$.

4.30 证明: 任意复方阵 $\boldsymbol{A}$ 可写成 $\boldsymbol{A}=\boldsymbol{B}+\boldsymbol{C}$, 其中 $\boldsymbol{B}$ 幂零, $\boldsymbol{C}$ 相似于对角阵且 $\boldsymbol{BC}=\boldsymbol{CB}$.

4.31 设实矩阵 $\boldsymbol{A}$ 特征根全是非负数, 主对角元全是 1, 证明 $|\boldsymbol{A}|\leqslant 1$.

4.32 设 $\boldsymbol{A}$ 为 n 阶实矩阵, 若对任意 n 维实列向量 $\boldsymbol{x}$, 恒有 $\boldsymbol{x}^{\mathrm{T}}\boldsymbol{Ax}>0$, 证明 $|\boldsymbol{A}|>0$.

4.33 若实矩阵 $\boldsymbol{A},\boldsymbol{B}$ 复相似, 证明 $\boldsymbol{A}$ 与 $\boldsymbol{B}$ 实相似.

4.34 若 $\boldsymbol{A},\boldsymbol{B}$ 都相似于对角阵, 证明: $\boldsymbol{AB}=\boldsymbol{BA}$ 的充要条件是存在可逆阵 $\boldsymbol{T}$ 使 $\boldsymbol{T}^{-1}\boldsymbol{AT}$ 及 $\boldsymbol{T}^{-1}\boldsymbol{BT}$ 都是对角阵. 并证明在此种情况下, 若

$$\boldsymbol{A}\sim\operatorname{diag}(\lambda_1,\lambda_2,\ \cdots,\ \lambda_n),\quad \boldsymbol{B}\sim\operatorname{diag}(\mu_1,\mu_2,\ \cdots,\ \mu_n),$$

则 $\boldsymbol{A}+\boldsymbol{B}$ 的特征值为 $\lambda_1+\mu_{i_1},\lambda_2+\mu_{i_2},\cdots,\lambda_n+\mu_{i_n}$, 而 $\mu_{i_1},\mu_{i_2},\cdots,\mu_{i_n}$ 是 $\mu_1,\mu_2,\cdots,\mu_n$ 的一个重排.

4.35 设 $\boldsymbol{A}$ 是秩为 γ 的 $m\times n$ 阵, $\boldsymbol{B}$ 与 $\boldsymbol{C}$ 都是 $n\times m$ 阵且 $m\geqslant n$, 证明 $\boldsymbol{AB}$ 与 $\boldsymbol{CA}$ 至少有 $n-\gamma$ 个公共的零特征值.

4.36 设 $\boldsymbol{A}$ 为 n 阶阵, $\boldsymbol{A}_{11}$ 为 $n-1$ 阶阵且

$$\boldsymbol{A}=\begin{pmatrix}\boldsymbol{A}_{11} & \boldsymbol{a}_{12}\\ \boldsymbol{a}_{21} & a_{22}\end{pmatrix}$$

有特征值 $\lambda_1,\lambda_2,\cdots,\lambda_{n-1},0$, 又 $\boldsymbol{A}$ 的最后一行是其余各行的线性组合, 证明存在 $n-1$ 维列向量 $\boldsymbol{b}$ 使 $\boldsymbol{A}_{11}+a_{12}\boldsymbol{b}^{\mathrm{T}}$ 有特征值 $\lambda_1,\lambda_2,\cdots,\lambda_{n-1}$.

4.37 设 n 阶复阵 $\boldsymbol{A}=(a_{ij})$ 为行严格对角占优阵, 证明至少有一个 k 使

$$|a_{kk}|>\sum_{i=1,i\neq k}|a_{ik}|.$$

4.38 设 $\boldsymbol{A}=(a_{ij})$ 为对角元均非零的 n 阶复方阵, 且对任意 i 有 $|a_{ii}|\geqslant p_i$, 如果这 n 个不等式仅有一个是等号成立, 证明: $\boldsymbol{A}$ 为可逆阵.

4.39 设 $\boldsymbol{A}=(a_{ij})_{n\times n}$ 为行严格对角占优矩阵, $\boldsymbol{D}=\operatorname{diag}(a_{11},a_{22},\ \cdots,\ a_{nn})$, 证明:

(1) $\boldsymbol{D}$ 可逆; (2) $\rho(\boldsymbol{I}_n-\boldsymbol{D}^{-1}\boldsymbol{A})<1$.

4.40 设 $\boldsymbol{A}$ 为 n 阶可逆阵, $\boldsymbol{\alpha}$ 及 $\boldsymbol{\beta}$ 为 n 维列向量且非零, 证明 $|\lambda\boldsymbol{A}-\alpha\boldsymbol{\beta}^{\mathrm{T}}|$ 有一个根是 $\boldsymbol{\beta}^{\mathrm{T}}\boldsymbol{A}^{-1}\boldsymbol{\alpha}$, 而其他根全为 0.

4.41 证明下列叙述等价:

(1) n 阶阵 $\boldsymbol{C}$ 的迹为 0; (2) $\boldsymbol{C}$ 相似于主对角元全为 0 的阵;

(3) 存在 n 阶阵 $\boldsymbol{A}$ 及 $\boldsymbol{B}$ 使 $\boldsymbol{AB}-\boldsymbol{BA}=\boldsymbol{C}$.

第 5 章　内积与二次型

设 $\mathbb{R}$ 是实数域, 本章首先在 $\mathbb{R}^n$ 空间中引入内积运算, 从而把二维平面 $\mathbb{R}^2$ 和三维立体空间 $\mathbb{R}^3$ 中的长度、垂直等概念推广到 $\mathbb{R}^n$ 中. 在此基础上研究向量组的正交化、正交矩阵、实对称阵的正交对角化、奇异值分解及其应用. 本章还研究由解析几何中二次曲线及二次曲面化简所引出的一般二次型化为平方和的问题以及相应的对称阵的合同标准形问题.

5.1　$\mathbb{R}^n$ 空间的内积

在几何空间中可以用向量的坐标来表示向量的数量积及长度. 设 $\boldsymbol{\alpha}=(x_1,y_1,z_1)$, $\boldsymbol{\beta}=(x_2,y_2,z_2)$, 则数量积和长度公式是

$$\boldsymbol{\alpha}\cdot\boldsymbol{\beta}=x_1x_2+y_1y_2+z_1z_2,$$
$$|\boldsymbol{\alpha}|=\sqrt{x_1^2+y_1^2+z_1^2}.$$

现在将其推广.

定义 5.1　设 $\mathbb{R}^n$ 中的 $\boldsymbol{x}=(x_1\ x_2\ \cdots\ x_n)^{\mathrm{T}}$, $\boldsymbol{y}=(y_1\ y_2\ \cdots\ y_n)^{\mathrm{T}}$, 则称 $\langle\boldsymbol{x},\boldsymbol{y}\rangle=\sum\limits_{i=1}^{n}x_iy_i$ 为向量 $\boldsymbol{x}$ 与 $\boldsymbol{y}$ 的**内积**. 对 $\mathbb{R}^n$ 中的任意向量 $\boldsymbol{x}$ 及 $\boldsymbol{y}$ 都定义了如上的内积之后, 我们常把 $\mathbb{R}^n$ 称为一个**欧氏空间**. 在欧氏空间 $\mathbb{R}^n$ 中, 我们又把

$$|\boldsymbol{x}|=\sqrt{\langle\boldsymbol{x},\boldsymbol{x}\rangle}=\sqrt{\sum_{i=1}^{n}x_i^2}$$

称为向量 $\boldsymbol{x}$ 的**长度**.

很明显, $\langle\boldsymbol{x},\boldsymbol{y}\rangle$ 还可以写成如下的矩阵乘积的形式

$$\langle\boldsymbol{x},\boldsymbol{y}\rangle=\boldsymbol{x}^{\mathrm{T}}\boldsymbol{y}=\boldsymbol{y}^{\mathrm{T}}\boldsymbol{x}.$$

由此, 易见内积的基本性质:

(i) $\langle\boldsymbol{x},\boldsymbol{y}\rangle=\langle\boldsymbol{y},\boldsymbol{x}\rangle\quad(\forall\ \boldsymbol{x},\ \boldsymbol{y}\in\mathbb{R}^n)$;

(ii) $\langle\boldsymbol{x}+\boldsymbol{y},\boldsymbol{z}\rangle=\langle\boldsymbol{x},\boldsymbol{z}\rangle+\langle\boldsymbol{y},\boldsymbol{z}\rangle\quad(\forall\ \boldsymbol{x},\ \boldsymbol{y},\ \boldsymbol{z}\in\mathbb{R}^n)$;

(iii) $\langle\lambda\boldsymbol{x},\boldsymbol{y}\rangle=\lambda\langle\boldsymbol{x},\boldsymbol{y}\rangle\quad(\forall\ \lambda\in\mathbb{R},\ \boldsymbol{x},\ \boldsymbol{y}\in\mathbb{R}^n)$;

(iv) $\langle\boldsymbol{x},\boldsymbol{x}\rangle\geqslant 0\ \ (\forall\ \boldsymbol{x}\in\mathbb{R}^n),\quad\langle\boldsymbol{x},\boldsymbol{x}\rangle=0\Longleftrightarrow\boldsymbol{x}=\boldsymbol{0}$.

(i)—(iii) 由 $\langle \boldsymbol{x}, \boldsymbol{y} \rangle$ 的矩阵表达式及通常的矩阵运算性质很容易推出, 例如

$$\langle \boldsymbol{x}+\boldsymbol{y}, \boldsymbol{z} \rangle = (\boldsymbol{x}+\boldsymbol{y})^{\mathrm{T}}\boldsymbol{z} = (\boldsymbol{x}^{\mathrm{T}}+\boldsymbol{y}^{\mathrm{T}})\boldsymbol{z} = \boldsymbol{x}^{\mathrm{T}}\boldsymbol{z}+\boldsymbol{y}^{\mathrm{T}}\boldsymbol{z} = \langle \boldsymbol{x}, \boldsymbol{z} \rangle + \langle \boldsymbol{y}, \boldsymbol{z} \rangle,$$

这证明了 (ii).

由 $\langle \boldsymbol{x}, \boldsymbol{x} \rangle = \sum\limits_{i=1}^{n} x_i^2 = 0$, 立刻推得 $x_1 = x_2 = \cdots = x_n = 0$, 从而 $\boldsymbol{x} = \boldsymbol{0}$, 这证明了 (iv) 的后一论断中的必要性, 其他是显然的.

(ii) 及 (iii) 实际上是内积运算对第一个向量所在位置的线性性质, 由 (i) 易见对第二个向量所在位置也有相应的线性性质, 并且有

$$\langle \lambda\boldsymbol{x}+\mu\boldsymbol{y}, \xi\boldsymbol{z}+\eta\boldsymbol{u} \rangle = \lambda\xi\langle \boldsymbol{x}, \boldsymbol{z} \rangle + \mu\xi\langle \boldsymbol{y}, \boldsymbol{z} \rangle + \lambda\eta\langle \boldsymbol{x}, \boldsymbol{u} \rangle + \mu\eta\langle \boldsymbol{y}, \boldsymbol{u} \rangle$$

对任意 $\lambda, \mu, \xi, \eta \in \mathbb{R}$ 及 $\boldsymbol{x}, \boldsymbol{y}, \boldsymbol{z}, \boldsymbol{u} \in \mathbb{R}^n$ 是成立的.

现由这些基本性质证明关于内积的一个重要不等式 ——**柯西不等式**

$$|\langle \boldsymbol{x}, \boldsymbol{y} \rangle| \leqslant |\boldsymbol{x}||\boldsymbol{y}| \quad (\forall\, \boldsymbol{x},\ \boldsymbol{y} \in \mathbb{R}^n). \tag{5.1}$$

事实上, 由于 $\langle \boldsymbol{x}+t\boldsymbol{y}, \boldsymbol{x}+t\boldsymbol{y} \rangle \geqslant 0$ 对任意实数 t 及向量 $\boldsymbol{x}, \boldsymbol{y}$ 成立, 故有

$$\langle \boldsymbol{y}, \boldsymbol{y} \rangle t^2 + 2\langle \boldsymbol{x}, \boldsymbol{y} \rangle t + \langle \boldsymbol{x}, \boldsymbol{x} \rangle \geqslant 0.$$

当 $\boldsymbol{y} \neq \boldsymbol{0}$ 时, 上述关于 t 的二次不等式的解为全体实数, 于是判别式

$$\langle \boldsymbol{x}, \boldsymbol{y} \rangle^2 - \langle \boldsymbol{x}, \boldsymbol{x} \rangle\langle \boldsymbol{y}, \boldsymbol{y} \rangle \leqslant 0,$$

从而 (5.1) 式成立.

当 $\boldsymbol{y} = \boldsymbol{0}$ 时, 直接代入 (5.1) 式两端, 易见 (5.1) 式亦成立.

定义 5.2　设 $\boldsymbol{x}$ 及 $\boldsymbol{y}$ 是 $\mathbb{R}^n$ 中两个向量, 称 θ 为 $\boldsymbol{x}, \boldsymbol{y}$ 的**夹角**, 其中

$$\theta = \begin{cases} \arccos \dfrac{\langle \boldsymbol{x}, \boldsymbol{y} \rangle}{|\boldsymbol{x}|\,|\boldsymbol{y}|}, & \boldsymbol{x} \neq \boldsymbol{0} \text{ 且 } \boldsymbol{y} \neq \boldsymbol{0}, \\ \dfrac{\pi}{2}, & \boldsymbol{x} = \boldsymbol{0} \text{ 或 } \boldsymbol{y} = \boldsymbol{0}. \end{cases}$$

如上定义的 $\boldsymbol{x}, \boldsymbol{y}$ 的夹角之所以有意义是有柯西不等式做保证.

当 $\theta = \dfrac{\pi}{2}$ 时, 称 $\boldsymbol{x}$ 与 $\boldsymbol{y}$ **正交**, 记为 $\boldsymbol{x} \perp \boldsymbol{y}$. 由上面定义不难看出

$$\boldsymbol{x} \perp \boldsymbol{y} \Longleftrightarrow \langle \boldsymbol{x}, \boldsymbol{y} \rangle = 0.$$

下面在欧氏空间 $\mathbb{R}^n$ 中证明类似几何上的**余弦定理**

$$|\boldsymbol{x}-\boldsymbol{y}|^2 = |\boldsymbol{x}|^2 + |\boldsymbol{y}|^2 - 2|\boldsymbol{x}|\,|\boldsymbol{y}|\cos\theta,$$

其中 θ 是 $\boldsymbol{x}$ 与 $\boldsymbol{y}$ 的夹角.

事实上, 由

$$\begin{aligned}|\boldsymbol{x}-\boldsymbol{y}|^2 &= \langle \boldsymbol{x}-\boldsymbol{y}, \boldsymbol{x}-\boldsymbol{y}\rangle = \langle \boldsymbol{x}, \boldsymbol{x}\rangle + \langle \boldsymbol{y}, \boldsymbol{y}\rangle - 2\langle \boldsymbol{x}, \boldsymbol{y}\rangle \\ &= |\boldsymbol{x}|^2 + |\boldsymbol{y}|^2 - 2\langle \boldsymbol{x}, \boldsymbol{y}\rangle\end{aligned}$$

及 $\langle \boldsymbol{x}, \boldsymbol{y}\rangle = |\boldsymbol{x}||\boldsymbol{y}|\cos\theta$(夹角定义) 立刻得余弦定理.

当 $\theta = \dfrac{\pi}{2}$ 时, 余弦定理取特殊情形

$$|\boldsymbol{x} \pm \boldsymbol{y}|^2 = |\boldsymbol{x}|^2 + |\boldsymbol{y}|^2.$$

这说明通常的**勾股定理**在一般的 $\mathbb{R}^n$ 空间中也成立.

设 $\boldsymbol{e}_1, \boldsymbol{e}_2, \cdots, \boldsymbol{e}_n$ 为 $\mathbb{R}^n$ 的自然基, 易见

$$\langle \boldsymbol{e}_i, \boldsymbol{e}_j\rangle = \delta_{ij} = \begin{cases} 1, & i = j, \\ 0, & i \neq j, \end{cases}$$

此处 δ_{ij} 称为**克罗内克** (Kronecker) **符号**. 上式说明自然基的每个基向量是长度为 1 的向量, 而两个不同的基向量是正交的.

一般地, 长度为 1 的向量称为**单位向量**. 例如, $\begin{pmatrix}\frac{2}{3} & \frac{2}{3} & -\frac{1}{3}\end{pmatrix}^{\mathrm{T}}$ 就是单位向量. 一个非零向量 $\boldsymbol{x}$, 如果不是单位向量, 乘以一个系数后可变为单位向量, 事实上,

$$\left|\frac{1}{|\boldsymbol{x}|}\boldsymbol{x}\right| = \sqrt{\left\langle \frac{1}{|\boldsymbol{x}|}\boldsymbol{x}, \frac{1}{|\boldsymbol{x}|}\boldsymbol{x}\right\rangle} = \sqrt{\frac{1}{|\boldsymbol{x}|^2}\langle \boldsymbol{x}, \boldsymbol{x}\rangle} = 1.$$

例如, $\begin{pmatrix}1\\-1\end{pmatrix}$ 不是单位向量, 但 $\dfrac{1}{\sqrt{2}}\begin{pmatrix}1\\-1\end{pmatrix}$ 就是单位向量.

将自然基的情况加以推广, 可得如下定义.

定义 5.3 设 $\boldsymbol{\alpha}_1, \boldsymbol{\alpha}_2, \cdots, \boldsymbol{\alpha}_t$ 是 $\mathbb{R}^n$ 中非零向量构成的组, 如果这些向量两两正交, 即 $\langle \boldsymbol{\alpha}_i, \boldsymbol{\alpha}_j\rangle = 0\,(\forall\ i \neq j)$, 则称此组为一个**正交向量组**. 如果 $\langle \boldsymbol{\alpha}_i, \boldsymbol{\alpha}_j\rangle = \delta_{ij}\,(\forall\ i,\ j)$, 则称 $\boldsymbol{\alpha}_1, \boldsymbol{\alpha}_2, \cdots, \boldsymbol{\alpha}_t$ 为**标准正交向量组**. 如果一个子空间的 (标准) 正交向量组构成该子空间的基底，就称之为该子空间的(**标准**) **正交基**.

例如, $\mathbb{R}^3$ 的子空间$V = \{(x_1\ \ x_2\ \ 0)^{\mathrm{T}} \mid x_1,\ x_2 \in \mathbb{R}\}$ 有标准正交基 $(1\ \ 0\ \ 0)^{\mathrm{T}}$, $(0\ \ 1\ \ 0)^{\mathrm{T}}$, $\mathbb{R}^3$ 空间有标准正交基 $\boldsymbol{e}_1,\ \boldsymbol{e}_2,\ \boldsymbol{e}_3$ 或 $\begin{pmatrix}\frac{2}{3} & \frac{2}{3} & -\frac{1}{3}\end{pmatrix}^{\mathrm{T}}$, $\begin{pmatrix}\frac{2}{3} & -\frac{1}{3} & \frac{2}{3}\end{pmatrix}^{\mathrm{T}}$, $\begin{pmatrix}\frac{1}{3} & -\frac{2}{3} & -\frac{2}{3}\end{pmatrix}^{\mathrm{T}}$ 等.

例 5.1　设 $\boldsymbol{A}_{m\times n}=(\boldsymbol{a}_1\quad \boldsymbol{a}_2\quad \cdots\quad \boldsymbol{a}_n)$ 为实矩阵 $\boldsymbol{A}$ 的按列分块写法, 如果 $\boldsymbol{A}^{\mathrm{T}}\boldsymbol{A}=\boldsymbol{O}$, 证明 $\boldsymbol{A}=\boldsymbol{O}$.

证明　由 $\boldsymbol{A}^{\mathrm{T}}\boldsymbol{A}=\boldsymbol{O}$ 易见

$$\begin{pmatrix}\boldsymbol{a}_1^{\mathrm{T}}\\ \boldsymbol{a}_2^{\mathrm{T}}\\ \vdots\\ \boldsymbol{a}_n^{\mathrm{T}}\end{pmatrix}(\boldsymbol{a}_1\quad \boldsymbol{a}_2\quad \cdots\quad \boldsymbol{a}_n)=\begin{pmatrix}\boldsymbol{a}_1^{\mathrm{T}}\boldsymbol{a}_1 & \boldsymbol{a}_1^{\mathrm{T}}\boldsymbol{a}_2 & \cdots & \boldsymbol{a}_1^{\mathrm{T}}\boldsymbol{a}_n\\ \boldsymbol{a}_2^{\mathrm{T}}\boldsymbol{a}_1 & \boldsymbol{a}_2^{\mathrm{T}}\boldsymbol{a}_2 & \cdots & \boldsymbol{a}_2^{\mathrm{T}}\boldsymbol{a}_n\\ \vdots & \vdots & & \vdots\\ \boldsymbol{a}_n^{\mathrm{T}}\boldsymbol{a}_1 & \boldsymbol{a}_n^{\mathrm{T}}\boldsymbol{a}_2 & \cdots & \boldsymbol{a}_n^{\mathrm{T}}\boldsymbol{a}_n\end{pmatrix}=\boldsymbol{O},$$

这推出 $\boldsymbol{a}_i^{\mathrm{T}}\boldsymbol{a}_i=0\ (i=1,2,\cdots,n)$, 即

$$\langle \boldsymbol{a}_i,\boldsymbol{a}_i\rangle=0\quad (i=1,2,\cdots,n),$$

由内积性质 $\boldsymbol{a}_i=\boldsymbol{0}\ (\forall\, i=1,2,\cdots,n)$, 从而有 $\boldsymbol{A}=\boldsymbol{O}$. □

命题 5.1　若 $\boldsymbol{\alpha}_1,\boldsymbol{\alpha}_2,\cdots,\boldsymbol{\alpha}_t$ 是正交向量组, 则它必为线性无关组.

证明　设

$$k_1\boldsymbol{\alpha}_1+k_2\boldsymbol{\alpha}_2+\cdots+k_t\boldsymbol{\alpha}_t=\boldsymbol{0},$$

其中 $k_1,k_2,\cdots,k_t\in\mathbb{R}$. 用 $\boldsymbol{\alpha}_i$ 与上式两边作内积得

$$k_1\langle\boldsymbol{\alpha}_1,\boldsymbol{\alpha}_i\rangle+\cdots+k_i\langle\boldsymbol{\alpha}_i,\boldsymbol{\alpha}_i\rangle+\cdots+k_t\langle\boldsymbol{\alpha}_t,\boldsymbol{\alpha}_i\rangle=0.$$

由 $\boldsymbol{\alpha}_1,\boldsymbol{\alpha}_2,\cdots,\boldsymbol{\alpha}_t$ 是正交向量组知 $\langle\boldsymbol{\alpha}_j,\boldsymbol{\alpha}_i\rangle=0\ (i\neq j)$, 故由上式得

$$k_i\langle\boldsymbol{\alpha}_i,\boldsymbol{\alpha}_i\rangle=0\quad (\forall\, i=1,2,\cdots,n),$$

从而

$$k_i=0\quad (\forall\, i=1,2,\cdots,n),$$

这说明 $\boldsymbol{\alpha}_1,\boldsymbol{\alpha}_2,\cdots,\boldsymbol{\alpha}_t$ 是一个线性无关组. □

这个命题的逆命题显然是不对的, 即线性无关组未必是正交向量组. 例如 $(1\quad 1)^{\mathrm{T}}$, $(1\quad 2)^{\mathrm{T}}$ 是线性无关组, 但却不是正交向量组. 但是下面的定理给出了一个方法, 说明一个线性无关组可以通过线性组合的方式改造成一个正交向量组, 这个正交向量组与原来的线性无关组是等价的.

定理 5.1　设 $\boldsymbol{\alpha}_1,\boldsymbol{\alpha}_2,\cdots,\boldsymbol{\alpha}_t$ 为线性无关组, 则存在与其等价的正交向量组 $\boldsymbol{\beta}_1,\boldsymbol{\beta}_2,\cdots,\boldsymbol{\beta}_t$.

证明 令

$$\left.\begin{aligned}
\boldsymbol{\beta}_1 &= \boldsymbol{\alpha}_1, \\
\boldsymbol{\beta}_2 &= \boldsymbol{\alpha}_2 - \frac{\langle \boldsymbol{\beta}_1, \boldsymbol{\alpha}_2 \rangle}{\langle \boldsymbol{\beta}_1, \boldsymbol{\beta}_1 \rangle} \boldsymbol{\beta}_1, \\
\boldsymbol{\beta}_3 &= \boldsymbol{\alpha}_3 - \frac{\langle \boldsymbol{\beta}_1, \boldsymbol{\alpha}_3 \rangle}{\langle \boldsymbol{\beta}_1, \boldsymbol{\beta}_1 \rangle} \boldsymbol{\beta}_1 - \frac{\langle \boldsymbol{\beta}_2, \boldsymbol{\alpha}_3 \rangle}{\langle \boldsymbol{\beta}_2, \boldsymbol{\beta}_2 \rangle} \boldsymbol{\beta}_2, \\
&\cdots\cdots \\
\boldsymbol{\beta}_t &= \boldsymbol{\alpha}_t - \frac{\langle \boldsymbol{\beta}_1, \boldsymbol{\alpha}_t \rangle}{\langle \boldsymbol{\beta}_1, \boldsymbol{\beta}_1 \rangle} \boldsymbol{\beta}_1 - \cdots - \frac{\langle \boldsymbol{\beta}_{t-1}, \boldsymbol{\alpha}_t \rangle}{\langle \boldsymbol{\beta}_{t-1}, \boldsymbol{\beta}_{t-1} \rangle} \boldsymbol{\beta}_{t-1},
\end{aligned}\right\} \tag{5.2}$$

容易验证, 对任意 $i = 2, 3, \cdots, t$ 有

$$\langle \boldsymbol{\beta}_i, \boldsymbol{\beta}_1 \rangle = 0, \quad \langle \boldsymbol{\beta}_i, \boldsymbol{\beta}_2 \rangle = 0, \quad \cdots, \quad \langle \boldsymbol{\beta}_i, \boldsymbol{\beta}_{i-1} \rangle = 0,$$

即 $\boldsymbol{\beta}_1, \boldsymbol{\beta}_2, \cdots, \boldsymbol{\beta}_t$ 为正交向量组.

由 (5.2) 各式从前向后, 逐次代入, 不难看出 $\boldsymbol{\beta}_1, \boldsymbol{\beta}_2, \cdots, \boldsymbol{\beta}_t$ 可由 $\boldsymbol{\alpha}_1, \boldsymbol{\alpha}_2, \cdots, \boldsymbol{\alpha}_t$ 线性表出. 又由 (5.2) 式反解过程可见 $\boldsymbol{\alpha}_1, \boldsymbol{\alpha}_2, \cdots, \boldsymbol{\alpha}_t$ 可由 $\boldsymbol{\beta}_1, \boldsymbol{\beta}_2, \cdots, \boldsymbol{\beta}_t$ 线性表出, 因此 $\boldsymbol{\alpha}_1, \boldsymbol{\alpha}_2, \cdots, \boldsymbol{\alpha}_t$ 与 $\boldsymbol{\beta}_1, \boldsymbol{\beta}_2, \cdots, \boldsymbol{\beta}_t$ 是等价的. □

上述由已知线性无关组构造与其等价的正交向量组的过程, 称为**施密特** (Sch-midt) **正交化**, 这是一个有重要应用价值的方法.

例 5.2 设

$$\boldsymbol{\alpha}_1 = \begin{pmatrix} 1 \\ -1 \\ 1 \\ 0 \end{pmatrix}, \quad \boldsymbol{\alpha}_2 = \begin{pmatrix} 1 \\ 0 \\ 1 \\ 0 \end{pmatrix}, \quad \boldsymbol{\alpha}_3 = \begin{pmatrix} 1 \\ 0 \\ 0 \\ 1 \end{pmatrix},$$

求正交向量组 $\boldsymbol{\beta}_1, \boldsymbol{\beta}_2, \boldsymbol{\beta}_3$, 使 $L(\boldsymbol{\alpha}_1, \boldsymbol{\alpha}_2, \boldsymbol{\alpha}_3) = L(\boldsymbol{\beta}_1, \boldsymbol{\beta}_2, \boldsymbol{\beta}_3)$.

解 易见, $\boldsymbol{\alpha}_1, \boldsymbol{\alpha}_2, \boldsymbol{\alpha}_3$ 线性无关. 利用施密特正交化方法, 求得

$$\begin{aligned}
\boldsymbol{\beta}_1 &= \boldsymbol{\alpha}_1 = (1 \ \ -1 \ \ 1 \ \ 0)^{\mathrm{T}}, \\
\boldsymbol{\beta}_2 &= \boldsymbol{\alpha}_2 - \frac{\langle \boldsymbol{\beta}_1, \boldsymbol{\alpha}_2 \rangle}{\langle \boldsymbol{\beta}_1, \boldsymbol{\beta}_1 \rangle} \boldsymbol{\beta}_1 \\
&= (1 \ \ 0 \ \ 1 \ \ 0)^{\mathrm{T}} - \frac{2}{3}(1 \ \ -1 \ \ 1 \ \ 0)^{\mathrm{T}} = \left(\frac{1}{3} \ \ \frac{2}{3} \ \ \frac{1}{3} \ \ 0\right)^{\mathrm{T}},
\end{aligned}$$

$$\begin{aligned}\boldsymbol{\beta}_3 &= \boldsymbol{\alpha}_3 - \frac{\langle\boldsymbol{\beta}_1, \boldsymbol{\alpha}_3\rangle}{\langle\boldsymbol{\beta}_1, \boldsymbol{\beta}_1\rangle}\boldsymbol{\beta}_1 - \frac{\langle\boldsymbol{\beta}_2, \boldsymbol{\alpha}_3\rangle}{\langle\boldsymbol{\beta}_2, \boldsymbol{\beta}_2\rangle}\boldsymbol{\beta}_2 \\ &= (1\ \ 0\ \ 0\ \ 1)^{\mathrm{T}} - \frac{1}{3}(1\ \ -1\ \ 1\ \ 0)^{\mathrm{T}} - \frac{1}{2}\left(\frac{1}{3}\ \ \frac{2}{3}\ \ \frac{1}{3}\ \ 0\right)^{\mathrm{T}} \\ &= \left(\frac{1}{2}\ \ 0\ \ -\frac{1}{2}\ \ 1\right)^{\mathrm{T}}.\end{aligned}$$

□

推论 5.1　$\mathbb{R}^n$ 的非零子空间都存在标准正交基.

证明　因为 $\mathbb{R}^n$ 的任意非零子空间 V 必有基底, 不妨设为 $\boldsymbol{\alpha}_1, \boldsymbol{\alpha}_2, \cdots, \boldsymbol{\alpha}_t$. 由定理 5.1 的证明知, 存在正交向量组 $\boldsymbol{\beta}_1, \boldsymbol{\beta}_2, \cdots, \boldsymbol{\beta}_t$, 显然它是 V 的正交基. 再令

$$\boldsymbol{\gamma}_i = \frac{1}{|\boldsymbol{\beta}_i|}\boldsymbol{\beta}_i \quad (i = 1, \cdots, t),$$

得 $\boldsymbol{\gamma}_1, \boldsymbol{\gamma}_2, \cdots, \boldsymbol{\gamma}_t$ 是 V 的标准正交基. □

推论 5.2　$\mathbb{R}^n$ 的任意非零子空间的一个正交基 (标准正交基) 可扩充成 $\mathbb{R}^n$ 的一个正交基 (标准正交基).

证明　设子空间的正交基为 $\boldsymbol{\alpha}_1, \boldsymbol{\alpha}_2, \cdots, \boldsymbol{\alpha}_t$, 首先将其扩充成 $\mathbb{R}^n$ 的基 $\boldsymbol{\alpha}_1, \boldsymbol{\alpha}_2, \cdots, \boldsymbol{\alpha}_t, \boldsymbol{\alpha}_{t+1}, \boldsymbol{\alpha}_{t+2}, \cdots, \boldsymbol{\alpha}_n$, 然后对此基进行施密特正交化得 $\boldsymbol{\beta}_1, \boldsymbol{\beta}_2, \cdots, \boldsymbol{\beta}_n$, 其中 $\boldsymbol{\alpha}_1 = \boldsymbol{\beta}_1, \boldsymbol{\alpha}_2 = \boldsymbol{\beta}_2, \cdots, \boldsymbol{\alpha}_t = \boldsymbol{\beta}_t$. 这样就得到了 $\mathbb{R}^n$ 的一个正交基. 关于标准正交基的证明是类似的. □

推论 5.3　设 $\boldsymbol{A}_{n\times t}$ 为秩为 t 的实矩阵, 则存在 $\boldsymbol{B}_{n\times t} = (\boldsymbol{b}_1\ \boldsymbol{b}_2\ \cdots\ \boldsymbol{b}_t)$, 其中 $\boldsymbol{b}_1, \boldsymbol{b}_2, \cdots, \boldsymbol{b}_t$ 是标准正交向量组, 同时存在对角线上各元素为正数的 t 阶上三角阵 $\boldsymbol{R}$, 使

$$\boldsymbol{A} = \boldsymbol{BR}. \tag{5.3}$$

证明　设 $\boldsymbol{A}$ 的各列为 $\boldsymbol{\alpha}_1, \boldsymbol{\alpha}_2, \cdots, \boldsymbol{\alpha}_t$, 将其施密特正交化得 $\boldsymbol{\beta}_1, \boldsymbol{\beta}_2, \cdots, \boldsymbol{\beta}_t$, 易见由 (5.2) 可解得

$$\boldsymbol{\alpha}_1 = \boldsymbol{\beta}_1,\ \boldsymbol{\alpha}_2 = a_{21}\boldsymbol{\beta}_1 + \boldsymbol{\beta}_2,\quad \cdots,\ \boldsymbol{\alpha}_t = a_{t1}\boldsymbol{\beta}_1 + \cdots + a_{t,t-1}\boldsymbol{\beta}_{t-1} + \boldsymbol{\beta}_t,$$

写成矩阵形式

$$\begin{aligned}\boldsymbol{A} &= (\boldsymbol{\alpha}_1\ \ \boldsymbol{\alpha}_2\ \ \cdots\ \ \boldsymbol{\alpha}_t) \\ &= (\boldsymbol{\beta}_1\ \ \boldsymbol{\beta}_2\ \ \cdots\ \ \boldsymbol{\beta}_t)\begin{pmatrix}1 & a_{21} & \cdots & a_{t-1\,1} & a_{t1} \\ 0 & 1 & \cdots & a_{t-1\,2} & a_{t2} \\ \vdots & \vdots & & \vdots & \vdots \\ 0 & 0 & \cdots & 1 & a_{t\,t-1} \\ 0 & 0 & \cdots & 0 & 1\end{pmatrix}.\end{aligned} \tag{5.4}$$

令 $\boldsymbol{B}=(\boldsymbol{\beta}_1\ \ \boldsymbol{\beta}_2\ \ \cdots\ \ \boldsymbol{\beta}_t)\mathrm{diag}\left(\frac{1}{|\boldsymbol{\beta}_1|},\frac{1}{|\boldsymbol{\beta}_2|},\cdots,\frac{1}{|\boldsymbol{\beta}_t|}\right)$, 则 $\boldsymbol{B}$ 为正交阵且

$$(\boldsymbol{\beta}_1\ \ \boldsymbol{\beta}_2\ \ \cdots\ \ \boldsymbol{\beta}_t)=\boldsymbol{B}\mathrm{diag}(|\boldsymbol{\beta}_1|,|\boldsymbol{\beta}_2|,\cdots,|\boldsymbol{\beta}_t|),$$

代入 (5.4) 式, 再令

$$\boldsymbol{R}=\mathrm{diag}(|\boldsymbol{\beta}_1|,|\boldsymbol{\beta}_2|,\cdots,|\boldsymbol{\beta}_t|)\begin{pmatrix}1 & a_{21} & \cdots & a_{t-1\,1} & a_{t1}\\ 0 & 1 & \cdots & a_{t-1\,2} & a_{t2}\\ \vdots & \vdots & & \vdots & \vdots\\ 0 & 0 & \cdots & 1 & a_{t\,t-1}\\ 0 & 0 & \cdots & 0 & 1\end{pmatrix}$$

得 $\boldsymbol{A}=\boldsymbol{B}\boldsymbol{R}$, 结论得证. □

例 5.3 对如下的 $\boldsymbol{A}$, 求分解式 (5.3).

$$\boldsymbol{A}=\begin{pmatrix}1 & 1 & 1\\ -1 & 0 & 0\\ 1 & 1 & 0\\ 0 & 0 & 1\end{pmatrix}.$$

解 设 $\boldsymbol{A}=(\boldsymbol{\alpha}_1\ \ \boldsymbol{\alpha}_2\ \ \boldsymbol{\alpha}_3)$, 由例 5.2 知

$$\boldsymbol{\alpha}_1=\boldsymbol{\beta}_1,\quad \boldsymbol{\alpha}_2=\frac{2}{3}\boldsymbol{\beta}_1+\boldsymbol{\beta}_2,\quad \boldsymbol{\alpha}_3=\frac{1}{3}\boldsymbol{\beta}_1+\frac{1}{2}\boldsymbol{\beta}_2+\boldsymbol{\beta}_3,$$

其中 $\boldsymbol{\beta}_1,\boldsymbol{\beta}_2,\boldsymbol{\beta}_3$ 如例 5.2 所求, 将 $\boldsymbol{\beta}_1,\boldsymbol{\beta}_2,\boldsymbol{\beta}_3$ 单位化求得

$$\boldsymbol{b}_1=\frac{1}{\sqrt{3}}\boldsymbol{\beta}_1,\quad \boldsymbol{b}_2=\sqrt{\frac{3}{2}}\boldsymbol{\beta}_2,\quad \boldsymbol{b}_3=\sqrt{\frac{2}{3}}\boldsymbol{\beta}_3.$$

于是

$$(\boldsymbol{\alpha}_1\ \ \boldsymbol{\alpha}_2\ \ \boldsymbol{\alpha}_3)=(\boldsymbol{\beta}_1\ \ \boldsymbol{\beta}_2\ \ \boldsymbol{\beta}_3)\begin{pmatrix}1 & \frac{2}{3} & \frac{1}{3}\\ 0 & 1 & \frac{1}{2}\\ 0 & 0 & 1\end{pmatrix}.$$

令

$$\boldsymbol{B}=\left(\frac{1}{\sqrt{3}}\boldsymbol{\beta}_1\ \ \sqrt{\frac{3}{2}}\,\boldsymbol{\beta}_2\ \ \sqrt{\frac{2}{3}}\,\boldsymbol{\beta}_3\right),$$

$$\boldsymbol{R}=\begin{pmatrix}\sqrt{3} & & \\ & \sqrt{\frac{2}{3}} & \\ & & \sqrt{\frac{3}{2}}\end{pmatrix}\begin{pmatrix}1 & \frac{2}{3} & \frac{1}{3}\\ 0 & 1 & \frac{1}{2}\\ 0 & 0 & 1\end{pmatrix},$$

则

$$A = BR = \begin{pmatrix} \frac{1}{\sqrt{3}} & \frac{1}{\sqrt{6}} & \frac{1}{\sqrt{6}} \\ -\frac{1}{\sqrt{3}} & \frac{2}{\sqrt{6}} & 0 \\ \frac{1}{\sqrt{3}} & \frac{1}{\sqrt{6}} & -\frac{1}{\sqrt{6}} \\ 0 & 0 & \frac{2}{\sqrt{6}} \end{pmatrix} \begin{pmatrix} \sqrt{3} & \frac{2}{\sqrt{3}} & \frac{1}{\sqrt{3}} \\ 0 & \sqrt{\frac{2}{3}} & \frac{1}{2}\sqrt{\frac{2}{3}} \\ 0 & 0 & \sqrt{\frac{3}{2}} \end{pmatrix}.$$ □

练　习　5.1

5.1.1　设 $\boldsymbol{A}$ 为 $m \times n$ 实矩阵, $\boldsymbol{x}$, $\boldsymbol{y}$ 为 $\mathbb{R}^n$ 及 $\mathbb{R}^m$ 中的向量, 证明: 内积等式 $\langle \boldsymbol{Ax}, \boldsymbol{y} \rangle = \langle \boldsymbol{x}, \boldsymbol{A}^{\mathrm{T}}\boldsymbol{y} \rangle$ 成立.

5.1.2　求向量 $\boldsymbol{x}$ 和 $\boldsymbol{y}$ 的夹角及每个向量的长度:

(1) $\boldsymbol{x} = \begin{pmatrix} 1 \\ 2 \\ 0 \end{pmatrix}$, $\boldsymbol{y} = \begin{pmatrix} -2 \\ 1 \\ 1 \end{pmatrix}$;

(2) $\boldsymbol{x} = \begin{pmatrix} 1 \\ 2 \\ -1 \\ 1 \end{pmatrix}$, $\boldsymbol{y} = \begin{pmatrix} -1 \\ -1 \\ -2 \\ 2 \end{pmatrix}$;

(3) $\boldsymbol{x} = \begin{pmatrix} 0 \\ 1 \end{pmatrix}$, $\boldsymbol{y} = \begin{pmatrix} \sqrt{3} \\ 1 \end{pmatrix}$;

(4) $\boldsymbol{x} = \begin{pmatrix} 1 \\ 2 \\ 3 \end{pmatrix}$, $\boldsymbol{y} = \begin{pmatrix} -1 \\ 2 \\ -1 \end{pmatrix}$.

5.1.3　证明: 对 $\mathbb{R}^n$ 中任意向量 $\boldsymbol{x}$ 及 $\boldsymbol{y}$ 有三角不等式

$$|\boldsymbol{x} + \boldsymbol{y}| \leqslant |\boldsymbol{x}| + |\boldsymbol{y}|.$$

5.1.4　设法用向量的长度表示内积 $\langle \boldsymbol{x}, \boldsymbol{y} \rangle$.

5.1.5　求与下述向量 $\boldsymbol{\alpha}_1, \boldsymbol{\alpha}_2, \boldsymbol{\alpha}_3$ 均正交的单位向量:

(1) $\boldsymbol{\alpha}_1 = \begin{pmatrix} 1 \\ 1 \\ 1 \\ 1 \end{pmatrix}$, $\boldsymbol{\alpha}_2 = \begin{pmatrix} 1 \\ 2 \\ 1 \\ 1 \end{pmatrix}$, $\boldsymbol{\alpha}_3 = \begin{pmatrix} 1 \\ 1 \\ -1 \\ -1 \end{pmatrix}$;

(2) $\boldsymbol{\alpha}_1=\begin{pmatrix}1\\1\\-1\\-1\end{pmatrix},\quad \boldsymbol{\alpha}_2=\begin{pmatrix}1\\-1\\-1\\1\end{pmatrix},\quad \boldsymbol{\alpha}_3=\begin{pmatrix}2\\1\\1\\3\end{pmatrix}.$

5.1.6 设 $\boldsymbol{\varepsilon}_1, \boldsymbol{\varepsilon}_2, \cdots, \boldsymbol{\varepsilon}_t$ 为 $\mathbb{R}^n$ 的子空间 V 的一组基, 且 $\boldsymbol{\alpha}\in V$, 如果

$$\langle\boldsymbol{\varepsilon}_i,\boldsymbol{\alpha}\rangle=0\quad(\forall\, i=1,2,\cdots,t),$$

证明 $\boldsymbol{\alpha}=\mathbf{0}$.

5.1.7 如果对 $\mathbb{R}^n$ 的子空间 V 的任意向量 $\boldsymbol{x}$ 及已知向量 $\boldsymbol{\alpha}_1, \boldsymbol{\alpha}_2$, 总有 $\langle\boldsymbol{x},\boldsymbol{\alpha}_1\rangle=\langle\boldsymbol{x},\boldsymbol{\alpha}_2\rangle$, 证明 $\boldsymbol{\alpha}_1=\boldsymbol{\alpha}_2$.

5.1.8 求 $L(\boldsymbol{\alpha}_1,\boldsymbol{\alpha}_2,\boldsymbol{\alpha}_3)$ 的一个标准正交基:

(1) $\boldsymbol{\alpha}_1=\begin{pmatrix}1\\0\\-1\\1\end{pmatrix},\quad \boldsymbol{\alpha}_2=\begin{pmatrix}2\\1\\0\\1\end{pmatrix},\quad \boldsymbol{\alpha}_3=\begin{pmatrix}1\\-2\\1\\0\end{pmatrix};$

(2) $\boldsymbol{\alpha}_1=\begin{pmatrix}2\\0\\-1\end{pmatrix},\quad \boldsymbol{\alpha}_2=\begin{pmatrix}1\\-1\\1\end{pmatrix},\quad \boldsymbol{\alpha}_3=\begin{pmatrix}0\\2\\-3\end{pmatrix}.$

5.1.9 求线性方程组

$$\begin{cases} x_1+x_2\qquad +x_4=0,\\ \qquad x_2-x_3\qquad =0\end{cases}$$

解空间的一个标准正交基.

5.1.10 将 $\boldsymbol{\alpha}_1, \boldsymbol{\alpha}_2$ 扩充成 $\mathbb{R}^4$ 的正交基, 其中

$$\boldsymbol{\alpha}_1=\begin{pmatrix}1\\2\\0\\-1\end{pmatrix},\quad \boldsymbol{\alpha}_2=\begin{pmatrix}1\\0\\3\\1\end{pmatrix}.$$

5.1.11 写出如下的 $\boldsymbol{A}$ 的 (5.3) 式类型的分解式:

(1) $\boldsymbol{A}=\begin{pmatrix}1&1\\2&1\end{pmatrix};$ (2) $\boldsymbol{A}=\begin{pmatrix}1&-1\\0&1\\1&0\end{pmatrix}.$

5.1.12 已知两向量 $\boldsymbol{\alpha}_1=(2\ \ 1\ \ 1\ \ -1)^{\mathrm{T}}$, $\boldsymbol{\alpha}_2=(1\ \ 1\ \ 3\ \ 0)^{\mathrm{T}}$, 试求出与 $L(\boldsymbol{\alpha}_1,\boldsymbol{\alpha}_2)$ 中所有向量都正交的全部向量.

5.2　正交阵、实对称阵的正交对角化

以 $\mathbb{R}^n$ 的标准正交基作列向量构成的 n 阶阵称为**正交阵**. 例如

$$\pm \boldsymbol{I}_n, \quad \begin{pmatrix} \cos\theta & \sin\theta \\ -\sin\theta & \cos\theta \end{pmatrix}, \quad \begin{pmatrix} \frac{2}{3} & \frac{2}{3} & \frac{1}{3} \\ \frac{2}{3} & -\frac{1}{3} & -\frac{2}{3} \\ -\frac{1}{3} & \frac{2}{3} & -\frac{2}{3} \end{pmatrix}$$

都是正交阵.

定理 5.2　设 $\boldsymbol{A}$ 为 n 阶实矩阵, 则下述条件等价:

(1) $\boldsymbol{A}$ 是正交阵;　　(2) $\boldsymbol{A}^{\mathrm{T}}\boldsymbol{A} = \boldsymbol{I}_n$;

(3) $\boldsymbol{A}^{\mathrm{T}} = \boldsymbol{A}^{-1}$;　　(4) $\boldsymbol{A}\boldsymbol{A}^{\mathrm{T}} = \boldsymbol{I}_n$;

(5) $\boldsymbol{A}$ 的各行标准正交.

证明　设 $\boldsymbol{A}$ 的各列为 $\boldsymbol{a}_1, \boldsymbol{a}_2, \cdots, \boldsymbol{a}_n$, 则

$$\begin{aligned}
\boldsymbol{A} \text{ 正交} &\iff \boldsymbol{a}_1, \boldsymbol{a}_2, \cdots, \boldsymbol{a}_n \text{ 标准正交} \\
&\iff \langle \boldsymbol{a}_i, \boldsymbol{a}_j \rangle = \delta_{ij} \quad (\forall\, i,\ j) \\
&\iff \boldsymbol{a}_i^{\mathrm{T}} \boldsymbol{a}_j = \delta_{ij} \quad (\forall\, i,\ j) \\
&\iff \begin{pmatrix} \boldsymbol{a}_1^{\mathrm{T}}\boldsymbol{a}_1 & \boldsymbol{a}_1^{\mathrm{T}}\boldsymbol{a}_2 & \cdots & \boldsymbol{a}_1^{\mathrm{T}}\boldsymbol{a}_n \\ \boldsymbol{a}_2^{\mathrm{T}}\boldsymbol{a}_1 & \boldsymbol{a}_2^{\mathrm{T}}\boldsymbol{a}_2 & \cdots & \boldsymbol{a}_2^{\mathrm{T}}\boldsymbol{a}_n \\ \vdots & \vdots & & \vdots \\ \boldsymbol{a}_n^{\mathrm{T}}\boldsymbol{a}_1 & \boldsymbol{a}_n^{\mathrm{T}}\boldsymbol{a}_2 & \cdots & \boldsymbol{a}_n^{\mathrm{T}}\boldsymbol{a}_n \end{pmatrix} = \boldsymbol{I}_n \\
&\iff \begin{pmatrix} \boldsymbol{a}_1^{\mathrm{T}} \\ \boldsymbol{a}_2^{\mathrm{T}} \\ \vdots \\ \boldsymbol{a}_n^{\mathrm{T}} \end{pmatrix} (\boldsymbol{a}_1 \quad \boldsymbol{a}_2 \quad \cdots \quad \boldsymbol{a}_n) = \boldsymbol{I}_n \\
&\iff \boldsymbol{A}^{\mathrm{T}}\boldsymbol{A} = \boldsymbol{I}_n \\
&\iff \boldsymbol{A}^{\mathrm{T}} = \boldsymbol{A}^{-1} \\
&\iff \boldsymbol{A}\boldsymbol{A}^{\mathrm{T}} = \boldsymbol{I}_n \\
&\iff \boldsymbol{A}^{\mathrm{T}} \text{ 各列标准正交} \\
&\iff \boldsymbol{A} \text{ 各行标准正交.}
\end{aligned}$$

□

定理 5.3(QR 分解)　实 n 阶可逆阵 $\boldsymbol{A}$ 可写成一个正交阵 $\boldsymbol{Q}$ 与一个对角线上各元素为正数的上三角阵 $\boldsymbol{R}$ 的乘积, 即

$$\boldsymbol{A}=\boldsymbol{Q}\boldsymbol{R}.$$

证明　由推论 5.3 易见 $\boldsymbol{A}=\boldsymbol{B}\boldsymbol{R}$, 其中 $\boldsymbol{B}$ 是列标准正交的矩阵, $\boldsymbol{R}$ 为上三角阵. 现在 $\boldsymbol{A}$ 为 n 阶方阵, 故 $\boldsymbol{B}$ 为正交阵, 记为 $\boldsymbol{Q}$, 则定理得证. □

定理 5.4 (实对称阵的正交对角化定理)　设 $\boldsymbol{A}$ 为 n 阶实对称阵, 则存在正交阵 $\boldsymbol{Q}$, 使

$$\boldsymbol{A}=\boldsymbol{Q}\,\mathrm{diag}(\lambda_1,\lambda_2,\cdots,\lambda_n)\boldsymbol{Q}^{-1},$$

其中 $\lambda_1,\lambda_2,\cdots,\lambda_n$ 为 $\boldsymbol{A}$ 的特征值.

证明　由 4.1 节及 4.2 节知, 实对称阵的特征根全为实数, 从而 $\boldsymbol{A}$ 实相似于上三角阵, 即存在实可逆阵 $\boldsymbol{P}$ 使

$$\boldsymbol{A}=\boldsymbol{P}\begin{pmatrix}\lambda_1 & * & \cdots & * \\ 0 & \lambda_2 & \cdots & * \\ \vdots & \vdots & & \vdots \\ 0 & 0 & \cdots & \lambda_n\end{pmatrix}\boldsymbol{P}^{-1},$$

其中 $\lambda_1,\lambda_2,\cdots,\lambda_n$ 是 $\boldsymbol{A}$ 的全部特征值.

由定理 5.3, 可设 $\boldsymbol{P}=\boldsymbol{Q}\boldsymbol{R}$, 其中 $\boldsymbol{Q}$ 为正交阵, $\boldsymbol{R}$ 为上三角阵, 于是

$$\boldsymbol{A}=\boldsymbol{Q}\boldsymbol{R}\begin{pmatrix}\lambda_1 & * & \cdots & * \\ 0 & \lambda_2 & \cdots & * \\ \vdots & \vdots & & \vdots \\ 0 & 0 & \cdots & \lambda_n\end{pmatrix}\boldsymbol{R}^{-1}\boldsymbol{Q}^{-1}.$$

由此易见 $\boldsymbol{Q}^{-1}\boldsymbol{A}\boldsymbol{Q}$ 为上三角阵, 即 $\boldsymbol{Q}^{\mathrm{T}}\boldsymbol{A}\boldsymbol{Q}$ 为上三角阵. 但 $\boldsymbol{Q}^{\mathrm{T}}\boldsymbol{A}\boldsymbol{Q}$ 实际上又是对称阵, 所以 $\boldsymbol{Q}^{\mathrm{T}}\boldsymbol{A}\boldsymbol{Q}$ 为对角阵, 故

$$\boldsymbol{A}=\boldsymbol{Q}\,\mathrm{diag}(\lambda_1,\lambda_2,\cdots,\lambda_n)\boldsymbol{Q}^{-1}.$$ □

推论 5.4　n 阶实对称阵必存在 n 个标准正交的特征向量.

证明　由定理 5.4 知, 存在正交阵 $\boldsymbol{Q}$, 使

$$\boldsymbol{A}\boldsymbol{Q}=\boldsymbol{Q}\mathrm{diag}(\lambda_1,\lambda_2,\cdots,\lambda_n).$$

记 $\boldsymbol{Q}=(\boldsymbol{q}_1\ \ \boldsymbol{q}_2\ \ \cdots\ \ \boldsymbol{q}_n)$, 则有

$$\boldsymbol{A}(\boldsymbol{q}_1\ \ \boldsymbol{q}_2\ \ \cdots\ \ \boldsymbol{q}_n)=(\boldsymbol{q}_1\ \ \boldsymbol{q}_2\ \ \cdots\ \ \boldsymbol{q}_n)\mathrm{diag}(\lambda_1,\lambda_2,\cdots,\lambda_n),$$

从而

$$(\boldsymbol{A}\boldsymbol{q}_1\ \ \boldsymbol{A}\boldsymbol{q}_2\ \ \cdots\ \ \boldsymbol{A}\boldsymbol{q}_n)=(\lambda_1\boldsymbol{q}_1\ \ \lambda_2\boldsymbol{q}_2\ \ \cdots\ \ \lambda_n\boldsymbol{q}_n),$$

即

$$\boldsymbol{A}\boldsymbol{q}_i = \lambda_i \boldsymbol{q}_i \quad (\forall\, i = 1, 2, \cdots, n).$$

这说明 $\boldsymbol{Q}$ 的各列恰为标准正交的 n 个特征向量. □

命题 5.2 实对称阵属于不同特征值的特征向量互相正交.

证明 设 $\boldsymbol{A}$ 为实对称阵, $\boldsymbol{x}$, $\boldsymbol{y}$ 为其特征向量, 即

$$\boldsymbol{A}\boldsymbol{x} = \lambda \boldsymbol{x}, \quad \boldsymbol{A}\boldsymbol{y} = \mu \boldsymbol{y} \quad (\lambda \neq \mu).$$

于是

$$\langle \boldsymbol{A}\boldsymbol{x}, \boldsymbol{y} \rangle = \boldsymbol{y}^{\mathrm{T}} \boldsymbol{A}\boldsymbol{x} = (\boldsymbol{A}\boldsymbol{y})^{\mathrm{T}} \boldsymbol{x} = \langle \boldsymbol{x}, \boldsymbol{A}\boldsymbol{y} \rangle,$$

从而

$$\lambda \langle \boldsymbol{x}, \boldsymbol{y} \rangle = \mu \langle \boldsymbol{x}, \boldsymbol{y} \rangle,$$

$$(\lambda - \mu) \langle \boldsymbol{x}, \boldsymbol{y} \rangle = 0.$$

因 $\lambda \neq \mu$, 故 $\langle \boldsymbol{x}, \boldsymbol{y} \rangle = 0$. □

由命题 5.2 及推论 5.4 可知, 求一个正交阵 $\boldsymbol{Q}$ 使实对称阵 $\boldsymbol{A}$ 正交对角化的计算问题应有如下步骤:

(i) 求 $\boldsymbol{A}$ 的特征多项式, 从而求得互不相同的特征值 λ_1, λ_2, $\cdots$, λ_t;

(ii) 求相应于各特征值的特征向量, 实际上就是解如下各方程组

$$(\lambda_i \boldsymbol{I} - \boldsymbol{A})\boldsymbol{x} = \boldsymbol{O} \quad (\forall\, i = 1, 2, \cdots, t),$$

分别求得基础解系, 再由施密特正交化得各标准正交组

$$q_{11}, \cdots, q_{1n_1}; \ q_{21}, \cdots, q_{2n_2}; \ \cdots; \ q_{t1}, \cdots, q_{tn_t},$$

其中 $n_1 + n_2 + \cdots + n_t = n$;

(iii) 令 $\boldsymbol{Q} = (q_{11} \ \cdots \ q_{1n_1} \ q_{21} \ \cdots \ q_{2n_2} \ \cdots \ q_{t1} \ \cdots \ q_{tn_t})$, 则有

$$\boldsymbol{A} = \boldsymbol{Q}\, \mathrm{diag}(\lambda_1 \boldsymbol{I}_{n_1}, \lambda_2 \boldsymbol{I}_{n_2}, \cdots, \lambda_t \boldsymbol{I}_{n_t}) \boldsymbol{Q}^{-1}.$$

例 5.4 求正交阵 $\boldsymbol{Q}$, 使 $\boldsymbol{Q}^{\mathrm{T}}\boldsymbol{A}\boldsymbol{Q}$ 为对角阵, 其中

$$\boldsymbol{A} = \begin{pmatrix} 0 & 1 & 1 & -1 \\ 1 & 0 & -1 & 1 \\ 1 & -1 & 0 & 1 \\ -1 & 1 & 1 & 0 \end{pmatrix}.$$

解 $\boldsymbol{A}$ 的特征多项式为

$$|\lambda \boldsymbol{I}-\boldsymbol{A}|=\begin{vmatrix} \lambda & -1 & -1 & 1 \\ -1 & \lambda & 1 & -1 \\ -1 & 1 & \lambda & -1 \\ 1 & -1 & -1 & \lambda \end{vmatrix}=(\lambda-1)^3(\lambda+3),$$

故 $\lambda_1=1$ (三重), $\lambda_2=-3$(单根).

当 $\lambda_1=1$ 时, 特征方程为 $(\boldsymbol{I}-\boldsymbol{A})\boldsymbol{x}=\boldsymbol{0}$, 即

$$\begin{pmatrix} 1 & -1 & -1 & 1 \\ -1 & 1 & 1 & -1 \\ -1 & 1 & 1 & -1 \\ 1 & -1 & -1 & 1 \end{pmatrix}\begin{pmatrix} x_1 \\ x_2 \\ x_3 \\ x_4 \end{pmatrix}=\begin{pmatrix} 0 \\ 0 \\ 0 \\ 0 \end{pmatrix},$$

从而

$$x_1-x_2-x_3+x_4=0,$$

求得基础解系

$$\boldsymbol{\alpha}_1=\begin{pmatrix} 1 \\ 1 \\ 0 \\ 0 \end{pmatrix}, \quad \boldsymbol{\alpha}_2=\begin{pmatrix} 0 \\ 0 \\ 1 \\ 1 \end{pmatrix}, \quad \boldsymbol{\alpha}_3=\begin{pmatrix} 1 \\ 0 \\ 0 \\ -1 \end{pmatrix}.$$

经施密特正交化, 再单位化得

$$\boldsymbol{q}_1=\begin{pmatrix} \frac{1}{\sqrt{2}} \\ \frac{1}{\sqrt{2}} \\ 0 \\ 0 \end{pmatrix}, \quad \boldsymbol{q}_2=\begin{pmatrix} 0 \\ 0 \\ \frac{1}{\sqrt{2}} \\ \frac{1}{\sqrt{2}} \end{pmatrix}, \quad \boldsymbol{q}_3=\begin{pmatrix} \frac{1}{2} \\ -\frac{1}{2} \\ \frac{1}{2} \\ -\frac{1}{2} \end{pmatrix}.$$

当 $\lambda_2=-3$ 时, 相应的特征方程是 $(-3\boldsymbol{I}-\boldsymbol{A})\boldsymbol{x}=\boldsymbol{0}$, 即

$$\begin{pmatrix} -3 & -1 & -1 & 1 \\ -1 & -3 & 1 & -1 \\ -1 & 1 & -3 & -1 \\ 1 & -1 & -1 & -3 \end{pmatrix}\begin{pmatrix} x_1 \\ x_2 \\ x_3 \\ x_4 \end{pmatrix}=\begin{pmatrix} 0 \\ 0 \\ 0 \\ 0 \end{pmatrix},$$

解得基础解系 $(1 \ \ -1 \ \ -1 \ \ 1)^{\mathrm{T}}$, 单位化后得

$$\boldsymbol{q}_4=\begin{pmatrix} \frac{1}{2} & -\frac{1}{2} & -\frac{1}{2} & \frac{1}{2} \end{pmatrix}^{\mathrm{T}},$$

故所求正交阵

$$
\boldsymbol{Q}=\begin{pmatrix}
\frac{1}{\sqrt{2}} & 0 & \frac{1}{2} & \frac{1}{2} \\
\frac{1}{\sqrt{2}} & 0 & -\frac{1}{2} & -\frac{1}{2} \\
0 & \frac{1}{\sqrt{2}} & \frac{1}{2} & -\frac{1}{2} \\
0 & \frac{1}{\sqrt{2}} & -\frac{1}{2} & \frac{1}{2}
\end{pmatrix},
$$

且有

$$
\boldsymbol{A}=\boldsymbol{Q}\mathrm{diag}(1,1,1,-3)\boldsymbol{Q}^{-1}. \qquad \square
$$

练　习　5.2

5.2.1　设 $\boldsymbol{A}$ 为正交阵, 证明: $\boldsymbol{A}^{\mathrm{T}}$, $\boldsymbol{A}^{-1}$, $\boldsymbol{A}^{*}$(伴随阵) 都是正交阵, 且 $|\boldsymbol{A}|=\pm 1$.

5.2.2　设 $\boldsymbol{A}$, $\boldsymbol{B}$ 是同阶正交阵, 证明:

(1) $\boldsymbol{AB}$ 是正交阵;　　　　(2) $\mathrm{diag}(\boldsymbol{A},\boldsymbol{B})$ 是正交阵.

5.2.3　设 $\boldsymbol{A}$ 为正交阵及上三角阵, 证明: $\boldsymbol{A}$ 为对角线上为 ± 1 的对角阵.

5.2.4　证明: QR 分解的唯一性, 即设可逆阵 $\boldsymbol{A}=\boldsymbol{Q}_1\boldsymbol{R}_1=\boldsymbol{Q}_2\boldsymbol{R}_2$ 为 QR 分解, 其中 $\boldsymbol{Q}_1$, $\boldsymbol{Q}_2$ 为正交阵, $\boldsymbol{R}_1$, $\boldsymbol{R}_2$ 为上三角阵, 则必有 $\boldsymbol{Q}_1=\boldsymbol{Q}_2$, $\boldsymbol{R}_1=\boldsymbol{R}_2$.

5.2.5　求正交阵 $\boldsymbol{Q}$, 使 $\boldsymbol{Q}^{\mathrm{T}}\boldsymbol{A}\boldsymbol{Q}$ 为对角阵:

(1) $\boldsymbol{A}=\begin{pmatrix} 2 & -2 & 0 \\ -2 & 1 & -2 \\ 0 & -2 & 0 \end{pmatrix}$;　　(2) $\boldsymbol{A}=\begin{pmatrix} 2 & 2 & -2 \\ 2 & 5 & -4 \\ -2 & -4 & 5 \end{pmatrix}$;

(3) $\boldsymbol{A}=\begin{pmatrix} 3 & 2 & 4 \\ 2 & 0 & 2 \\ 4 & 2 & 3 \end{pmatrix}$;　　(4) $\boldsymbol{A}=\begin{pmatrix} 1 & 2 & 4 \\ 2 & -2 & 2 \\ 4 & 2 & 1 \end{pmatrix}$;

(5) $\boldsymbol{A}=\begin{pmatrix} 0 & 1 & 1 & -1 \\ 1 & 0 & -1 & 1 \\ 1 & -1 & 0 & 1 \\ -1 & 1 & 1 & 0 \end{pmatrix}$.

5.2.6　求 a, b, c, 使 $\begin{pmatrix} \frac{2}{3} & -\frac{1}{3} & a \\ \frac{2}{3} & \frac{2}{3} & b \\ \frac{1}{3} & -\frac{2}{3} & c \end{pmatrix}$ 为正交阵.

5.2.7　设实矩阵 $\boldsymbol{A}_{m\times n}$ 满足 $\boldsymbol{A}^{\mathrm{T}}\boldsymbol{A}=\boldsymbol{I}_n$, 证明: 存在 $\boldsymbol{B}$ 使 $(\boldsymbol{A}\ \ \boldsymbol{B})$ 为正交阵.

5.2.8　若实对称阵 $\boldsymbol{A}$ 的特征值非负数, 证明: 存在 $\boldsymbol{B}$ 使 $\boldsymbol{A}=\boldsymbol{B}^2$.

5.2.9 设 $\boldsymbol{A}$ 为实对称正交阵, 证明: $\boldsymbol{A}$ 的特征根必为 ± 1.

5.2.10 设 $\boldsymbol{A}, \boldsymbol{B}$ 为实对称阵, 证明: $\boldsymbol{A} \sim \boldsymbol{B}$ 当且仅当 $\boldsymbol{A}, \boldsymbol{B}$ 具有相同的特征多项式.

5.3* 奇异值分解及其应用

由 5.2 节知道, 一个实对称阵可有如下分解式

$$\boldsymbol{A} = \boldsymbol{Q}\,\mathrm{diag}(\lambda_1, \lambda_2, \cdots, \lambda_n)\boldsymbol{Q}^{-1},$$

其中 $\boldsymbol{Q}$ 是正交阵. 那么一般的实矩阵情况又如何呢? 本节将讨论一般 $m \times n$ 实矩阵的奇异值分解式, 并讨论它在广义逆及最小二乘问题上的应用.

定义 5.4 设 $\boldsymbol{A}$ 是 $m \times n$ 实矩阵, 又设 $\boldsymbol{A}^{\mathrm{T}}\boldsymbol{A}$ 的非零特征值为 $\lambda_1 \geqslant \lambda_2 \geqslant \cdots \geqslant \lambda_r$, 即

$$\boldsymbol{Q}^{-1}\boldsymbol{A}^{\mathrm{T}}\boldsymbol{A}\boldsymbol{Q} = \mathrm{diag}(\lambda_1, \lambda_2, \cdots, \lambda_r, 0, \cdots, 0), \tag{5.5}$$

则称 $\sigma_i = \sqrt{\lambda_i}\ \ (i = 1, 2, \cdots, r)$ 为 $\boldsymbol{A}$ 的**奇异值**.

定理 5.5(奇异值分解) 设 $\boldsymbol{A}$ 为 $m \times n$ 实矩阵, 有奇异值 $\sigma_1, \sigma_2, \cdots, \sigma_r$, 则存在正交阵 $\boldsymbol{U}$ 及 $\boldsymbol{V}$, 使

$$\boldsymbol{A} = \boldsymbol{U}\begin{pmatrix} \boldsymbol{D} & \boldsymbol{O} \\ \boldsymbol{O} & \boldsymbol{O} \end{pmatrix}\boldsymbol{V}, \quad \boldsymbol{D} = \mathrm{diag}(\sigma_1, \sigma_2, \cdots, \sigma_r). \tag{5.6}$$

证明 由 $\boldsymbol{A}$ 的奇异值 $\sigma_1, \sigma_2, \cdots, \sigma_r$ 可写出 $\boldsymbol{A}^{\mathrm{T}}\boldsymbol{A}$ 的对角化表达式 (5.5), 其中 $\lambda_i = \sigma_i^2\ \ (i = 1, 2, \cdots, r)$. 令

$$\boldsymbol{M} = \mathrm{diag}(\sigma_1^{-1}, \sigma_2^{-1}, \cdots, \sigma_r^{-1},\ 1,\ 1,\ \cdots,\ 1),$$

由 (5.5) 易见

$$\boldsymbol{M}^{\mathrm{T}}\boldsymbol{Q}^{\mathrm{T}}\boldsymbol{A}^{\mathrm{T}}\boldsymbol{A}\boldsymbol{Q}\boldsymbol{M} = \mathrm{diag}(\boldsymbol{I}_r,\ \boldsymbol{O}).$$

令 $\boldsymbol{AQM} = \boldsymbol{B} = (\boldsymbol{B}_1\ \ \boldsymbol{B}_2)$, 其中 $\boldsymbol{B}_1$ 为 $m \times r$ 阵, $\boldsymbol{B}_2$ 为 $m \times (n-r)$ 阵, 于是

$$\boldsymbol{B}^{\mathrm{T}}\boldsymbol{B} = \mathrm{diag}(\boldsymbol{I}_r, \boldsymbol{O}),$$

即

$$\begin{pmatrix} \boldsymbol{B}_1^{\mathrm{T}} \\ \boldsymbol{B}_2^{\mathrm{T}} \end{pmatrix}(\boldsymbol{B}_1 \quad \boldsymbol{B}_2) = \begin{pmatrix} \boldsymbol{I}_r & \boldsymbol{O} \\ \boldsymbol{O} & \boldsymbol{O} \end{pmatrix},$$

由此式推出 $\boldsymbol{B}_1^{\mathrm{T}}\boldsymbol{B}_1 = \boldsymbol{I}_r,\ \boldsymbol{B}_2^{\mathrm{T}}\boldsymbol{B}_2 = \boldsymbol{O}$. 由后一式知 $\boldsymbol{B}_2 = \boldsymbol{O}$, 由前一式知 $\boldsymbol{B}_1$ 各列标准正交, 则存在 $\boldsymbol{U} = (\boldsymbol{B}_1 \quad \boldsymbol{B}_3)$ 为正交阵, 故

$$\boldsymbol{AQM} = (\boldsymbol{B}_1 \quad \boldsymbol{O}) = \boldsymbol{U}\begin{pmatrix} \boldsymbol{I}_r & \boldsymbol{O} \\ \boldsymbol{O} & \boldsymbol{O} \end{pmatrix}.$$

令 $\boldsymbol{Q}^{-1}=\boldsymbol{V}$, 则有

$$\boldsymbol{A}=\boldsymbol{U}\begin{pmatrix}\boldsymbol{I}_r & \boldsymbol{O}\\ \boldsymbol{O} & \boldsymbol{O}\end{pmatrix}\boldsymbol{M}^{-1}\boldsymbol{Q}^{-1}=\boldsymbol{U}\begin{pmatrix}\boldsymbol{D} & \boldsymbol{O}\\ \boldsymbol{O} & \boldsymbol{O}\end{pmatrix}\boldsymbol{V},$$

其中 $\boldsymbol{D}=\mathrm{diag}(\sigma_1,\sigma_2,\cdots,\sigma_r)$. □

推论 5.5 设 $\boldsymbol{A}$ 为 $m\times n$ 实矩阵, 则 $\boldsymbol{A}^{\mathrm{T}}\boldsymbol{A}$ 与 $\boldsymbol{A}\boldsymbol{A}^{\mathrm{T}}$ 的非零特征值完全一致.

证明 设 $\boldsymbol{A}$ 有奇异值分解式 (5.6), 则

$$\begin{aligned}\boldsymbol{A}\boldsymbol{A}^{\mathrm{T}}&=\boldsymbol{U}\begin{pmatrix}\boldsymbol{D} & \boldsymbol{O}\\ \boldsymbol{O} & \boldsymbol{O}\end{pmatrix}\boldsymbol{V}\boldsymbol{V}^{\mathrm{T}}\begin{pmatrix}\boldsymbol{D} & \boldsymbol{O}\\ \boldsymbol{O} & \boldsymbol{O}\end{pmatrix}\boldsymbol{U}^{\mathrm{T}}\\&=\boldsymbol{U}\mathrm{diag}(\boldsymbol{D}^2,\boldsymbol{O})\boldsymbol{U}^{-1}.\end{aligned}$$

这意味着 $\boldsymbol{A}\boldsymbol{A}^{\mathrm{T}}$ 的正特征值也是 $\sigma_1^2, \sigma_2^2, \cdots, \sigma_r^2$, 即结论得证. □

设 $\boldsymbol{A}$ 有奇异值分解式 (5.6), 容易验证 $n\times m$ 矩阵

$$\boldsymbol{A}^{+}=\boldsymbol{V}^{\mathrm{T}}\begin{pmatrix}\boldsymbol{D}^{-1} & \boldsymbol{O}\\ \boldsymbol{O} & \boldsymbol{O}\end{pmatrix}\boldsymbol{U}^{\mathrm{T}} \tag{5.7}$$

满足如下四个方程构成的矩阵方程组:

(1) $\boldsymbol{AXA}=\boldsymbol{A}$;　　(2) $\boldsymbol{XAX}=\boldsymbol{X}$;

(3) $(\boldsymbol{AX})^{\mathrm{T}}=\boldsymbol{AX}$;　　(4) $(\boldsymbol{XA})^{\mathrm{T}}=\boldsymbol{XA}$.

一般地, 称满足上述矩阵方程组的解为矩阵 $\boldsymbol{A}$ 的**Moore-Penrose 逆**, 简称**M-P 逆**, 常记为 $\boldsymbol{A}^{+}$. 可以证明 $\boldsymbol{A}^{+}$ 是唯一的.

事实上, 设 $\boldsymbol{X}_1$ 及 $\boldsymbol{X}_2$ 为两个解, 则

$$\begin{aligned}\boldsymbol{X}_1&=\boldsymbol{X}_1\boldsymbol{A}\boldsymbol{X}_1=\boldsymbol{X}_1(\boldsymbol{A}\boldsymbol{X}_1)^{\mathrm{T}}=\boldsymbol{X}_1\boldsymbol{X}_1^{\mathrm{T}}\boldsymbol{A}^{\mathrm{T}}=\boldsymbol{X}_1\boldsymbol{X}_1^{\mathrm{T}}\boldsymbol{A}^{\mathrm{T}}\boldsymbol{X}_2^{\mathrm{T}}\boldsymbol{A}^{\mathrm{T}}\\&=\boldsymbol{X}_1\boldsymbol{A}\boldsymbol{X}_1\boldsymbol{A}\boldsymbol{X}_2=\boldsymbol{X}_1\boldsymbol{A}\boldsymbol{X}_2=\boldsymbol{A}^{\mathrm{T}}\boldsymbol{X}_1^{\mathrm{T}}\boldsymbol{X}_2=\boldsymbol{A}^{\mathrm{T}}\boldsymbol{X}_2^{\mathrm{T}}\boldsymbol{A}^{\mathrm{T}}\boldsymbol{X}_1^{\mathrm{T}}\boldsymbol{X}_2\\&=\boldsymbol{X}_2\boldsymbol{A}\boldsymbol{X}_1\boldsymbol{A}\boldsymbol{X}_2=\boldsymbol{X}_2\boldsymbol{A}\boldsymbol{X}_2=\boldsymbol{X}_2.\end{aligned}$$

这样, 只要知道矩阵 $\boldsymbol{A}$ 的奇异值分解式, 就可以利用公式 (5.7) 立刻写出 $\boldsymbol{A}^{+}$ 的一个表达式, 这就是说我们有一个求矩阵 M-P 逆的奇异值分解的方法.

下面应用 M-P 逆及奇异值分解去讨论矛盾方程的最小二乘问题. 先证明两个简单事实.

(1) 设 $\boldsymbol{Q}$ 为 n 阶正交阵, $\boldsymbol{x}\in\mathbb{R}^n$, 则 $|\boldsymbol{Qx}|=|\boldsymbol{x}|$.

事实上,

$$|\boldsymbol{Qx}|^2=\langle\boldsymbol{Qx},\boldsymbol{Qx}\rangle=(\boldsymbol{Qx})^{\mathrm{T}}\boldsymbol{Qx}=\boldsymbol{x}^{\mathrm{T}}\boldsymbol{Q}^{\mathrm{T}}\boldsymbol{Qx}=\boldsymbol{x}^{\mathrm{T}}\boldsymbol{x}=|\boldsymbol{x}|^2.$$

(2) 设 $\boldsymbol{a}=\begin{pmatrix}\boldsymbol{a}_1\\ \boldsymbol{a}_2\end{pmatrix}\in\mathbb{R}^n$, 其中 $\boldsymbol{a}_1\in\mathbb{R}^r$, $\boldsymbol{a}_2\in\mathbb{R}^{n-r}$, 则

$$|\boldsymbol{a}|^2=|\boldsymbol{a}_1|^2+|\boldsymbol{a}_2|^2.$$

由向量长度定义这是显然的.

现在来说最小二乘问题. 在许多实际问题中, 要解的线性方程组 $\boldsymbol{Ax}=\boldsymbol{b}$ 并不一定有解, 这时称其为**矛盾方程组**. 如何给出矛盾方程组所反映的实际问题的解答的最接近描述呢? 人们常求适当的 $\boldsymbol{x}=\boldsymbol{x}_0$, 使

$$|\boldsymbol{Ax}_0-\boldsymbol{b}|=\min_{\boldsymbol{x}}|\boldsymbol{Ax}-\boldsymbol{b}|, \tag{5.8}$$

这就是所谓**最小二乘问题**. 所求的解答可能并不唯一, 不少问题常常要在最小二乘解中再求长度最小的解, 这称为**最小二乘问题的最小长度解**.

下面的定理说明, 这个问题的解答与 $\boldsymbol{A}$ 的 M-P 逆有密切的关系.

定理 5.6 $\boldsymbol{x}_0=\boldsymbol{A}^{+}\boldsymbol{b}$ 就是线性方程组 $\boldsymbol{Ax}=\boldsymbol{b}$ 的最小二乘问题的最小长度解.

证明 首先验证 $\boldsymbol{x}_0=\boldsymbol{A}^{+}\boldsymbol{b}$ 时 (5.8) 式成立.

事实上, 设 $\boldsymbol{A}$ 有奇异值分解式 (5.6), $\boldsymbol{A}^{+}$ 满足 (5.7), 则

$$\begin{aligned}|\boldsymbol{AA}^{+}\boldsymbol{b}-\boldsymbol{b}|^2&=\left|\boldsymbol{U}\begin{pmatrix}\boldsymbol{D}&\boldsymbol{O}\\ \boldsymbol{O}&\boldsymbol{O}\end{pmatrix}\boldsymbol{V}\cdot\boldsymbol{V}^{\mathrm{T}}\begin{pmatrix}\boldsymbol{D}^{-1}&\boldsymbol{O}\\ \boldsymbol{O}&\boldsymbol{O}\end{pmatrix}\boldsymbol{U}^{\mathrm{T}}\boldsymbol{b}-\boldsymbol{b}\right|^2\\ &=\left|\boldsymbol{U}\mathrm{diag}(\boldsymbol{I}_r,\ \boldsymbol{O})\boldsymbol{U}^{\mathrm{T}}\boldsymbol{b}-\boldsymbol{b}\right|^2.\end{aligned}$$

令 $\boldsymbol{U}^{\mathrm{T}}\boldsymbol{b}=\begin{pmatrix}\boldsymbol{b}_1\\ \boldsymbol{b}_2\end{pmatrix}$, $\boldsymbol{b}_1\in\mathbb{R}^r$, 则

$$|\boldsymbol{AA}^{+}\boldsymbol{b}-\boldsymbol{b}|^2=\left|\boldsymbol{U}\left[\begin{pmatrix}\boldsymbol{b}_1\\ \boldsymbol{0}\end{pmatrix}-\begin{pmatrix}\boldsymbol{b}_1\\ \boldsymbol{b}_2\end{pmatrix}\right]\right|^2=|\boldsymbol{b}_2|^2. \tag{5.9}$$

另外

$$\begin{aligned}|\boldsymbol{Ax}-\boldsymbol{b}|^2&=\left|\boldsymbol{U}\begin{pmatrix}\boldsymbol{D}&\boldsymbol{O}\\ \boldsymbol{O}&\boldsymbol{O}\end{pmatrix}\boldsymbol{Vx}-\boldsymbol{b}\right|^2\\ &=\left|\begin{pmatrix}\boldsymbol{x}_1\\ \boldsymbol{0}\end{pmatrix}-\begin{pmatrix}\boldsymbol{b}_1\\ \boldsymbol{b}_2\end{pmatrix}\right|^2=|\boldsymbol{x}_1-\boldsymbol{b}_1|^2+|\boldsymbol{b}_2|^2,\end{aligned} \tag{5.10}$$

其中

$$\begin{pmatrix}\boldsymbol{x}_1\\ \boldsymbol{0}\end{pmatrix}=\begin{pmatrix}\boldsymbol{D}&\boldsymbol{O}\\ \boldsymbol{O}&\boldsymbol{O}\end{pmatrix}\boldsymbol{Vx}.$$

比较 (5.9), (5.10) 两式, 易见 (5.8) 式成立当且仅当 $\boldsymbol{x}_1=\boldsymbol{b}_1$ 成立.

此时

$$\begin{pmatrix} \boldsymbol{b}_1 \\ \boldsymbol{0} \end{pmatrix} = \begin{pmatrix} \boldsymbol{D} & \boldsymbol{O} \\ \boldsymbol{O} & \boldsymbol{O} \end{pmatrix} \boldsymbol{V}\boldsymbol{x}.$$

令 $\boldsymbol{V}\boldsymbol{x} = (\boldsymbol{y}_1 \quad \boldsymbol{y}_2)^{\mathrm{T}}$, 则 $\boldsymbol{b}_1 = \boldsymbol{D}\boldsymbol{y}_1$, 从而 $\boldsymbol{y}_1 = \boldsymbol{D}^{-1}\boldsymbol{b}_1$, 故

$$\boldsymbol{x} = \boldsymbol{V}^{\mathrm{T}} \begin{pmatrix} \boldsymbol{D}^{-1}\boldsymbol{b}_1 \\ \boldsymbol{y}_2 \end{pmatrix},$$

$$|\boldsymbol{x}|^2 = |\boldsymbol{D}^{-1}\boldsymbol{b}_1|^2 + |\boldsymbol{y}_2|^2, \tag{5.11}$$

这就是最小二乘解的长度平方值.

下面说明 $\boldsymbol{A}^{+}\boldsymbol{b}$ 是最小二乘解中长度最小者.

事实上,

$$|\boldsymbol{A}^{+}\boldsymbol{b}|^2 = \left| \boldsymbol{V}^{\mathrm{T}} \begin{pmatrix} \boldsymbol{D}^{-1} & \boldsymbol{O} \\ \boldsymbol{O} & \boldsymbol{O} \end{pmatrix} \boldsymbol{U}^{\mathrm{T}}\boldsymbol{b} \right|^2,$$

因 $\boldsymbol{U}^{\mathrm{T}}\boldsymbol{b} = \begin{pmatrix} \boldsymbol{b}_1 \\ \boldsymbol{b}_2 \end{pmatrix}$, 利用前面简单事实 (1) 及 (2) 得

$$|\boldsymbol{A}^{+}\boldsymbol{b}|^2 = |\boldsymbol{D}^{-1}\boldsymbol{b}_1|^2,$$

将此式与 (5.11) 式比较, 知 $\boldsymbol{A}^{+}\boldsymbol{b}$ 确为最小二乘解中长度最小者. □

练　习　5.3

5.3.1　设 $\boldsymbol{A}$ 有奇异值分解式 (5.6), 证明: $\boldsymbol{U}$ 的列及 $\boldsymbol{V}^{\mathrm{T}}$ 的列分别是 $\boldsymbol{A}\boldsymbol{A}^{\mathrm{T}}$ 及 $\boldsymbol{A}^{\mathrm{T}}\boldsymbol{A}$ 的特征向量.

5.3.2　设 $\boldsymbol{U}, \boldsymbol{V}$ 分别为 m 阶、n 阶正交阵, $\boldsymbol{A}$ 为 $m\times n$ 实矩阵, a 为正实数, 证明: $\boldsymbol{U}\boldsymbol{A}\boldsymbol{V}$ 的奇异值与 $\boldsymbol{A}$ 的奇异值一样, $a\boldsymbol{A}$ 的奇异值为 $\boldsymbol{A}$ 的奇异值的 a 倍.

5.3.3　证明下述等式:

(1) $(\boldsymbol{A}^{+})^{\mathrm{T}} = (\boldsymbol{A}^{\mathrm{T}})^{+}$;

(2) $(\boldsymbol{A}^{+})^{+} = \boldsymbol{A}$;

(3) $(\boldsymbol{U}\boldsymbol{A}\boldsymbol{V})^{+} = \boldsymbol{V}^{\mathrm{T}}\boldsymbol{A}^{+}\boldsymbol{U}^{\mathrm{T}}$, 其中 $\boldsymbol{U}, \boldsymbol{V}$ 为正交阵;

(4) $\begin{pmatrix} \boldsymbol{A} \\ \boldsymbol{O} \end{pmatrix}^{+} = (\boldsymbol{A}^{+} \quad \boldsymbol{O})$;

(5) $(\boldsymbol{A}\boldsymbol{A}^{\mathrm{T}})^{+} = \boldsymbol{A}^{\mathrm{T}+}\boldsymbol{A}^{+}$;

(6) $(\boldsymbol{A}\boldsymbol{A}^{\mathrm{T}})^{+}\boldsymbol{A}\boldsymbol{A}^{\mathrm{T}} = \boldsymbol{A}\boldsymbol{A}^{+}$.

5.3.4　设 $\boldsymbol{A}$ 为 n 阶实矩阵, 证明: $\boldsymbol{A}$ 有**极分解** $\boldsymbol{A} = \boldsymbol{P}\boldsymbol{V}$, 其中 $\boldsymbol{P}$ 为具有全部特征值非负的实对称阵, $\boldsymbol{V}$ 为正交阵.

5.3.5 证明: 实矩阵所有元素的平方和等于其奇异值的平方和.

5.3.6 求如下矩阵的奇异值分解式及广义逆.

(1) $\boldsymbol{A}=\begin{pmatrix}1 & 2\\ 0 & 0\end{pmatrix}$; (2) $\boldsymbol{A}=\begin{pmatrix}1 & 1\\ 1 & -2\\ 2 & 1\end{pmatrix}$.

5.4 实 二 次 型

在解析几何中我们知道, 二次曲线方程

$$ax^2+bxy+cy^2=d$$

经过坐标轴旋转可以消去 xy 项, 使之简化, 从而曲线类型一目了然. 类似还有二次曲面化简. 将这类问题一般化, 本节研究实二次型及其化简.

定义 5.5 实系数 n 元多项式

$$f(x_1,x_2,\cdots,x_n)=\sum_{j=1}^{n}\sum_{i=1}^{n}a_{ij}x_ix_j \tag{5.12}$$

称为**实 n 元二次型**, 其中 $a_{ij}=a_{ji}$ 对一切 $i,\ j=1,2,\cdots,n$ 成立.

这个定义中之所以强调 $a_{ij}=a_{ji}$, 是因为这可以使表达式唯一. 如果不加条件表达式就不能唯一. 例如

$$x_1^2+3x_1x_2$$

可以写成

$$x_1^2+x_1x_2+2x_2x_1,$$

又可写成

$$x_1^2+2x_1x_2+x_2x_1,$$

如此等等, 但在规定条件 $a_{ij}=a_{ji}$ 之后它就只能写成

$$x_1^2+\frac{3}{2}x_1x_2+\frac{3}{2}x_2x_1.$$

上述定义是实二次型的多项式形式, 它还可以有以下两种形式:

1) 矩阵形式

记 $\boldsymbol{A}=(a_{ij})_{n\times n},\ \boldsymbol{A}^{\mathrm{T}}=\boldsymbol{A}$, 则 (5.12) 式可写成

$$f(x_1,x_2,\cdots,x_n)=\boldsymbol{x}^{\mathrm{T}}\boldsymbol{A}\boldsymbol{x}, \tag{5.13}$$

其中 $\boldsymbol{x}=(x_1\quad x_2\quad \cdots\quad x_n)^{\mathrm{T}}$.

事实上, 由 (5.12) 式有

$$
\begin{aligned}
f(x_1,x_2,\cdots,x_n) &= a_{11}x_1^2+a_{12}x_1x_2+\cdots+a_{1n}x_1x_n\\
&\quad +a_{21}x_2x_1+a_{22}x_2^2+\cdots+a_{2n}x_2x_n\\
&\quad +\cdots\\
&\quad +a_{n1}x_nx_1+a_{n2}x_nx_2+\cdots+a_{nn}x_n^2\\
&= x_1(a_{11}x_1+a_{12}x_2+\cdots+a_{1n}x_n)\\
&\quad +x_2(a_{21}x_1+a_{22}x_2+\cdots+a_{2n}x_n)\\
&\quad +\cdots\\
&\quad +x_n(a_{n1}x_1+a_{n2}x_2+\cdots+a_{nn}x_n)\\
&= (\,x_1\quad x_2\quad \cdots\quad x_n\,)\begin{pmatrix}\sum\limits_{i=1}^{n}a_{1i}x_i\\ \sum\limits_{i=1}^{n}a_{2i}x_i\\ \vdots\\ \sum\limits_{i=1}^{n}a_{ni}x_i\end{pmatrix}\\
&= (\,x_1\quad x_2\quad \cdots\quad x_n\,)\begin{pmatrix}a_{11}&a_{12}&\cdots&a_{1n}\\ a_{21}&a_{22}&\cdots&a_{2n}\\ \vdots&\vdots&&\vdots\\ a_{n1}&a_{n2}&\cdots&a_{nn}\end{pmatrix}\begin{pmatrix}x_1\\ x_2\\ \vdots\\ x_n\end{pmatrix}\\
&= \boldsymbol{x}^{\mathrm{T}}\boldsymbol{A}\boldsymbol{x}.
\end{aligned}
$$

2) 内积形式

$$f(x_1,x_2,\cdots,x_n)=\langle \boldsymbol{A}\boldsymbol{x},\boldsymbol{x}\rangle,$$

其中 $\boldsymbol{A}=\boldsymbol{A}^{\mathrm{T}}=(a_{ij})_{n\times n}$, $\boldsymbol{x}\in\mathbb{R}^n$.

事实上, 由 (5.13) 式及内积定义, 这立刻可以得到.

容易看出, 当规定了 $\boldsymbol{A}^{\mathrm{T}}=\boldsymbol{A}$ 之后, 所有实 n 元二次型的集合与所有实 n 阶对称阵的集合就建立了一一对应的关系. 给了一个实 n 元二次型 $f(x_1,x_2,\cdots,x_n)$ 立刻可以写出相应的实对称阵 $\boldsymbol{A}$; 反之, 给了一个实对称阵 $\boldsymbol{A}$, 可以写成唯一确定的实二次型 $\boldsymbol{x}^{\mathrm{T}}\boldsymbol{A}\boldsymbol{x}$. 我们通常称上述各种形式的定义中的矩阵 $\boldsymbol{A}$ 为**二次型 $f(x_1,x_2,\cdots,x_n)$ 的矩阵**.

例 5.5　写出如下二次型的矩阵:

(1) $f(x_1,x_2,x_3)=x_2^2-2x_1x_2+3x_2x_3+2x_3^2$;

(2) $f(x_1,x_2,x_3)=x_1^2-x_2^2$;

(3) $f(x_1,x_2)=x_1^2-x_2^2$.

解 按定义求得

$$(1)\begin{pmatrix}0&-1&0\\-1&1&\dfrac{3}{2}\\0&\dfrac{3}{2}&2\end{pmatrix};\quad(2)\begin{pmatrix}1&0&0\\0&-1&0\\0&0&0\end{pmatrix};\quad(3)\begin{pmatrix}1&0\\0&-1\end{pmatrix}.$$ □

类似二次曲线与二次曲面的化简, 研究实二次型所要解决的基本问题是如何选择一个可逆的线性变换 $\boldsymbol{y}=\boldsymbol{C}^{-1}\boldsymbol{x}$, 即 $\boldsymbol{x}=\boldsymbol{C}\boldsymbol{y}$, 也即

$$\begin{pmatrix}x_1\\x_2\\\vdots\\x_n\end{pmatrix}=\begin{pmatrix}c_{11}&c_{12}&\cdots&c_{1n}\\c_{21}&c_{22}&\cdots&c_{2n}\\\vdots&\vdots&&\vdots\\c_{n1}&c_{n2}&\cdots&c_{nn}\end{pmatrix}\begin{pmatrix}y_1\\y_2\\\vdots\\y_n\end{pmatrix},$$

其中 $\boldsymbol{C}$ 可逆, 使二次型

$$f(x_1,x_2,\cdots,x_n)=\boldsymbol{x}^{\mathrm{T}}\boldsymbol{A}\boldsymbol{x}$$

化为平方和 (即不含项 $y_iy_j\ (i\neq j)$).

例如, $f(x_1,x_2)=x_1x_2$, 令 $\begin{pmatrix}x_1\\x_2\end{pmatrix}=\begin{pmatrix}1&1\\1&-1\end{pmatrix}\begin{pmatrix}y_1\\y_2\end{pmatrix}$, 则

$$f(x_1,x_2)=(y_1+y_2)(y_1-y_2)=y_1^2-y_2^2$$

就不见 y_1y_2 项, 化成了平方和.

一般地, 经可逆线性变换 $\boldsymbol{x}=\boldsymbol{C}\boldsymbol{y}$ 后, 设二次型 $f(x_1,x_2,\cdots,x_n)$ 化为 $g(y_1,y_2,\cdots,y_n)$, 并设二次型原来的阵为 $\boldsymbol{A}$, 后来的矩阵为 $\boldsymbol{B}$, 由

$$\begin{aligned}f(x_1,x_2,\cdots,x_n)&=\boldsymbol{x}^{\mathrm{T}}\boldsymbol{A}\boldsymbol{x}=(\boldsymbol{C}\boldsymbol{y})^{\mathrm{T}}\boldsymbol{A}(\boldsymbol{C}\boldsymbol{y})\\&=\boldsymbol{y}^{\mathrm{T}}(\boldsymbol{C}^{\mathrm{T}}\boldsymbol{A}\boldsymbol{C})\boldsymbol{y}=g(y_1,y_2,\cdots,y_n)=\boldsymbol{y}^{\mathrm{T}}\boldsymbol{B}\boldsymbol{y},\end{aligned}$$

易见 $\boldsymbol{B}=\boldsymbol{C}^{\mathrm{T}}\boldsymbol{A}\boldsymbol{C}$. 事实上看图 5.1 可得.

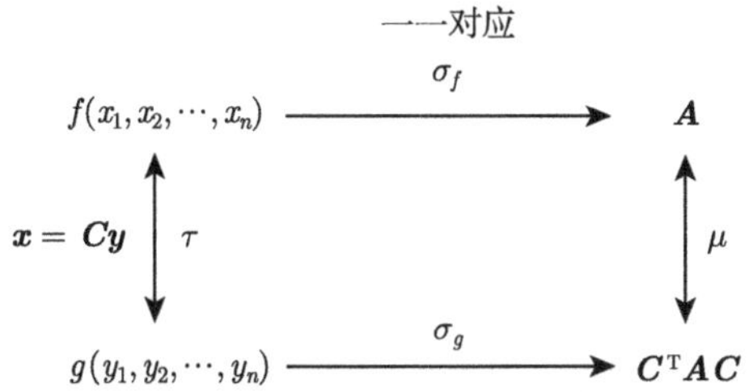

$$\begin{array}{ccc} & \text{一一对应} & \\ f(x_1,x_2,\cdots,x_n) & \xrightarrow{\ \sigma_f\ } & \boldsymbol{A} \\ \boldsymbol{x}=\boldsymbol{C}\boldsymbol{y}\ \updownarrow\ \tau & & \updownarrow\ \mu \\ g(y_1,y_2,\cdots,y_n) & \xrightarrow{\ \sigma_g\ } & \boldsymbol{C}^{\mathrm{T}}\boldsymbol{A}\boldsymbol{C} \end{array}$$

图 5.1

因为 σ_f, τ, μ 都是一一对应, 所以 σ_g 也是一一对应, 从而 $\boldsymbol{B}=\boldsymbol{C}^{\mathrm{T}}\boldsymbol{AC}$.

定义 5.6 对于实对称阵 $\boldsymbol{A}$ 与 $\boldsymbol{B}$, 如果存在可逆阵 $\boldsymbol{P}$, 使 $\boldsymbol{B}=\boldsymbol{P}^{\mathrm{T}}\boldsymbol{AP}$, 则称 $\boldsymbol{A}$ 与 $\boldsymbol{B}$ **合同**.

上述可逆线性变换下二次型矩阵 $\boldsymbol{A}$ 与 $\boldsymbol{B}$ 之间即为合同关系. 容易证明合同关系满足以下性质:

(i) **自反性** $\boldsymbol{A}$ 与 $\boldsymbol{A}$ 合同.

由 $\boldsymbol{A}=\boldsymbol{I}_n^{\mathrm{T}}\boldsymbol{AI}_n$ 知 $\boldsymbol{A}$ 与 $\boldsymbol{A}$ 合同.

(ii) **对称性** 若 $\boldsymbol{A}$ 与 $\boldsymbol{B}$ 合同, 则 $\boldsymbol{B}$ 与 $\boldsymbol{A}$ 合同.

事实上, 设 $\boldsymbol{B}=\boldsymbol{P}^{\mathrm{T}}\boldsymbol{AP}$, 因 $\boldsymbol{P}$ 可逆, 则有

$$\boldsymbol{A}=(\boldsymbol{P}^{-1})^{\mathrm{T}}\boldsymbol{BP}^{-1},$$

这说明 $\boldsymbol{B}$ 与 $\boldsymbol{A}$ 合同.

(iii) **传递性** 若 $\boldsymbol{A}$ 与 $\boldsymbol{B}$ 合同, $\boldsymbol{B}$ 与 $\boldsymbol{C}$ 合同, 则 $\boldsymbol{A}$ 与 $\boldsymbol{C}$ 合同.

事实上, 设 $\boldsymbol{B}=\boldsymbol{P}^{\mathrm{T}}\boldsymbol{AP}$, $\boldsymbol{C}=\boldsymbol{M}^{\mathrm{T}}\boldsymbol{BM}$, 其中 $\boldsymbol{P}$, $\boldsymbol{M}$ 均可逆, 于是

$$\boldsymbol{C}=(\boldsymbol{PM})^{\mathrm{T}}\boldsymbol{A}(\boldsymbol{PM}),$$

显然 $\boldsymbol{PM}$ 可逆, 故 $\boldsymbol{A}$ 与 $\boldsymbol{C}$ 合同.

由上可见, 将实二次型经可逆线性变换化为平方和的问题与将实对称阵经可逆阵化为与之合同的对角阵的问题就完全对应起来了. 也就是说, 二次型的化简就大的方面说起码有两条路可走, 一个是从型上着眼, 寻找适当的可逆线性变换使二次型化简; 另一个是从阵上入手, 设法将二次型的矩阵化为与之合同的较为简单的形状.

第 4 章关于实对称阵的正交对角化的结果其实给出了一种用正交阵化实对称阵为与之合同的对角阵的方法.

设实对称阵 $\boldsymbol{A}$ 经 $\boldsymbol{Q}$ 正交对角化如下

$$\boldsymbol{Q}^{\mathrm{T}}\boldsymbol{AQ}=\mathrm{diag}(\lambda_1,\lambda_2,\cdots,\lambda_n), \tag{5.14}$$

其中 $\boldsymbol{Q}$ 是正交阵.

上式既表明 $\boldsymbol{A}$ 合同于对角阵, 又可理解为实二次型

$$f(x_1,x_2,\cdots,x_n)=\boldsymbol{x}^{\mathrm{T}}\boldsymbol{Ax}$$

经可逆线性变换 $\boldsymbol{x}=\boldsymbol{Qy}$(因 $\boldsymbol{Q}$ 为正交阵, 可称其为**正交变换**) 化成平方和

$$\lambda_1y_1^2+\lambda_2y_2^2+\cdots+\lambda_ny_n^2.$$

实二次型 $f(x_1,x_2,\cdots,x_n)$ 经可逆的线性变换所化成的平方和称为实二次型 $f(x_1,x_2,\cdots,x_n)$ 的一个**标准形** (思考实二次型标准形的存在性和唯一性).

需要指出的是, 标准形并不是实二次型的最简形式, 进一步我们有如下结论.

定理 5.7 实二次型 $f(x_1, x_2, \cdots, x_n) = \boldsymbol{x}^{\mathrm{T}}\boldsymbol{A}\boldsymbol{x}$ 可经可逆线性变换 $\boldsymbol{x} = \boldsymbol{C}\boldsymbol{y}$ 化成如下形式

$$y_1^2 + y_2^2 + \cdots + y_p^2 - y_{p+1}^2 - \cdots - y_{p+q}^2,$$

称之为实二次型 $f(x_1, x_2, \cdots, x_n)$ 的**规范形**, 其中 $0 \leqslant p \leqslant p+q \leqslant n$, 当 $p=0$ 时无正项, 当 $q=0$ 时无负项, 当 $p+q=n$ 时无零项.

这个定理用矩阵语言来叙述, 即如下定理.

定理 5.8 n 阶实对称阵 $\boldsymbol{A}$ 可以合同于如下形式:

$$\mathrm{diag}(\boldsymbol{I}_p, -\boldsymbol{I}_q, \boldsymbol{O}),$$

称之为 $\boldsymbol{A}$ 的**合同标准形**, 其中 p, q 分别为 $\boldsymbol{A}$ 的正、负特征值个数, $0 \leqslant p \leqslant p+q \leqslant n$, 当 $p=0$ 时标准形无正对角元, 当 $q=0$ 时无负对角元, 当 $p+q=n$ 时无零对角元.

证明 由 (5.14) 式, 不妨设 $\boldsymbol{A}$ 的特征值为 $\lambda_1 > 0, \cdots, \lambda_p > 0, \lambda_{p+1} < 0, \cdots, \lambda_{p+q} < 0, \lambda_{p+q+1} = 0, \cdots, \lambda_n = 0$, 于是令

$$\boldsymbol{D} = \begin{pmatrix} \frac{1}{\sqrt{\lambda_1}} & & & & & & & & \\ & \ddots & & & & & & & \\ & & \frac{1}{\sqrt{\lambda_p}} & & & & & & \\ & & & \frac{1}{\sqrt{|\lambda_{p+1}|}} & & & & & \\ & & & & \ddots & & & & \\ & & & & & \frac{1}{\sqrt{|\lambda_{p+q}|}} & & & \\ & & & & & & 1 & & \\ & & & & & & & \ddots & \\ & & & & & & & & 1 \end{pmatrix},$$

则由 (5.14) 式有

$$\boldsymbol{D}^{\mathrm{T}}\boldsymbol{Q}^{\mathrm{T}}\boldsymbol{A}\boldsymbol{Q}\boldsymbol{D} = \mathrm{diag}(\boldsymbol{I}_p, -\boldsymbol{I}_q, \boldsymbol{O}).$$

令 $\boldsymbol{C} = \boldsymbol{Q}\boldsymbol{D}$, 上式即结论. □

定理 5.8 的证明实际上给出了一种化实二次型为规范形的方法. 这个方法首先就是将 $\boldsymbol{A}$ 正交对角化, 然后实施定理证明中的步骤即可.

例 5.6 设

$$f(x_1, x_2, x_3, x_4) = 2x_1x_2 + 2x_1x_3 - 2x_1x_4 - 2x_2x_3 + 2x_2x_4 + 2x_3x_4.$$

(1) 求正交变换化上述实二次型为标准形;

(2) 求可逆线性变换化上述实二次型为规范形.

解　(1) 首先不难看出二次型的阵

$$\boldsymbol{A}=\begin{pmatrix}0&1&1&-1\\1&0&-1&1\\1&-1&0&1\\-1&1&1&0\end{pmatrix}.$$

由例 5.4 知, 经正交变换 $\boldsymbol{x}=\boldsymbol{Q}\boldsymbol{y}$, 即

$$\begin{pmatrix}x_1\\x_2\\x_3\\x_4\end{pmatrix}=\begin{pmatrix}\frac{1}{\sqrt{2}}&0&\frac{1}{2}&\frac{1}{2}\\\frac{1}{\sqrt{2}}&0&-\frac{1}{2}&-\frac{1}{2}\\0&\frac{1}{\sqrt{2}}&\frac{1}{2}&-\frac{1}{2}\\0&\frac{1}{\sqrt{2}}&-\frac{1}{2}&\frac{1}{2}\end{pmatrix}\begin{pmatrix}y_1\\y_2\\y_3\\y_4\end{pmatrix},$$

可化二次型为标准形

$$f(x_1,x_2,x_3,x_4)=y_1^2+y_2^2+y_3^2-3y_4^2.$$

(2) 令 $\boldsymbol{D}=\operatorname{diag}\left(1,1,1,\frac{1}{\sqrt{3}}\right)$ 及 $\boldsymbol{C}=\boldsymbol{Q}\boldsymbol{D}$, 则经可逆线性变换 $\boldsymbol{x}=\boldsymbol{C}\boldsymbol{y}$, 即

$$\begin{pmatrix}x_1\\x_2\\x_3\\x_4\end{pmatrix}=\begin{pmatrix}\frac{1}{\sqrt{2}}&0&\frac{1}{2}&\frac{\sqrt{3}}{6}\\\frac{1}{\sqrt{2}}&0&-\frac{1}{2}&-\frac{\sqrt{3}}{6}\\0&\frac{1}{\sqrt{2}}&\frac{1}{2}&-\frac{\sqrt{3}}{6}\\0&\frac{1}{\sqrt{2}}&-\frac{1}{2}&\frac{\sqrt{3}}{6}\end{pmatrix}\begin{pmatrix}y_1\\y_2\\y_3\\y_4\end{pmatrix},$$

二次型化为规范形

$$f(x_1,x_2,x_3,x_4)=y_1^2+y_2^2+y_3^2-y_4^2.$$ □

注意, 将实二次型化为标准形, 进而化为规范形的方法并不只例 5.6 中的方法, 在 5.7 节我们还将介绍其他方法, 那时寻找可逆线性变换并不一定非得先找正交变换. 但是如果要求仅仅是正交变换, 那么本例中的方法, 即实对称阵正交对角化的方法还是基本并且相当有效的.

练 习 5.4

5.4.1 写出如下二次型的矩阵形式及内积形式:

(1) $f(x_1,x_2,x_3)=2x_1^2-x_1x_3+x_2x_3+x_2^2$;

(2) $f(x_1,x_2,x_3)=x_1^2+2x_1x_2+3x_2^2$;

(3) $f(x_1,x_2,x_3)=x_2x_3$.

5.4.2 写出下列二次型的多项式形式:

(1) $f(x_1,x_2)=(x_1\quad x_2)\begin{pmatrix}0&-1\\-1&2\end{pmatrix}\begin{pmatrix}x_1\\x_2\end{pmatrix}$;

(2) $f(x_1,x_2)=\left\langle\begin{pmatrix}-1&2\\2&3\end{pmatrix}\begin{pmatrix}x_1\\x_2\end{pmatrix},\begin{pmatrix}x_1\\x_2\end{pmatrix}\right\rangle$.

5.4.3 令线性变换

$$\begin{cases}y_1=x_1+x_2,\\y_2=x_2+x_3,\\y_3=x_1-x_3,\end{cases}$$

则二次型

$$f(x_1,x_2,x_3)=(x_1+x_2)^2+(x_2+x_3)^2-(x_1-x_3)^2$$

化为

$$y_1^2+y_2^2-y_3^2.$$

试说明上述化规范形的方法对否? 为什么?

5.4.4 用正交变换化下列二次型为标准形:

(1) $f(x_1,x_2,x_3)=x_1^2+x_2^2+x_3^2+6x_1x_2+6x_2x_3+6x_1x_3$;

(2) $f(x_1,x_2)=x_1^2+x_2^2+4x_1x_2$.

5.4.5 用可逆线性变换化 5.4.1 题 (2), (3) 的二次型为规范形.

5.4.6 如果实二次型 $f(x_1,x_2,\cdots,x_n)$ 的矩阵为 $\boldsymbol{A}$, 取 $\boldsymbol{A}$ 的属于特征值 λ_0 的特征向量 $\boldsymbol{\alpha}$ 代替二次型中的 $\boldsymbol{x}$, 则二次型的值是多少? 若 $\boldsymbol{\alpha}$ 又是单位向量呢?

5.4.7 如果实二次型 $f(x_1,x_2,\cdots,x_n)$ 的矩阵 $\boldsymbol{A}$ 的特征值全为正数, 其规范形如何?

5.5 正定二次型

如果把实二次型看成多元实函数, 就有如下正定 (负定) 二次型的概念. 这是很有理论意义和应用价值的一类实二次型.

定义 5.7 如果实二次型 $f(x_1,x_2,\cdots,x_n)$ 对任意 $\mathbf{0}\neq(x_1\quad x_2\quad\cdots\quad x_n)^{\mathrm{T}}\in\mathbb{R}^n$ 都有

$$f(x_1,x_2,\cdots,x_n)>0\quad(f(x_1,x_2,\cdots,x_n)<0),$$

则称此二次型为**正定 (负定) 二次型**. 此时二次型的矩阵称为**正定 (负定) 阵**.

容易验证,

$$f(x_1, x_2) = x_1^2 + x_2^2$$

是正定二次型,

$$g(x_1, x_2) = -x_1^2 - 2x_2^2$$

是负定二次型, 但

$$h(x_1, x_2) = x_1^2$$

及

$$k(x_1, x_2) = x_1^2 - x_2^2$$

既不是正定二次型, 也不是负定二次型. 事实上

$$h(1,0) = 1, \quad h(0,1) = 0, \quad k(1,0) = 1, \quad k(0,1) = -1.$$

定理 5.9　设

$$f(x_1, x_2, \cdots, x_n) = \boldsymbol{x}^{\mathrm{T}} \boldsymbol{A} \boldsymbol{x}$$

为实二次型, 则下列叙述等价:

(1) $f(x_1, x_2, \cdots, x_n) = \boldsymbol{x}^{\mathrm{T}} \boldsymbol{A} \boldsymbol{x}$ 正定;

(2) $\boldsymbol{A}$ 的特征值全为正数;

(3) $\boldsymbol{A}$ 合同于 $\boldsymbol{I}_n$;

(4) 存在可逆阵 $\boldsymbol{C}$ 使 $\boldsymbol{A} = \boldsymbol{C}^{\mathrm{T}} \boldsymbol{C}$;

(5) 存在列满秩的阵 $\boldsymbol{D}_{m \times n}$ 使 $\boldsymbol{A} = \boldsymbol{D}^{\mathrm{T}} \boldsymbol{D}$;

(6) $f(x_1, x_2, \cdots, x_n) = \boldsymbol{x}^{\mathrm{T}} \boldsymbol{A} \boldsymbol{x}$ 经可逆线性变换化成的规范形中正项个数为 n.

证明　(1) $\Longrightarrow$ (2)　设 $\boldsymbol{A}\boldsymbol{x} = \lambda \boldsymbol{x}$, λ 为 $\boldsymbol{A}$ 的任意特征值, $\boldsymbol{x}$ 为相应特征向量, 则

$$f(x_1, x_2, \cdots, x_n) = \boldsymbol{x}^{\mathrm{T}} \boldsymbol{A} \boldsymbol{x} = \boldsymbol{x}^{\mathrm{T}} \lambda \boldsymbol{x} = \lambda \boldsymbol{x}^{\mathrm{T}} \boldsymbol{x}.$$

由于 $\boldsymbol{x}^{\mathrm{T}} \boldsymbol{x} = |\boldsymbol{x}|^2 > 0$, 故由 $f(x_1, x_2, \cdots, x_n) > 0$ $(\forall\, \boldsymbol{x} \neq \boldsymbol{0})$ 知 $\lambda > 0$.

(2) $\Longrightarrow$ (3)　设 $\lambda_1, \lambda_2, \cdots, \lambda_n$ 为 $\boldsymbol{A}$ 的特征值, 且全大于 0, 则存在正交阵 $\boldsymbol{Q}$ 使

$$\boldsymbol{Q}^{\mathrm{T}} \boldsymbol{A} \boldsymbol{Q} = \operatorname{diag}(\lambda_1,\ \lambda_2,\ \cdots,\ \lambda_n).$$

设 $\boldsymbol{M} = \operatorname{diag}\left(\dfrac{1}{\sqrt{\lambda_1}}, \dfrac{1}{\sqrt{\lambda_2}}, \cdots, \dfrac{1}{\sqrt{\lambda_n}}\right)$, 易见

$$\boldsymbol{M}^{\mathrm{T}} \boldsymbol{Q}^{\mathrm{T}} \boldsymbol{A} \boldsymbol{Q} \boldsymbol{M} = \boldsymbol{I}_n,$$

这说明 $\boldsymbol{A}$ 合同于 $\boldsymbol{I}_n$.

(3) $\Longrightarrow$ (4) 因为 $\boldsymbol{A}$ 合同于 $\boldsymbol{I}_n$, 所以 $\boldsymbol{I}_n$ 也合同于 $\boldsymbol{A}$, 于是存在可逆阵 $\boldsymbol{C}$ 使得 $\boldsymbol{A}=\boldsymbol{C}^{\mathrm{T}}\boldsymbol{I}_n\boldsymbol{C}=\boldsymbol{C}^{\mathrm{T}}\boldsymbol{C}$.

(4) $\Longrightarrow$ (5) 若 $\boldsymbol{A}=\boldsymbol{C}^{\mathrm{T}}\boldsymbol{C}$, $\boldsymbol{C}$ 可逆, 则令 $\boldsymbol{D}=\boldsymbol{C}$, 显然是列满秩阵, 且 $\boldsymbol{A}=\boldsymbol{D}^{\mathrm{T}}\boldsymbol{D}$.

(5) $\Longrightarrow$ (1) 设 $\boldsymbol{A}=\boldsymbol{D}^{\mathrm{T}}\boldsymbol{D}$, $\boldsymbol{D}$ 列满秩, 任取 $\boldsymbol{0}\neq\boldsymbol{x}\in\mathbb{R}^n$, 则

$$\boldsymbol{x}^{\mathrm{T}}\boldsymbol{A}\boldsymbol{x}=\boldsymbol{x}^{\mathrm{T}}\boldsymbol{D}^{\mathrm{T}}\boldsymbol{D}\boldsymbol{x}=(\boldsymbol{D}\boldsymbol{x})^{\mathrm{T}}\boldsymbol{D}\boldsymbol{x}=\langle\boldsymbol{D}\boldsymbol{x},\boldsymbol{D}\boldsymbol{x}\rangle\geqslant 0.$$

若 $\langle\boldsymbol{D}\boldsymbol{x},\boldsymbol{D}\boldsymbol{x}\rangle=0$, 由内积性质必有 $\boldsymbol{D}\boldsymbol{x}=\boldsymbol{0}$, 再由 $\boldsymbol{D}$ 列满秩知 $\boldsymbol{x}=\boldsymbol{0}$, 这与 $\boldsymbol{x}\neq\boldsymbol{0}$ 矛盾, 故只有

$$\boldsymbol{x}^{\mathrm{T}}\boldsymbol{A}\boldsymbol{x}=\langle\boldsymbol{D}\boldsymbol{x},\boldsymbol{D}\boldsymbol{x}\rangle>0$$

对任意 $\boldsymbol{0}\neq\boldsymbol{x}\in\mathbb{R}^n$ 成立, 即 $f(x_1,x_2,\cdots,x_n)$ 正定.

(6) $\Longrightarrow$ (3) 设经可逆线性变换 $\boldsymbol{x}=\boldsymbol{C}\boldsymbol{y}$ 化为如下规范形

$$f(x_1,x_2,\cdots,x_n)=g(y_1,y_2,\cdots,y_n)=d_1y_1^2+d_2y_2^2+\cdots+d_ny_n^2.$$

若 $d_i>0\ (i=1,2,\cdots,n)$, 这意味着 $d_1=d_2=\cdots=d_n=1$, 这说明 $\boldsymbol{A}$ 合同于 $\boldsymbol{I}_n$.

(1) $\Longrightarrow$ (6) 设 $f(x_1,x_2,\cdots,x_n)$ 正定, 假定 $f(x_1,x_2,\cdots,x_n)$ 经可逆线性变换 $\boldsymbol{x}=\boldsymbol{C}\boldsymbol{y}$ 化为规范形

$$g(y_1,y_2,\cdots,y_n)=y_1^2+y_2^2+\cdots+y_p^2+\cdots,$$

其正项个数 $p<n$. 取 $\boldsymbol{y}=(0\ \ \cdots\ \ 0\ \ 1)^{\mathrm{T}}$, 则易见

$$g(y_1,y_2,\cdots,y_n)\leqslant 0,$$

此即

$$f(x_1,x_2,\cdots,x_n)\leqslant 0$$

对 $\boldsymbol{x}=\boldsymbol{C}(0\ \ \cdots\ \ 0\ \ 1)^{\mathrm{T}}\neq\boldsymbol{0}$ 成立, 这与 $f(x_1,x_2,\cdots,x_n)$ 正定矛盾, 故只有 $p=n$. □

下面再给出一个直接利用二次型的矩阵元素来判断矩阵正定的条件, 先看一个引理.

引理 5.1 设 $\boldsymbol{A}$ 为实对称正定矩阵, 则 $\det\boldsymbol{A}>0$.

证明 由定理 5.9 的条件 (4) 可知, $\boldsymbol{A}=\boldsymbol{C}^{\mathrm{T}}\boldsymbol{C}$, 因 $\boldsymbol{C}$ 是可逆阵, 故 $|\boldsymbol{C}|\neq 0$, 从而

$$\det\boldsymbol{A}=|\boldsymbol{C}^{\mathrm{T}}||\boldsymbol{C}|=|\boldsymbol{C}|^2>0.$$ □

定理 5.10 设 $\boldsymbol{A}$ 为 n 阶实对称阵, 则 $\boldsymbol{A}$ 正定的充要条件是 $\boldsymbol{A}$ 的各阶顺序主子式大于 0.

证明　必要性: 由定理 5.9 的条件 (4) 知, $\boldsymbol{A}=\boldsymbol{C}^{\mathrm{T}}\boldsymbol{C}$, 其中 $\boldsymbol{C}$ 可逆, 将 $\boldsymbol{C}$ 分块记为 $(\boldsymbol{C}_1\ \ \boldsymbol{C}_2)$, 其中 $\boldsymbol{C}_1$ 是 $n\times k$ 子阵, 于是

$$\boldsymbol{A}=\begin{pmatrix}\boldsymbol{C}_1^{\mathrm{T}}\\ \boldsymbol{C}_2^{\mathrm{T}}\end{pmatrix}(\boldsymbol{C}_1\quad \boldsymbol{C}_2)=\begin{pmatrix}\boldsymbol{C}_1^{\mathrm{T}}\boldsymbol{C}_1 & \boldsymbol{C}_1^{\mathrm{T}}\boldsymbol{C}_2\\ \boldsymbol{C}_2^{\mathrm{T}}\boldsymbol{C}_1 & \boldsymbol{C}_2^{\mathrm{T}}\boldsymbol{C}_2\end{pmatrix}.$$

再由定理 5.9 的条件 (5) 知, $\boldsymbol{A}$ 的 k 阶顺序主子阵 $\boldsymbol{A}_k=\boldsymbol{C}_1^{\mathrm{T}}\boldsymbol{C}_1$ 是正定阵, 再由引理 5.1 知 $\det\boldsymbol{A}_k>0$.

充分性: 对阶数 n 使用数学归纳法来证.

当 $n=1$ 时结论显然. 假定对 $n-1$ 阶阵定理的充分性成立, 看 n 阶阵 $\boldsymbol{A}$. 将 $\boldsymbol{A}$ 写成如下分块形式

$$\boldsymbol{A}=\begin{pmatrix}\boldsymbol{A}_{n-1} & \boldsymbol{b}\\ \boldsymbol{b}^{\mathrm{T}} & a_{nn}\end{pmatrix},$$

其中 $\boldsymbol{A}_{n-1}$ 为 $n-1$ 阶顺序主子阵. 由已知 $|\boldsymbol{A}_{n-1}|>0$, 从而 $\boldsymbol{A}_{n-1}$ 可逆, 于是

$$\begin{pmatrix}\boldsymbol{I}_{n-1} & \boldsymbol{0}\\ -\boldsymbol{b}^{\mathrm{T}}\boldsymbol{A}_{n-1}^{-1} & 1\end{pmatrix}\boldsymbol{A}\begin{pmatrix}\boldsymbol{I}_{n-1} & -\boldsymbol{A}_{n-1}^{-1}\boldsymbol{b}\\ \boldsymbol{0} & 1\end{pmatrix}=\begin{pmatrix}\boldsymbol{A}_{n-1} & \boldsymbol{0}\\ \boldsymbol{0} & a_{nn}-\boldsymbol{b}^{\mathrm{T}}\boldsymbol{A}_{n-1}^{-1}\boldsymbol{b}\end{pmatrix}.$$

由 $|\boldsymbol{A}|>0$ 知,

$$|\boldsymbol{A}_{n-1}|(a_{nn}-\boldsymbol{b}^{\mathrm{T}}\boldsymbol{A}_{n-1}^{-1}\boldsymbol{b})>0,$$

于是

$$d=a_{nn}-\boldsymbol{b}^{\mathrm{T}}\boldsymbol{A}_{n-1}^{-1}\boldsymbol{b}>0.$$

又由归纳假设知 $\boldsymbol{A}_{n-1}$ 正定 (因其各阶顺序主子式都大于 0), 故由定理 5.9 有

$$\boldsymbol{A}_{n-1}=\boldsymbol{C}_1^{\mathrm{T}}\boldsymbol{C}_1,$$

其中 $\boldsymbol{C}_1$ 为 $n-1$ 阶可逆阵, 所以

$$\begin{pmatrix}\boldsymbol{A}_{n-1} & \boldsymbol{O}\\ \boldsymbol{O} & d\end{pmatrix}=\begin{pmatrix}\boldsymbol{C} & \boldsymbol{O}\\ \boldsymbol{O} & \sqrt{d}\end{pmatrix}^{\mathrm{T}}\begin{pmatrix}\boldsymbol{C} & \boldsymbol{O}\\ \boldsymbol{O} & \sqrt{d}\end{pmatrix}.$$

令

$$\boldsymbol{D}=\begin{pmatrix}\boldsymbol{C} & \boldsymbol{O}\\ \boldsymbol{O} & \sqrt{d}\end{pmatrix}\begin{pmatrix}\boldsymbol{I}_{n-1} & \boldsymbol{A}_{n-1}^{-1}b\\ \boldsymbol{O} & 1\end{pmatrix},$$

不难看出 $\boldsymbol{A}=\boldsymbol{D}^{\mathrm{T}}\boldsymbol{D}$, 显然 $\boldsymbol{D}$ 可逆, 从而 $\boldsymbol{A}$ 正定. □

上面讨论了正定的情况, 对于负定的情况, 注意 $f(x_1,x_2,\cdots,x_n)$ 为负定二次型当且仅当 $-f(x_1,x_2,\cdots,x_n)$ 为正定二次型, 就可由定理 5.9 及定理 5.10 平行地得出 $\boldsymbol{A}$ 负定的充要条件 (请读者逐个写出).

例 5.7 确定 t 的范围, 使二次型

$$f(x_1,x_2,x_3)=x_1^2+x_2^2+5x_3^2+2tx_1x_2-2x_1x_3+4x_2x_3$$

为正定二次型.

解 此二次型的矩阵为

$$\boldsymbol{A}=\begin{pmatrix}1 & t & -1\\ t & 1 & 2\\ -1 & 2 & 5\end{pmatrix},$$

各阶顺序主子式为正, 即

$$|\boldsymbol{A}_1|=1,\quad |\boldsymbol{A}_2|=1-t^2>0,\quad |\boldsymbol{A}_3|=|\boldsymbol{A}|=-t(5t+4)>0.$$

解上述不等式组得 $-\dfrac{4}{5}<t<0$. □

例 5.8 设 $\boldsymbol{A}=(a_{ij})_{n\times n}$ 为实对称正定阵, 求二次实值函数

$$f(x_1,x_2,\cdots,x_n)=\sum_{i,j=1}^{n}a_{ij}x_ix_j-2\sum_{i=1}^{n}b_ix_i$$

的极值.

解 将 $f(x_1,x_2,\cdots,x_n)$ 写成矩阵形式

$$f(x_1,x_2,\cdots,x_n)=\boldsymbol{x}^{\mathrm{T}}\boldsymbol{A}\boldsymbol{x}-2\boldsymbol{b}^{\mathrm{T}}\boldsymbol{x},$$

其中

$$\boldsymbol{x}=\begin{pmatrix}x_1\\ x_2\\ \vdots\\ x_n\end{pmatrix},\quad \boldsymbol{b}=\begin{pmatrix}b_1\\ b_2\\ \vdots\\ b_n\end{pmatrix}.$$

易见

$$f(x_1,x_2,\cdots,x_n)=(\boldsymbol{x}-\boldsymbol{A}^{-1}\boldsymbol{b})^{\mathrm{T}}\boldsymbol{A}(\boldsymbol{x}-\boldsymbol{A}^{-1}\boldsymbol{b})-\boldsymbol{b}^{\mathrm{T}}\boldsymbol{A}^{-1}\boldsymbol{b}.$$

因 $\boldsymbol{A}$ 正定, 故右端第一项只要 $\boldsymbol{x}\neq\boldsymbol{A}^{-1}\boldsymbol{b}$ 就是正数, 从而当 $\boldsymbol{x}=\boldsymbol{A}^{-1}\boldsymbol{b}$ 时, $f(x_1,x_2,\cdots,x_n)$ 取到最小值 $-\boldsymbol{b}^{\mathrm{T}}\boldsymbol{A}^{-1}\boldsymbol{b}$. □

例 5.9 设 $\boldsymbol{M}$ 为 $m\times n$ 实矩阵, 证明: $\boldsymbol{I}_n+\boldsymbol{M}^{\mathrm{T}}\boldsymbol{M}$ 为实对称正定阵.

证明 显然 $\boldsymbol{I}_n+\boldsymbol{M}^{\mathrm{T}}\boldsymbol{M}$ 为实对称阵. 因为

$$\boldsymbol{I}_n+\boldsymbol{M}^{\mathrm{T}}\boldsymbol{M}=(\boldsymbol{I}_n\quad \boldsymbol{M}^{\mathrm{T}})\begin{pmatrix}\boldsymbol{I}_n\\ \boldsymbol{M}\end{pmatrix}=\boldsymbol{B}^{\mathrm{T}}\boldsymbol{B},$$

其中 $\boldsymbol{B}=\begin{pmatrix}\boldsymbol{I}_n\\ \boldsymbol{M}\end{pmatrix}$ 为列满秩的阵, 所以 $\boldsymbol{I}_n+\boldsymbol{M}^{\mathrm{T}}\boldsymbol{M}$ 为实对称正定阵 (定理 5.9 的条件 (5)). □

练　习　5.5

5.5.1　设 $\boldsymbol{A}$ 为实对称正定阵, 那么与 $\boldsymbol{A}$ 合同的阵 $\boldsymbol{B}$ 是否为实对称正定阵? 与 $\boldsymbol{A}$ 相似的阵 $\boldsymbol{C}$ 呢? 为什么?

5.5.2　写出与定理 5.9 及定理 5.10 相应的负定二次型的各充要条件.

5.5.3　设 $\boldsymbol{A}$ 实对称正定, 证明: $\boldsymbol{A}^{-1}$, $\boldsymbol{A}^*$ (伴随矩阵) 仍为实对称正定阵.

5.5.4　判断下列二次型是否正定:

(1) $f(x_1,x_2,x_3,x_4)=x_1x_2+x_3^2+2x_3x_4+x_4^2$;

(2) $f(x_1,x_2,x_3)=5x_1^2+6x_2^2+4x_3^2-4x_1x_3-8x_2x_3$.

5.5.5　求使下列二次型正定的 λ 值的范围:

(1) $f(x_1,x_2,x_3)=x_1^2+2x_1x_2-2x_1x_3+2x_2^2+4\lambda x_2x_3+5x_3^2$;

(2) $f(x_1,x_2,x_3)=x_1^2+2\lambda x_1x_2+x_2^2+\lambda x_3^2$;

(3) $f(x_1,x_2,x_3,x_4)=\lambda(x_1^2+x_2^2+x_3^2)+2x_1x_2-2x_2x_3+2x_1x_3+x_4^2$.

5.5.6　设 $\boldsymbol{B}$ 为列满秩的 $n\times k$ 实矩阵, $\boldsymbol{A}$ 为 n 阶实对称正定阵, 证明: $\boldsymbol{B}^{\mathrm{T}}\boldsymbol{A}\boldsymbol{B}$ 正定.

5.5.7　设 $\boldsymbol{A}$ 为实对称正定阵, 证明 $\operatorname{tr}\boldsymbol{A}>0$.

5.5.8　设 $\boldsymbol{A}$ 为可逆实对称阵, 证明 $\boldsymbol{A}^2$ 正定.

5.5.9　设 $\boldsymbol{A}$ 实对称正定, 证明: 存在实对称正定阵 $\boldsymbol{B}$, 使 $\boldsymbol{A}=\boldsymbol{B}^2$.

5.5.10　$\boldsymbol{A}$ 为实对称阵, 证明: 存在适当的实数 t, 使 $t\boldsymbol{I}+\boldsymbol{A}$ 为实对称正定阵.

5.5.11　证明: $\operatorname{diag}(\boldsymbol{A},\boldsymbol{B})$ 正定当且仅当 $\boldsymbol{A}$, $\boldsymbol{B}$ 为正定.

5.5.12　设 $\boldsymbol{A}$, $\boldsymbol{B}$ 为同阶实对称正定阵, 证明: $\lambda\boldsymbol{A}+\mu\boldsymbol{B}$ 仍为实对称正定阵, 其中 $\lambda>0$, $\mu>0$.

5.5.13　当 x_1, x_2, x_3 为何值时, 实值函数

$$f(x_1,x_2,x_3)=x_1^2+2x_1x_2+2x_1x_3+2x_2^2+3x_3^2-8x_1+4x_2-2x_3$$

有最小值, 最小值是多少?

5.6　半正定二次型及惯性定理

有些二次型与正定二次型很接近, 例如

$$f(x_1,x_2,x_3)=2x_1^2+x_2^2,$$

但它并不是正定二次型. 事实上, $f(0,0,1)=0$. 但这个二次型的值总是非负数, 它属于半正定的一类.

定义 5.8 若对任意 $\boldsymbol{x}=(x_1\ \ x_2\ \ \cdots\ \ x_n)^{\mathrm{T}}\in\mathbb{R}^n$, 实二次型

$$f(x_1,x_2,\cdots,x_n)\geqslant 0 \quad (f(x_1,x_2,\cdots,x_n)\leqslant 0),$$

则称实二次型 $f(x_1,x_2,\cdots,x_n)=\boldsymbol{x}^{\mathrm{T}}\boldsymbol{A}\boldsymbol{x}$ 为**半正定** (**半负定**) **二次型**, 相应地也称实对称阵 $\boldsymbol{A}$ 为**半正定** (**半负定**) **阵**.

与正定二次型类似, 可以得到半正定的如下的一些充要条件.

定理 5.11 设 $f(x_1,x_2,\cdots,x_n)=\boldsymbol{x}^{\mathrm{T}}\boldsymbol{A}\boldsymbol{x}$ 为实二次型, 则下列叙述等价:

(1) $f(x_1,x_2,\cdots,x_n)=\boldsymbol{x}^{\mathrm{T}}\boldsymbol{A}\boldsymbol{x}$ 半正定;

(2) $\boldsymbol{A}$ 的特征值全为非负数;

(3) $\boldsymbol{A}$ 合同于 $\mathrm{diag}(\boldsymbol{I}_r,\ \boldsymbol{O})$, r 为 $\boldsymbol{A}$ 的秩;

(4) $\boldsymbol{A}=\boldsymbol{C}^{\mathrm{T}}\boldsymbol{C}$, $\boldsymbol{C}$ 为某个 n 阶阵;

(5) $\boldsymbol{A}=\boldsymbol{D}^{\mathrm{T}}\boldsymbol{D}$, $\boldsymbol{D}$ 为某个 $m\times n$ 矩阵;

(6) $f(x_1,x_2,\cdots,x_n)=\boldsymbol{x}^{\mathrm{T}}\boldsymbol{A}\boldsymbol{x}$ 经可逆线性变换化成的规范形中无负项;

(7) $\boldsymbol{A}$ 的所有主子式非负.

证明 从 (1) 到 (6) 的等价的证明与定理 5.9 类似 (请读者自己完成). 现在证 (7) 与其他条件等价.

(1) $\Longrightarrow$ (7) 令 $\boldsymbol{A}$ 的任意 k 阶主子阵

$$\boldsymbol{B}=\begin{pmatrix} a_{i_1i_1} & a_{i_1i_2} & \cdots & a_{i_1i_k} \\ \vdots & \vdots & & \vdots \\ a_{i_ki_1} & a_{i_ki_2} & \cdots & a_{i_ki_k} \end{pmatrix},$$

其中 $i_1<i_2<\cdots<i_k$ 取自 $1, 2, \cdots, n$.

设 $f(x_1,x_2,\cdots,x_n)$ 中, 当 x_{i_1}, x_{i_2}, $\cdots$, x_{i_k} 以外的变元全为 0 时的 k 元二次型是 $g(x_{i_1},x_{i_2},\cdots,x_{i_k})$, 易见它的阵正好是 $\boldsymbol{B}$.

因为 $f(x_1,x_2,\cdots,x_n)$ 半正定, 所以 $g(x_{i_1},x_{i_2},\cdots,x_{i_k})$ 半正定. 由定理 5.9 条件 (4) 不难看出半正定阵的行列式值非负, 故 $|\boldsymbol{B}|\geqslant 0$. 这推出了 (7).

(7) $\Longrightarrow$ (2) 设 $\boldsymbol{A}$ 的特征多项式为

$$|\lambda\boldsymbol{I}-\boldsymbol{A}|=\lambda^n-a_1\lambda^{n-1}+a_2\lambda^{n-2}+\cdots+(-1)^n a_n,$$

由第 4 章知 a_i 为 $\boldsymbol{A}$ 的所有 i 阶主子式之和, 由 (7) 成立知

$$a_i\geqslant 0 \quad (\forall\, i=1,2,\cdots,n).$$

假定 $\boldsymbol{A}$ 的特征值有 $\lambda_0 < 0$, 代入特征多项式, 右端各非零项显然同号 (当 n 是奇数时各项为负, 当 n 是偶数时各项为正), 其符号与 λ_0^n 一致, 故右端不等于零, 矛盾. 故 $\boldsymbol{A}$ 的特征值无负数, 均大于等于零, 即 (2) 成立. □

关于半负定的相应结果请读者自己列出. 另外, 由定义不难看出**正定二次型其实也是半正定二次型**. 在实二次型中大量的是非半正定且非半负定的, 称其为**不定的**. 例如

$$f(x_1, x_2) = x_1^2 - x_2^2$$

就是不定二次型.

人们在实践中发现, 可逆线性变换可以改变二次型的形式, 但规范形的基本构造总是不变的. 例如, 正定的二次型 $f(x_1, x_2, \cdots, x_n)$ 经可逆线性变换之后仍为正定二次型, 其规范形中正项个数仍为 n, 半正定的二次型其规范形中总是没有负项. 更一般地, 我们有如下结论.

定理 5.12 (惯性定理)　实二次型 $f(x_1, x_2, \cdots, x_n) = \boldsymbol{x}^{\mathrm{T}}\boldsymbol{A}\boldsymbol{x}$ 经可逆线性变换化成的规范形中正项个数、负项个数由原二次型唯一确定, 即实二次型的规范形是唯一的.

这个定理用矩阵的语言来叙述见如下定理.

定理 5.13　对于实对称阵 $\boldsymbol{A}$, 如果存在可逆阵 $\boldsymbol{C}$, 使

$$\boldsymbol{A} = \boldsymbol{C}^{\mathrm{T}}\mathrm{diag}(\boldsymbol{I}_p,\ -\boldsymbol{I}_q,\ \boldsymbol{O})\boldsymbol{C},$$

则 p 及 q 的值由 $\boldsymbol{A}$ 唯一确定 (规定 $\boldsymbol{I}_0$ 表示该块不出现).

证明　已知条件说明 $\boldsymbol{A}$ 合同于 $\mathrm{diag}(\boldsymbol{I}_p,\ -\boldsymbol{I}_q,\ \boldsymbol{O})$. 设 $\boldsymbol{A}$ 还合同于 $\mathrm{diag}(\boldsymbol{I}_{p_1},\ -\boldsymbol{I}_{q_1},\ \boldsymbol{O})$. 由合同的对称性与传递性知, 存在可逆阵 $\boldsymbol{M}$ 使

$$\boldsymbol{M}\mathrm{diag}(\boldsymbol{I}_p,\ -\boldsymbol{I}_q,\ \boldsymbol{O})\boldsymbol{M}^{\mathrm{T}} = \mathrm{diag}(\boldsymbol{I}_{p_1},\ -\boldsymbol{I}_{q_1},\ \boldsymbol{O}).$$

假定 $p \neq p_1$, 不妨设 $p < p_1$. 令 $(\boldsymbol{M}_1\ \ \boldsymbol{M}_2\ \ \boldsymbol{M}_3)$ 为 $\boldsymbol{M}$ 的前 p_1 行, $\boldsymbol{M}_1$ 为 $p_1 \times p$ 阵, $\boldsymbol{M}_2$ 为 $p_1 \times q$ 阵. 由上式得

$$(\boldsymbol{M}_1\ \ \boldsymbol{M}_2\ \ \boldsymbol{M}_3)\begin{pmatrix} \boldsymbol{I}_p & & \\ & -\boldsymbol{I}_q & \\ & & \boldsymbol{O} \end{pmatrix}\begin{pmatrix} \boldsymbol{M}_1^{\mathrm{T}} \\ \boldsymbol{M}_2^{\mathrm{T}} \\ \boldsymbol{M}_3^{\mathrm{T}} \end{pmatrix} = \boldsymbol{I}_{p_1},$$

即

$$\boldsymbol{M}_1\boldsymbol{M}_1^{\mathrm{T}} - \boldsymbol{M}_2\boldsymbol{M}_2^{\mathrm{T}} = \boldsymbol{I}_{p_1},$$

从而

$$\boldsymbol{M}_1\boldsymbol{M}_1^{\mathrm{T}} = \boldsymbol{M}_2\boldsymbol{M}_2^{\mathrm{T}} + \boldsymbol{I}_{p_1} = (\boldsymbol{I}_{p_1}\ \ \boldsymbol{M}_2)\begin{pmatrix} \boldsymbol{I}_{p_1} \\ \boldsymbol{M}_2^{\mathrm{T}} \end{pmatrix}.$$

由此式右端知 $\boldsymbol{M}_1\boldsymbol{M}_1^{\mathrm{T}}$ 正定, 但秩 $(\boldsymbol{M}_1\boldsymbol{M}_1^{\mathrm{T}}) \leqslant p < p_1$, 而 $\boldsymbol{M}_1\boldsymbol{M}_1^{\mathrm{T}}$ 为 p_1 阶方阵, 这是矛盾的, 故 $p_1 = p$. 又因为合同不改变矩阵的秩, 所以 $p + q = p_1 + q_1$, 故又有 $q_1 = q$. □

一般称 $\boldsymbol{A}$ 的秩为**二次型 $\boldsymbol{x}^{\mathrm{T}}\boldsymbol{A}\boldsymbol{x}$ 的秩**, 由惯性定理知二次型规范形中正项个数 p 及负项个数 q 是由二次型唯一确定的, 因此常称 p 为二次型的**正惯性指数**, q 为**负惯性指数**, 且易见 $p + q =$ 秩 $\boldsymbol{A}$.

例 5.10 设 $\boldsymbol{A}$ 为非零实对称半正定矩阵, 证明: $|\boldsymbol{A}+\boldsymbol{I}| > 1$ 且 $\boldsymbol{A}+\boldsymbol{I}$ 为正定阵.

证明 设 $\boldsymbol{A}$ 的正交对角化表达式为

$$\boldsymbol{A} = \boldsymbol{Q}\mathrm{diag}(\lambda_1,\ \lambda_2,\ \cdots,\ \lambda_n)\boldsymbol{Q}^{-1},$$

其中 $\boldsymbol{Q}$ 为正交矩阵, $\lambda_1, \lambda_2, \cdots, \lambda_n$ 为 $\boldsymbol{A}$ 的特征值. 由 $\boldsymbol{A}$ 非零半正定知 $\lambda_1, \lambda_2, \cdots, \lambda_n$ 全非负且不全为零. 易见

$$\boldsymbol{A} + \boldsymbol{I}_n = \boldsymbol{Q}\mathrm{diag}(\lambda_1 + 1,\ \lambda_2 + 1,\ \cdots,\ \lambda_n + 1)\boldsymbol{Q}^{-1}.$$

这说明 $\boldsymbol{A} + \boldsymbol{I}_n$ 的特征值 $\lambda_1 + 1, \lambda_2 + 1, \cdots, \lambda_n + 1$ 均为正数, 故为正定阵, 又显然

$$|\boldsymbol{A} + \boldsymbol{I}_n| = \prod_{i=1}^{n}(1 + \lambda_i) > 1.$$ □

例 5.11 证明非零实二次型有分解式

$$f(x_1, x_2, \cdots, x_n) = (a_1x_1 + a_2x_2 + \cdots + a_nx_n)(b_1x_1 + b_2x_2 + \cdots + b_nx_n)$$

的充要条件是 $f(x_1, x_2, \cdots, x_n)$ 的秩为 1 或 $f(x_1, x_2, \cdots, x_n)$ 的正、负惯性指数都是 1.

证明 充分性: 设 $f(x_1, x_2, \cdots, x_n)$ 经可逆线性变换 $x = \boldsymbol{C}\boldsymbol{y}$ 化为规范形 $g(y_1, y_2, \cdots, y_n)$. 如果其秩为 1, 则

$$f(x_1, x_2, \cdots, x_n) = \pm y_1^2.$$

由 $\boldsymbol{x} = \boldsymbol{C}\boldsymbol{y}$ 可求得

$$\boldsymbol{y} = \boldsymbol{C}^{-1}\boldsymbol{x},$$

从而 y_1 为 $x_1, x_2, \cdots, x_n$ 之线性表达式, 即 $f(x_1, x_2, \cdots, x_n)$ 有分解式.

如果 f 的正、负惯性指数各为 1, 则

$$f(x_1, x_2, \cdots, x_n) = y_1^2 - y_2^2 = (y_1 + y_2)(y_1 - y_2).$$

同样可求得 $f(x_1, x_2, \cdots, x_n)$ 的分解式.

必要性: 令

$$\boldsymbol{a}=(a_1\ \ a_2\ \ \cdots\ \ a_n),\quad \boldsymbol{b}=(b_1\ \ b_2\ \ \cdots\ \ b_n).$$

如果 $\boldsymbol{a}$, $\boldsymbol{b}$ 线性相关, 不妨设 $\boldsymbol{b}=\delta\boldsymbol{a}$ 且 $a_1\neq 0$. 令

$$y_1=a_1x_1+\cdots+a_nx_n,\ \ y_2=x_2,\ \ \cdots,\ \ y_n=x_n,$$

这是一个可逆线性变换, 代入 $f(x_1,x_2,\cdots,x_n)$ 的分解式易见

$$f(x_1,x_2,\cdots,x_n)=\delta y_1^2\quad(\delta\neq 0),$$

即 f 的秩为 1.

如果 $\boldsymbol{a}$ 与 $\boldsymbol{b}$ 线性无关, 不妨设 $a_1b_2-a_2b_1\neq 0$, 则令

$$\begin{aligned}&y_1=a_1x_1+\cdots+a_nx_n,\quad y_2=b_1x_1+\cdots+b_nx_n,\\&y_3=x_3,\ \ \cdots,\ \ y_n=x_n,\end{aligned}$$

在此可逆线性变换之下

$$f(x_1,x_2,\cdots,x_n)=y_1y_2,$$

易见此二次型正、负惯性指数各为 1. □

练　习　5.6

5.6.1　证明半正定阵的任意主子阵半正定.

5.6.2　设 $\boldsymbol{A}$ 为 n 阶半正定矩阵, $\boldsymbol{C}$ 为 $n\times k$ 实矩阵, 证明 $\boldsymbol{C}^{\mathrm{T}}\boldsymbol{A}\boldsymbol{C}$ 仍半正定.

5.6.3　设 $\boldsymbol{A}$, $\boldsymbol{B}$ 为同阶半正定阵, λ, μ 为非负数, 证明 $\lambda\boldsymbol{A}+\mu\boldsymbol{B}$ 半正定.

5.6.4　证明 $\boldsymbol{A}$ 正定当且仅当 $\boldsymbol{A}$ 为可逆的半正定阵.

5.6.5　证明 $\mathrm{diag}(\boldsymbol{A},\boldsymbol{B})$ 半正定当且仅当 $\boldsymbol{A}$ 与 $\boldsymbol{B}$ 均半正定.

5.6.6　证明 $\boldsymbol{A}_{n\times n}$ 为半正定秩 1 阵当且仅当存在 $\boldsymbol{x}\in\mathbb{R}^n$, $\boldsymbol{x}\neq\boldsymbol{0}$, 使

$$\boldsymbol{A}=\boldsymbol{x}\boldsymbol{x}^{\mathrm{T}}.$$

5.6.7　实 n 阶对称阵按合同分类, 即彼此合同的为一类, 共有多少类?

5.6.8　设 $f(x_1,x_2,\cdots,x_n)=\boldsymbol{x}^{\mathrm{T}}\boldsymbol{A}\boldsymbol{x}$ 的正、负惯性指数为 p_1 及 q_1, 其中 $\boldsymbol{C}$ 为 n 阶实矩阵, $\boldsymbol{A}=\boldsymbol{C}^{\mathrm{T}}\mathrm{diag}(\boldsymbol{I}_p,\ -\boldsymbol{I}_q,\ \boldsymbol{O})\boldsymbol{C}$, 证明 $p_1\leqslant p$, $q_1\leqslant q$.

5.7　一般数域上的二次型

前几节研究了实二次型, 本节考虑一般数域 $\mathbb{F}$ 上的二次型. 二次型的定义及矩阵表示法完全可以照搬, 但因一般数域上没定义内积, 所以二次型的内积形式就不

便于使用了. 二次型的矩阵及秩的概念可以照搬, 对称阵的合同概念及性质可以沿用, 但正负惯性指数、正定、半正定等概念显然不能用, 因为一般数域内的数未必有大小之说.

对于一般数域 $\mathbb{F}$ 上的二次型, 要讨论的基本问题仍然是化标准形问题, 我们有如下定理.

定理 5.14 设数域 $\mathbb{F}$ 上二次型为

$$f(x_1,x_2,\cdots,x_n)=\boldsymbol{x}^{\mathrm{T}}\boldsymbol{A}\boldsymbol{x},$$

其中 $\boldsymbol{x}=(x_1\ \ x_2\ \ \cdots\ \ x_n)^{\mathrm{T}}$, $\boldsymbol{A}$ 为 $\mathbb{F}$ 上 n 阶对称阵, 则存在可逆线性变换 $\boldsymbol{x}=\boldsymbol{C}\boldsymbol{y}$ 将 $f(x_1,x_2,\cdots,x_n)$ 化为标准形

$$a_1y_1^2+a_2y_2^2+\cdots+a_ny_n^2\quad(a_i\in\mathbb{F},\ i=1,2,\cdots,n).$$

定理 5.15 数域 $\mathbb{F}$ 上的对称阵必合同于对角阵.

证明 对阶数 n 用数学归纳法. 当 $n=1$ 时结论显然. 假定 $n-1$ 阶阵结论成立, 看 n 阶对称阵 $\boldsymbol{A}=(a_{ij})_{n\times n}$.

(1) 若 $a_{11}\neq 0$, 将 $\boldsymbol{A}$ 的第 1 行分别乘以

$$-\frac{a_{21}}{a_{11}},\quad -\frac{a_{31}}{a_{11}},\quad \cdots,\quad -\frac{a_{n1}}{a_{11}}$$

加于第 2, $\cdots$, n 行, 再将所得阵的第 1 列也乘以如上各数分别加于第 2, 3, $\cdots$, n 列. 这个过程就是说存在

$$\boldsymbol{C}_1=\begin{pmatrix}1 & -\dfrac{a_{21}}{a_{11}} & \cdots & -\dfrac{a_{n1}}{a_{11}}\\ 0 & 1 & \cdots & 0\\ \vdots & \vdots & & \vdots\\ 0 & 0 & \cdots & 1\end{pmatrix},$$

使

$$\boldsymbol{C}_1^{\mathrm{T}}\boldsymbol{A}\boldsymbol{C}_1=\mathrm{diag}(a_{11},\ \boldsymbol{A}_1),$$

其中 $\boldsymbol{A}_1$ 是 $n-1$ 阶对称阵. 由归纳假设知存在可逆阵 $\boldsymbol{C}_2$, 使

$$\boldsymbol{C}_2^{\mathrm{T}}\boldsymbol{A}_1\boldsymbol{C}_2=\mathrm{diag}(b_{22},\ \cdots,\ b_{nn}).$$

于是令 $\boldsymbol{C}=\boldsymbol{C}_1\mathrm{diag}(1,\ \boldsymbol{C}_2)$, 则有

$$\boldsymbol{C}^{\mathrm{T}}\boldsymbol{A}\boldsymbol{C}=\mathrm{diag}(a_{11},\ b_{22},\ \cdots,\ b_{nn}).$$

(2) 若 $\boldsymbol{A}$ 的第一列、第一行的元素全为 0, 仍可仿 (1) 证得结论.

(3) 若 $a_{11}=0$, 但存在 $a_{i1}\neq 0\ \ (i\neq 1)$, 则可将 $\boldsymbol{A}$ 的第 i 列及第 i 行同时乘以适当的 x 加于第一列及第一行, 将此情形化为情形 (1). □

定理 5.15 的证明中实际上给出了用初等变换化二次型为标准形的方法. 这个方法的核心是不断施行成对的初等变换, 称之为**合同初等变换**:

(i) 将第 i 行乘以 $c\ (\neq 0)$, 同时再将第 i 列乘以 c;

(ii) 将第 i, j 两行对调, 同时再将第 i, j 两列对调;

(iii) 将第 i 行乘以 λ 加于第 j 行, 再将第 i 列乘以 λ 加于第 j 列.

用矩阵分块方法可进行如下操作: 对 $\begin{pmatrix}\boldsymbol{A}\\ \boldsymbol{I}_n\end{pmatrix}$ 的列及前 n 行施行合同初等变换, 当 $\boldsymbol{A}$ 化为对角阵时, $\boldsymbol{I}_n$ 就是变换矩阵 $\boldsymbol{C}$. 事实上

$$\begin{pmatrix}\boldsymbol{C}^{\mathrm{T}} & \boldsymbol{O}\\ \boldsymbol{O} & \boldsymbol{I}\end{pmatrix}\begin{pmatrix}\boldsymbol{A}\\ \boldsymbol{I}_n\end{pmatrix}\boldsymbol{C}=\begin{pmatrix}\boldsymbol{C}^{\mathrm{T}}\boldsymbol{A}\boldsymbol{C}\\ \boldsymbol{C}\end{pmatrix},$$

其中 $\boldsymbol{C}^{\mathrm{T}}\boldsymbol{A}\boldsymbol{C}$ 为对角阵, $\boldsymbol{C}$ 为变换矩阵.

例 5.12　化

$$f(x_1,x_2,x_3,x_4)=x_1x_2-4x_1x_3+2x_1x_4+6x_2x_3+2x_3x_4$$

为标准形.

解

$$\begin{pmatrix}\boldsymbol{A}\\ \boldsymbol{I}_4\end{pmatrix}=\begin{pmatrix}0 & \frac{1}{2} & -2 & 1\\ \frac{1}{2} & 0 & 3 & 0\\ -2 & 3 & 0 & 1\\ 1 & 0 & 1 & 0\\ 1 & 0 & 0 & 0\\ 0 & 1 & 0 & 0\\ 0 & 0 & 1 & 0\\ 0 & 0 & 0 & 1\end{pmatrix}\longrightarrow\begin{pmatrix}1 & \frac{1}{2} & 1 & 1\\ \frac{1}{2} & 0 & 3 & 0\\ 1 & 3 & 0 & 1\\ 1 & 0 & 1 & 0\\ 1 & 0 & 0 & 0\\ 1 & 1 & 0 & 0\\ 0 & 0 & 1 & 0\\ 0 & 0 & 0 & 1\end{pmatrix}\longrightarrow\begin{pmatrix}1 & \frac{1}{2} & 1 & 1\\ 0 & -\frac{1}{4} & \frac{5}{2} & -\frac{1}{2}\\ 0 & \frac{5}{2} & -1 & 0\\ 0 & -\frac{1}{2} & 0 & -1\\ 1 & 0 & 0 & 0\\ 1 & 1 & 0 & 0\\ 0 & 0 & 1 & 0\\ 0 & 0 & 0 & 1\end{pmatrix}$$

$$\longrightarrow \begin{pmatrix} 1 & 0 & 0 & 0 \\ 0 & -\frac{1}{4} & \frac{5}{2} & -\frac{1}{2} \\ 0 & \frac{5}{2} & -1 & 0 \\ 0 & -\frac{1}{2} & 0 & -1 \\ 1 & -\frac{1}{2} & -1 & -1 \\ 1 & \frac{1}{2} & -1 & -1 \\ 0 & 0 & 1 & 0 \\ 0 & 0 & 0 & 1 \end{pmatrix} \longrightarrow \begin{pmatrix} 1 & 0 & 0 & 0 \\ 0 & -\frac{1}{4} & \frac{5}{2} & -\frac{1}{2} \\ 0 & 0 & 24 & -5 \\ 0 & 0 & -5 & 0 \\ 1 & -\frac{1}{2} & -1 & -1 \\ 1 & \frac{1}{2} & -1 & -1 \\ 0 & 0 & 1 & 0 \\ 0 & 0 & 0 & 1 \end{pmatrix}$$

$$\longrightarrow \begin{pmatrix} 1 & 0 & 0 & 0 \\ 0 & -\frac{1}{4} & 0 & 0 \\ 0 & 0 & 24 & -5 \\ 0 & 0 & -5 & 0 \\ 1 & -\frac{1}{2} & -6 & 0 \\ 1 & \frac{1}{2} & 4 & -2 \\ 0 & 0 & 1 & 0 \\ 0 & 0 & 0 & 1 \end{pmatrix} \longrightarrow \begin{pmatrix} 1 & 0 & 0 & 0 \\ 0 & -\frac{1}{4} & 0 & 0 \\ 0 & 0 & 24 & 0 \\ 0 & 0 & 0 & -\frac{25}{24} \\ 1 & -\frac{1}{2} & -6 & -\frac{5}{4} \\ 1 & \frac{1}{2} & 4 & -\frac{7}{6} \\ 0 & 0 & 1 & \frac{5}{24} \\ 0 & 0 & 0 & 1 \end{pmatrix}.$$

令

$$\begin{pmatrix} x_1 \\ x_2 \\ x_3 \\ x_4 \end{pmatrix} = \begin{pmatrix} 1 & -\frac{1}{2} & -6 & -\frac{5}{4} \\ 1 & \frac{1}{2} & 4 & -\frac{7}{6} \\ 0 & 0 & 1 & \frac{5}{24} \\ 0 & 0 & 0 & 1 \end{pmatrix} \begin{pmatrix} y_1 \\ y_2 \\ y_3 \\ y_4 \end{pmatrix},$$

则

$$f(x_1, x_2, x_3, x_4) = y_1^2 - \frac{1}{4}y_2^2 + 24y_3^2 - \frac{25}{24}y_4^2.$$ □

如果在实数域上研究此二次型, 可进一步化为规范形

$$z_1^2 + z_2^2 - z_3^2 - z_4^2;$$

如果在复数域上研究, 则其可进一步化为规范形

$$z_1^2+z_2^2+z_3^2+z_4^2.$$

一般地, 在复数域上二次型的规范形是

$$y_1^2+y_2^2+\cdots+y_r^2,$$

其中 r 为二次型的秩 (自己说明理由).

化二次型为标准形的方法, 除上述初等变换方法外, 还有一个方法就是配方法, 下面只举例说明方法, 它的一般理论就不介绍了.

例 5.13　用配方法解例 5.1.2.

解　首先令下述可逆线性变换

$$\begin{cases} x_1=y_1+y_2, \\ x_2=y_1-y_2, \\ x_3=y_3, \\ x_4=y_4, \end{cases} \quad 即 \quad \boldsymbol{x}=\begin{pmatrix} 1 & 1 & 0 & 0 \\ 1 & -1 & 0 & 0 \\ 0 & 0 & 1 & 0 \\ 0 & 0 & 0 & 1 \end{pmatrix}\boldsymbol{y},$$

使二次型化为有平方项的情形, 进行配方, 得

$$\begin{aligned} & f(x_1,x_2,x_3,x_4) \\ =\ & y_1^2-y_2^2-4(y_1+y_2)y_3+2(y_1+y_2)y_4+6(y_1-y_2)y_3+2y_3y_4 \\ =\ & y_1^2+2y_1y_3+2y_1y_4-y_2^2-10y_2y_3+2y_2y_4+2y_3y_4 \\ =\ & (y_1+y_3+y_4)^2-(y_2^2+10y_2y_3-2y_2y_4)-y_3^2-y_4^2 \\ =\ & (y_1+y_3+y_4)^2-(y_2+5y_3-y_4)^2+24y_3^2-10y_3y_4 \\ =\ & (y_1+y_3+y_4)^2-(y_2+5y_3-y_4)^2+24\Big(y_3-\frac{5}{24}y_4\Big)^2-\frac{25}{24}y_4^2. \end{aligned}$$

又令

$$\begin{cases} z_1=y_1 \qquad\quad +\ y_3\ +y_4, \\ z_2=\qquad y_2+5y_3\ -y_4, \\ z_3=\qquad\qquad\quad y_3\ -\dfrac{5}{24}y_4, \\ z_4=\qquad\qquad\qquad\quad y_4, \end{cases} \quad 即 \quad \boldsymbol{z}=\begin{pmatrix} 1 & 0 & 1 & 1 \\ 0 & 1 & 5 & -1 \\ 0 & 0 & 1 & -\dfrac{5}{24} \\ 0 & 0 & 0 & 1 \end{pmatrix}\boldsymbol{y},$$

则

$$f(x_1,x_2,x_3,x_4)=z_1^2-z_2^2+24z_3^2-\frac{25}{24}z_4^2,$$

所用线性变换 $\boldsymbol{x}=\boldsymbol{C}\boldsymbol{z}$, 其中

$$C = \begin{pmatrix} 1 & 1 & 0 & 0 \\ 1 & -1 & 0 & 0 \\ 0 & 0 & 1 & 0 \\ 0 & 0 & 0 & 1 \end{pmatrix} \begin{pmatrix} 1 & 0 & 1 & 1 \\ 0 & 1 & 5 & -1 \\ 0 & 0 & 1 & -\frac{5}{24} \\ 0 & 0 & 0 & 1 \end{pmatrix}^{-1} = \begin{pmatrix} 1 & 1 & -6 & -\frac{5}{4} \\ 1 & -1 & 4 & -\frac{7}{6} \\ 0 & 0 & 1 & \frac{5}{24} \\ 0 & 0 & 0 & 1 \end{pmatrix}. \quad \square$$

从例 5.13 不难看出, 数域 $\mathbb{F}$ 上的二次型的标准形也未必唯一, 当然通过可逆线性变换它们是可以互化的. 即使是得到同一标准形, 所用的线性变换也不一定是一样的.

练 习 5.7

5.7.1 用初等变换的方法化下列数域 $\mathbb{F}$ 上的二次型为标准形:

(1) $f(x_1, x_2, x_3) = x_1x_2 + x_1x_3 + x_2x_3$;

(2) $f(x_1, x_2, x_3) = x_1^2 - 5x_1x_2 + 3x_2x_3$.

5.7.2 用配方法化下列数域 $\mathbb{F}$ 上的二次型为标准形:

(1) $f(x_1, x_2, x_3) = x_1^2 + 2x_2^2 + 5x_3^2 + 2x_1x_2 + 6x_2x_3 + 2x_1x_3$;

(2) $f(x_1, x_2, x_3) = x_1^2 + 2x_1x_2 + 2x_2^2 + 4x_2x_3 + 4x_3^2$.

5.7.3 指出下列数域 $\mathbb{F}$ 上的二次型是否可以互化?

(1) $f_1(x_1, x_2, x_3) = x_1^2 + x_2^2 - x_3^2$;

(2) $f_2(y_1, y_2, y_3) = y_1^2 - y_2^2 + 2y_3^2$;

(3) $f_3(z_1, z_2, z_3) = 4z_1^2 + 9z_2^2 - z_3^2$;

(4) $f_4(u_1, u_2, u_3) = u_1^2 + 2u_2^2 + 3u_3^2$.

如果将上述二次型看成实数域上二次型呢? 如果看成复二次型呢?

5.7.4 确定下列实二次型的正、负惯性指数:

(1) $f(x_1, x_2, \cdots, x_n) = x_1x_2 + x_2x_3 + \cdots + x_{n-1}x_n$;

(2) $f(x_1, x_2, \cdots, x_{2n}) = x_1x_{2n} + x_2x_{2n-1} + \cdots + x_nx_{n+1}$.

5.7.5 证明: 秩 r 的对称阵可以写成 r 个秩 1 的对称阵之和.

5.7.6 n 阶复对称阵, 按合同分类, 有多少类?

5.7.7 证明: 二阶非零实反对称阵合同于 $\boldsymbol{E}_{21} - \boldsymbol{E}_{12}$.

5.7.8 复二次型 $f(x_1, x_2) = x_1^2 + x_2^2 + (ax_1 + bx_2)^2$ 的秩是 2 吗?

问题与研讨 5

问题 5.1 设 n 阶实对称阵 $\boldsymbol{A}$ 与 $\boldsymbol{B}$ 可交换, 那么是否存在正交阵 $\boldsymbol{Q}$ 使得 $\boldsymbol{QAQ}^{\mathrm{T}}$ 与 $\boldsymbol{QBQ}^{\mathrm{T}}$ 均为对角阵?

问题 5.2 设 $a_1, a_2, \cdots, a_n$ 为任意实数, 下列不等式成立吗?

$$\sum_{i=1}^{n} |a_i| \leqslant \sqrt{n(a_1^2 + a_2^2 + \cdots + a_n^2)}$$

问题 5.3 求一个正交阵 $\boldsymbol{Q}$ 使 $\boldsymbol{Q}^{-1}\begin{pmatrix} 1 & 2 \\ 2 & 1 \end{pmatrix}\boldsymbol{Q} = \begin{pmatrix} 2 & \sqrt{3} \\ \sqrt{3} & 0 \end{pmatrix}$.

问题 5.4 如果 $\boldsymbol{A}$ 是特征值全为实数的正交阵, 那么 $\boldsymbol{A}$ 又是什么样的阵?

问题 5.5 求 $f(x_1, x_2, x_3) = x_1^2 + ax_2^2 + x_3^2 + 2x_1x_2 + 2x_1x_3 + 2x_2x_3 = 1$ 所表示的二次曲面类型, 其中 a 为实数.

问题 5.6 求下列实二次型的正、负惯性指数 $(n > 2)$:

(1) $f(x_1, x_2, \cdots, x_n) = \sum\limits_{i=1}^{n} x_i x_{n-i+1}$;

(2) $f(x_1, x_2, \cdots, x_n) = \sum\limits_{i=1}^{n} x_i^2 + (x_1x_2 + x_2x_3 + \cdots + x_{n-1}x_n + x_nx_1)$.

问题 5.7* (1) 如果 $\boldsymbol{A}$ 和 $\boldsymbol{B}$ 都是实对称正定阵, 那么 $\operatorname{tr}(\boldsymbol{AB})$ 的符号如何?

(2) 如果可逆实对称阵 $\boldsymbol{A}$ 对任意实对称正定阵 $\boldsymbol{B}$ 均有 $\operatorname{tr}(\boldsymbol{AB}) > 0$, 能推出 $\boldsymbol{A}$ 正定吗?

问题 5.8* 设实 n 阶阵 $\boldsymbol{A}$ 和 $\boldsymbol{B}$ 满足 $\boldsymbol{AB} + \boldsymbol{BA} = \boldsymbol{O}$, 如果 $\boldsymbol{A}$ 为实对称半正定阵, 那么 $\boldsymbol{AB} = \boldsymbol{BA} = \boldsymbol{O}$ 成立吗?

问题 5.9* 设 $\boldsymbol{A}$ 为 n 阶实对称正定阵 $(n > 1)$, $\boldsymbol{\alpha}$ 为非零实 n 维列向量, 令 $\boldsymbol{B} = \boldsymbol{A\alpha\alpha}^{\mathrm{T}}$, 求 $\boldsymbol{B}$ 的最大特征值及相应的特征向量.

问题 5.10* 设 $\boldsymbol{A}$ 为 n 阶实对称正定阵, $\boldsymbol{x}$ 为 n 维实列向量, 你能证明 $0 \leqslant \boldsymbol{x}^{\mathrm{T}}(\boldsymbol{A} + \boldsymbol{x}^{\mathrm{T}})^{-1}\boldsymbol{x} < 1$ 吗?

总 习 题 5

A 类 题

5.1 求下面 $\mathbb{R}^3$ 的子空间 V 的标准正交基, 再将其扩充为 $\mathbb{R}^3$ 的标准正交基.

$$V = \left\{ \begin{pmatrix} 1 & 0 \\ 1 & 1 \\ -1 & 1 \end{pmatrix} \begin{pmatrix} x_1 \\ x_2 \end{pmatrix} \middle| \; x_1,\ x_2 \in \mathbb{R} \right\}.$$

5.2 证明: 柯西不等式中等号成立的充要条件是向量 $\boldsymbol{x}$ 与 $\boldsymbol{y}$ 线性相关 (看 (5.1) 式).

5.3 设 $\boldsymbol{H} = \boldsymbol{I}_n - 2\boldsymbol{x}\boldsymbol{x}^{\mathrm{T}}$, 其中 $\boldsymbol{x}$ 为 n 维列向量且 $|\boldsymbol{x}| = 1$, 证明:

(1) $\boldsymbol{H}$ 对称;

(2) $\boldsymbol{H}$ 正交;

(3) $\boldsymbol{H}^2 = \boldsymbol{I}_n$;

(4) $\boldsymbol{H}$ 的特征值为 $-1, 1, \cdots, 1$;

(5) $|\boldsymbol{H}| = -1$.

5.4 设 $\boldsymbol{A}, \boldsymbol{B}$ 为 n 阶正交阵, 证明: 若 $|\boldsymbol{A}| = -|\boldsymbol{B}|$, 则 $|\boldsymbol{A}+\boldsymbol{B}| = 0$.

5.5 若 λ_0 是正交阵 $\boldsymbol{A}$ 的一个特征值, 证明: λ_0^{-1} 仍为 $\boldsymbol{A}$ 的特征值.

5.6 若 $\boldsymbol{A}$, $\boldsymbol{B}$, $\boldsymbol{A}+\boldsymbol{B}$ 都是正交阵, 证明: $(\boldsymbol{A}+\boldsymbol{B})^{-1} = \boldsymbol{A}^{-1} + \boldsymbol{B}^{-1}$.

5.7 三阶实对称阵 $\boldsymbol{A}$ 的特征值为 1, 4, -2, 相应于 1 及 -2 的特征向量分别为 $(1\ \ -1\ \ -1)^{\mathrm{T}}$ 及 $(0\ \ -1\ \ 1)^{\mathrm{T}}$, 求 $\boldsymbol{A}$.

5.8 求三阶实对称阵 $\boldsymbol{A}$ 使其特征值为 6, 3, 3, 且 $(1\ \ 1\ \ 1)^{\mathrm{T}}$ 为属于特征值 6 的一个特征向量.

5.9 求三阶实对称阵 $\boldsymbol{A}$ 使其特征值为 -1, 1, 1, 且 $(0\ \ 1\ \ 1)^{\mathrm{T}}$ 为属于特征值 -1 的一个特征向量.

5.10 证明: 实对称正定阵对角线元素都大于零.

5.11 设实对称阵 $\boldsymbol{A} = (a_{ij})_{n\times n}$, 如果对 $\forall\, i\ (i = 1, 2, \cdots, n)$, 有

$$\begin{vmatrix} a_{ii} & a_{i,i+1} & \cdots & a_{in} \\ a_{i+1,i} & a_{i+1,i+1} & \cdots & a_{i+1,n} \\ \vdots & \vdots & & \vdots \\ a_{ni} & a_{n,i+1} & \cdots & a_{nn} \end{vmatrix} > 0,$$

证明: $\boldsymbol{A}$ 正定.

5.12 设 $\boldsymbol{A}$ 为实对称阵, 证明: $\boldsymbol{A}$ 正定当且仅当 $\boldsymbol{A}$ 的所有主子式都大于 0.

5.13 证明: 实对称正定阵最大元必在对角线上.

5.14 证明: 实对称正定阵的任意主子阵仍为正定阵.

5.15 设 $\boldsymbol{A}$ 为 n 阶实方阵, 证明: $\boldsymbol{A}^{\mathrm{T}}\boldsymbol{A} - \boldsymbol{A}\boldsymbol{A}^{\mathrm{T}}$ 为实对称阵, 但不是正定阵.

5.16 设实对称阵 $\boldsymbol{A}$ 满足 $\boldsymbol{A}^3 - 4\boldsymbol{A}^2 + 5\boldsymbol{A} - 2\boldsymbol{I} = \boldsymbol{O}$, $\boldsymbol{A}$ 是否一定为正定矩阵? 为什么?

5.17 证明: 实分块矩阵 $\begin{pmatrix} \boldsymbol{A} & \boldsymbol{B} \\ \boldsymbol{B}^{\mathrm{T}} & \boldsymbol{D} \end{pmatrix}$ 为正定阵的充分必要条件是 $\boldsymbol{A}$ 及 $\boldsymbol{D} - \boldsymbol{B}^{\mathrm{T}}\boldsymbol{A}^{-1}\boldsymbol{B}$ 都是正定阵.

5.18 设 $\boldsymbol{A}$ 为实对称正定阵, 证明: $\boldsymbol{A}$ 有分解式 $\boldsymbol{A} = \boldsymbol{R}^{\mathrm{T}}\boldsymbol{R}$, 其中 $\boldsymbol{R}$ 为上三角阵.

5.19 设 $\boldsymbol{A}$ 为任意实矩阵, 证明: 秩 $\boldsymbol{A}^{\mathrm{T}}\boldsymbol{A} =$ 秩 $\boldsymbol{A}\boldsymbol{A}^{\mathrm{T}} =$ 秩 $\boldsymbol{A}$.

5.20 证明: 实对称阵的最大特征值等于 $\boldsymbol{x}^{\mathrm{T}}\boldsymbol{A}\boldsymbol{x}$ 的最大值, 其中 $\boldsymbol{x}$ 为 $\mathbb{R}^n$ 中单位向量.

B 类 题

5.21 设 $\boldsymbol{A}$ 为实对称阵, 证明存在具有特征值全为正的实对称阵 $\boldsymbol{B}$ 和 $\boldsymbol{C}$, 使

$$\boldsymbol{A} = \boldsymbol{B} - \boldsymbol{C}.$$

5.22 设 $\boldsymbol{\varepsilon}_1, \boldsymbol{\varepsilon}_2, \cdots, \boldsymbol{\varepsilon}_n$ 为 $\mathbb{F}^n$ 的标准正交基, 证明: $\boldsymbol{\alpha}_1, \boldsymbol{\alpha}_2, \cdots, \boldsymbol{\alpha}_t$ 是一个正交组的充

要条件是非零向量 $\boldsymbol{\alpha}_1, \boldsymbol{\alpha}_2, \cdots, \boldsymbol{\alpha}_t$ 满足

$$\sum_{k=1}^{n}\langle\boldsymbol{\alpha}_i,\boldsymbol{\varepsilon}_k\rangle\langle\boldsymbol{\alpha}_j,\boldsymbol{\varepsilon}_k\rangle=0\quad(\forall\, i,\ j=1,2,\cdots,t\text{ 且 }i\neq j).$$

5.23　设 $\boldsymbol{A}=\boldsymbol{x}\boldsymbol{y}^{\mathrm{T}}$, 其中 $\boldsymbol{x}$, $\boldsymbol{y}\in\mathbb{R}^n$ 且 $\langle\boldsymbol{x},\boldsymbol{y}\rangle=0$, 证明: $\boldsymbol{A}$ 的特征值全为 0.

5.24　设 $\boldsymbol{A}$ 为非零实对称阵, 证明下列叙述等价:

(1) $\boldsymbol{A}^2=\boldsymbol{A}$;

(2) $\boldsymbol{A}$ 的特征根只有 1 及 0;

(3) 存在列标准正交的 $\boldsymbol{B}$ 使 $\boldsymbol{A}=\boldsymbol{B}\boldsymbol{B}^{\mathrm{T}}$;

(4) 存在列满秩的 $\boldsymbol{G}$ 使 $\boldsymbol{A}=\boldsymbol{G}(\boldsymbol{G}^{\mathrm{T}}\boldsymbol{G})^{-1}\boldsymbol{G}^{\mathrm{T}}$.

5.25　设实 n 阶阵 $\boldsymbol{A}=(\boldsymbol{a}_1\ \ \boldsymbol{a}_2\ \ \cdots\ \ \boldsymbol{a}_n)$, 其中 $\boldsymbol{a}_1$, $\boldsymbol{a}_2$, $\cdots$, $\boldsymbol{a}_n$ 为其各列, 令 $\boldsymbol{B}=(b_{ij})_{n\times n}$ 且 $b_{ij}=\langle\boldsymbol{a}_i,\boldsymbol{a}_j\rangle$ $(\forall\, i,\ j)$, 证明: $|\boldsymbol{B}|=|\boldsymbol{A}|^2$.

5.26　设 $\boldsymbol{\alpha}_1, \boldsymbol{\alpha}_2, \cdots, \boldsymbol{\alpha}_m$ 为 $\mathbb{R}^n$ 中的标准正交向量组, $\boldsymbol{\beta}$ 为 $\mathbb{R}^n$ 中任意向量, 证明: $\sum\limits_{i=1}^{m}\langle\boldsymbol{\beta},\boldsymbol{\alpha}_i\rangle^2\leqslant|\boldsymbol{\beta}|^2$.

5.27　设 $\boldsymbol{A}$ 为实对称阵, $\boldsymbol{\alpha}$ 为单位列向量, 证明: $|\boldsymbol{A}\boldsymbol{\alpha}|^2\leqslant|\boldsymbol{A}^2\boldsymbol{\alpha}|$.

5.28　n 阶实矩阵 $\boldsymbol{A}$ 的特征值全是实数, 证明: $\boldsymbol{A}$ 必可正交相似于上三角阵.

5.29　设实对称阵 $\boldsymbol{A}$ 的 1, 2, $\cdots$, $n-1$ 阶主子式都大于 0, 但 $|\boldsymbol{A}|=0$, 证明: $\boldsymbol{A}$ 半正定.

5.30　设 $\boldsymbol{A}$ 正定, $\boldsymbol{B}$ 为与其同阶实矩阵, 证明: 秩 $\boldsymbol{B}^{\mathrm{T}}\boldsymbol{A}\boldsymbol{B}=$ 秩 $\boldsymbol{B}$.

5.31　设 $\boldsymbol{A}=(a_{ij})_{n\times n}$ 实对称, 且对任意 i 有 $a_{ii}>0$ 且 $\boldsymbol{A}$ 为行严格对角占优阵, 证明: $\boldsymbol{A}$ 正定.

5.32　设 $\boldsymbol{A}$ 为 n 阶实对称正定阵, $\boldsymbol{x}$, $\boldsymbol{y}$ 为实 n 维列向量, 证明: $(\boldsymbol{y}^{\mathrm{T}}\boldsymbol{A}\boldsymbol{x})^2\leqslant(\boldsymbol{y}^{\mathrm{T}}\boldsymbol{A}\boldsymbol{y})\cdot(\boldsymbol{x}^{\mathrm{T}}\boldsymbol{A}\boldsymbol{x})$.

5.33　设 $\boldsymbol{A}$, $\boldsymbol{B}$ 为实对称 n 阶阵, $\boldsymbol{A}$ 正定, 证明: $\boldsymbol{A}\boldsymbol{B}$ 相似于对角阵.

5.34　设

$$f(x_1,x_2,\cdots,x_n)=x_1^2+x_2^2+\cdots+x_n^2+(a_1x_1+\cdots+a_nx_n)^2$$

为实二次型, 证明它是正定二次型.

5.35　证明: 实二次型

$$f(x_1,x_2,\cdots,x_n)=\sum_{i=1}^{n}(a_{i1}x_1+a_{i2}x_2+\cdots+a_{in}x_n)^2$$

的秩等于 $\boldsymbol{A}=(a_{ij})_{n\times n}$ 的秩.

5.36　设 $\boldsymbol{A}$ 实对称正定, $\boldsymbol{A}=(a_{ij})_{n\times n}$, $b_i\neq0$ $(\forall\ i=1,\cdots,n)$, 证明 $\boldsymbol{B}=(a_{ij}b_ib_j)_{n\times n}$ 正定.

5.37　设 $\boldsymbol{A}$, $\boldsymbol{B}$ 为 n 阶实对称阵, $\boldsymbol{A}$ 正定, 证明: 存在可逆阵 $\boldsymbol{T}$ 使 $\boldsymbol{T}^{\mathrm{T}}\boldsymbol{A}\boldsymbol{T}$ 及 $\boldsymbol{T}^{\mathrm{T}}\boldsymbol{B}\boldsymbol{T}$ 同为对角阵.

5.38　设 $\boldsymbol{A},\boldsymbol{B}$ 为同阶实对称阵, $\boldsymbol{A}$ 正定, $\boldsymbol{B}$ 半正定, 证明: $|\boldsymbol{A}+\boldsymbol{B}|\geqslant|\boldsymbol{A}|$.

5.39　证明: 半正定矩阵 $\boldsymbol{A}$ 的对角线上若有零元, 则该零元所在的行及列上的元素全为 0.

5.40 设 $\boldsymbol{A}$ 为 n 阶半正定阵, 证明: $\boldsymbol{x}^{\mathrm{T}}\boldsymbol{A}\boldsymbol{x}=\mathbf{0}$ 当且仅当 $\boldsymbol{A}\boldsymbol{x}=\mathbf{0}$, 其中 $\boldsymbol{x}\in\mathbb{R}^n$.

5.41 设 $f(x_1,x_2,\cdots,x_n)$ 为不定的实二次型, 证明: 存在 $\boldsymbol{x}\in\mathbb{R}^n$, $\boldsymbol{x}\neq\mathbf{0}$, 使 $f(x_1,x_2,\cdots,x_n)=0$.

5.42 实对称阵 $\boldsymbol{A}$ 第一行乘以一个正数 a 之后得 $\boldsymbol{B}$, 证明: $\boldsymbol{B}$ 的正特征值个数与 $\boldsymbol{A}$ 的正特征值个数一样多.

5.43 如果实 n 维向量 $\boldsymbol{\alpha}_1,\boldsymbol{\alpha}_2,\cdots,\boldsymbol{\alpha}_t$ 线性无关, 证明: $\boldsymbol{A}=(\langle\boldsymbol{\alpha}_i,\boldsymbol{\alpha}_j\rangle)_{t\times t}$ 正定.

5.44 设 $\begin{pmatrix}\boldsymbol{A}&\boldsymbol{B}\\\boldsymbol{B}^{\mathrm{T}}&\boldsymbol{D}\end{pmatrix}$ 正定, 且 $\boldsymbol{B}\neq\boldsymbol{O}$, 证明

$$\begin{vmatrix}\boldsymbol{A}&\boldsymbol{B}\\\boldsymbol{B}^{\mathrm{T}}&\boldsymbol{D}\end{vmatrix}<|\boldsymbol{A}|\cdot|\boldsymbol{D}|.$$

5.45 设 $\boldsymbol{A}=(a_{ij})_{n\times n}$ 实对称正定, 证明: $|\boldsymbol{A}|\leqslant a_{11}a_{22}\cdots a_{nn}$.

5.46 设 $\boldsymbol{A}=(a_{ij})_{n\times n}$ 为实矩阵, 证明

$$|\boldsymbol{A}|\leqslant\sqrt{\prod_{i=1}^{n}\sum_{j=1}^{n}a_{ij}^2}.$$

C 类 题

5.47 设 $\boldsymbol{\alpha}_1,\boldsymbol{\alpha}_2,\cdots,\boldsymbol{\alpha}_n$ 为 $\mathbb{R}^n$ 中的基底, 经施密特正交化后得正交基 $\boldsymbol{\beta}_1,\boldsymbol{\beta}_2,\cdots,\boldsymbol{\beta}_n$, 证明

$$\prod_{i=1}^{n}\langle\boldsymbol{\beta}_i,\boldsymbol{\beta}_i\rangle=\begin{vmatrix}\langle\boldsymbol{\beta}_1,\boldsymbol{\beta}_1\rangle&\langle\boldsymbol{\beta}_1,\boldsymbol{\beta}_2\rangle&\cdots&\langle\boldsymbol{\beta}_1,\boldsymbol{\beta}_n\rangle\\\langle\boldsymbol{\beta}_2,\boldsymbol{\beta}_1\rangle&\langle\boldsymbol{\beta}_2,\boldsymbol{\beta}_2\rangle&\cdots&\langle\boldsymbol{\beta}_2,\boldsymbol{\beta}_n\rangle\\\vdots&\vdots&&\vdots\\\langle\boldsymbol{\beta}_n,\boldsymbol{\beta}_1\rangle&\langle\boldsymbol{\beta}_n,\boldsymbol{\beta}_2\rangle&\cdots&\langle\boldsymbol{\beta}_n,\boldsymbol{\beta}_n\rangle\end{vmatrix}$$

$$=\begin{vmatrix}\langle\boldsymbol{\alpha}_1,\boldsymbol{\alpha}_1\rangle&\langle\boldsymbol{\alpha}_1,\boldsymbol{\alpha}_2\rangle&\cdots&\langle\boldsymbol{\alpha}_1,\boldsymbol{\alpha}_n\rangle\\\langle\boldsymbol{\alpha}_2,\boldsymbol{\alpha}_1\rangle&\langle\boldsymbol{\alpha}_2,\boldsymbol{\alpha}_2\rangle&\cdots&\langle\boldsymbol{\alpha}_2,\boldsymbol{\alpha}_n\rangle\\\vdots&\vdots&&\vdots\\\langle\boldsymbol{\alpha}_n,\boldsymbol{\alpha}_1\rangle&\langle\boldsymbol{\alpha}_n,\boldsymbol{\alpha}_2\rangle&\cdots&\langle\boldsymbol{\alpha}_n,\boldsymbol{\alpha}_n\rangle\end{vmatrix}.$$

5.48 设实 n 阶阵 $\boldsymbol{A}$ 各列长度都是 1, 证明 $|\boldsymbol{A}|\leqslant 1$.

5.49 设 $\boldsymbol{A}=\boldsymbol{B}\boldsymbol{C}$ 为实矩阵 $\boldsymbol{A}$ 的满秩分解, 即 $\boldsymbol{B}$ 为列满秩, $\boldsymbol{C}$ 为行满秩, 证明

$$\boldsymbol{A}^{+}=\boldsymbol{C}^{\mathrm{T}}(\boldsymbol{C}\boldsymbol{C}^{\mathrm{T}})^{-1}(\boldsymbol{B}^{\mathrm{T}}\boldsymbol{B})^{-1}\boldsymbol{B}^{\mathrm{T}}.$$

5.50 证明: $\boldsymbol{A}$ 的奇异值为 $\sigma_1,\sigma_2,\cdots,\sigma_r$ 当且仅当 $\begin{pmatrix}\boldsymbol{O}&\boldsymbol{A}\\\boldsymbol{A}^{\mathrm{T}}&\boldsymbol{O}\end{pmatrix}$ 的特征值为

$$\sigma_1,\ \sigma_2,\ \cdots,\ \sigma_r,\ -\sigma_1,\ -\sigma_2,\ \cdots,\ -\sigma_r,\ 0,\ 0,\ \cdots,\ 0.$$

5.51 设 $\boldsymbol{A}$ 与 $\boldsymbol{B}$ 都是 n 阶实对称阵, 证明: $\boldsymbol{A}\boldsymbol{B}=\boldsymbol{B}\boldsymbol{A}$ 的充要条件是存在正交阵 $\boldsymbol{Q}$, 使 $\boldsymbol{Q}^{\mathrm{T}}\boldsymbol{A}\boldsymbol{Q}$ 及 $\boldsymbol{Q}^{\mathrm{T}}\boldsymbol{B}\boldsymbol{Q}$ 都是对角阵.

5.52 设 $\boldsymbol{\beta}$ 是实系数线性方程组 $\boldsymbol{Ax}=\boldsymbol{0}$ 的任意非零解向量, 证明: 秩 $(\boldsymbol{A}^{\mathrm{T}}\ \boldsymbol{\beta})=$ 秩 $\boldsymbol{A}+1$.

5.53 设 $\boldsymbol{A}$ 是实矩阵, 证明: 秩 $\boldsymbol{A}=$ 秩 $\boldsymbol{A}^2$ 当且仅当 $\boldsymbol{I}-\boldsymbol{A}^{+}\boldsymbol{A}+\boldsymbol{A}^{+}$ 非奇异.

5.54 实矩阵 $\boldsymbol{A},\boldsymbol{B}$ 同型, 证明: $\boldsymbol{AA}^{\mathrm{T}}=\boldsymbol{BB}^{\mathrm{T}}$ 当且仅当存在正交阵 $\boldsymbol{Q}$, 使 $\boldsymbol{A}=\boldsymbol{BQ}$.

5.55 证明:

(1) 若 $\boldsymbol{S}$ 为实反对称阵, 则 $\boldsymbol{I}\pm\boldsymbol{S}$ 非奇异;

(2) 若 $\boldsymbol{S}$ 为实反对称阵, 则 $(\boldsymbol{I}-\boldsymbol{S})(\boldsymbol{I}+\boldsymbol{S})^{-1}$ 为正交阵;

(3) 若 $\boldsymbol{A}$ 为正交阵且 $\boldsymbol{A}+\boldsymbol{I}_n$ 非奇异, 则存在实反对称阵 $\boldsymbol{S}$ 使 $\boldsymbol{A}=(\boldsymbol{I}_n-\boldsymbol{S})(\boldsymbol{I}_n+\boldsymbol{S})^{-1}$;

(4) 任意 n 阶正交阵 $\boldsymbol{A}$ 必有如下分解式 $\boldsymbol{A}=\boldsymbol{D}(\boldsymbol{I}_n-\boldsymbol{S})(\boldsymbol{I}_n+\boldsymbol{S})^{-1}$, 其中 $\boldsymbol{D}$ 是主对角元为 1 或 -1 的对角阵, 且 $|\boldsymbol{AD}|=1$, $\boldsymbol{S}$ 是某个实反对称阵.

5.56 设 $\boldsymbol{A},\boldsymbol{B}$ 为同阶正定阵, 证明: $\boldsymbol{AB}$ 的特征根都大于 0, 又 $\boldsymbol{AB}$ 正定当且仅当 $\boldsymbol{AB}=\boldsymbol{BA}$.

5.57 设 $\boldsymbol{A}=(a_{ij})_{n\times n}$ 正定, 证明: $\boldsymbol{A}=\left(\dfrac{a_{ij}}{\sqrt{a_{ii}a_{jj}}}\right)_{n\times n}$ 正定且所有元素的绝对值 $\leqslant 1$.

5.58 设 $\boldsymbol{\alpha}$ 为 $\mathbb{R}^n$ 中列向量, $k\in\mathbb{R}$, $1+k\boldsymbol{\alpha}^{\mathrm{T}}\boldsymbol{\alpha}>0$, 证明: $\boldsymbol{I}_n+k\boldsymbol{\alpha}\boldsymbol{\alpha}^{\mathrm{T}}$ 正定.

5.59 设 $\boldsymbol{A}$ 为 n 阶实对称阵, 证明: $\boldsymbol{A}$ 可逆的充要条件是存在矩阵 $\boldsymbol{B}$ 使 $\boldsymbol{AB}+\boldsymbol{BA}$ 正定.

5.60 设 $\boldsymbol{A},\boldsymbol{B},\boldsymbol{A}-\boldsymbol{B}$ 正定, 证明: $\boldsymbol{B}^{-1}-\boldsymbol{A}^{-1}$ 正定.

5.61 设 $\boldsymbol{S}$ 半正定, 证明: $(\boldsymbol{I}+\boldsymbol{S})^{-\frac{1}{2}}$ 与 $\boldsymbol{S}$ 可交换.

5.62 设 $\boldsymbol{A}$ 为 n 阶实对称正定阵, $\boldsymbol{B}$ 为 n 阶非零半正定阵, 证明:

(i) $|\boldsymbol{A}+\boldsymbol{B}|>|\boldsymbol{A}|+|\boldsymbol{B}|$;

(ii) 若 $\boldsymbol{B}$ 正定, 则 $|\boldsymbol{A}+\boldsymbol{B}|>2|\boldsymbol{A}|^{\frac{1}{2}}|\boldsymbol{B}|^{\frac{1}{2}}$.

5.63 设 $\boldsymbol{A}$ 为实对称半正定阵, 证明: 存在唯一的半正定阵 $\boldsymbol{B}$, 使 $\boldsymbol{A}=\boldsymbol{B}^2$.

5.64 设 $\begin{pmatrix}\boldsymbol{A} & \boldsymbol{B}\\ \boldsymbol{B}^{\mathrm{T}} & \boldsymbol{C}\end{pmatrix}$ 半正定, 证明: 矩阵方程 $\boldsymbol{AX}=\boldsymbol{B}$ 有解.

5.65 证明: $\boldsymbol{A}=\left(\dfrac{1}{i+j}\right)_{n\times n}$ 为实对称正定阵.

5.66 设 $\boldsymbol{A}=(\boldsymbol{B}\ \ \boldsymbol{C})$ 是 $m\times n$ 实矩阵的任意列分块, 证明: $|\boldsymbol{A}^{\mathrm{T}}\boldsymbol{A}|\leqslant|\boldsymbol{B}^{\mathrm{T}}\boldsymbol{B}||\boldsymbol{C}^{\mathrm{T}}\boldsymbol{C}|$.

5.67 设 $\boldsymbol{A}$ 正定, $\boldsymbol{B}$ 为同阶实反对称阵, 证明: $|\boldsymbol{A}+\boldsymbol{B}|>0$.

5.68 设 $\boldsymbol{A}$ 与 $\boldsymbol{B}$ 是同阶非奇异实对称阵, 证明: $\boldsymbol{A}$ 正定的充要条件是对所有的正定阵 $\boldsymbol{B}$ 恒有 $\mathrm{tr}(\boldsymbol{AB})>0$.

5.69 设 $\boldsymbol{A}$ 为实矩阵, 如果 $\boldsymbol{A}+\boldsymbol{A}^{\mathrm{T}}$ 正定, 证明 $\boldsymbol{A}$ 非奇异.

5.70 设 $\boldsymbol{A}$ 为 n 阶正定阵, $\boldsymbol{B}$ 为 n 阶半正定阵且秩为 r, 如果 $|\boldsymbol{A}-\lambda\boldsymbol{B}|=0$ 的解 λ 全小于 1, 求实二次型 $\boldsymbol{x}^{\mathrm{T}}(\boldsymbol{A}-\boldsymbol{B})\boldsymbol{x}$ 的正惯性指数.

5.71 数域 $\mathbb{F}$ 上二次型

$$f(x_1,x_2,\cdots,x_n)=\sum_{i=1}^{r}(a_{i1}x_1+a_{i2}x_2+\cdots+a_{in}x_n)^2,$$

若 $(a_{11}\ \ a_{12}\ \ \cdots\ \ a_{1n})$, $(a_{21}\ \ a_{22}\ \ \cdots\ \ a_{2n})$, $\cdots$, $(a_{r1}\ \ a_{r2}\ \ \cdots\ \ a_{rn})$ 线性无关, 证明二次型 $f(x_1,x_2,\cdots,x_n)$ 秩为 r.

5.72 设实二次型

$$f(x_1,x_2,\cdots,x_n)=\sum_{i=1}^{p}(c_{i1}x_1+c_{i2}x_2+\cdots+c_{in}x_n)^2-\sum_{i=1}^{q}(d_{i1}x_1+d_{i2}x_2+\cdots+d_{in}x_n)^2,$$

证明: $f(x_1,x_2,\cdots,x_n)$ 正惯性指数不大于 p, 负惯性指数不大于 q.

5.73 设 $\boldsymbol{A}$ 为 n 阶实对称正定阵, 证明: 存在彼此正交的向量 $\boldsymbol{\alpha}_1$, $\boldsymbol{\alpha}_2$, $\cdots$, $\boldsymbol{\alpha}_n$, 使 $\boldsymbol{A}=\sum\limits_{i=1}^{n}\boldsymbol{\alpha}_i\boldsymbol{\alpha}_i^{\mathrm{T}}$.

5.74 设 $\boldsymbol{A}=(a_{ij})$ 及 $\boldsymbol{B}=(b_{ij})$ 为同型实阵, 定义 $\boldsymbol{A}\circ\boldsymbol{B}=(a_{ij}\ b_{ij})$, 证明:

(1) 对于 $\mathbb{R}^n$ 中的 $\boldsymbol{\alpha},\boldsymbol{\beta}$ 有 $(\boldsymbol{\alpha}\circ\boldsymbol{\beta})(\boldsymbol{\alpha}\circ\boldsymbol{\beta})^{\mathrm{T}}=(\boldsymbol{\alpha}\boldsymbol{\alpha}^{\mathrm{T}})\circ(\boldsymbol{\beta}\boldsymbol{\beta}^{\mathrm{T}})$;

(2) 若 $\boldsymbol{\alpha}\circ\boldsymbol{x}=\boldsymbol{O}(\forall\,\boldsymbol{x}\in\mathbb{R}^n)$, 则 $\boldsymbol{\alpha}=\boldsymbol{0}$.

5.75 证明:

(1) 若 $\boldsymbol{A},\boldsymbol{B}$ 为同阶实对称半正定阵, 则 $\boldsymbol{A}\circ\boldsymbol{B}$ 也是半正定的;

(2) 若 $\boldsymbol{A},\boldsymbol{B}$ 为同阶正定阵, 则 $\boldsymbol{A}\circ\boldsymbol{B}$ 也是正定阵.

部分习题答案与提示

第 1 章

练习 1.1

1.1.1 构成数域的有 (1), (5), (6).

1.1.2 看例: $\mathbb{F}=\{a+b\mathrm{i}\mid a,\ b\in\mathbb{Q}\}$.

1.1.3 $\sum\limits_{i=0}^{n}(-1)^i\mathrm{C}_n^i x^{n-i}y^i$.

1.1.4 $\sum\limits_{i=1}^{n}a_ib_{n+1-i}$.

1.1.5 $\dfrac{1}{6}n(4n^2+9n+11)$.

1.1.6 不对.

1.1.7 对.

1.1.8 (1) 奇; (2) 奇; (3) 偶;

(4) 当 $n=4k+1,\ 4k+4$ 时是偶排列, 当 $n=4k+2,\ 4k+3$ 时是奇排列, 其中 k 取非负整数;

(5) n 为奇数时是偶排列, n 为偶数时是奇排列.

1.1.10 24 个, 其中奇偶排列各半.

练习 1.2

1.2.1 $+$, $-$.

1.2.2 $-a_{11}a_{23}a_{32}a_{44}$, $-a_{13}a_{24}a_{32}a_{41}$, $-a_{14}a_{21}a_{32}a_{43}$.

1.2.3 不一定.

1.2.4 (1) 25; (2) $(a-b)^3$;

(3) $-2(x^3+y^3)$; (4) $a_{14}a_{23}a_{32}a_{41}$;

(5) $(-1)^{\frac{n(n-1)}{2}}\cdot n!$; (6) $(-1)^{\frac{(n-1)(n-2)}{2}}\cdot n!$;

(7) $ab(cf-ed)$; (8) 0.

练习 1.3

1.3.1 等于 D.

1.3.4 (1) -22; (2) 356.

1.3.5 (1) $(-1)^{n-1}\cdot(n-1)$; (2) $(a-2b)^{n-1}[a+(n-2)b]$;

(3) $n=1$ 时 a_1-b_1, $n=2$ 时 $(a_1-a_2)(b_1-b_2)$, $n\geqslant 3$ 时 0;

(4) $(-m)^{n-1}\left(\sum\limits_{i=1}^{n}a_i-m\right)$.

练习 1.4

1.4.3 (1) -57; (2) 198;

(3) 630; (4) 117.

1.4.4 (1) 78; (2) 80.

1.4.6 (1) $(a^2-b^2)^2$; (2) -3.

1.4.7 (1) $6\cdot(n-3)!$; (2) $(x-a_1)(x-a_2)\cdots(x-a_n)$.

练习 1.5

1.5.1 (1) -1; (2) 27; (3) $x^n+(-1)^{n+1}y^n$;

(4) $x_1\cdots x_n+a_1x_2\cdots x_n+\cdots+a_1\cdots a_{n-1}x_n+a_1\cdots a_n$;

(5) $\prod\limits_{n\geqslant i>j\geqslant 1}(x_i-x_j)$.

问题与研讨 1

1.1 定义法; 按行 (列) 展开法; 化为上三角行列式法; 递推公式法; 将某些行 (列) 按和拆分法; 加边法.

1.2 $(a-1)^2(b-1)^2(d-c)(b-a)$.

1.3 运用消法变换及定义可判断恰有两个根.

1.4 x^2 的系数为 -4, 常数项为 -3.

1.5 当 $a_2,a_3,\cdots,a_n$ 均不为 0 时, $D_n=\prod\limits_{j=2}^{n}a_j\cdot\left(a_1-\sum\limits_{i=2}^{n}\dfrac{b_ic_i}{a_i}\right)$;

当 $a_2,a_3,\cdots,a_n$ 中有两个或两个以上为 0, 则 $D_n=0$;

当 $a_2,a_3,\cdots,a_n$ 中恰只有 $a_i=0$ 时, $D_n=-b_ic_i(a_2\cdots a_{i-1}a_{i+1}\cdots a_n)$.

1.6 通过加边变成范德蒙德行列式, 得

$$D_n=\left(\sum_{i=1}^{n}\prod_{j\neq i}x_j\right)\prod_{1\leqslant j<i\leqslant n}(x_i-x_j).$$

1.7 $D_n=\left(\sum\limits_{j=1}^{n}a_jb_j\prod\limits_{i\neq j}(x_i-a_ib_i)\right)+\prod\limits_{i=1}^{n}(x_i-a_ib_i)$.

(法 1) 将对角线上元素写成 $(x_i-a_ib_i)+a_ib_i$, 然后将各列按和劈开.

(法 2) 将最后一列按和劈开, 然后按递推展开.

(法 3) 将原行列式加第一行 $1,b_1,b_2,\cdots,b_n$ 及第一列 e_1, 然后用消法变换化为问题 5 型行列式.

1.8 (1)$|\boldsymbol{A}|\neq 0$ 不变, $|\boldsymbol{A}|=0$ 也不变.

(2)$|\boldsymbol{A}|=0$. 用初等变换可将 $\boldsymbol{A}$ 化为两种标准形

$$\begin{pmatrix} 1 & 1 & & \\ 1 & 1 & & \\ & & 1 & 1 \\ & & 1 & 1 \end{pmatrix} \text{ 或 } \begin{pmatrix} 1 & 1 & & \\ 1 & 0 & 1 & \\ & 1 & 0 & 1 \\ & & 1 & 1 \end{pmatrix},$$

经计算知 $|\boldsymbol{A}|=0$.

1.9 (1) 未必, 例如 $\boldsymbol{A}=\boldsymbol{E}_{11}, \boldsymbol{B}=\boldsymbol{O}$.

(2) 若 $|\boldsymbol{A}|=|\boldsymbol{B}|\neq 0$, 则存在一系列消法变换将 $\boldsymbol{A}$ 化为 $\boldsymbol{B}$. 事实上, $\boldsymbol{A}$ 可经一系列消法变换化为 $\mathrm{diag}(1,\cdots,1,|\boldsymbol{A}|)$, $\boldsymbol{B}$ 也可经一系列消法变换化为 $\mathrm{diag}(1,\cdots,1,|\boldsymbol{B}|)$. (证略)

1.10 容易得 $D_n=aD_{n-1}-bcD_{n-2}$, 设 $x^2-ax+bc=0$ 有两个根 α 和 β.

(1) 如果 $\alpha\neq\beta$, 则

$$D_n=(\alpha+\beta)D_{n-1}-\alpha\beta D_{n-2},$$

$$D_n-\alpha D_{n-1}=\beta(D_{n-1}-\alpha D_{n-2}),$$

由此易得 $D_n-\alpha D_{n-1}=\beta^n$, 类似有 $D_n-\beta D_{n-1}=\alpha^n$, 从而有

$$D_n=\frac{1}{\alpha-\beta}(\alpha^{n+1}-\beta^{n+1}).$$

(2) 如果 $\alpha=\beta$, 则由 $D_n=\alpha D_{n-1}+\alpha^n$, 易求出

$$D_n=(n+1)\alpha^n.$$

总习题 1

1.5 (1) $(x_1-1)\cdots(x_n-1)\prod\limits_{n\geqslant i>j\geqslant 1}(x_i-x_j)$;

(2) n 为偶数时 $(a^2-b^2)^{\frac{n}{2}}$, n 为奇数时 0;

(3) $(-2)\cdot(n-2)!$;

(4) 将各列按和劈开, $\prod\limits_{i=1}^{n}a_i+\sum\limits_{j=1}^{n}\prod\limits_{\substack{i=1\\i\neq j}}^{n}a_i$;

(5) $(-1)^{n-1}\cdot(n-1)x^{n-2}$.

1.6 元素全为 1 的行列式展开式中 1 与 -1 的项各半.

1.7 利用 1.2 题的结果.

1.8 先将其化为上三角阵, 设此时对角线上后数第一个零在第 k 行上, 设法化第 k 行为零行.

1.9 在 A 中去掉第 i 行及第 j 列所得余子式与在 A 的转置阵中去第 j 行及第 i 列所得余子式相等.

1.10 考虑将 A 的各元素变号后的行列式.

1.11 (1) 1;

(2) $(-1)^n\prod\limits_{i=1}^{n}a_i+(-1)^{n-1}\prod\limits_{i=1}^{n-1}a_i+\cdots+a_2\cdot a_1-a_1+1$;

(3) 化为范德蒙德行列式, $\prod\limits_{n+1\geqslant i>j\geqslant 1}(a_jb_i-a_ib_j)$;

(4) 各列按和劈开, $1+\sum\limits_{i=1}^{n} x_i^2$.

1.12 $\frac{1}{2}n(n-1)-\tau$.

1.13 利用消法变换.

1.14 先化 $(2,1)$ 位置非零, 再化 $(1,1)$ 位置为 1.

1.15 按一行展开, 注意每个二阶子式最大值为 1.

1.16 (1) 利用 1.6 题; (2) 各列按和劈开;

(3) 各列按和劈开.

1.17 (1) 将对角线上元素写成 $(x_i-a_ib_i)+a_ib_i$ 形, 然后将各列按和劈开

$$\sum_{j=1}^{n} a_jb_j \prod_{\substack{i=1\\ i\neq j}}^{n}(x_i-a_ib_i)+\prod_{i=1}^{n}(x_i-a_ib_i);$$

(2) 将 (1,1) 位置的 x 写成 $(x-z)+z$, 于是可得递推公式

$$D_n=(x-z)D_{n-1}+z(x-y)^{n-1},$$

同理又得一递推公式

$$D_n=(x-y)D_{n-1}+y(x-z)^{n-1},$$

解方程组得

$$D_n=\frac{z(x-y)^n-y(x-z)^n}{z-y} \quad (\text{整式});$$

(3) 将第一列乘以 -1 加于其余各列

$$\frac{\prod\limits_{n\geqslant i>j\geqslant 1}(x_i-x_j)(y_i-y_j)}{\prod\limits_{i=1}^{n}\prod\limits_{j=1}^{n}(x_i+y_j)};$$

(4) $\alpha^n+\alpha^{n-1}\beta+\cdots+\alpha\beta^{n-1}+\beta^n$.

第 2 章

练习 2.1

2.1.1 (1) $\begin{pmatrix} 6 & 12 & -21\\ -10 & -50 & 17\\ 2 & 14 & -1 \end{pmatrix}$; (2) $(9\ \ -7\ \ 9)$;

(3) $ax^2+by^2+cz^2+2dxy+2exz+2fyz$;

(4) $\begin{pmatrix} 3 & -2 & 6 & 4 \\ -3 & 2 & -6 & -4 \\ 6 & -4 & 12 & 8 \\ 0 & 0 & 0 & 0 \end{pmatrix}$;

(5) $\begin{pmatrix} \lambda^n & n\lambda^{n-1} & \dfrac{n(n-1)}{2}\lambda^{n-2} \\ 0 & \lambda^n & n\lambda^{n-1} \\ 0 & 0 & \lambda^n \end{pmatrix}$;

(6) $\begin{pmatrix} a_{11}+2a_{31} & a_{12}+2a_{32} & a_{13}+2a_{33} \\ a_{21} & a_{22} & a_{23} \\ a_{31} & a_{32} & a_{33} \end{pmatrix}$.

2.1.2 $f(\boldsymbol{A}) = \begin{pmatrix} -9 & 22 \\ -22 & 13 \end{pmatrix}$, $f(\boldsymbol{B}) = \begin{pmatrix} -4 & 9 & 6 \\ 0 & -10 & 0 \\ 0 & 0 & 2 \end{pmatrix}$.

2.1.3 (1) $\begin{pmatrix} 4 & 3 & -9 \\ -\dfrac{5}{2} & -\dfrac{3}{2} & \dfrac{13}{2} \end{pmatrix}$; (2) $\begin{pmatrix} \dfrac{9}{2} & -\dfrac{49}{8} \\ 5 & -\dfrac{7}{2} \end{pmatrix}$;

(3) 任意二阶数量阵; (4) $\boldsymbol{X} = \begin{pmatrix} \dfrac{1}{2} & 1 \\ -1 & 1 \end{pmatrix}$.

2.1.4 (1) 错; (2) 对; (3) 错;
(4) 对; (5) 错; (6) 错;
(7) 对; (8) 对; (9) 对;
(10) 对; (11) 错; (12) 错;
(13) 对; (14) 错; (15) 对.

2.1.7 (1) $\left\{ \begin{pmatrix} a & b \\ 0 & a \end{pmatrix} \middle|\, a,\ b \in \mathbb{F} \right\}$;

(2) $\left\{ \begin{pmatrix} a & 0 & 0 \\ 3c-3a & c & 2b \\ 3b & b & b+c \end{pmatrix} \middle|\, a,\ b,\ c \in \mathbb{F} \right\}$.

2.1.8 n 阶对角阵.

2.1.14 将 $\boldsymbol{A}+\boldsymbol{B}=\boldsymbol{AB}$ 变形为 $(\boldsymbol{A}-\boldsymbol{I})(\boldsymbol{B}-\boldsymbol{I})=\boldsymbol{I}$.

练习 2.2

2.2.1 (1) $\dfrac{1}{f}\begin{pmatrix} d & -b \\ -c & a \end{pmatrix}$, 其中 $f = ad - bc$;

(2) $\begin{pmatrix} 1 & 0 & 0 \\ -2 & 1 & 0 \\ 7 & -2 & 1 \end{pmatrix}$; (3) $\begin{pmatrix} 0 & \frac{1}{3} & \frac{1}{3} \\ -1 & \frac{2}{3} & -\frac{1}{3} \\ 0 & \frac{1}{3} & -\frac{2}{3} \end{pmatrix}$;

(4) $\begin{pmatrix} 0 & 0 & 0 & 1 \\ 0 & 0 & \frac{1}{2} & 0 \\ 0 & \frac{1}{3} & 0 & 0 \\ \frac{1}{4} & 0 & 0 & 0 \end{pmatrix}$; (5) $\begin{pmatrix} 1 & 0 & 0 & 0 \\ 0 & 0 & 0 & 1 \\ 0 & 0 & 1 & 0 \\ 0 & 1 & 0 & 0 \end{pmatrix}$.

2.2.4 $\boldsymbol{X} = \frac{1}{24}\begin{pmatrix} -94 & 32 & 30 \\ 55 & -8 & -3 \end{pmatrix}$.

2.2.5 $\boldsymbol{B} = \mathrm{diag}(3, 2, 1)$.

2.2.6 $\boldsymbol{B} = \begin{pmatrix} 3 & -8 & -6 \\ 2 & -9 & -6 \\ -2 & 12 & 9 \end{pmatrix}$.

2.2.7 $\begin{pmatrix} -\frac{1}{6} & -\frac{1}{3} \\ -\frac{1}{2} & 0 \end{pmatrix}$.

2.2.8 (1) 错; (2) 对; (3) 错;
(4) 错; (5) 对; (6) 对;
(7) 对.

2.2.9 (1) $x = \frac{9}{8}$, $y = \frac{1}{4}$, $z = \frac{1}{2}$, $t = \frac{5}{8}$;

(2) $x_1 = \frac{2}{3}$, $x_2 = -\frac{1}{6}$, $x_3 = 0$.

2.2.12 (2) 利用例 2.3 中的 (2).

练习 2.3

2.3.1 (1) 错; (2) 对; (3) 错;
(4) 错; (5) 错; (6) 对;
(7) 错; (8) 错.

2.3.2 (1) $\begin{pmatrix} \frac{1}{8} & -\frac{5}{8} & 0 & 0 \\ \frac{1}{8} & \frac{3}{8} & 0 & 0 \\ 0 & 0 & \frac{1}{2} & -\frac{1}{6} \\ 0 & 0 & 0 & \frac{1}{3} \end{pmatrix}$; (2) $\begin{pmatrix} \frac{1}{2} & -\frac{1}{2} & \frac{19}{2} & -\frac{5}{2} \\ \frac{1}{2} & \frac{1}{2} & \frac{1}{2} & -\frac{1}{2} \\ 0 & 0 & 1 & 0 \\ 0 & 0 & -4 & 1 \end{pmatrix}$.

2.3.3 (1) $\begin{pmatrix} -\boldsymbol{B}^{-1}\boldsymbol{C}\boldsymbol{A}^{-1} & \boldsymbol{B}^{-1} \\ \boldsymbol{A}^{-1} & \boldsymbol{O} \end{pmatrix}$;　(2) $\begin{pmatrix} \boldsymbol{A}^{-1} & \boldsymbol{O} \\ -\boldsymbol{B}^{-1}\boldsymbol{C}\boldsymbol{A}^{-1} & \boldsymbol{B}^{-1} \end{pmatrix}$;

(3) $\begin{pmatrix} \boldsymbol{O} & \boldsymbol{B}^{-1} \\ \boldsymbol{A}^{-1} & -\boldsymbol{A}^{-1}\boldsymbol{C}\boldsymbol{B}^{-1} \end{pmatrix}$.

2.3.4 $\boldsymbol{X} = -\boldsymbol{A}^{-1}\boldsymbol{B}$.

2.3.5 (1) $\begin{pmatrix} \boldsymbol{I}_m & \boldsymbol{X}+\boldsymbol{Y} \\ \boldsymbol{O} & \boldsymbol{I}_n \end{pmatrix}$;

(2) $\begin{pmatrix} \boldsymbol{I}_m & \boldsymbol{O} \\ \boldsymbol{X}+\boldsymbol{Y} & \boldsymbol{I}_n \end{pmatrix}$, 从而 $\begin{pmatrix} \boldsymbol{I}_m & \boldsymbol{X} \\ \boldsymbol{O} & \boldsymbol{I}_n \end{pmatrix}^{-1} = \begin{pmatrix} \boldsymbol{I}_m & -\boldsymbol{X} \\ \boldsymbol{O} & \boldsymbol{I}_n \end{pmatrix}$,

$$\begin{pmatrix} \boldsymbol{I}_m & \boldsymbol{O} \\ \boldsymbol{X} & \boldsymbol{I}_n \end{pmatrix}^{-1} = \begin{pmatrix} \boldsymbol{I}_m & \boldsymbol{O} \\ -\boldsymbol{X} & \boldsymbol{I}_n \end{pmatrix}.$$

练习 2.4

2.4.1 (1) $\begin{pmatrix} 22 & -6 & -26 & 17 \\ -17 & 5 & 20 & -13 \\ -1 & 0 & 2 & -1 \\ 4 & -1 & -5 & 3 \end{pmatrix}$;　(2) $\dfrac{1}{4}\begin{pmatrix} 1 & 1 & 1 & 1 \\ 1 & 1 & -1 & -1 \\ 1 & -1 & 1 & -1 \\ 1 & -1 & -1 & 1 \end{pmatrix}$;

(3) $\begin{pmatrix} \frac{1}{2} & -\frac{1}{4} & \frac{1}{8} & -\frac{1}{16} \\ 0 & \frac{1}{2} & -\frac{1}{4} & \frac{1}{8} \\ 0 & 0 & \frac{1}{2} & -\frac{1}{4} \\ 0 & 0 & 0 & \frac{1}{2} \end{pmatrix}$;　(4) $\dfrac{1}{33}\begin{pmatrix} 16 & -8 & 4 & -2 & 1 \\ 1 & 16 & -8 & 4 & -2 \\ -2 & 1 & 16 & -8 & 4 \\ 4 & -2 & 1 & 16 & -8 \\ -8 & 4 & -2 & 1 & 16 \end{pmatrix}$;

(5) $\dfrac{1}{a^2-b^2}\begin{pmatrix} a & 0 & 0 & -b \\ 0 & a & -b & 0 \\ 0 & -b & a & 0 \\ -b & 0 & 0 & a \end{pmatrix}$;

(6) $\begin{pmatrix} \frac{5}{6} & -\frac{2}{3} & \frac{1}{2} & -\frac{1}{3} & \frac{1}{6} \\ -\frac{2}{3} & \frac{4}{3} & -1 & \frac{2}{3} & -\frac{1}{3} \\ \frac{1}{2} & -1 & \frac{3}{2} & -1 & \frac{1}{2} \\ -\frac{1}{3} & \frac{2}{3} & -1 & \frac{4}{3} & -\frac{2}{3} \\ \frac{1}{6} & -\frac{1}{3} & \frac{1}{2} & -\frac{2}{3} & \frac{5}{6} \end{pmatrix}$;

(7) $\begin{pmatrix} 1 & -1 & 0 & \cdots & 0 \\ 0 & 1 & -1 & \cdots & 0 \\ \vdots & \vdots & \vdots & & \vdots \\ 0 & 0 & 0 & \cdots & -1 \\ 0 & 0 & 0 & \cdots & 1 \end{pmatrix}$;

(8) $\begin{pmatrix} 1 & \cdots & 0 & -\dfrac{a_1}{a_i} & 0 & \cdots & 0 \\ \vdots & & \vdots & \vdots & \vdots & & \vdots \\ 0 & \cdots & 1 & -\dfrac{a_{i-1}}{a_i} & 0 & \cdots & 0 \\ 0 & \cdots & 0 & \dfrac{1}{a_i} & 0 & \cdots & 0 \\ 0 & \cdots & 0 & -\dfrac{a_{i+1}}{a_i} & 1 & \cdots & 0 \\ \vdots & & \vdots & \vdots & \vdots & & \vdots \\ 0 & \cdots & 0 & -\dfrac{a_n}{a_i} & 0 & \cdots & 1 \end{pmatrix}$.

2.4.2 对 $\begin{pmatrix} \boldsymbol{A} \\ \boldsymbol{I}_n \end{pmatrix}$ 进行列变换.

2.4.4 设 $\boldsymbol{A} = (\boldsymbol{a}_1 \ \ \boldsymbol{a}_2 \ \ \cdots \ \ \boldsymbol{a}_5)$, 则 $\boldsymbol{AP} = (\boldsymbol{a}_3 \ \ \boldsymbol{a}_1 \ \ \boldsymbol{a}_5 \ \ \boldsymbol{a}_4 \ \ \boldsymbol{a}_2)$, 又设 $\boldsymbol{A} = (\boldsymbol{b}_1 \ \ \boldsymbol{b}_2 \ \ \boldsymbol{b}_3 \ \ \boldsymbol{b}_4 \ \ \boldsymbol{b}_5)^{\mathrm{T}}$, 则 $\boldsymbol{PA} = (\boldsymbol{b}_2 \ \ \boldsymbol{b}_5 \ \ \boldsymbol{b}_1 \ \ \boldsymbol{b}_4 \ \ \boldsymbol{b}_3)^{\mathrm{T}}$.

2.4.5 (1) $x_1 = -\dfrac{2}{9}$, $x_2 = \dfrac{17}{9}$, $x_3 = \dfrac{10}{9}$;

(2) $x_1 = \dfrac{1}{3}$, $x_2 = 0$, $x_3 = -\dfrac{1}{3}$.

练习 2.5

2.5.1 (1) 2; (2) 3; (3) 3;

(4) 3; (5) 4.

2.5.2 看阶梯形阵.

2.5.5 用初等行变换化 $\boldsymbol{A}$ 为阶梯形.

练习 2.6

2.6.7 记 $\boldsymbol{A}_1\boldsymbol{A}_2\cdots\boldsymbol{A}_t = (\boldsymbol{A}_1\boldsymbol{A}_2\cdots\boldsymbol{A}_i)(\boldsymbol{A}_{i+1}\boldsymbol{A}_{i+2}\cdots\boldsymbol{A}_n)$, 然后利用推论 2.11 的 (4).

2.6.8 利用“去掉一行, 秩至多减少 1”的结论.

练习 2.7

2.7.5

$$(\boldsymbol{A} \ \ \boldsymbol{B}) = (\boldsymbol{I} \ \ \boldsymbol{I})\begin{pmatrix} \boldsymbol{A} & \boldsymbol{O} \\ \boldsymbol{O} & \boldsymbol{B} \end{pmatrix},$$

再利用例 2.19.

2.7.6　注意 $\boldsymbol{A}+\boldsymbol{B}$ 可写成分块阵的积, 其中一个因子是 $(\boldsymbol{A}\ \ \boldsymbol{B})$.

2.7.7　将 $\boldsymbol{A}$ 的分解式代入 $\boldsymbol{AB}=\boldsymbol{O}$ 讨论之.

2.7.9　仿本节例 2.21.

2.7.10　利用三角分解.

2.7.11　利用 $\boldsymbol{A}$ 的等价分解及 $\boldsymbol{AA}^*=(\det\boldsymbol{A})\boldsymbol{I}_n$.

2.7.12　利用本节例 2.22 的方法.

问题与研讨 2

2.1　(1) 能.　(2) 否, 例如 $\boldsymbol{A}=\mathrm{diag}(1,\cdots,1,2)$.　(3) 能.

2.2　(1) 将 $\boldsymbol{A}^{-1}$ 的第 j 列乘以 $-\lambda$ 加于第 i 列可得 $\boldsymbol{B}^{-1}$;

(2) 将 $\boldsymbol{A}^{-1}$ 的第 j 行乘以 $-\lambda$ 加于第 i 行可得 $\boldsymbol{B}^{-1}$.

2.3 (1) $\boldsymbol{A}$ 与所有 n 阶阵可交换;

(2) $\boldsymbol{A}$ 与所有 n 阶可逆阵可交换;

(3) $\boldsymbol{A}$ 与所有 n 阶初等阵可交换;

(4) $\boldsymbol{A}$ 与所有 n 阶矩阵单位 $\boldsymbol{E}_{ij}$ 可交换;

(5) $\boldsymbol{A}$ 与所有 n 阶消法阵可交换;

(6) $\boldsymbol{A}$ 与所有 n 阶对称阵可交换;

(7) $\boldsymbol{A}$ 与所有 n 阶反对称阵可交换;

(8) $\boldsymbol{A}$ 与 $\boldsymbol{H}$ 及 $\boldsymbol{H}^{\mathrm{T}}$ 可交换, 其中 $\boldsymbol{H}=\boldsymbol{E}_{12}+\boldsymbol{E}_{23}+\cdots+\boldsymbol{E}_{n-1,n}$;

(9) $\boldsymbol{A}$ 与 $\boldsymbol{H}$ 及 $\boldsymbol{E}_{n1}$ 可交换;

(10) $\boldsymbol{A}$ 与所有 n 阶上三角阵可交换.

2.4 (1) 设法证明 $|\boldsymbol{I}_m-\boldsymbol{AB}|=\begin{vmatrix}\boldsymbol{I}_m & \boldsymbol{A}\\ \boldsymbol{B} & \boldsymbol{I}_n\end{vmatrix}=|\boldsymbol{I}_n-\boldsymbol{BA}|$.

(2) 设 $\boldsymbol{A}=\boldsymbol{P}\begin{pmatrix}\boldsymbol{I}_r & \boldsymbol{O}\\ \boldsymbol{O} & \boldsymbol{O}\end{pmatrix}\boldsymbol{Q}$ 为等价分解, 则可转化 $\boldsymbol{A}$ 与 $\boldsymbol{B}$ 的原问题为 $\begin{pmatrix}\boldsymbol{I}_r & \boldsymbol{O}\\ \boldsymbol{O} & \boldsymbol{O}\end{pmatrix}$ 与 $\boldsymbol{QBP}$ 的相应问题.

(3) 设法证明 $(\boldsymbol{I}_n-\boldsymbol{BA})(\boldsymbol{I}_n+\boldsymbol{B}(\boldsymbol{I}_m-\boldsymbol{AB})^{-1}\boldsymbol{A})=\boldsymbol{I}_n$.

2.5　$\begin{pmatrix}\boldsymbol{A} & \boldsymbol{B}\\ \boldsymbol{B} & \boldsymbol{A}\end{pmatrix}$ 可逆 $\Leftrightarrow \boldsymbol{A}+\boldsymbol{B},\boldsymbol{A}-\boldsymbol{B}$ 可逆, $\begin{pmatrix}\boldsymbol{A} & \boldsymbol{B}\\ -\boldsymbol{B} & \boldsymbol{A}\end{pmatrix}$ 可逆 $\Leftrightarrow \boldsymbol{A}+\mathrm{i}\boldsymbol{B},\boldsymbol{A}-\mathrm{i}\boldsymbol{B}$ 可逆.

$$\begin{pmatrix}\boldsymbol{A} & \boldsymbol{B}\\ \boldsymbol{B} & \boldsymbol{A}\end{pmatrix}^{-1}=\begin{pmatrix}(\boldsymbol{A}-\boldsymbol{B})^{-1}\boldsymbol{A}(\boldsymbol{A}+\boldsymbol{B})^{-1} & -(\boldsymbol{A}-\boldsymbol{B})^{-1}\boldsymbol{B}(\boldsymbol{A}+\boldsymbol{B})^{-1}\\ -(\boldsymbol{A}-\boldsymbol{B})^{-1}\boldsymbol{B}(\boldsymbol{A}+\boldsymbol{B})^{-1} & (\boldsymbol{A}-\boldsymbol{B})^{-1}\boldsymbol{A}(\boldsymbol{A}+\boldsymbol{B})^{-1}\end{pmatrix},$$

$$\begin{pmatrix}\boldsymbol{A} & \boldsymbol{B}\\ -\boldsymbol{B} & \boldsymbol{A}\end{pmatrix}^{-1}=\begin{pmatrix}(\boldsymbol{A}+\mathrm{i}\boldsymbol{B})^{-1}\boldsymbol{A}(\boldsymbol{A}-\mathrm{i}\boldsymbol{B})^{-1} & -(\boldsymbol{A}+\mathrm{i}\boldsymbol{B})^{-1}\boldsymbol{B}(\boldsymbol{A}-\mathrm{i}\boldsymbol{B})^{-1}\\ (\boldsymbol{A}+\mathrm{i}\boldsymbol{B})^{-1}\boldsymbol{B}(\boldsymbol{A}-\mathrm{i}\boldsymbol{B})^{-1} & (\boldsymbol{A}+\mathrm{i}\boldsymbol{B})^{-1}\boldsymbol{A}(\boldsymbol{A}-\mathrm{i}\boldsymbol{B})^{-1}\end{pmatrix}.$$

2.6　秩 $\boldsymbol{A}_{m\times n}=m\Leftrightarrow \boldsymbol{A}=(\boldsymbol{I}_m\ \boldsymbol{O})\boldsymbol{R},\boldsymbol{R}$ 可逆.

$$\Leftrightarrow \boldsymbol{A}\ \text{可逆或存在}\ \boldsymbol{B}\ \text{使}\begin{pmatrix}\boldsymbol{A}\\ \boldsymbol{B}\end{pmatrix}\text{可逆}$$

$\Leftrightarrow$ 存在 $\boldsymbol{B}$ 使 $\boldsymbol{AB}=\boldsymbol{I}_m$

$\Leftrightarrow$ 若有 $\boldsymbol{CA}=\boldsymbol{O}$, 则 $\boldsymbol{C}=\boldsymbol{O}$

$\Leftrightarrow$ 若有 $\boldsymbol{CA}=\boldsymbol{DA}$, 则 $\boldsymbol{C}=\boldsymbol{D}$

$\Leftrightarrow$ 对任意 $\boldsymbol{B}_{m\times p}$ 有秩 $(\boldsymbol{A}\ \boldsymbol{B})=$ 秩 $\boldsymbol{A}$

$\Leftrightarrow$ 对任意的 $\boldsymbol{B}_{p\times m}$ 有秩 $(\boldsymbol{BA})=$ 秩 $\boldsymbol{B}$.

$\Leftrightarrow$ 存在 $\boldsymbol{B}$ 使秩 $(\boldsymbol{BA})=m$

$\Leftrightarrow$ 秩 $\boldsymbol{A}^{\mathrm{T}}=m$.

2.7 (1) 由上题易证秩 $\boldsymbol{A}=r$.

(2) 易证 $\boldsymbol{B}_1=\boldsymbol{BD}$, $\boldsymbol{D}$ 为 r 阶可逆阵, 且 $\boldsymbol{C}_1=\boldsymbol{D}^{-1}\boldsymbol{C}$.

2.8 秩 $(\boldsymbol{AB})+n\geqslant$ 秩 $\boldsymbol{A}+$ 秩 $\boldsymbol{B}$.

证 1 设 $\boldsymbol{A}=\boldsymbol{P}\begin{pmatrix}\boldsymbol{I}_r & \boldsymbol{O}\\ \boldsymbol{O} & \boldsymbol{O}\end{pmatrix}\boldsymbol{Q}$ 为等价分解, 又设 $\boldsymbol{QB}=\begin{pmatrix}\boldsymbol{B}_1\\ \boldsymbol{B}_2\end{pmatrix}$, 其中 $\boldsymbol{B}_1$ 为前 r 行, 则

$$\text{秩 } \boldsymbol{B}=\text{秩 }(\boldsymbol{QB})\leqslant\text{秩 }\boldsymbol{B}_1+\text{秩 }\boldsymbol{B}_2\leqslant\text{秩 }\boldsymbol{B}_1+(n-r)=\text{秩 }\boldsymbol{AB}+n-\text{秩 }\boldsymbol{A}.$$

证 2 任取一 n 阶阵 $\boldsymbol{C}$, 由于

$$\text{秩}\begin{pmatrix}\boldsymbol{O} & \boldsymbol{C}\\ \boldsymbol{ACB} & \boldsymbol{O}\end{pmatrix}=\text{秩}(\boldsymbol{ACB})+\text{秩}\boldsymbol{C},\quad \text{秩}\begin{pmatrix}\boldsymbol{CB} & \boldsymbol{C}\\ \boldsymbol{O} & \boldsymbol{AC}\end{pmatrix}\geqslant\text{秩}(\boldsymbol{AC})+\text{秩}(\boldsymbol{CB}),$$

而 $\begin{pmatrix}\boldsymbol{CB} & \boldsymbol{C}\\ \boldsymbol{O} & \boldsymbol{AC}\end{pmatrix}$ 经块消法变换可化为 $\begin{pmatrix}\boldsymbol{O} & \boldsymbol{C}\\ \boldsymbol{ACB} & \boldsymbol{O}\end{pmatrix}$. 这证明了

$$\text{秩 }(\boldsymbol{ACB})+\text{秩 }\boldsymbol{C}\geqslant\text{秩 }(\boldsymbol{AC})+\text{秩 }(\boldsymbol{CB}).$$

当 $\boldsymbol{C}=\boldsymbol{I}_n$ 时得结论.

2.9 由 $\boldsymbol{AA}^{\mathrm{T}}=(a^2+b^2+c^2+d^2)\boldsymbol{I}_4$ 及 $\boldsymbol{A}+\boldsymbol{A}^{\mathrm{T}}=2a\boldsymbol{I}$ 可推出 $\boldsymbol{A}+\boldsymbol{I}$ 可逆且

$$(\boldsymbol{A}+\boldsymbol{I})^{-1}=((a+1)^2+b^2+c^2+d^2)^{-1}((2a+1)\boldsymbol{I}-\boldsymbol{A}).$$

2.10 $\begin{vmatrix}A_{22} & \cdots & A_{2n}\\ \vdots & & \vdots\\ A_{n2} & \cdots & A_{nn}\end{vmatrix}=a_{11}|\boldsymbol{A}|^{n-2}$. $n=2$ 时, 显然. $n\geqslant 3$ 时, 易见

$$\begin{pmatrix}1 & 0 & \cdots & 0\\ A_{12} & A_{22} & \cdots & A_{n2}\\ \vdots & \vdots & & \vdots\\ A_{1n} & A_{2n} & \cdots & A_{nn}\end{pmatrix}\boldsymbol{A}=\begin{pmatrix}a_{11} & a_{12} & \cdots & a_{1n}\\ & |\boldsymbol{A}| & & \\ & & \ddots & \\ & & & |\boldsymbol{A}|\end{pmatrix},$$

两边取行列式, 当 $|\boldsymbol{A}|\neq 0$ 时, 结论得证.

当 $|\boldsymbol{A}|=0$ 时, 若秩 $\boldsymbol{A}<n-1$ 时结论显然. 而当秩 $\boldsymbol{A}=n-1$ 时, 易证伴随阵 $\boldsymbol{A}^*$ 之秩为 1, 于是结论也显然成立. 事实上, 设 $\boldsymbol{A}=\boldsymbol{P}\begin{pmatrix}\boldsymbol{I}_{n-1} & \\ & \boldsymbol{O}\end{pmatrix}\boldsymbol{Q}$ 为等价分解. 由 $\boldsymbol{AA}^*=\boldsymbol{O}$

可推出 $\begin{pmatrix} \boldsymbol{I}_{n-1} & \\ & \boldsymbol{O} \end{pmatrix} \boldsymbol{QA}^* = \boldsymbol{O}$, 从而秩 $(\boldsymbol{QA}^*) \leqslant 1$, 即秩 $\boldsymbol{A}^* \leqslant 1$. 但秩 $\boldsymbol{A} = n-1$, 故秩 $\boldsymbol{A}^* = 1$.

总习题 2

2.2 已知条件可写成等式 $\boldsymbol{A}\begin{pmatrix} 1 \\ \vdots \\ 1 \end{pmatrix} = a\begin{pmatrix} 1 \\ \vdots \\ 1 \end{pmatrix}$.

2.3 用数学归纳法证明.

2.4 取一些特殊的 $\boldsymbol{B}$ 代入条件中.

2.5 看 $\boldsymbol{A}^{\mathrm{T}}\boldsymbol{A}$ 的对角线元素.

2.11 用数学归纳法证明.

2.12 (1) $\begin{pmatrix} 1 & 0 \\ 0 & 2 \end{pmatrix}\begin{pmatrix} 1 & 3 \\ 0 & 1 \end{pmatrix}$; (2) $\begin{pmatrix} 2 & 0 \\ 0 & 1 \end{pmatrix}\begin{pmatrix} 1 & 0 \\ 0 & 3 \end{pmatrix}$;

(3) $\begin{pmatrix} 1 & 0 & 0 \\ 1 & 1 & 0 \\ 0 & 0 & 1 \end{pmatrix}\begin{pmatrix} 1 & 0 & 0 \\ 0 & 2 & 0 \\ 0 & 0 & 1 \end{pmatrix}\begin{pmatrix} 1 & 0 & 0 \\ 0 & 1 & 0 \\ 0 & 0 & 3 \end{pmatrix}$.

2.15 将 $\boldsymbol{A}$ 写成等价分解的形式, 再适当分块作乘法.

2.16 将 $\boldsymbol{A}$ 写成 $\boldsymbol{ab}^{\mathrm{T}}$ 的形式, 其中 $\boldsymbol{a}, \boldsymbol{b}$ 为单独一列构成的阵.

2.19 (1) 分 $\boldsymbol{A}$ 可逆与不可逆两种情形讨论;

(2) 分 $\boldsymbol{A}$ 的秩为 n, $n-1$, 小于 $n-1$ 三种情形来讨论.

2.20 注意 $\boldsymbol{A}(\boldsymbol{A}+\boldsymbol{B})\boldsymbol{B} = (\boldsymbol{A}+\boldsymbol{B})$.

2.21 (1) BCD; (2) ABD; (3) ABC;

(4) ABC; (5) ABD; (6) BCD.

2.22 充分性证明可取某些特殊的 $\boldsymbol{x}$ 代入条件 $\boldsymbol{x}^{\mathrm{T}}\boldsymbol{Mx} = \boldsymbol{0}$.

2.23 注意对方阵 $\boldsymbol{M}$, $\boldsymbol{N}$, 若 $\boldsymbol{MN} = \boldsymbol{I}$, 则 $\boldsymbol{NM} = \boldsymbol{I}$.

2.24 左端可看成对 $\begin{pmatrix} \boldsymbol{M} & \boldsymbol{O} \\ -\boldsymbol{I} & \boldsymbol{B} \end{pmatrix}$ 施行一系列行消法变换.

2.25 设交换 $\boldsymbol{A}$ 的 i, j 两行得 $\boldsymbol{B}$, 则交换 $\boldsymbol{A}^{-1}$ 的 i, j 两列得 $\boldsymbol{B}^{-1}$. 又若将 $\boldsymbol{A}$ 的第 i 行乘以 k 后得 $\boldsymbol{B}$, 则将 $\boldsymbol{A}^{-1}$ 的第 i 列乘以 $\dfrac{1}{k}$ 后得 $\boldsymbol{B}^{-1}$.

2.26 (1) $\begin{pmatrix} 1 & 0 \\ 3 & 1 \end{pmatrix}\begin{pmatrix} 1 & 0 \\ 0 & -2 \end{pmatrix}\begin{pmatrix} 1 & 2 \\ 0 & 1 \end{pmatrix}$;

(2) $\begin{pmatrix} 1 & 0 & 0 \\ 1 & 1 & 0 \\ 0 & 0 & 1 \end{pmatrix}\begin{pmatrix} 1 & 0 & 0 \\ 0 & 1 & 0 \\ 1 & 0 & 1 \end{pmatrix}\begin{pmatrix} 1 & 3 & 0 \\ 0 & 1 & 0 \\ 0 & 0 & 1 \end{pmatrix}\begin{pmatrix} 1 & 0 & 3 \\ 0 & 1 & 0 \\ 0 & 0 & 1 \end{pmatrix}$;

$$(3)\ \begin{pmatrix}1&0&0&0\\0&1&0&0\\0&0&0&1\\0&0&1&0\end{pmatrix}\begin{pmatrix}0&0&1&0\\0&1&0&0\\1&0&0&0\\0&0&0&1\end{pmatrix}.$$

2.27 设 $\boldsymbol{A}$ 经一次消法变换后得 $\boldsymbol{B}$, 任取 $\boldsymbol{B}$ 的一 r 阶子式 $\boldsymbol{M}$, 则 $\boldsymbol{M}$ 可能是原来 $\boldsymbol{A}$ 的一个 r 阶子式, 还可能为 $\boldsymbol{M}_1+\lambda\boldsymbol{M}_2$, 其中 $\boldsymbol{M}_1, \boldsymbol{M}_2$ 为 $\boldsymbol{A}$ 的 r 阶子式, $\lambda\in\mathbb{R}$.

2.29 用数学归纳法.

2.31 $\begin{pmatrix}\boldsymbol{A}&\boldsymbol{C}\\\boldsymbol{O}&\boldsymbol{B}\end{pmatrix}$ 可经初等变换化为 $\begin{pmatrix}\begin{pmatrix}\boldsymbol{I}_r&\boldsymbol{O}\\\boldsymbol{O}&\boldsymbol{O}\end{pmatrix}&\boldsymbol{C}_1\\\boldsymbol{O}&\boldsymbol{B}\end{pmatrix}$.

2.32 利用等价分解.

2.36 (1) $\begin{pmatrix}1&0\\-1&1\end{pmatrix}\begin{pmatrix}1&1-a^{-1}\\0&1\end{pmatrix}\begin{pmatrix}1&0\\a&1\end{pmatrix}\begin{pmatrix}1&a^{-2}-a^{-1}\\0&1\end{pmatrix}$;

(2) 当 $a\neq 0$ 时 $\begin{pmatrix}a&b\\c&d\end{pmatrix}=\begin{pmatrix}1&0\\a^{-1}c&1\end{pmatrix}\begin{pmatrix}a&0\\0&a^{-1}\end{pmatrix}\begin{pmatrix}1&a^{-1}b\\0&1\end{pmatrix}$;

又 $a=0$ 时, 可经初等变换化为 $a\neq 0$ 情形.

2.37 对等式左端施行块消法变换.

2.40 将 $\boldsymbol{A}$ 等价分解, 利用 2.6.8 题.

2.41 将左端写成范德蒙德行列式及其转置行列式之积.

2.42 归结为一元二次方程是否有正实数根的问题.

2.45 参考例 2.22 及其证明.

2.46 可按如下步骤证明:

(1) $\Longrightarrow$ (2) $\Longrightarrow$ (3) $\Longrightarrow$ (4) $\Longrightarrow$ (5) $\Longrightarrow$ (6) $\Longrightarrow$ (1);

(1) $\Longleftrightarrow$ (7); (1) $\Longleftrightarrow$ (8); (1) $\Longleftrightarrow$ (9); (1) $\Longleftrightarrow$ (10).

2.48 左端可写成 $|\boldsymbol{SAS}^{-1}|$.

2.50 应用 2.22 题.

2.54 利用 2.5 题的结果.

2.55 设法证明 $\boldsymbol{AB}+\boldsymbol{ABA}=\boldsymbol{O}=\boldsymbol{ABA}+\boldsymbol{BA}$.

2.57 利用 2.35 题.

2.58 利用 2.57 题.

2.63 利用等价分解及分块乘法.

2.64 利用 2.1.9 题、例 2.22 的结果及方法.

2.65 由 $\begin{pmatrix}\boldsymbol{A}&\boldsymbol{B}\\\boldsymbol{C}&\boldsymbol{D}\end{pmatrix}=\begin{pmatrix}\boldsymbol{I}&\boldsymbol{O}\\\boldsymbol{CA}^{-1}&\boldsymbol{I}\end{pmatrix}\begin{pmatrix}\boldsymbol{A}&\boldsymbol{B}\\\boldsymbol{O}&\boldsymbol{D}-\boldsymbol{CA}^{-1}\boldsymbol{B}\end{pmatrix}$, 再应用例 2.10 的结果.

2.66 利用例 2.21 有 $\boldsymbol{G}=\boldsymbol{Q}^{-1}\begin{pmatrix}\boldsymbol{I}_r&\boldsymbol{X}_2\\\boldsymbol{X}_3&\boldsymbol{X}_4\end{pmatrix}\boldsymbol{P}^{-1}$, 再将 $\begin{pmatrix}\boldsymbol{I}_r&\boldsymbol{X}_2\\\boldsymbol{X}_3&\boldsymbol{X}_4\end{pmatrix}$ 经初等变换化为 $\begin{pmatrix}\boldsymbol{I}_s&\boldsymbol{O}\\\boldsymbol{O}&\boldsymbol{O}\end{pmatrix}$, 注意 $\boldsymbol{A}=\boldsymbol{P}\begin{pmatrix}\boldsymbol{I}_r&\boldsymbol{O}\\\boldsymbol{O}&\boldsymbol{O}\end{pmatrix}\boldsymbol{Q}$ 的相应变化.

2.67　首先, 存在可逆阵 $\boldsymbol{P}_1$ 使 $\boldsymbol{P}_1(\boldsymbol{A}\quad \boldsymbol{B})=(\boldsymbol{X}\quad \boldsymbol{Y})$ 为阶梯形, 进一步存在可逆 $\boldsymbol{P}_2$ 使 $\boldsymbol{P}_2\begin{pmatrix}\boldsymbol{A}&\boldsymbol{B}\\ \boldsymbol{C}&\boldsymbol{D}\end{pmatrix}=\begin{pmatrix}\boldsymbol{X}&\boldsymbol{Y}\\ \boldsymbol{O}&\boldsymbol{O}\end{pmatrix}$, 由此易证 $\boldsymbol{C}=\boldsymbol{PA}$, 进一步秩 $(\boldsymbol{APA})=r$.

2.68　类似上题可证前一结论. 反之, 设 $|\boldsymbol{B}|\neq 0$ 为一 r 阶主子式, 任取含 $|\boldsymbol{B}|$ 的 $r+1$ 阶子式 $\begin{vmatrix}\boldsymbol{B}&\boldsymbol{b}_2\\ \boldsymbol{b}_1^{\mathrm{T}}&x_2\end{vmatrix}$. 如能证其为零, 然后由推论 2.9, 可证后一结论. 事实上由已知条件知 $\boldsymbol{M}=\begin{pmatrix}\boldsymbol{B}&\boldsymbol{b}_1&\boldsymbol{b}_2\\ \boldsymbol{b}_1^{\mathrm{T}}&x_1&x_2\\ \boldsymbol{b}_2^{\mathrm{T}}&x_2&x_3\end{pmatrix}$ 奇异, 经块初等变换可化 $\boldsymbol{M}$ 为 $\begin{pmatrix}\boldsymbol{B}&\boldsymbol{0}&\boldsymbol{0}\\ \boldsymbol{0}&\boldsymbol{O}&y\\ \boldsymbol{0}&y&0\end{pmatrix}$, 从而 $y=0$, 这说明 $\begin{vmatrix}\boldsymbol{B}&\boldsymbol{b}_2\\ \boldsymbol{b}_1^{\mathrm{T}}&x_2\end{vmatrix}=0$.

2.69　对 $\begin{pmatrix}-\boldsymbol{R}^{-1}&\boldsymbol{Y}\\ \boldsymbol{Y}&\boldsymbol{A}\end{pmatrix}$ 进行初等块变换.

2.70　若 $\boldsymbol{A}$, $\boldsymbol{B}$, $\boldsymbol{C}$, $\boldsymbol{D}$ 中有可逆阵, 可用初等块变换处理. 否则, 显然成立.

2.71　设 $\boldsymbol{A}_1$ 为 $\boldsymbol{A}$ 中含 r 阶非零子式的某 r 行构成的子阵, 易见经初等行变换 $\boldsymbol{A}$ 可化为 $\begin{pmatrix}\boldsymbol{A}_1\\ \boldsymbol{O}\end{pmatrix}$.

2.72　注意 $\left[\dfrac{\sqrt{2}}{2}\begin{pmatrix}1&-1\\1&1\end{pmatrix}\right]^2=\begin{pmatrix}0&-1\\1&0\end{pmatrix}$, 利用 2.42 题及正整数 n 的分解式 $n=2^k\cdot m$, 其中 m 奇数, k 非负整数.

2.73　设 $\boldsymbol{A}$, $\boldsymbol{B}$ 的秩分别为 r, s, 易见秩 $(\boldsymbol{A}\quad \boldsymbol{B})=r+s$, 首先 $\boldsymbol{A},\boldsymbol{B}$ 同时等价于 $\begin{pmatrix}\boldsymbol{I}_r&\boldsymbol{O}\\ \boldsymbol{O}&\boldsymbol{O}\end{pmatrix}$ 与 $\begin{pmatrix}\boldsymbol{B}_1&\boldsymbol{B}_2\\ \boldsymbol{B}_3&\boldsymbol{B}_4\end{pmatrix}$. 设 $(\boldsymbol{B}_3\quad \boldsymbol{B}_4)$ 等价于 $\begin{pmatrix}\boldsymbol{O}&\boldsymbol{O}\\ \boldsymbol{O}&\boldsymbol{I}_s\end{pmatrix}$, 则 $\boldsymbol{A}$, $\boldsymbol{B}$ 同时等价于 $\begin{pmatrix}\boldsymbol{C}_1&\boldsymbol{C}_2\\ \boldsymbol{O}&\boldsymbol{O}\\ \boldsymbol{O}&\boldsymbol{O}\end{pmatrix}$ 及 $\begin{pmatrix}\boldsymbol{D}_1&\boldsymbol{D}_2\\ \boldsymbol{O}&\boldsymbol{O}\\ \boldsymbol{O}&\boldsymbol{I}_s\end{pmatrix}$, 进而 $\boldsymbol{D}_1=\boldsymbol{O}$ 且 $\boldsymbol{A}$, $\boldsymbol{B}$ 又同时等价于 $\begin{pmatrix}\boldsymbol{C}_1&\boldsymbol{C}_2\\ \boldsymbol{O}&\boldsymbol{O}\\ \boldsymbol{O}&\boldsymbol{O}\end{pmatrix}$ 及 $\begin{pmatrix}\boldsymbol{O}&\boldsymbol{O}\\ \boldsymbol{O}&\boldsymbol{O}\\ \boldsymbol{O}&\boldsymbol{I}_s\end{pmatrix}$, 故 $\boldsymbol{C}_1$ 可逆, 从而 $\boldsymbol{A}$, $\boldsymbol{B}$ 同时等价于 $\begin{pmatrix}\boldsymbol{I}_r&\boldsymbol{O}\\ \boldsymbol{O}&\boldsymbol{O}\end{pmatrix}$ 及 $\begin{pmatrix}\boldsymbol{O}&\boldsymbol{O}\\ \boldsymbol{O}&\boldsymbol{I}_s\end{pmatrix}$, 其中 $r+s\leqslant \min\{m,\ n\}$.

第 3 章

练习 3.1

3.1.1　(1) $x_1=x_2=-1,\ x_3=0,\ x_4=1$;

(2) 无解;

(3) $x_1=2-x_3-4x_4,\ x_2=3-x_3-5x_4,\ x_3,\ x_4$ 任意.

3.1.2　$\lambda=3$ 或 $\lambda=1$.

3.1.3　$\lambda=1$ 或 $\lambda=2$.

3.1.4 (1) 对; (2) 错; (3) 错;

(4) 错; (5) 错; (6) 对.

3.1.5 (1) 当 $\lambda \neq -2$ 且 $\lambda \neq 1$ 时无解;

当 $\lambda = 1$ 时, $x_1 = 1 + x_3$, $x_2 = x_3$, x_3 任意;

当 $\lambda = -2$ 时, $x_1 = x_2 = 2 + x_3$, x_3 任意.

(2) 当 $\lambda \neq 2$ 时方程组有解

$$x_1 = -3x_4 + \frac{7\lambda - 10}{\lambda - 2}, \quad x_2 = \frac{2 - 2\lambda}{\lambda - 2}, \quad x_3 = x_4 + \frac{1}{\lambda - 2}, \quad x_4 \text{ 任意}.$$

3.1.7 方程组有解的充要条件是 $\sum\limits_{i=1}^{5} a_i = 0$. 有解时, 解为 $x_1 = -a_5 + x_5$, $x_2 = a_2 + a_3 + a_4 + x_5$, $x_3 = a_3 + a_4 + x_5$, $x_4 = a_4 + x_5$, x_5 任意.

3.1.9 秩 $\begin{pmatrix} a_1 & b_1 \\ a_2 & b_2 \\ a_3 & b_3 \end{pmatrix} = 2$, 且 $\begin{vmatrix} a_1 & b_1 & c_1 \\ a_2 & b_2 & c_2 \\ a_3 & b_3 & c_3 \end{vmatrix} = 0$.

练习 3.2

3.2.1 $\boldsymbol{\alpha} = -\frac{1}{2}\boldsymbol{\alpha}_1 + \frac{1}{2}\boldsymbol{\alpha}_2 - \frac{1}{2}\boldsymbol{\alpha}_3$.

3.2.2 (1) 线性无关; (2) 线性无关;

(3) 线性相关; (4) 线性无关.

3.2.3 (1) 对; (2) 对; (3) 错;

(4) 对; (5) 错; (6) 对;

(7) 错; (8) 错; (9) 对;

(10) 对.

3.2.5 (1) $\lambda = \frac{-1 \pm \sqrt{5}}{2}$ 或 $\lambda = 1$; (2) $\lambda = -3$ 或 $\lambda = 1$; (3) $\lambda \neq \frac{2}{5}$.

3.2.6 $1 \neq x + y$.

3.2.7 $\lambda \neq -3$.

练习 3.3

3.3.1 (1) 秩为 2; $\boldsymbol{\alpha}_1$, $\boldsymbol{\alpha}_2$ 是一个极大无关组;

$$\boldsymbol{\alpha}_3 = 3\boldsymbol{\alpha}_1 + \boldsymbol{\alpha}_2, \quad \boldsymbol{\alpha}_1 = \boldsymbol{\alpha}_1, \quad \boldsymbol{\alpha}_2 = \boldsymbol{\alpha}_2.$$

(2) 秩为 3; 极大无关组 $\boldsymbol{\alpha}_1$, $\boldsymbol{\alpha}_2$, $\boldsymbol{\alpha}_3$;

$$\boldsymbol{\alpha}_1 = \boldsymbol{\alpha}_1, \quad \boldsymbol{\alpha}_2 = \boldsymbol{\alpha}_2, \quad \boldsymbol{\alpha}_3 = \boldsymbol{\alpha}_3.$$

(3) 秩为 2; 一个极大无关组 $\boldsymbol{\alpha}_1$, $\boldsymbol{\alpha}_2$;

$$\boldsymbol{\alpha}_1 = \boldsymbol{\alpha}_1, \quad \boldsymbol{\alpha}_2 = \boldsymbol{\alpha}_2, \quad \boldsymbol{\alpha}_3 = \boldsymbol{\alpha}_1 - 2\boldsymbol{\alpha}_2.$$

(4) 秩为 2; 一个极大无关组 $\boldsymbol{\alpha}_1$, $\boldsymbol{\alpha}_2$;

$$\boldsymbol{\alpha}_1 = \boldsymbol{\alpha}_1, \quad \boldsymbol{\alpha}_2 = \boldsymbol{\alpha}_2, \quad \boldsymbol{\alpha}_3 = 3\boldsymbol{\alpha}_1 + \boldsymbol{\alpha}_2.$$

3.3.10　反证法, 若 $\boldsymbol{\alpha}_{i_1}, \boldsymbol{\alpha}_{i_2}, \cdots, \boldsymbol{\alpha}_{i_r}$ 不是极大无关组, 则它可扩充为极大无关组, 与秩 $\boldsymbol{S}=r$ 矛盾.

练习 3.4

3.4.1 (1) 构成, 维数为 1, 基 $(1\ \ 0\ \ -1)^{\mathrm{T}}$;

(2) 不构成;

(3) 构成, 维数为 3, 基为 $(1\ \ 0\ \ 0)^{\mathrm{T}}$, $(1\ \ 2\ \ 0)^{\mathrm{T}}$, $(0\ \ 0\ \ 3)^{\mathrm{T}}$;

(4) 构成, 维数为 2, 基为 $(1\ \ 2\ \ 0)^{\mathrm{T}}$, $(0\ \ 0\ \ 3)^{\mathrm{T}}$;

(5) 构成, 维数为 1, 基为 $(1\ \ 1\ \ 0)^{\mathrm{T}}$;

(6) 不构成.

3.4.2　基 $\boldsymbol{\alpha}_1, \boldsymbol{\alpha}_2, \boldsymbol{\alpha}_4$, 维数为 3, $\boldsymbol{\alpha}$ 在此基下的坐标是 $-50, 33, -14$.

3.4.3　$\boldsymbol{\alpha}$ 在此基下的坐标为 $1, 2, -1, -5$.

3.4.4　过渡阵为 $\dfrac{1}{27}\begin{pmatrix} -152 & -45 & -29 \\ 43 & 36 & 13 \\ -58 & -36 & -10 \end{pmatrix}$, $\boldsymbol{\alpha}$ 在基 $\boldsymbol{\alpha}_1, \boldsymbol{\alpha}_2, \boldsymbol{\alpha}_3$ 下的坐标为 1, 2, 2.

3.4.6　$\boldsymbol{A}^{50}=2^{50}\cdot\begin{pmatrix} 6\cdot 2^{50}-5 & 3(2^{50}-1) \\ 10(1-2^{50}) & 6-5\cdot 2^{50} \end{pmatrix}$, $|3\boldsymbol{I}-\boldsymbol{A}|=-1$.

练习 3.5

3.5.1 (1) $\boldsymbol{\alpha}_1=(2\ \ 1\ \ 0\ \ 0\ \ 0)^{\mathrm{T}}$, $\boldsymbol{\alpha}_2=(3\ \ 0\ \ 1\ \ -1\ \ 0)^{\mathrm{T}}$, $\boldsymbol{\alpha}_3=(1\ \ 0\ \ 0\ \ 1\ \ 1)^{\mathrm{T}}$;

(2) $\boldsymbol{\alpha}_1=(1\ \ -2\ \ 1\ \ 0\ \ 0)^{\mathrm{T}}$, $\boldsymbol{\alpha}_2=(1\ \ -2\ \ 0\ \ 1\ \ 0)^{\mathrm{T}}$, $\boldsymbol{\alpha}_3=(5\ \ -6\ \ 0\ \ 0\ \ 1)^{\mathrm{T}}$;

(3) $\boldsymbol{\alpha}_1=(-1\ \ 1\ \ 1\ \ 0)^{\mathrm{T}}$, $\boldsymbol{\alpha}_2=(2\ \ -1\ \ 0\ \ 1)^{\mathrm{T}}$;

(4) $\boldsymbol{\alpha}_1=(1\ \ -1\ \ 0\ \ 0\ \ \cdots\ \ 0\ \ 0)^{\mathrm{T}}$, $\boldsymbol{\alpha}_2=(1\ \ 0\ \ -1\ \ 0\ \ \cdots\ \ 0\ \ 0)^{\mathrm{T}}, \cdots,$ $\boldsymbol{\alpha}_{n-1}=(1\ \ 0\ \ 0\ \ 0\ \ \cdots\ \ 0\ \ -1)^{\mathrm{T}}$;

(5) $\boldsymbol{\alpha}=(1\ \ 1\ \ \cdots\ \ 1)^{\mathrm{T}}$.

3.5.2 (1) $\boldsymbol{x}=k\begin{pmatrix} \frac{1}{4} \\ -\frac{1}{2} \\ -\frac{3}{4} \\ 1 \end{pmatrix}+\begin{pmatrix} \frac{1}{4} \\ -\frac{1}{2} \\ \frac{1}{4} \\ 0 \end{pmatrix}$, k 为任意实数;

(2) $$\boldsymbol{x}=\begin{pmatrix} 1 \\ -1 \\ 0 \\ 0 \\ 0 \end{pmatrix}+k_1\begin{pmatrix} -\frac{4}{5} \\ \frac{7}{5} \\ 1 \\ 0 \\ 0 \end{pmatrix}+k_2\begin{pmatrix} \frac{1}{5} \\ -\frac{3}{5} \\ 0 \\ 1 \\ 0 \end{pmatrix}+k_3\begin{pmatrix} -\frac{11}{5} \\ -\frac{2}{5} \\ 0 \\ 0 \\ 1 \end{pmatrix},$$

其中 k_1, k_2, k_3 为任意实数.

3.5.3 (1) $\lambda \neq -2$ 且 $\lambda \neq 1$ 时有唯一解

$$x_1 = \frac{\lambda - 1}{\lambda + 2}, \quad x_2 = x_3 = -\frac{3}{\lambda + 2};$$

(2) $\lambda = -2$ 时无解;

(3) $\lambda = 1$ 时, 解为 $\boldsymbol{x} = \begin{pmatrix} -2 \\ 0 \\ 0 \end{pmatrix} + k_1 \begin{pmatrix} -1 \\ 1 \\ 0 \end{pmatrix} + k_2 \begin{pmatrix} -1 \\ 0 \\ 1 \end{pmatrix}$,

其中 k_1, k_2 为任意实数.

3.5.7 (1) 当 $\lambda = 7$ 时, $\boldsymbol{x} = k \begin{pmatrix} 1 \\ -1 \end{pmatrix}$, k 为任意非零数;

(2) 当 $\lambda = -1$ 时, $\boldsymbol{x} = k \begin{pmatrix} 3 \\ 1 \end{pmatrix}$, k 为任意非零数.

3.5.8 $\boldsymbol{B} = \begin{pmatrix} 2 & 2 & 0 \\ 1 & 1 & 0 \end{pmatrix}$.

问题与研讨 3

3.1 (1) $\boldsymbol{A}$ 可逆 $\Leftrightarrow$ 存在矩阵 $\boldsymbol{B}$ 使 $\boldsymbol{AB} = \boldsymbol{I}_n$

$\Leftrightarrow$ 存在矩阵 $\boldsymbol{B}$ 使 $\boldsymbol{BA} = \boldsymbol{I}_n$

$\Leftrightarrow |\boldsymbol{A}| \neq 0 \Leftrightarrow$ 秩 $\boldsymbol{A} = n$

$\Leftrightarrow \boldsymbol{A}$ 的 n 行线性无关

$\Leftrightarrow \boldsymbol{A}$ 的 n 列线性无关

$\Leftrightarrow \boldsymbol{A}$ 是初等阵连乘积

$\Leftrightarrow$ 线性方程组 $\boldsymbol{Ax} = \boldsymbol{0}$ 只有零解

$\Leftrightarrow \boldsymbol{Ax} = \boldsymbol{b}$ 有唯一解.

(2) 秩; 列之间的线性关系; 线性方程组的解.

3.2 $a = -1, b = -2, c = 4$.

3.3 (1) $a = -1, b \neq 0$;

(2) $a \neq -1, \boldsymbol{\alpha}_5 = -\frac{2b}{a+1}\boldsymbol{\alpha}_1 + \frac{a+1+b}{a+1}\boldsymbol{\alpha}_2 + \frac{b}{a+1}\boldsymbol{\alpha}_3$;

(3) $a = -1, \boldsymbol{\alpha}_4 = -\boldsymbol{\alpha}_1 + 2\boldsymbol{\alpha}_2$;

(4) a, b 无论怎样取值, $\boldsymbol{\alpha}_4$ 都不能由 $\boldsymbol{\alpha}_1, \boldsymbol{\alpha}_2, \boldsymbol{\alpha}_3, \boldsymbol{\alpha}_5$ 唯一线性表出.

3.4 $a \neq -1$ 时等价; $a = -1$ 时不等价.

3.5 $a = -1$ 时有非零公共解, $\boldsymbol{\eta} = k_1 \begin{pmatrix} 2 \\ -1 \\ 1 \\ 1 \end{pmatrix} + k_2 \begin{pmatrix} -1 \\ 2 \\ 4 \\ 7 \end{pmatrix}$ (k_1, k_2 为任意实数) 是全部公共解.

3.6 秩 $\boldsymbol{A}+$ 秩 $\boldsymbol{B}+$ 秩 $\boldsymbol{C} \leqslant 2n$. 事实上, 可设 $\boldsymbol{A} = \boldsymbol{P} \begin{pmatrix} \boldsymbol{I}_r & \boldsymbol{O} \\ \boldsymbol{O} & \boldsymbol{O} \end{pmatrix} \boldsymbol{Q}$ 为等价分解, 由

$\boldsymbol{ABC}=\boldsymbol{O}$ 可推出 $\boldsymbol{QBC}=\begin{pmatrix}\boldsymbol{O}_{r\times n}\\ \boldsymbol{B}_1\end{pmatrix}$, 从而秩 $\boldsymbol{BC}\leqslant n-r$, 又秩 $\boldsymbol{BC}\geqslant$ 秩 $\boldsymbol{B}+$ 秩 $\boldsymbol{C}-n$, 综合得结论.

3.7　(1) 存在. 当方程组为齐次时, $\boldsymbol{Ax}=\boldsymbol{0}$ 的解集合的极大无关组是一个基础解系. 当方程组为非齐次时, $\boldsymbol{Ax}=\boldsymbol{b}$ 的解集合的一个极大无关组为 $\boldsymbol{\eta}_1+\boldsymbol{\alpha},\boldsymbol{\eta}_2+\boldsymbol{\alpha},\cdots,\boldsymbol{\eta}_s+\boldsymbol{\alpha},\boldsymbol{\alpha}$, 其中 $\boldsymbol{\eta}_1,\boldsymbol{\eta}_2,\cdots,\boldsymbol{\eta}_s$ 为 $\boldsymbol{Ax}=\boldsymbol{0}$ 的一个基础解系, $\boldsymbol{\alpha}$ 为 $\boldsymbol{Ax}=\boldsymbol{b}$ 的一个特解. 为证其为极大无关组, 需证它是一个线性无关组, 且任意一个解可由其线性表出（略）.

(2) 未必. 当 $\boldsymbol{Ax}=\boldsymbol{0}$ 时, 若 $\boldsymbol{\eta}$ 是一个非零解, 则 $\boldsymbol{\eta},2\boldsymbol{\eta},\cdots,(s+1)\boldsymbol{\eta}$ 线性相关. 类似地, 当 $\boldsymbol{Ax}=\boldsymbol{b}\neq\boldsymbol{0}$ 时, 设 $\boldsymbol{\alpha}+\boldsymbol{\eta},\boldsymbol{\alpha}+2\boldsymbol{\eta},\cdots,\boldsymbol{\alpha}+(s+1)\boldsymbol{\eta}$ 是 $s+1$ 个不同解, 其中 $\boldsymbol{\eta}$ 为 $\boldsymbol{Ax}=\boldsymbol{0}$ 之一个非零解. 易见 $(\boldsymbol{\alpha}+\boldsymbol{\eta})+(\boldsymbol{\alpha}+3\boldsymbol{\eta})=2(\boldsymbol{\alpha}+2\boldsymbol{\eta})$, 故 $\boldsymbol{\alpha}+\boldsymbol{\eta},\boldsymbol{\alpha}+2\boldsymbol{\eta},\boldsymbol{\alpha}+3\boldsymbol{\eta}$ 线性相关.

3.8　以下 6 条等价:

(1) 由 $\boldsymbol{ABC}=\boldsymbol{O}$ 推出 $\boldsymbol{BC}=\boldsymbol{O}$.

(2) 由 $\boldsymbol{ABC}=\boldsymbol{ABD}$ 可推出 $\boldsymbol{BC}=\boldsymbol{BD}$.

(3) $N(\boldsymbol{AB})=N(\boldsymbol{B})$.

(4) 秩 $(\boldsymbol{AB})=$ 秩 $\boldsymbol{B}$.

(5) $\dim R(\boldsymbol{AB})=\dim R(\boldsymbol{B})$.

(6) $N(\boldsymbol{A})\cap R(\boldsymbol{B})=0$.

可按 (1) $\Rightarrow$ (2) $\Rightarrow$ (3) $\Rightarrow$ (4) $\Rightarrow$ (5) $\Rightarrow$ (6) $\Rightarrow$ (1) 证之, (5) $\Rightarrow$ (6) 用反证法.

3.9　先熟悉以下结论, 然后易证结论.

(1) 秩 $(\boldsymbol{A}^{\mathrm{T}}\boldsymbol{A})=$ 秩 $\boldsymbol{A}$. (2) $\boldsymbol{Ax}=\boldsymbol{b}$ 有解 $\Leftrightarrow$ 由 $\boldsymbol{A}^{\mathrm{T}}\boldsymbol{x}=\boldsymbol{0}$ 可推出 $\boldsymbol{b}^{\mathrm{T}}\boldsymbol{x}=\boldsymbol{0}$. (3) 矩阵方程 $\boldsymbol{AX}=\boldsymbol{B}$ 有解 $\Leftrightarrow$ 秩 $(\boldsymbol{A}\ \ \boldsymbol{B})=$ 秩 $\boldsymbol{A}$.

3.10　由 $\boldsymbol{\alpha\beta}=1$ 知存在 n 阶可逆阵 $\boldsymbol{P}$ 使 $\boldsymbol{P\beta}=e_1$, $\boldsymbol{\alpha P}^{-1}=(1\ \gamma)$, 其中 γ 为一个 $n-1$ 维行向量. 令 $\boldsymbol{A}=\begin{pmatrix}\boldsymbol{\alpha}\\ (\boldsymbol{O}\ \boldsymbol{I}_{n-1})\boldsymbol{P}\end{pmatrix}$, $\boldsymbol{B}=\begin{pmatrix}\boldsymbol{\beta} & \boldsymbol{P}^{-1}\begin{pmatrix}-\gamma\\ \boldsymbol{I}_{n-1}\end{pmatrix}\end{pmatrix}$, 易见 $\boldsymbol{AB}=\boldsymbol{I}_n$.

总习题 3

3.1　$\lambda=-1$.

3.2　(1) 当 $\lambda=0$ 且 $a\neq2$ 时无解; 当 $b\neq2a-1$ 时无解; 当 $\lambda=0$, $a=2$, $b=3$ 时, 解为

$$\boldsymbol{x}=\begin{pmatrix}0\\1\\0\\0\end{pmatrix}+k_1\begin{pmatrix}0\\-1\\1\\0\end{pmatrix}+k_2\begin{pmatrix}-1\\0\\0\\1\end{pmatrix},\quad 其中\ k_1,\ k_2\ 为任意实数;$$

当 $\lambda \neq 0$ 且 $b = 2a - 1$ 时, 解为

$$x = \begin{pmatrix} \dfrac{(a-2)(\lambda-1)}{\lambda} \\ 3-a \\ 0 \\ \dfrac{a-2}{\lambda} \end{pmatrix} + k \begin{pmatrix} 0 \\ -1 \\ 1 \\ 0 \end{pmatrix}, \quad \text{其中 } k \text{ 为任意实数.}$$

(2) $a = 0$ 无解; 当 $a \neq 0$, 且 $a \neq b$ 时, 解为

$$x_1 = \frac{a-1}{a}, \quad x_2 = \frac{1}{a}, \quad x_3 = 0;$$

当 $a \neq 0$, 且 $a = b$ 时, 解为

$$x = \begin{pmatrix} \dfrac{a-1}{a} \\ \dfrac{1}{a} \\ 0 \end{pmatrix} + k_1 \begin{pmatrix} 0 \\ 1 \\ 1 \end{pmatrix}, \quad \text{其中 } k_1 \text{ 为任意实数.}$$

(3) $\lambda = 0$ 无解; 当 $\lambda \neq 0$, 且 $\lambda \neq 1$ 时, 解为

$$x_1 = \frac{\lambda^2 + 3\lambda - 9}{\lambda^2}, \quad x_2 = \frac{9}{\lambda^2}, \quad x_3 = \frac{3(3-\lambda^2)}{\lambda^2};$$

当 $\lambda = 1$ 时, 解为

$$x = \begin{pmatrix} 1 \\ -3 \\ 0 \end{pmatrix} + k_1 \begin{pmatrix} -1 \\ 2 \\ 1 \end{pmatrix}, \quad \text{其中 } k_1 \text{ 为任意实数.}$$

(4) 当 $a = -2$ 时, 无解; 当 $a \neq 1$, 且 $a \neq -2$ 时, 解为

$$x_1 = -\frac{a^2 + a + 1}{a+2}, \quad x_2 = \frac{1-a^2}{a+2}, \quad x_3 = \frac{(1+a)(a^2+a+1)}{a+2};$$

当 $a = 1$ 时, 解为

$$x = \begin{pmatrix} 1 \\ 0 \\ 0 \end{pmatrix} + k_1 \begin{pmatrix} -1 \\ 1 \\ 0 \end{pmatrix} + k_2 \begin{pmatrix} -1 \\ 0 \\ 1 \end{pmatrix}, \quad \text{其中 } k_1, k_2 \text{ 为任意实数.}$$

(5) 当 $b = 0$ 时无解; 当 $b \neq 0$, 且 $a = 1$ 时无解; 当 $b \neq \frac{1}{2}$, 且 $a = 1$ 时无解; 当 $b \neq 0$, 且 $a \neq 1$ 时, 解为

$$x_1 = \frac{1-2b}{b(1-a)}, \quad x_2 = \frac{1}{b}, \quad x_3 = \frac{4b - 2ab - 1}{b(1-a)};$$

当 $b = \frac{1}{2}$, 且 $a = 1$ 时, 解为

$$x = \begin{pmatrix} 2 \\ 2 \\ 0 \end{pmatrix} + k_1 \begin{pmatrix} -1 \\ 0 \\ 1 \end{pmatrix}, \quad \text{其中 } k_1 \text{ 为任意实数.}$$

3.4 利用 3.3.9 题的结果, 或设法证明 $\boldsymbol{AX}=\boldsymbol{I}_n$ 的解 $\boldsymbol{X}$ 的存在性.

3.7 设此 n 点位于直线 $ax+by=c$ 上, 则方程组

$$ax_i+by_i=c \quad (i=1,2,\cdots,n)$$

有解.

3.8 (1) 利用分块乘法把问题变为线性方程组;

(2) $a\neq 4$;

(3) $a=4$, $\boldsymbol{B}$ 可取 $\begin{pmatrix}1&0&0\\1&2&0\\-1&-1&0\end{pmatrix}$.

3.9 $\boldsymbol{A}=\begin{pmatrix}1&1\\1&1\end{pmatrix}$ 与 $\boldsymbol{B}=\begin{pmatrix}1&1\\0&0\end{pmatrix}$ 等价, 但显然列向量组不等价. 此例亦说明初等行变换可能改变行向量组的线性关系.

3.12 用反证法.

3.14 证明两个向量组等价, 或证明两向量组分别并成的阵之间的过渡关系阵是可逆阵.

3.16 充分性由线性方程组有解的条件得到.

3.17 $\boldsymbol{\alpha}$ 在 $\boldsymbol{\alpha}_1, \boldsymbol{\alpha}_2, \boldsymbol{\alpha}_3, \boldsymbol{\alpha}_4$ 下坐标是 1, 1, 1, -1, 基底过渡阵是

$$\begin{pmatrix}-1&-3&2&1\\1&1&-3&-3\\-2&2&5&3\\0&0&0&2\end{pmatrix}.$$

3.20 去掉 $0x_1+0x_2+\cdots+0x_n=0$ 的方程, $\boldsymbol{Ax}=\boldsymbol{0}$ 中每个方程的解空间都是 $n-1$ 维.

3.21 由 $\boldsymbol{AA}^*=|\boldsymbol{A}|\boldsymbol{I}_n$, $\boldsymbol{A}^*$ 的各列可看成相应线性方程组的解.

3.23 (1) $\begin{pmatrix}0\\0\\1\\0\end{pmatrix}, \begin{pmatrix}-1\\1\\0\\1\end{pmatrix}$; (2) $k\begin{pmatrix}-1\\1\\1\\1\end{pmatrix}$ $(k\neq 0)$;

(3) 解以 $\begin{pmatrix}0&1&1&0\\-1&0&0&1\end{pmatrix}$ 为系数阵的线性方程组, 求其基础解系为 $\begin{pmatrix}0\\-1\\1\\0\end{pmatrix}, \begin{pmatrix}1\\0\\0\\1\end{pmatrix}$,

故所求方程组为 $\begin{cases}x_2-x_3=0,\\x_1+x_4=0.\end{cases}$

3.24 $\boldsymbol{x}=\begin{pmatrix}\frac{1}{2}\\\frac{9}{2}\\4\\4\end{pmatrix}+k\begin{pmatrix}-3\\9\\-2\\10\end{pmatrix}$, k 为任意实数.

3.25 (1) 无解的充要条件是 a_1, a_2, a_3, a_4 两两不等;

(2) 此时必有 $a_i=\pm1$, 故有三种情形:

(i) $x_1+x_2+x_3=1$ 解为

$$\boldsymbol{x}=\begin{pmatrix}1\\0\\0\end{pmatrix}+k_1\begin{pmatrix}-1\\1\\0\end{pmatrix}+k_2\begin{pmatrix}-1\\0\\1\end{pmatrix},\quad \text{其中 } k_1, k_2 \text{ 为任意实数;}$$

(ii) $x_1-x_2+x_3=-1$ 解为

$$\boldsymbol{x}=\begin{pmatrix}-1\\0\\0\end{pmatrix}+k_1\begin{pmatrix}1\\1\\0\end{pmatrix}+k_2\begin{pmatrix}-1\\0\\1\end{pmatrix},\quad \text{其中 } k_1, k_2 \text{ 为任意实数;}$$

(iii) $\begin{cases}x_1+x_2+x_3=1,\\x_1-x_2+x_3=-1\end{cases}$ 解为

$$\boldsymbol{x}=\begin{pmatrix}-1\\1\\1\end{pmatrix}+k\begin{pmatrix}1\\0\\-1\end{pmatrix},\quad \text{其中 } k \text{ 为任意实数.}$$

3.26 (1) CD; (2) ACD; (3) B;

(4) AC; (5) BC; (6) BD;

(7) CD.

3.28 将 $\boldsymbol{A}$ 的行看成线性方程组的解.

3.30 条件与结论都等价于"$\boldsymbol{b}$ 可由 $\boldsymbol{A}$ 的列线性表出".

3.31 将 $\boldsymbol{A}=(a_{ij})_{n\times n}$ 行分块, 则有

$$\begin{pmatrix}a_1\\ \vdots\\ a_i\\ \vdots\\ a_n\end{pmatrix}=\begin{pmatrix}a_{11} & & \cdots & & a_{1n}\\ \vdots & \ddots & & & \vdots\\ a_{i1} & \cdots & 0 & \cdots & a_{in}\\ \vdots & & & \ddots & \vdots\\ a_{n1} & & \cdots & & a_{nn}\end{pmatrix}\begin{pmatrix}a_1\\ \vdots\\ a_i\\ \vdots\\ a_n\end{pmatrix}.$$

3.32 取出 m 个相当于去掉 $t-m$ 个.

3.35 设 $\boldsymbol{A}=(a_{ij})_{t\times s}, (\boldsymbol{\alpha}_1\ \ \boldsymbol{\alpha}_2\ \ \cdots\ \ \boldsymbol{\alpha}_t)=\boldsymbol{C}, (\boldsymbol{\beta}_1\ \ \boldsymbol{\beta}_2\ \ \cdots\ \ \boldsymbol{\beta}_s)=\boldsymbol{B}$, 易见线性方程组 $\boldsymbol{Bx}=\boldsymbol{0}$ 只有零解 $\Longleftrightarrow$ $\boldsymbol{CAx}=\boldsymbol{0}$ 只有零解 $\Longleftrightarrow$ $\boldsymbol{Ax}=\boldsymbol{0}$ 只有零解, 由此易得 $\boldsymbol{\beta}_1, \boldsymbol{\beta}_2, \cdots, \boldsymbol{\beta}_s$ 线性相关 $\Longleftrightarrow$ 秩 $\boldsymbol{A}<s$.

3.36 由 3.35 题易证.

3.38 由 3.18 题易证.

3.39 $\boldsymbol{Ax}=\boldsymbol{0}$ 与 $\begin{pmatrix}\boldsymbol{A}\\ \boldsymbol{B}\end{pmatrix}\boldsymbol{x}=\boldsymbol{0}$ 同解, 从而秩 $\boldsymbol{A}=$ 秩 $\begin{pmatrix}\boldsymbol{A}\\ \boldsymbol{B}\end{pmatrix}$.

3.44 x 任意, $y\neq\dfrac{66}{13}$.

3.47 对 $(\boldsymbol{\alpha}_1 \quad \boldsymbol{\alpha}_2 \quad \boldsymbol{\alpha}_3 \quad \boldsymbol{\beta}_1 \quad \boldsymbol{\beta}_2)$ 进行初等行变换化 $(\boldsymbol{\alpha}_1 \quad \boldsymbol{\alpha}_2 \quad \boldsymbol{\alpha}_3)$ 为阶梯形, 易见 $\boldsymbol{\beta}_1$, $\boldsymbol{\beta}_2 \in L(\boldsymbol{\alpha}_1, \boldsymbol{\alpha}_2, \boldsymbol{\alpha}_3)$; 同理, 对 $(\boldsymbol{\beta}_1 \quad \boldsymbol{\beta}_2 \quad \boldsymbol{\alpha}_1 \quad \boldsymbol{\alpha}_2 \quad \boldsymbol{\alpha}_3)$ 进行初等行变换易说明 $\boldsymbol{\alpha}_1$, $\boldsymbol{\alpha}_2$, $\boldsymbol{\alpha}_3 \in L(\boldsymbol{\beta}_1, \boldsymbol{\beta}_2)$.

3.48 M_1, M_2, $\cdots$, M_n 为 $\begin{pmatrix} \boldsymbol{O} \\ \boldsymbol{A} \end{pmatrix}_{n \times n}$ 的第一行各位置的余子式. 应用定理 1.3.

3.49 看如下两组向量

$$\boldsymbol{\alpha}_1 = \begin{pmatrix} 1 \\ 0 \\ 0 \end{pmatrix}, \quad \boldsymbol{\alpha}_2 = \begin{pmatrix} 0 \\ 1 \\ 0 \end{pmatrix}; \quad \boldsymbol{\beta}_1 = \begin{pmatrix} 1 \\ 0 \\ 1 \end{pmatrix}, \quad \boldsymbol{\beta}_2 = \begin{pmatrix} 0 \\ 1 \\ 1 \end{pmatrix}.$$

3.50 证必要性取 $\boldsymbol{\beta} = \boldsymbol{\alpha}_1 + \boldsymbol{\alpha}_2 + \cdots + \boldsymbol{\alpha}_r$; 证充分性用反证法.

3.51 对 r 用数学归纳法, $r = 1$ 即 3.13 题.

3.52 此题可化为 2.67 题.

3.54 应用 3.53 题.

3.55 应用 3.54 题.

3.56 往证方程组 $\boldsymbol{A}^n \boldsymbol{x} = \boldsymbol{0}$ 与 $\boldsymbol{A}^{n+1} \boldsymbol{x} = \boldsymbol{0}$ 同解.

3.57 由 3.40 题, 先证 $\boldsymbol{A}, \boldsymbol{B}$ 均行满秩时成立. 再利用 $\boldsymbol{A} = \boldsymbol{P} \begin{pmatrix} \boldsymbol{A}_1 \\ \boldsymbol{O} \end{pmatrix}$, $\boldsymbol{B} = \boldsymbol{Q} \begin{pmatrix} \boldsymbol{B}_1 \\ \boldsymbol{O} \end{pmatrix}$, 其中 $\boldsymbol{A}_1, \boldsymbol{B}_1$ 行满秩, $\boldsymbol{P}, \boldsymbol{Q}$ 为可逆阵.

3.58 利用 3.22 题及 3.57 题, 考虑方程组 $\begin{pmatrix} \boldsymbol{B} \\ \boldsymbol{O} \end{pmatrix} \boldsymbol{x} = \boldsymbol{0}$ 及 $\boldsymbol{A}\boldsymbol{x} = \boldsymbol{0}$.

3.59 设法证 $(\boldsymbol{I} - \boldsymbol{A})\boldsymbol{x} = \boldsymbol{0}$ 只有零解. 利用 2.22 题.

3.60 维数为 $n - r$.

3.61 $(5 \quad -2 \quad -3 \quad -4)$.

3.62 用数学归纳法.

3.63 无解的充要条件应为秩 $\begin{pmatrix} \boldsymbol{c}^{\mathrm{T}} \\ \boldsymbol{A} \end{pmatrix} + 1 =$ 秩 $\begin{pmatrix} \boldsymbol{c}^{\mathrm{T}} & \boldsymbol{d} \\ \boldsymbol{A} & \boldsymbol{b} \end{pmatrix}$, 又

$$\text{秩} \begin{pmatrix} \boldsymbol{c}^{\mathrm{T}} & \boldsymbol{d} \\ \boldsymbol{A} & \boldsymbol{b} \end{pmatrix} \leqslant \text{秩}\ (\boldsymbol{A} \quad \boldsymbol{b}) + 1 = \text{秩}\ \boldsymbol{A} + 1.$$

3.64 (2) 设 $\boldsymbol{x}_0$ 为 $\boldsymbol{A}\boldsymbol{x} = \boldsymbol{0}$ 的任意解, 则

$$\boldsymbol{x}_0 = \boldsymbol{x}_0 - \boldsymbol{0} = \boldsymbol{x}_0 - \boldsymbol{G}\boldsymbol{A}\boldsymbol{x}_0 = (\boldsymbol{I} - \boldsymbol{G}\boldsymbol{A})\boldsymbol{x}_0.$$

第 4 章

练习 4.1

4.1.1 (1) 特征值 $\lambda_1 = -1$, $\lambda_2 = 2$, $\lambda_3 = -3$, 对应的特征向量

$$\boldsymbol{\eta}_1 = k \begin{pmatrix} 1 \\ 2 \\ 3 \end{pmatrix}, \quad \boldsymbol{\eta}_2 = k \begin{pmatrix} 0 \\ 0 \\ 1 \end{pmatrix}, \quad \boldsymbol{\eta}_3 = k \begin{pmatrix} 0 \\ 5 \\ 2 \end{pmatrix} \quad (k \neq 0).$$

(2) 特征值 $\lambda_1=-2,\ \lambda_2=1$, 对应的特征向量为

$$\boldsymbol{\eta}_1=k\begin{pmatrix}-1\\-1\\1\end{pmatrix}\quad(k\neq 0),$$

$$\boldsymbol{\eta}_2=k_1\begin{pmatrix}-1\\1\\0\end{pmatrix}+k_2\begin{pmatrix}1\\0\\1\end{pmatrix}\quad(k_1,\ k_2\ \text{不同为}\ 0).$$

(3) 特征值 $\lambda_1=2,\ \lambda_2=-4$, 对应的特征向量为

$$\boldsymbol{\eta}_1=k_1\begin{pmatrix}0\\1\\2\end{pmatrix}+k_2\begin{pmatrix}1\\0\\1\end{pmatrix}\quad(k_1,\ k_2\ \text{不同为}\ 0),$$

$$\boldsymbol{\eta}_2=k\begin{pmatrix}1\\-2\\3\end{pmatrix}\quad(k\neq 0).$$

(4) 特征值 $\lambda_1=3,\ \lambda_2=1$, 对应的特征向量为

$$\boldsymbol{\eta}_1=k\begin{pmatrix}-1\\-1\\1\end{pmatrix},\quad \boldsymbol{\eta}_2=k\begin{pmatrix}3\\1\\-3\end{pmatrix}\quad(k\neq 0).$$

(5) 特征值 $\lambda=0$, 对应的特征向量为 $k(1\ \ 0\ \ 0)^{\mathrm{T}}\ (k\neq 0)$.

(6) 特征值 $\lambda_1=2,\ \lambda_2=-2$, 对应的特征向量为

$$\boldsymbol{\eta}_1=k_1\begin{pmatrix}1\\1\\0\\0\end{pmatrix}+k_2\begin{pmatrix}1\\0\\1\\0\end{pmatrix}+k_3\begin{pmatrix}1\\0\\0\\1\end{pmatrix}\quad(k_1,\ k_2,\ k_3\ \text{不同为}\ 0),$$

$$\boldsymbol{\eta}_2=k\begin{pmatrix}-1\\1\\1\\1\end{pmatrix}\quad(k\neq 0).$$

4.1.2 (1) $\lambda=1,0$; (2) $\lambda=\pm1$; (3) $\lambda=\pm1,0$.

4.1.3 (1) 对; (2) 错; (3) 对;

(4) 错; (5) 错.

4.1.4 特征值即对角线上的全部元素.

练习 4.2

4.2.1 $\boldsymbol{A}=\boldsymbol{I}_2$, $\boldsymbol{B}=\begin{pmatrix}1&1\\0&1\end{pmatrix}$.

4.2.4 它们都相似于具有不同特征值的二阶对角阵.

4.2.6 利用定理 4.3.

4.2.7 $(-1)(2n-3)!!$.

4.2.8 (1) $\begin{pmatrix}1&0&5^{100}-1\\0&5^{100}&0\\0&0&5^{100}\end{pmatrix}$;

(2) $\begin{pmatrix}-\dfrac{1}{3}\times 2^{100}+\dfrac{4}{3} & \dfrac{1}{3}\times 2^{100}-\dfrac{1}{3} & \dfrac{1}{3}\times 2^{100}-\dfrac{1}{3}\\ 0 & 2^{100} & 0\\ -\dfrac{4}{3}\times 2^{100}+\dfrac{4}{3} & \dfrac{1}{3}\times 2^{100}-\dfrac{1}{3} & \dfrac{4}{3}\times 2^{100}-\dfrac{1}{3}\end{pmatrix}$.

4.2.10 $x=-\dfrac{1}{2}$, $y=\dfrac{3}{2}$.

4.2.11 $\boldsymbol{A}=\begin{pmatrix}\dfrac{7}{3}&0&-\dfrac{2}{3}\\0&\dfrac{5}{3}&-\dfrac{2}{3}\\-\dfrac{2}{3}&-\dfrac{2}{3}&2\end{pmatrix}$.

练习 4.3

4.3.1 特征值位于下述四个圆盘的并集中:

$$\Gamma_1:\ \{z\in\mathbb{C}\mid |z-\mathrm{i}|\leqslant 0.6\},\quad \Gamma_2:\ \{z\in\mathbb{C}\mid |z-3|\leqslant 1.1\},$$
$$\Gamma_3:\ \{z\in\mathbb{C}\mid |z+1|\leqslant 1.5\},\quad \Gamma_4:\ \{z\in\mathbb{C}\mid |z+2|\leqslant 1\}.$$

4.3.3 考虑 $\boldsymbol{D}^{-1}\boldsymbol{A}\boldsymbol{D}$, 其中 $\boldsymbol{D}=\mathrm{diag}(d_1,\cdots,d_n)$.

问题与研讨 4

4.1 (1) 设

$$|\lambda\boldsymbol{I}-\boldsymbol{A}_{n\times n}|=\lambda^n+a_1\lambda^{n-1}+\cdots+a_{n-1}\lambda+a_n=(\lambda-\lambda_1)(\lambda-\lambda_2)\cdots(\lambda-\lambda_n),$$

则 $a_k=(-1)^k\cdot$($\boldsymbol{A}$ 的所有 k 阶主子式之和)$=(-1)^k\cdot(\lambda_1,\lambda_2,\cdots,\lambda_n$ 中任意 k 个乘积之总和), $k=1,2,\cdots,n$.

特别地, $\mathrm{tr}\boldsymbol{A}=\sum\limits_{i=1}^{n}\lambda_i, |\boldsymbol{A}|=\prod\limits_{i=1}^{n}\lambda_i$.

(2) 相似矩阵的特征多项式相等, 反之未必.

(3) 分别属于不同特征值的特征向量的线性无关组并在一起仍为线性无关组.

(4) $\boldsymbol{A}_{n\times n}$ 与对角阵相似 $\Leftrightarrow$ $\boldsymbol{A}$ 有 n 个线性无关的特征向量.

(5) 若 $\boldsymbol{A}_{n\times n}$ 的 n 个特征值互不相同, 则 $\boldsymbol{A}$ 相似于对角阵, 反之未必.

4.2 由已知易证 $\boldsymbol{A}+\boldsymbol{I}\sim\mathrm{diag}\left(0,\frac{1}{2},\frac{2}{3},\cdots,\frac{n-1}{n}\right)$, 故秩 $(\boldsymbol{A}+\boldsymbol{I})^*=1$. 又易计算得 $|\boldsymbol{A}^*+\boldsymbol{I}|=\prod\limits_{k=1}^{n}\left((-1)^{n+1}\frac{k}{n!}+1\right)$.

4.3 先求出 $\boldsymbol{A}=\begin{pmatrix}0&1\\2&1\end{pmatrix}$ 的特征多项式 $(\lambda-2)(\lambda+1)$. 再分别求出分属于 2 及 -1 的特征向量 $\begin{pmatrix}1\\2\end{pmatrix}$ 及 $\begin{pmatrix}1\\-1\end{pmatrix}$. 令 $\boldsymbol{P}=\begin{pmatrix}1&1\\2&-1\end{pmatrix}$, 于是有

$$\boldsymbol{A}^m=\boldsymbol{P}\begin{pmatrix}2&0\\0&-1\end{pmatrix}^m\boldsymbol{P}^{-1}=\frac{1}{3}\begin{pmatrix}2^m+(-1)^m\cdot 2&2^m+(-1)^{m+1}\\2^{m+1}+(-1)^{m+1}\cdot 2&2^{m+1}+(-1)^m\end{pmatrix}.$$

另法借助递推公式.

4.4 由 $\boldsymbol{A}^*\boldsymbol{x}=\lambda_0\boldsymbol{x}$, 易得 $\lambda_0\boldsymbol{A}\boldsymbol{x}=-\boldsymbol{x}$, 从而得 $\lambda_0=1,a=c=2,b=-3$.

4.5 由 $|\boldsymbol{A}|=|\boldsymbol{B}|$ 及 $\mathrm{tr}\boldsymbol{A}=\mathrm{tr}\boldsymbol{B}$ 解得 $a=5,b=6$, 进一步可确定 $\boldsymbol{P}=\begin{pmatrix}1&1&1\\-1&0&-2\\0&1&3\end{pmatrix}$.

4.6 设 $\boldsymbol{A}$ 的全部特征根为 $\lambda_1,\lambda_2,\cdots,\lambda_n$, 则 $\lambda_i^n=1,i=1,2,\cdots,n$. 于是 $\frac{1}{n}\mathrm{tr}\sum\limits_{k=1}^{n}\boldsymbol{A}^k=\frac{1}{n}\sum\limits_{i=1}^{n}(\lambda_i+\lambda_i^2+\cdots+\lambda_i^n)$. 当 $\lambda_i\neq 1$ 时, $\lambda_i+\lambda_i^2+\cdots+\lambda_i^n=\lambda_i\frac{1-\lambda_i^n}{1-\lambda_i}=0$, 故 $\frac{1}{n}\mathrm{tr}\sum\limits_{k=1}^{n}\boldsymbol{A}^k=\frac{1}{n}\cdot n\gamma$, 其中 γ 为 $\lambda_1,\lambda_2,\cdots,\lambda_n$ 中 1 的个数, 即 $\frac{1}{n}\mathrm{tr}\sum\limits_{k=1}^{n}\boldsymbol{A}^k$ 表示 $\boldsymbol{A}$ 的特征值 1 的代数重数.

4.7 $$\boldsymbol{A}^n\boldsymbol{\beta}=\begin{pmatrix}1&1&1\\1&2&3\\1&4&9\end{pmatrix}\begin{pmatrix}1&&\\&2&\\&&3\end{pmatrix}^n\begin{pmatrix}1&1&1\\1&2&3\\1&4&9\end{pmatrix}^{-1}\begin{pmatrix}1\\1\\3\end{pmatrix}=\begin{pmatrix}2-2^{n+1}+3^n\\2-2^{n+2}+3^{n+1}\\2-2^{n+3}+3^{n+2}\end{pmatrix}.$$

另法令 $\boldsymbol{\beta}=x_1\boldsymbol{\alpha}_1+x_2\boldsymbol{\alpha}_2+x_3\boldsymbol{\alpha}_3$, 则可求得 $x_1=2,x_2=-2,x_3=1$. 于是

$$\boldsymbol{A}^n\boldsymbol{\beta}=\boldsymbol{A}^n(2\boldsymbol{\alpha}_1-2\boldsymbol{\alpha}_2+\boldsymbol{\alpha}_3)=2\boldsymbol{\alpha}_1-2\cdot 2^n\boldsymbol{\alpha}_2+3^n\boldsymbol{\alpha}_3=\begin{pmatrix}2-2^{n+1}+3^n\\2-2^{n+2}+3^{n+1}\\2-2^{n+3}+3^{n+2}\end{pmatrix}.$$

4.8 $$\boldsymbol{A}\begin{pmatrix}\boldsymbol{x}&\boldsymbol{A}\boldsymbol{x}&\boldsymbol{A}^2\boldsymbol{x}\end{pmatrix}=\begin{pmatrix}\boldsymbol{A}\boldsymbol{x}&\boldsymbol{A}^2\boldsymbol{x}&\boldsymbol{A}^3\boldsymbol{x}\end{pmatrix}=\begin{pmatrix}\boldsymbol{x}&\boldsymbol{A}\boldsymbol{x}&\boldsymbol{A}^2\boldsymbol{x}\end{pmatrix}\begin{pmatrix}0&0&0\\1&0&3\\0&1&-2\end{pmatrix},$$

故 $\boldsymbol{A}=\begin{pmatrix} \boldsymbol{x} & \boldsymbol{Ax} & \boldsymbol{A}^2x \end{pmatrix}\begin{pmatrix} 0 & 0 & 0 \\ 1 & 0 & 3 \\ 0 & 1 & -2 \end{pmatrix}\begin{pmatrix} \boldsymbol{x} & \boldsymbol{Ax} & \boldsymbol{A}^2\boldsymbol{x} \end{pmatrix}^{-1}$, 从而 $|\boldsymbol{A}+\boldsymbol{I}|=-4$.

4.9 $\boldsymbol{A}$ 的特征多项式为 $(\lambda-2)(\lambda^2-8\lambda+18+3a)$, 由此设 $2,\lambda_1,\lambda_2$ 为 $\boldsymbol{A}$ 的全部特征值. 于是, $a=-2,\lambda_1=2,\lambda_2=6$ 或者 $a=-\dfrac{2}{3},\lambda_1=4,\lambda_2=4$. 易证当 $a=-2$ 时 $\boldsymbol{A}$ 相似于对角阵, 而 $a=-\dfrac{2}{3}$ 时, $\boldsymbol{A}$ 不相似于对角阵.

4.10 设 $\boldsymbol{A}=\boldsymbol{P}\begin{pmatrix} \boldsymbol{I}_r & \boldsymbol{O} \\ \boldsymbol{O} & \boldsymbol{O} \end{pmatrix}\boldsymbol{Q}$ 为等价分解, 于是 $|\lambda\boldsymbol{I}_m-\boldsymbol{AB}|=\left|\lambda\boldsymbol{I}_m-\boldsymbol{P}\begin{pmatrix} \boldsymbol{I}_r & \boldsymbol{O} \\ \boldsymbol{O} & \boldsymbol{O} \end{pmatrix}\cdot\boldsymbol{QB}\right|=\left|\lambda\boldsymbol{I}-\begin{pmatrix} \boldsymbol{B}_1 & \boldsymbol{B}_2 \\ \boldsymbol{O} & \boldsymbol{O} \end{pmatrix}\right|=|\lambda\boldsymbol{I}-\boldsymbol{B}_1|\lambda^{m-r}$, 其中 $\boldsymbol{QBP}=\begin{pmatrix} \boldsymbol{B}_1 & \boldsymbol{B}_2 \\ \boldsymbol{B}_3 & \boldsymbol{B}_4 \end{pmatrix}$, $\boldsymbol{B}_1$ 为 r 阶阵, $\boldsymbol{B}_4$ 为 $(n-r)\times(m-r)$ 阵. 类似地, 有 $|\lambda\boldsymbol{I}_m-\boldsymbol{BA}|=|\lambda\boldsymbol{I}-\boldsymbol{B}_1|\lambda^{n-r}$. 于是有 $|\lambda\boldsymbol{I}_m-\boldsymbol{AB}|=\lambda^{m-n}|\lambda\boldsymbol{I}_n-\boldsymbol{BA}|$.

总习题 4

4.2 $x+y=0$.

4.4 $|\boldsymbol{A}-2\boldsymbol{I}|=0$, $|\boldsymbol{A}^2-\boldsymbol{A}-2\boldsymbol{I}|=0$.

4.7 $x=y=0$.

4.11 $n,\ 0,\ \cdots,\ 0$.

4.12 $n-1,\ -1,\ \cdots,\ -1$.

4.14 (1) AC; (2) AD; (3) BC.

4.15 讨论 $|\lambda\boldsymbol{I}_2-\boldsymbol{A}|=\lambda^2-(\mathrm{tr}\boldsymbol{A})\lambda+|\boldsymbol{A}|$ 的判别式.

4.16 设 $\boldsymbol{A}=\boldsymbol{T}\mathrm{diag}(\lambda_1,\lambda_2,\cdots,\lambda_n)\boldsymbol{T}^{-1}$ 及 $\boldsymbol{B}=\boldsymbol{TB}_1\boldsymbol{T}^{-1}$, 再证 $\boldsymbol{B}_1$ 为对角阵.

4.18 设 $\boldsymbol{Ax}=\lambda\boldsymbol{x}\ (\boldsymbol{x}\neq\boldsymbol{0})$, 往证 $\lambda\overline{\lambda}=1$.

4.20 共以下 6 种类型 (a,b,c 均非零):

(i) $\begin{pmatrix} a & & & \\ & b & & \\ & & c & \\ & & & 0 \end{pmatrix}$; (ii) $\begin{pmatrix} a & 1 & & \\ & a & & \\ & & 0 & 1 \\ & & & 0 \end{pmatrix}$;

(iii) $\begin{pmatrix} a & & & \\ & b & & \\ & & 0 & 1 \\ & & & 0 \end{pmatrix}$; (iv) $\begin{pmatrix} a & 1 & & \\ & a & 1 & \\ & & a & \\ & & & 0 \end{pmatrix}$;

(v) $\begin{pmatrix} 0 & 1 & & \\ & 0 & 1 & \\ & & 0 & \\ & & & a \end{pmatrix}$; (vi) $\begin{pmatrix} 0 & 1 & & \\ & 0 & 1 & \\ & & 0 & 1 \\ & & & 0 \end{pmatrix}$.

4.22 $2\sqrt{2}$.

4.24 (2) 设法证明 $\boldsymbol{A} \sim \begin{pmatrix} \lambda_0 \boldsymbol{I}_m & * \\ \boldsymbol{O} & * \end{pmatrix}$.

4.26 若 $\mathrm{diag}(\boldsymbol{A}, \boldsymbol{B}) \sim$ 对角阵, 则有

$$\begin{pmatrix} \boldsymbol{A} & \boldsymbol{O} \\ \boldsymbol{O} & \boldsymbol{B} \end{pmatrix} \begin{pmatrix} x_i \\ y_i \end{pmatrix} = \lambda_i \begin{pmatrix} x_i \\ y_i \end{pmatrix} \quad (i = 1, 2, \cdots, t+s),$$

且 $\begin{pmatrix} x_1 \\ y_1 \end{pmatrix}$, $\begin{pmatrix} x_2 \\ y_2 \end{pmatrix}$, $\cdots$, $\begin{pmatrix} x_{t+s} \\ y_{t+s} \end{pmatrix}$ 线性无关, 其中 $\boldsymbol{A}$, $\boldsymbol{B}$ 分别为 t 阶、s 阶方阵, 由此往证 $\boldsymbol{A}$ 有 t 个线性无关的特征向量, $\boldsymbol{B}$ 有 s 个线性无关的特征向量. 从而可证充分性. 必要性亦可由若尔当标准形得证.

4.27 往证 $\lambda_1 = \lambda_2 = \cdots = \lambda_n = 0$.

4.28 写出 $\boldsymbol{A}$ 的等价分解 $\boldsymbol{A} = \boldsymbol{P} \begin{pmatrix} \boldsymbol{I}_r & \boldsymbol{O} \\ \boldsymbol{O} & \boldsymbol{O} \end{pmatrix} \boldsymbol{Q}$, 令 $\boldsymbol{QBP} = \begin{pmatrix} \boldsymbol{B}_1 & \boldsymbol{B}_2 \\ \boldsymbol{B}_3 & \boldsymbol{B}_4 \end{pmatrix}$, 往证

$$\boldsymbol{AB} \sim \begin{pmatrix} \boldsymbol{B}_1 & \boldsymbol{B}_2 \\ \boldsymbol{O} & \boldsymbol{O} \end{pmatrix}, \quad \boldsymbol{BA} \sim \begin{pmatrix} \boldsymbol{B}_1 & \boldsymbol{O} \\ \boldsymbol{B}_3 & \boldsymbol{O} \end{pmatrix}.$$

4.31 利用 $|\boldsymbol{A}| = \lambda_1 \lambda_2 \cdots \lambda_n$ 及算术平均值大于等于几何平均值.

4.33 设 $\boldsymbol{T} = \boldsymbol{T}_1 + \boldsymbol{T}_2$ 可逆, 使 $\boldsymbol{A} = \boldsymbol{TBT}^{-1}$ 成立, 往证存在实数 λ, 使 $\boldsymbol{C} = \boldsymbol{T}_1 + \boldsymbol{T}_2 \lambda$ 可逆及 $\boldsymbol{A} = \boldsymbol{CBC}^{-1}$.

4.34 设 $\boldsymbol{A} = \mathrm{diag}(\lambda_1 \boldsymbol{I}, \lambda_2 \boldsymbol{I}, \cdots, \lambda_t \boldsymbol{I})$, 其中 λ_1, λ_2, $\cdots$, λ_t 互不相同.

4.35 将 $\boldsymbol{A}$ 等价分解.

4.36 设 $(a_{21} \ \ a_{22}) = \boldsymbol{b}^{\mathrm{T}} (a_{11} \ \ a_{12})$.

4.37 反证法.

4.38 找一对角阵 $\boldsymbol{D}$ 使 $\boldsymbol{AD}$ 行严格对角占优.

4.41 (1) $\Longrightarrow$ (2) 对二阶阵的证明具有方法上的代表性. 注意当 $b \neq 0$, 有

$$\begin{pmatrix} 1 & -b^{-1}a \\ 0 & 1 \end{pmatrix} \begin{pmatrix} a & c \\ b & -a \end{pmatrix} \begin{pmatrix} 1 & b^{-1}a \\ 0 & 1 \end{pmatrix} = \begin{pmatrix} 0 & * \\ * & 0 \end{pmatrix},$$

当 $a \neq 0$ 时, $\begin{pmatrix} a & 0 \\ 0 & -a \end{pmatrix} \sim \begin{pmatrix} a & * \\ b & -a \end{pmatrix}$, 且 $b \neq 0$. 不难证明结论成立.

(2) $\Longrightarrow$ (3) 先选取 $\boldsymbol{A}$ 为对角阵.

第 5 章

练习 5.1

5.1.2 (1) $\dfrac{\pi}{2}$, $\sqrt{5}$, $\sqrt{6}$; (2) $\arccos \dfrac{1}{\sqrt{70}}$, $\sqrt{7}$, $\sqrt{10}$;

(3) $\dfrac{\pi}{3}$, 1, 2; (4) $\dfrac{\pi}{2}$, $\sqrt{14}$, $\sqrt{6}$.

5.1.5 (1) $\pm\left(0 \ 0 \ \dfrac{\sqrt{2}}{2} \ -\dfrac{\sqrt{2}}{2}\right)^{\mathrm{T}}$; (2) $\pm\dfrac{1}{\sqrt{50}}(4 \ -3 \ 4 \ -3)^{\mathrm{T}}$.

5.1.8 (1) $\boldsymbol{\beta}_1=\frac{1}{\sqrt{3}}\begin{pmatrix}1\\0\\-1\\1\end{pmatrix}$, $\boldsymbol{\beta}_2=\frac{1}{\sqrt{3}}\begin{pmatrix}1\\1\\1\\0\end{pmatrix}$, $\boldsymbol{\beta}_3=\frac{1}{\sqrt{6}}\begin{pmatrix}1\\-2\\1\\0\end{pmatrix}$;

(2) $\boldsymbol{\beta}_1=\frac{1}{\sqrt{5}}\begin{pmatrix}2\\0\\-1\end{pmatrix}$, $\boldsymbol{\beta}_2=\frac{1}{\sqrt{70}}\begin{pmatrix}3\\-5\\6\end{pmatrix}$.

5.1.9 $\sqrt{\frac{2}{5}}\begin{pmatrix}-\frac{1}{2}\\1\\1\\-\frac{1}{2}\end{pmatrix}$, $\frac{1}{\sqrt{2}}\begin{pmatrix}-1\\0\\0\\1\end{pmatrix}$.

5.1.10 在 $\boldsymbol{\alpha}_1, \boldsymbol{\alpha}_2$ 基础上增加 $\boldsymbol{\alpha}_3=\begin{pmatrix}-3\\0\\2\end{pmatrix}$ 和 $\boldsymbol{\alpha}_4=\begin{pmatrix}-1\\1\\0\\1\end{pmatrix}$.

5.1.11 (1) $\boldsymbol{A}=\begin{pmatrix}\frac{1}{\sqrt{5}} & \frac{2}{\sqrt{5}}\\ \frac{2}{\sqrt{5}} & -\frac{1}{\sqrt{5}}\end{pmatrix}\begin{pmatrix}\sqrt{5} & \frac{3}{\sqrt{5}}\\ 0 & \frac{1}{\sqrt{5}}\end{pmatrix}$;

(2) $\boldsymbol{A}=\begin{pmatrix}\frac{1}{\sqrt{2}} & -\frac{1}{\sqrt{6}}\\ 0 & \frac{2}{\sqrt{6}}\\ \frac{1}{\sqrt{2}} & \frac{1}{\sqrt{6}}\end{pmatrix}\begin{pmatrix}\sqrt{2} & -\frac{1}{\sqrt{2}}\\ 0 & \frac{3}{\sqrt{6}}\end{pmatrix}$.

5.1.12 $k_1(2\ \ -5\ \ 1\ \ 0)^{\mathrm{T}}+k_2(1\ \ -1\ \ 0\ \ 1)^{\mathrm{T}}$, 其中 k_1, k_2 为任意实数.

练习 5.2

5.2.4 利用 5.2.1 题—5.2.3 题的一些结果.

5.2.5 (1) $\begin{pmatrix}-\frac{2}{3} & \frac{1}{3} & \frac{2}{3}\\ -\frac{1}{3} & \frac{2}{3} & -\frac{2}{3}\\ \frac{2}{3} & \frac{2}{3} & \frac{1}{3}\end{pmatrix}$;　　(2) $\begin{pmatrix}-\frac{2}{\sqrt{5}} & \frac{2}{3\sqrt{5}} & -\frac{1}{3}\\ \frac{1}{\sqrt{5}} & \frac{4}{3\sqrt{5}} & -\frac{2}{3}\\ 0 & \frac{1}{3\sqrt{5}} & \frac{2}{3}\end{pmatrix}$;

(3) $\begin{pmatrix} \frac{2}{3} & -\frac{\sqrt{5}}{5} & -\frac{4}{3\sqrt{5}} \\ \frac{1}{3} & \frac{2\sqrt{5}}{5} & -\frac{2}{3\sqrt{5}} \\ \frac{2}{3} & 0 & \frac{5}{3\sqrt{5}} \end{pmatrix}$; (4) $\begin{pmatrix} \frac{2}{3} & -\frac{\sqrt{5}}{5} & -\frac{4}{3\sqrt{5}} \\ \frac{1}{3} & \frac{2\sqrt{5}}{5} & -\frac{2}{3\sqrt{5}} \\ \frac{2}{3} & 0 & \frac{5}{3\sqrt{5}} \end{pmatrix}$.

(5) $\begin{pmatrix} \frac{1}{\sqrt{2}} & \frac{1}{\sqrt{6}} & -\frac{1}{\sqrt{12}} & \frac{1}{2} \\ \frac{1}{\sqrt{2}} & -\frac{1}{\sqrt{6}} & \frac{1}{\sqrt{12}} & -\frac{1}{2} \\ 0 & \frac{2}{\sqrt{6}} & \frac{1}{\sqrt{12}} & -\frac{1}{2} \\ 0 & 0 & \frac{3}{\sqrt{12}} & \frac{1}{2} \end{pmatrix}$.

5.2.6 $(a\ \ b\ \ c)^{\mathrm{T}} = \pm\left(\frac{2}{3}\ \ -\frac{1}{3}\ \ -\frac{2}{3}\right)^{\mathrm{T}}$.

练习 5.3

5.3.6 (1)

$$\boldsymbol{A} = \begin{pmatrix} \sqrt{5} & 0 \\ 0 & 0 \end{pmatrix} \begin{pmatrix} \frac{1}{\sqrt{5}} & \frac{2}{\sqrt{5}} \\ \frac{2}{\sqrt{5}} & -\frac{1}{\sqrt{5}} \end{pmatrix},$$

$$\boldsymbol{A}^{+} = \begin{pmatrix} \frac{1}{\sqrt{5}} & \frac{2}{\sqrt{5}} \\ \frac{2}{\sqrt{5}} & -\frac{1}{\sqrt{5}} \end{pmatrix} \begin{pmatrix} \frac{1}{\sqrt{5}} & 0 \\ 0 & 0 \end{pmatrix} = \begin{pmatrix} \frac{1}{5} & 0 \\ \frac{2}{5} & 0 \end{pmatrix};$$

(2)

$$\boldsymbol{A} = \begin{pmatrix} \frac{2}{\sqrt{14}} & 0 & \frac{5}{\sqrt{35}} \\ -\frac{1}{\sqrt{14}} & \frac{3}{\sqrt{10}} & \frac{1}{\sqrt{35}} \\ \frac{3}{\sqrt{14}} & \frac{1}{\sqrt{10}} & -\frac{3}{\sqrt{35}} \end{pmatrix} \begin{pmatrix} \sqrt{7} & 0 \\ 0 & \sqrt{5} \\ 0 & 0 \end{pmatrix} \begin{pmatrix} \frac{1}{\sqrt{2}} & \frac{1}{\sqrt{2}} \\ \frac{1}{\sqrt{2}} & -\frac{1}{\sqrt{2}} \end{pmatrix},$$

$$\boldsymbol{A}^{+} = \begin{pmatrix} \frac{1}{\sqrt{2}} & \frac{1}{\sqrt{2}} \\ \frac{1}{\sqrt{2}} & -\frac{1}{\sqrt{2}} \end{pmatrix} \begin{pmatrix} \frac{1}{\sqrt{7}} & 0 & 0 \\ 0 & \frac{1}{\sqrt{5}} & 0 \end{pmatrix} \begin{pmatrix} \frac{2}{\sqrt{14}} & -\frac{1}{\sqrt{14}} & \frac{3}{\sqrt{14}} \\ 0 & \frac{3}{\sqrt{10}} & \frac{1}{\sqrt{10}} \\ \frac{5}{\sqrt{35}} & \frac{1}{\sqrt{35}} & -\frac{3}{\sqrt{35}} \end{pmatrix}.$$

练习 5.4

5.4.1 (1) $f(x_1,x_2,x_3)=\boldsymbol{x}^{\mathrm{T}}\boldsymbol{A}\boldsymbol{x}=(\boldsymbol{A}\boldsymbol{x},\ \boldsymbol{x})$, 其中

$$\boldsymbol{A}=\begin{pmatrix}2 & 0 & -\dfrac{1}{2}\\ 0 & 1 & \dfrac{1}{2}\\ -\dfrac{1}{2} & \dfrac{1}{2} & 0\end{pmatrix},\quad \boldsymbol{x}=\begin{pmatrix}x_1\\x_2\\x_3\end{pmatrix};$$

(2) $f(x_1,x_2,x_3)=\boldsymbol{x}^{\mathrm{T}}\boldsymbol{A}\boldsymbol{x}=(\boldsymbol{A}\boldsymbol{x},\ \boldsymbol{x})$, 其中

$$\boldsymbol{A}=\begin{pmatrix}1 & 1 & 0\\ 1 & 3 & 0\\ 0 & 0 & 0\end{pmatrix},\quad \boldsymbol{x}=\begin{pmatrix}x_1\\x_2\\x_3\end{pmatrix};$$

(3) $f(x_1,x_2,x_3)=\boldsymbol{x}^{\mathrm{T}}\boldsymbol{A}\boldsymbol{x}=(\boldsymbol{A}\boldsymbol{x},\ \boldsymbol{x})$, 其中

$$\boldsymbol{A}=\begin{pmatrix}0 & 0 & 0\\ 0 & 0 & \dfrac{1}{2}\\ 0 & \dfrac{1}{2} & 0\end{pmatrix},\quad \boldsymbol{x}=\begin{pmatrix}x_1\\x_2\\x_3\end{pmatrix}.$$

5.4.2 (1) $f(x_1,x_2)=-2x_1x_2+2x_2^2$;

(2) $f(x_1,x_2)=-x_1^2+4x_1x_2+3x_2^2$.

5.4.4 (1) 正交变换

$$\begin{pmatrix}x_1\\x_2\\x_3\end{pmatrix}=\begin{pmatrix}-\dfrac{1}{\sqrt{2}} & -\dfrac{1}{\sqrt{6}} & \dfrac{1}{\sqrt{3}}\\ \dfrac{1}{\sqrt{2}} & -\dfrac{1}{\sqrt{6}} & \dfrac{1}{\sqrt{3}}\\ 0 & \dfrac{2}{\sqrt{6}} & \dfrac{1}{\sqrt{3}}\end{pmatrix}\begin{pmatrix}y_1\\y_2\\y_3\end{pmatrix},$$

$$f(x_1,x_2,x_3)=-2y_1^2-2y_2^2+7y_3^2;$$

(2) 正交变换

$$\begin{pmatrix}x_1\\x_2\end{pmatrix}=\begin{pmatrix}\dfrac{1}{\sqrt{2}} & \dfrac{1}{\sqrt{2}}\\ \dfrac{1}{\sqrt{2}} & -\dfrac{1}{\sqrt{2}}\end{pmatrix}\begin{pmatrix}y_1\\y_2\end{pmatrix},$$

$$f(x_1,x_2)=3y_1^2-y_2^2.$$

5.4.5 (1) $\begin{cases}y_1=x_1+x_2,\\ y_2=\sqrt{2}x_2,\\ y_3=x_3,\end{cases}\qquad f(x_1,x_2,x_3)=y_1^2+y_2^2;$

(2) $\begin{cases} x_1 = y_1, \\ x_2 = y_2 + y_3, \\ x_3 = y_2 - y_3, \end{cases}$ $f(x_1, x_2, x_3) = y_2^2 - y_3^2.$

练习 5.5

5.5.4 (1) 否; (2) 是.

5.5.5 (1) $-\frac{3}{2} < \lambda < \frac{1}{2}$; (2) $0 < \lambda < 1$; (3) $\lambda > 2$.

5.5.13 当

$$\begin{pmatrix} x_1 \\ x_2 \\ x_3 \end{pmatrix} = \begin{pmatrix} 6 & -3 & -2 \\ -3 & 2 & 1 \\ -2 & 1 & 1 \end{pmatrix} \begin{pmatrix} 4 \\ -2 \\ 1 \end{pmatrix} = \begin{pmatrix} 28 \\ -15 \\ -9 \end{pmatrix}$$

时, $f(x_1, x_2, x_3)$ 有最小值 -133.

练习 5.6

5.6.7 $\frac{(n+1)(n+2)}{2}$ 类.

5.6.8 定理 5.13 的证明.

练习 5.7

5.7.1 (1) $f(x_1, x_2, x_3) = y_1^2 - y_2^2 - y_3^2$;

(2) $f(x_1, x_2, x_3) = y_1^2 - y_2^2 + y_3^2$.

5.7.2 (1) $f(x_1, x_2, x_3) = y_1^2 + y_2^2$;

(2) $f(x_1, x_2, x_3) = y_1^2 + y_2^2$.

5.7.4 (1) 当 n 为偶数时正、负惯性指数各为 $\frac{n}{2}$, 当 n 为奇数时正、负惯性指数各为 $\frac{n-1}{2}$;

(2) 正、负惯性指数各为 n .

5.7.6 共 $n+1$ 类.

5.7.8 不一定.

问题与研讨 5

5.1 首先设 $\boldsymbol{A} = \boldsymbol{Q}_1^{\mathrm{T}} \begin{pmatrix} \lambda_1 \boldsymbol{I} & & & \\ & \lambda_2 \boldsymbol{I} & & \\ & & \ddots & \\ & & & \lambda_t \boldsymbol{I} \end{pmatrix} \boldsymbol{Q}_1$, 其中 $\lambda_1, \lambda_2, \cdots, \lambda_t$ 互不相同. 然后令 $\boldsymbol{B} = \boldsymbol{Q}_1^{\mathrm{T}} \boldsymbol{B}_0 \boldsymbol{Q}_1$, 由 $\boldsymbol{AB} = \boldsymbol{BA}$ 得 $\boldsymbol{B}_0 = \mathrm{diag}(\boldsymbol{B}_1, \boldsymbol{B}_2, \cdots, \boldsymbol{B}_t)$, 再将 $\boldsymbol{B}_1, \boldsymbol{B}_2, \cdots, \boldsymbol{B}_t$ 正交相似对角化, 最终可证结论.

5.2 成立. 取 $\boldsymbol{\alpha} = (|a_1|, |a_2|, \cdots, |a_n|), \boldsymbol{\beta} = (1, 1, \cdots, 1)$, 利用柯西不等式立得.

5.3 容易求得

$$\boldsymbol{Q}_1=\frac{\sqrt{2}}{2}\begin{pmatrix}-1 & 1\\ 1 & 1\end{pmatrix},\quad \boldsymbol{Q}_2=\frac{1}{2}\begin{pmatrix}-1 & \sqrt{3}\\ \sqrt{3} & 1\end{pmatrix}$$

使得

$$\boldsymbol{Q}_1^{-1}\begin{pmatrix}1 & 2\\ 2 & 1\end{pmatrix}\boldsymbol{Q}_1=\begin{pmatrix}-1 & 0\\ 0 & 3\end{pmatrix}=\boldsymbol{Q}_2^{-1}\begin{pmatrix}2 & \sqrt{3}\\ \sqrt{3} & 0\end{pmatrix}\boldsymbol{Q}_2.$$

由此不难求出满足条件的 $\boldsymbol{Q}$.

5.4 由于 $\boldsymbol{A}$ 特征值全为实数, 故存在实可逆阵 $\boldsymbol{P}$ 使得 $\boldsymbol{A}=\boldsymbol{PTP}^{-1}$, $\boldsymbol{T}$ 为一个实上三角阵. 再由 QR 分解存在正交阵 $\boldsymbol{Q}$ 和上三角阵 $\boldsymbol{R}$ 使得 $\boldsymbol{P}=\boldsymbol{QR}$, 于是 $\boldsymbol{A}=\boldsymbol{QRTR}^{-1}\boldsymbol{Q}^{-1}$. 由 $\boldsymbol{A}$ 为正交阵知 $\boldsymbol{RTR}^{-1}$ 为正交阵, 而 $\boldsymbol{RTR}^{-1}$ 又是一个上三角阵, 这意味着 $\boldsymbol{RTR}^{-1}$ 是一个对角阵, 从而 $\boldsymbol{A}$ 为一个实对称阵.

5.5 令 $f(x_1,x_2,x_3)=\boldsymbol{x}^{\mathrm{T}}\boldsymbol{Ax}$, 其中 $\boldsymbol{A}=\begin{pmatrix}1 & 1 & 1\\ 1 & a & 1\\ 1 & 1 & 1\end{pmatrix}$. 易见 $|\lambda\boldsymbol{I}-\boldsymbol{A}|=\lambda(\lambda^2-(2+a)\lambda+2a-2)$, 经计算得:

(1) $a>1$, $\boldsymbol{A}$ 有特征值 $\lambda_1=0,\lambda_2>0,\lambda_3>0, f(x_1,x_2,x_3)=1$ 表示椭圆柱面;

(2) $a<1$, $\boldsymbol{A}$ 有特征值 $\lambda_1=0,\lambda_2>0,\lambda_3<0, f(x_1,x_2,x_3)=1$ 表示双曲柱面;

(3) $a=1$, $\boldsymbol{A}$ 有特征值 0(二重), 单特征值 3, $f(x_1,x_2,x_3)=1$ 表示两平行平面.

5.6 (1) 二次型的矩阵是

$$\begin{pmatrix} & & & 1\\ & & 1 & \\ & \iddots & & \\ 1 & & & \end{pmatrix}.$$

(i) 当 n 是偶数时, 正惯性指数为 $\frac{n}{2}$, 负惯性指数为 $\frac{n}{2}$;

(ii) 当 n 是奇数时, 正惯性指数为 $\left[\frac{n}{2}\right]+1$, 负惯性指数为 $\left[\frac{n}{2}\right]$.

(2) 易见 $f(x_1,x_2,\cdots,x_n)=\frac{1}{2}[(x_1+x_2)^2+\cdots+(x_{n-1}+x_n)^2+(x_n+x_1)^2]\geqslant 0$.

(i) 当 n 是偶数时, 有 $f(1,-1,\cdots,1,-1)=0$, 故 f 半正定. 又 $f(x_1,x_2,\cdots,x_n)=\boldsymbol{x}^{\mathrm{T}}\boldsymbol{Ax}$,

$$\boldsymbol{A}=\begin{pmatrix}1 & \frac{1}{2} & 0 & \cdots & 0 & \frac{1}{2}\\ \frac{1}{2} & 1 & \frac{1}{2} & \ddots & \ddots & 0\\ 0 & \frac{1}{2} & 1 & \ddots & \ddots & \vdots\\ \vdots & \ddots & \ddots & \ddots & \ddots & 0\\ 0 & \ddots & \ddots & \ddots & 1 & \frac{1}{2}\\ \frac{1}{2} & 0 & \cdots & 0 & \frac{1}{2} & 1\end{pmatrix}.$$

容易看出秩 $\boldsymbol{A}=n-1$, 此时 f 正惯性指数为 $n-1$, 负惯性指数为 0;

(ii) 当 n 是奇数时, 令

$$\begin{cases} y_1=x_1+x_2, \\ y_2=x_2+x_3, \\ \cdots\cdots \\ y_{n-1}=x_{n-1}+x_n, \\ y_n=x_n+x_1. \end{cases}$$

易见这是一个可逆线性变换, 故 f 正定, 即正惯性指数 n, 负惯性指数 0.

5.7 (1) 由 $\boldsymbol{A}$ 正定可设 $\boldsymbol{A}=\boldsymbol{C}\boldsymbol{C}^{\mathrm{T}}$, 其中 $\boldsymbol{C}$ 为实可逆阵, 于是 $\mathrm{tr}(\boldsymbol{AB})=\mathrm{tr}(\boldsymbol{C}\boldsymbol{C}^{\mathrm{T}}\boldsymbol{B}\cdot\boldsymbol{C}\boldsymbol{C}^{-1})=\mathrm{tr}(\boldsymbol{C}^{\mathrm{T}}\boldsymbol{B}\boldsymbol{C})>0$ (因 $\boldsymbol{C}^{\mathrm{T}}\boldsymbol{B}\boldsymbol{C}$ 仍正定).

(2) 能. 用反证法. 假定 $\boldsymbol{A}$ 不是正定, 令 $\boldsymbol{A}=\boldsymbol{Q}\mathrm{diag}(\lambda_1,\lambda_2,\cdots,\lambda_r,\lambda_{r+1},\cdots,\lambda_n)\boldsymbol{Q}^{\mathrm{T}}$, 其中 $\boldsymbol{Q}$ 为正交阵, $\lambda_1,\lambda_2,\cdots,\lambda_r$ 为负数, $\lambda_{r+1},\lambda_{r+2},\cdots,\lambda_n$ 为正数. 现在令

$$\boldsymbol{B}=\boldsymbol{Q}\mathrm{diag}\left(-\lambda_1^{-1},-\lambda_2^{-1},\cdots,-\lambda_r^{-1},\frac{1}{n}\lambda_{r+1}^{-1},\frac{1}{n}\lambda_{r+2}^{-1},\cdots,\frac{1}{n}\lambda_n^{-1}\right)\boldsymbol{Q}^{\mathrm{T}}$$

显然 $\boldsymbol{B}$ 为正定, 于是 $\boldsymbol{AB}=\boldsymbol{Q}\mathrm{diag}\left(-1,-1,\cdots,-1,\frac{1}{n},\frac{1}{n},\cdots,\frac{1}{n}\right)\boldsymbol{Q}^{\mathrm{T}},\mathrm{tr}(\boldsymbol{AB})=-r+\frac{n-r}{n}=\frac{n-(n+1)r}{n}<0$, 矛盾.

5.8 设 $\boldsymbol{A}=\boldsymbol{Q}\mathrm{diag}(\lambda_1,\lambda_2,\cdots,\lambda_r,0,0,\cdots,0)\boldsymbol{Q}^{\mathrm{T}}$, 其中 $\lambda_1>0,\lambda_2>0,\cdots,\lambda_r>\boldsymbol{O}$. 由 $\boldsymbol{AB}+\boldsymbol{BA}=\boldsymbol{O}$ 得 $\boldsymbol{Q}\mathrm{diag}(\lambda_1,\lambda_2,\cdots,\lambda_r,0,0,\cdots,0)\boldsymbol{Q}^{\mathrm{T}}\boldsymbol{B}+\boldsymbol{B}\boldsymbol{Q}\mathrm{diag}(\lambda_1,\lambda_2,\cdots,\lambda_r,0,0,\cdots,0)\boldsymbol{Q}^{\mathrm{T}}=\boldsymbol{O}$, 从而

$$\begin{pmatrix}\boldsymbol{D}&\boldsymbol{O}\\\boldsymbol{O}&\boldsymbol{O}\end{pmatrix}\boldsymbol{Q}^{\mathrm{T}}\boldsymbol{B}\boldsymbol{Q}+\boldsymbol{Q}^{\mathrm{T}}\boldsymbol{B}\boldsymbol{Q}\begin{pmatrix}\boldsymbol{D}&\boldsymbol{O}\\\boldsymbol{O}&\boldsymbol{O}\end{pmatrix}=\boldsymbol{O},\quad \text{其中}\quad \boldsymbol{D}=\mathrm{diag}(\lambda_1,\lambda_2,\cdots,\lambda_r).$$

设 $\boldsymbol{Q}^{\mathrm{T}}\boldsymbol{B}\boldsymbol{Q}=\begin{pmatrix}\boldsymbol{B}_1&\boldsymbol{B}_2\\\boldsymbol{B}_2^{\mathrm{T}}&\boldsymbol{B}_3\end{pmatrix}$, 由上式可推出 $\boldsymbol{B}_2=\boldsymbol{O}$, $\boldsymbol{D}\boldsymbol{B}_1+\boldsymbol{B}_1\boldsymbol{D}=\boldsymbol{O}$, 进一步推出 $\boldsymbol{B}_1=\boldsymbol{O}$, 故 $\boldsymbol{Q}^{\mathrm{T}}\boldsymbol{B}\boldsymbol{Q}=\begin{pmatrix}\boldsymbol{O}&\boldsymbol{O}\\\boldsymbol{O}&\boldsymbol{B}_3\end{pmatrix}$. 于是

$$\boldsymbol{AB}=\boldsymbol{Q}\begin{pmatrix}\boldsymbol{D}&\\&\boldsymbol{O}\end{pmatrix}\boldsymbol{Q}^{\mathrm{T}}\boldsymbol{Q}\begin{pmatrix}\boldsymbol{O}&\boldsymbol{O}\\\boldsymbol{O}&\boldsymbol{B}_3\end{pmatrix}\boldsymbol{Q}^{\mathrm{T}}=\boldsymbol{O},$$

类似有 $\boldsymbol{BA}=\boldsymbol{O}$.

5.9 易证秩 $\boldsymbol{B}\leqslant 1$, $\mathrm{tr}\boldsymbol{B}=\mathrm{tr}\boldsymbol{\alpha}\boldsymbol{\alpha}^{\mathrm{T}}=\mathrm{tr}\boldsymbol{\alpha}^{\mathrm{T}}\boldsymbol{A}\boldsymbol{\alpha}=\boldsymbol{\alpha}^{\mathrm{T}}\boldsymbol{A}\boldsymbol{\alpha}$ 为唯一的正特征值. 显然 $\boldsymbol{B}(\boldsymbol{A}\boldsymbol{\alpha})=(\boldsymbol{\alpha}^{\mathrm{T}}\boldsymbol{A}\boldsymbol{\alpha})\boldsymbol{A}\boldsymbol{\alpha}$, 这说明 $\boldsymbol{A}\boldsymbol{\alpha}$ 是一个特征向量, 全部特征向量为 $k\boldsymbol{A}\boldsymbol{\alpha},k\neq 0$.

5.10 注意 $\begin{pmatrix}1&\boldsymbol{x}^{\mathrm{T}}\\\boldsymbol{x}&\boldsymbol{A}+\boldsymbol{x}\boldsymbol{x}^{\mathrm{T}}\end{pmatrix}$ 与 $\begin{pmatrix}1&\boldsymbol{0}\\\boldsymbol{0}&\boldsymbol{A}\end{pmatrix}$ 合同, 又与 $\begin{pmatrix}1-\boldsymbol{x}^{\mathrm{T}}(\boldsymbol{A}+\boldsymbol{x}\boldsymbol{x}^{\mathrm{T}})^{-1}\boldsymbol{x}&\boldsymbol{0}\\\boldsymbol{0}&\boldsymbol{A}+\boldsymbol{x}\boldsymbol{x}^{\mathrm{T}}\end{pmatrix}$ 合同.

总习题 5

5.1 $\frac{1}{\sqrt{3}}\begin{pmatrix}1\\1\\-1\end{pmatrix}$, $\frac{1}{\sqrt{2}}\begin{pmatrix}0\\1\\1\end{pmatrix}$, $\frac{1}{\sqrt{6}}\begin{pmatrix}2\\-1\\1\end{pmatrix}$.

5.2 看柯西不等式证明过程.

5.4 考虑 $\boldsymbol{A}^{\mathrm{T}}(\boldsymbol{A}+\boldsymbol{B})\boldsymbol{B}^{\mathrm{T}}$ 的行列式.

5.7 $\boldsymbol{A}=\begin{pmatrix}3&1&1\\1&0&2\\1&2&0\end{pmatrix}$.

5.8 $\boldsymbol{A}=\begin{pmatrix}4&1&1\\1&4&1\\1&1&4\end{pmatrix}$.

5.9 $\boldsymbol{A}=\begin{pmatrix}1&0&0\\0&0&-1\\0&-1&0\end{pmatrix}$.

5.10 利用合同初等变换使任一对角元素到左上角.

5.11 利用合同初等变换改变 $\boldsymbol{A}$.

5.12 利用合同初等变换使任一主子式化为顺序主子式可证必要性.

5.13 考察任意二阶主子式.

5.17 进行合同初等块变换.

5.19 利用 $\boldsymbol{A}$ 的等价分解及 5.14 题.

5.20 利用正交变换化 $\boldsymbol{x}^{\mathrm{T}}\boldsymbol{A}\boldsymbol{x}$ 为平方和, 先证 $\boldsymbol{x}^{\mathrm{T}}\boldsymbol{A}\boldsymbol{x}$ 之值不超过 $\boldsymbol{A}$ 的最大特征值, 再证对某一个 $\boldsymbol{x}_0$, 此最大特征值恰是 $\boldsymbol{x}_0^{\mathrm{T}}\boldsymbol{A}\boldsymbol{x}_0$.

5.22 设 $\boldsymbol{\alpha}_i=a_1\boldsymbol{\varepsilon}_1+a_2\boldsymbol{\varepsilon}_2+\cdots+a_n\boldsymbol{\varepsilon}_n$, 先证 $a_k=(\boldsymbol{\alpha}_i,\ \boldsymbol{\varepsilon}_k)$.

5.23 易见 $\boldsymbol{x}\boldsymbol{y}^{\mathrm{T}}$ 之秩不大于 1, 至多有一个非零特征值, 可求得就是 $\boldsymbol{x}^{\mathrm{T}}\boldsymbol{y}$.

5.24 (1) $\Longrightarrow$ (2) $\Longrightarrow$ (3) $\Longrightarrow$ (4) $\Longrightarrow$ (1).

5.25 往证 $\boldsymbol{B}=\boldsymbol{A}^{\mathrm{T}}\boldsymbol{A}$.

5.26 将 $\boldsymbol{\alpha}_1,\boldsymbol{\alpha}_2,\cdots,\boldsymbol{\alpha}_m$ 扩充为标准正交基, 然后表示 β.

5.27 利用柯西不等式.

5.29 设 $\boldsymbol{A}=\begin{pmatrix}\boldsymbol{A}_1&\boldsymbol{b}\\\boldsymbol{b}^{\mathrm{T}}&a_{nn}\end{pmatrix}$, 其中 $\boldsymbol{A}_1$ 为 $n-1$ 阶阵, 往证 $\boldsymbol{A}$ 合同于 $\mathrm{diag}(\boldsymbol{A}_1,0)$.

5.30 利用 5.19 题的结果.

5.32 对 $\boldsymbol{A}^{\frac{1}{2}}\boldsymbol{x}$ 及 $\boldsymbol{A}^{\frac{1}{2}}\boldsymbol{y}$ 应用柯西不等式, 其中 $(\boldsymbol{A}^{\frac{1}{2}})^2=\boldsymbol{A}$.

5.33 证明 $\boldsymbol{AB}$ 相似于实对称阵.

5.35 证明 $f(x_1,x_2,\cdots,x_n)$ 的矩阵为 $\boldsymbol{A}^{\mathrm{T}}\boldsymbol{A}$.

5.36 $\boldsymbol{B}$ 合同于 $\boldsymbol{A}$.

5.38 利用 5.37 题的结果.

5.39 写 $\boldsymbol{A}=\boldsymbol{B}^{\mathrm{T}}\boldsymbol{B}$.

5.41 看标准形.

5.42 $\boldsymbol{B}$ 相似于一个实对称阵.

5.43 $\boldsymbol{A}=\boldsymbol{B}^{\mathrm{T}}\boldsymbol{B}$, $\boldsymbol{B}$ 列满秩.

5.44 $\begin{pmatrix}\boldsymbol{A} & \boldsymbol{B}\\ \boldsymbol{B}^{\mathrm{T}} & \boldsymbol{D}\end{pmatrix}$ 合同于 $\begin{pmatrix}\boldsymbol{A} & \boldsymbol{O}\\ \boldsymbol{O} & \boldsymbol{D}-\boldsymbol{B}^{\mathrm{T}}\boldsymbol{A}^{-1}\boldsymbol{B}\end{pmatrix}$, 利用 5.38 题.

5.45 类似 5.44 题, 用归纳法.

5.46 考虑 $\boldsymbol{A}\boldsymbol{A}^{\mathrm{T}}$, 利用 5.45 题.

5.48 利用 5.25 题.

5.52 反证法.

5.53 写出 $\boldsymbol{A}$ 的奇异值分解.

5.54 利用奇异值分解证必要性.

5.55 (1) 若 $(\boldsymbol{I}\pm\boldsymbol{S})\boldsymbol{x}=\boldsymbol{0}$ 有非零解, 看 $\boldsymbol{x}^{\mathrm{T}}(\boldsymbol{I}\pm\boldsymbol{S})\boldsymbol{x}=\boldsymbol{x}^{\mathrm{T}}\boldsymbol{x}$ 得出矛盾.

(4) 利用 (3), 先证有对角元为 ±1 的 $\boldsymbol{D}$ 使 $\boldsymbol{A}+\boldsymbol{D}$ 非奇异.

5.56 类似 5.33 题.

5.58 $\boldsymbol{\alpha}\boldsymbol{\alpha}^{\mathrm{T}}$ 的所有特征值为 $\boldsymbol{\alpha}^{\mathrm{T}}\boldsymbol{\alpha}, 0, \cdots, 0$, 从而 $\boldsymbol{I}_n+k\boldsymbol{\alpha}\boldsymbol{\alpha}^{\mathrm{T}}$ 的特征值为 $1+k\boldsymbol{\alpha}^{\mathrm{T}}\boldsymbol{\alpha}, 1, \cdots, 1$.

5.59 设 $\boldsymbol{A}$ 不可逆, 则可设 $\boldsymbol{A}=\boldsymbol{Q}\mathrm{diag}(\lambda_1,\lambda_2,\cdots,\lambda_{n-1},0)\boldsymbol{Q}^{-1}, \boldsymbol{B}=\boldsymbol{Q}\boldsymbol{B}_1\boldsymbol{Q}^{-1}$, 其中 $\boldsymbol{Q}$ 为正交阵. 易见 $\boldsymbol{A}\boldsymbol{B}+\boldsymbol{B}\boldsymbol{A}$ 正定, 等价于

$$\mathrm{diag}(\lambda_1,\lambda_2,\cdots,\lambda_{n-1},0)\boldsymbol{B}_1+\boldsymbol{B}_1\mathrm{diag}(\lambda_1,\lambda_2,\cdots,\lambda_{n-1},0)$$

正定. 考察此阵的右下角元素为 0, 得矛盾. 这证明了充分性.

5.60 考察 $\boldsymbol{B}^{-1}-\boldsymbol{A}^{-1}$ 的特征值.

5.62 利用 5.37 题.

5.63 设 $\boldsymbol{B}_1=\boldsymbol{Q}_1\mathrm{diag}(\lambda_1\boldsymbol{I},\lambda_2\boldsymbol{I},\cdots,\lambda_t\boldsymbol{I})\boldsymbol{Q}_1^{-1}$, 其中 $\lambda_1, \lambda_2, \cdots, \lambda_t$ 互不同, $\boldsymbol{B}_2=\boldsymbol{Q}_2\mathrm{diag}(\lambda_1\boldsymbol{I},\lambda_2\boldsymbol{I},\cdots,\lambda_t\boldsymbol{I})\boldsymbol{Q}_2^{-1}$, $\boldsymbol{Q}_1$ 及 $\boldsymbol{Q}_2$ 为正交阵. 由 $\boldsymbol{B}_1^2=\boldsymbol{A}=\boldsymbol{B}_2^2$ 推出 $\boldsymbol{Q}_1^{-1}\boldsymbol{Q}_2$ 的形式, 设法证明 $\boldsymbol{B}_1=\boldsymbol{B}_2$.

5.64 利用 5.39 题, 设法证明秩 $(\boldsymbol{A}\ \ \boldsymbol{B})=$ 秩 $\boldsymbol{A}$.

5.65 证明任意 k 阶顺序主子式大于 0.

5.66 类似于 5.44 题.

5.67 $\boldsymbol{A}+\boldsymbol{B}$ 合同于 $\boldsymbol{I}+\boldsymbol{B}_1$, $\boldsymbol{B}_1$ 仍反对称, 研究其特征值.

5.69 $\boldsymbol{A}=\dfrac{\boldsymbol{A}+\boldsymbol{A}^{\mathrm{T}}}{2}+\dfrac{\boldsymbol{A}-\boldsymbol{A}^{\mathrm{T}}}{2}$, 再利用 5.67 题.

5.70 利用 5.37 题. 所求正惯性指数为 $n-r$.

5.71 $f(x_1,x_2,\cdots,x_n)$ 可经可逆线性变换 $\boldsymbol{x}=\boldsymbol{C}\boldsymbol{y}$ 化为

$$y_1^2+y_2^2+\cdots+y_r^2+g(y_1,y_2,\cdots,y_r),$$

此二次型看成 $y_1, y_2, \cdots, y_r$ 的二次型正定, 故秩 r, 从而 $f(x_1,x_2,\cdots,x_n)$ 秩为 r.

5.72 假定 $f(x_1, x_2, \cdots, x_n)$ 正惯性指数为 $p_1 > p$, 即 $f(x_1, x_2, \cdots, x_n)$ 经可逆线性变换 $\boldsymbol{Gx} = \boldsymbol{y}$(其中 $\boldsymbol{G} = (g_{ij})_{n\times n}$) 化为 $y_1^2 + y_2^2 + \cdots + y_{p_1}^2 - y_{p_1+1}^2 - y_{p_1+2}^2 - \cdots - y_{p_1+q_1}^2$.

看下列方程组

$$\begin{cases} c_{11}x_1 + \cdots + c_{1n}x_n = 0, \\ \qquad \cdots\cdots \\ c_{p1}x_1 + \cdots + c_{pn}x_n = 0, \\ g_{p_1+1,1}x_1 + \cdots + g_{p_1+1,n}x_n = 0, \\ g_{p_1+2,1}x_1 + \cdots + g_{p_1+2,n}x_n = 0, \\ \qquad \cdots\cdots \\ g_{n,1}x_1 + \cdots + g_{nn}x_n = 0. \end{cases}$$

因未知数个数大于方程个数, 所以有非零解, 设为 $x_1 = a_1$, $x_2 = a_2$, $\cdots$, $x_n = a_n$, 将其代入原式及规范形, 比较之, 可得矛盾, 故 $p_1 \leqslant p$.

5.73 由 $\boldsymbol{A} = \boldsymbol{Q}\mathrm{diag}(\lambda_1, \lambda_2, \cdots, \lambda_n)\boldsymbol{Q}^{\mathrm{T}}$, 其中 $\boldsymbol{Q}$ 正交, $\lambda_i > 0\ \forall i = 1, 2, \cdots, n$. 令 $\boldsymbol{Q}\mathrm{diag}(\sqrt{\lambda_1}, \sqrt{\lambda_2}, \cdots, \sqrt{\lambda_n}) = (\boldsymbol{\alpha}_1\ \ \boldsymbol{\alpha}_2\ \ \cdots\ \ \boldsymbol{\alpha}_n)$, 可证.

5.75 类似 5.73 题, $\boldsymbol{A}, \boldsymbol{B}$ 均可写成 $\sum\limits_i \boldsymbol{\alpha}_i\boldsymbol{\alpha}_i^{\mathrm{T}}$ 形式的表达式, 然后利用 5.74 题的结果 (1), 可证 $\boldsymbol{A} \circ \boldsymbol{B}$ 为半正定阵之和.

参 考 文 献

[1] Strang G. 线性代数及其应用. 侯自新, 郑仲三, 张延伦译. 天津: 南开大学出版社, 1990.
[2] 合恩 R A, 约翰逊 C R. 矩阵分析. 杨奇译. 侯自新审校. 天津: 天津大学出版社, 1989.
[3] 北京大学数学系几何与代数教研室前代数小组. 高等代数. 3 版. 北京: 高等教育出版社, 2003.
[4] 曹重光. 高等代数两个定理的证明. 数学通报, 1997, (3): 34, 35.
[5] 曹重光, 于宪君, 张显. 线性代数 (经管类). 北京: 科学出版社, 2007.
[6] 蓝以中. 高等代数简明教程. 2 版. 北京: 北京大学出版社, 2007.
[7] 张贤科, 许甫华. 高等代数学. 2 版. 北京: 清华大学出版社, 2004.
[8] 曹重光, 张显, 唐孝敏. 高等代数方法选讲. 北京: 科学出版社, 2011.